SHOUYIYISHENGDE
RENSHENGZHIHUISHU

受益一生的人生智慧书

◎主　编：张采鑫　滕　刚

九州出版社 JIUZHOUPRESS | 全国百佳图书出版单位

图书在版编目(CIP)数据

受益一生的人生智慧书/张采鑫，滕刚主编.—北京：
九州出版社，2007.8（2021.8 重印）
（大师谈人生书系）
ISBN 978-7-80195-708-5

Ⅰ.受…　Ⅱ.①张…②滕…　Ⅲ.人生哲学—通俗读物
Ⅳ.B821-49

中国版本图书馆 CIP 数据核字(2007) 第 123454 号

受益一生的人生智慧书

作　　者	张采鑫　滕　刚　主编
出版发行	九州出版社
地　　址	北京市西城区阜外大街甲 35 号（100037）
发行电话	(010)68992190/2/3/5/6
网　　址	www.jiuzhoupress.com
电子信箱	jiuzhou@jiuzhoupress.com
印　　刷	北京一鑫印务有限责任公司
开　　本	720mm × 1020mm　1/16
印　　张	23.75
字　　数	312 千字
版　　次	2007 年 9 月第 1 版
印　　次	2021 年 8 月第 2 次印刷
书　　号	ISBN 978-7-80195-708-5
定　　价	78.00 元

目 录

第一辑　拒绝平庸

一个人想要拥有不朽的荣誉,成就伟大的功名,那么他就必须不为虚名所累,放松自己,自强自立,这样他将会拥有全世界。

第二辑　成功并不神秘

所有的成功者都拥有一个共同点,那就是他们都是信仰宇宙运行因果规律的人。他们相信,自始至终,事物的发展依靠的是对规律的遵循,而不是靠运气。这种对因果规律、对人类生存的法则以及对于报偿、对于"无中得有"的信仰,都贯彻在成功者有价值的想法之中,并且制约着这些上进者的每一次努力。

第三辑　积极思考的力量

世界上有两种人，他们的健康、财富以及生活上的各种享受大致相同，结果，一种人是幸福的，另一种却得不到幸福。他们对物、对人和对事的观点不同，那些观点对于他们心灵上的影响因此也不同，苦乐的分野主要的也就在此。

第四辑　伟大的性格

性格即命运。性格可以超乎我们的意志之上来指导我们的思想和行为。别人对我们的看法并不能够改变我们本来的样子。人们都以为美德或恶行只能够通过他们公开的行为表现出来。其实，人的美德或恶行每时每刻都会从他的身上显现出来。

第五辑　人生最好的教育

　　优秀的图书会使我们受益匪浅,那是高级脑力劳动的结晶。书是一个时代文化的载体。所谓的大学教育,其实就是读书——阅读那些被大多数学者公认为是迄今为止最能代表科学文化水平的好书。

第六辑　怎样补救缺陷

　　在那些故事中,那将死的主人公往往在最后的时刻由于幸运降临而得救,并且从此以后他就改变了自己的生活准则。他变得更加明确生活的意义和它的永久神圣的价值。经常可以看到一些人,他们生活在死的阴影之下,却对他们所做的每一件事都怀着柔情蜜意。

第七辑　如何把握机遇

要下重要的决定,须运用你的理智,你的正确的评判力,与你的健全、清楚的观照力。你不能在心境不佳的时候,决定你生命中的重要问题,或决定你生活上的"转变点"。你的生活、事业上的"转变点",应该在你心境平安、精神愉快的时候来决定。当颓丧失望充满我们的心情时,容易使我们的判断流入于错觉。

第八辑　工作的方法

一个人工作时所具的精神,不但对于工作的效率与品质大有关系,而且对于他本人的品格,也大有影响。工作就是一个人的人格之表现。我们的工作就是我们的志趣、理想,我们的"真我"之外的写实。看到了一个人所做的工作,就是"如见其为人"了。

第九辑　成功的职业

　　上帝为你关闭一扇门的同时又为你打开了一扇窗。有勇气换个角度,就多一份成功的机会。换个角度来看风景,风景便会有不一样的风采;而换个角度看人生,那更会有不同的景致。只要把角度轻轻扭转,心胸会豁然开朗,灰暗的世界也能变得明亮,迷茫的事态也能变得清晰。

第十辑　幸福的秘诀

　　幸福的秘诀在于:使你的兴趣尽量广泛,使你对那些自己感兴趣的人和物尽量友善,而不是敌视。

第十一辑　爱情是什么

　　爱情既不是崇拜也不是敬佩，而是某种更深刻的东西，毫不炫目，也不是徒有其表。我们甚至说它就像呼吸一样普普通通而又必不可少。说真的，男女间的爱就是一种呼吸。

第十二辑　崇高的友谊

　　然而，一般大众对孤独的真谛并不明白。因此，如果没有友情，人们的面目不过是画廊上陈列的肖像，人们的谈话不过是如丁当作响的钹一样的噪音。如果一个城市没有友谊和仁爱，则会如一句古代拉丁谚语所言："一座大都市就是一片旷野。"

第十三辑　身心的健康

　　一般来说,人的幸福十之八九有赖健康的身心。有了健康,每件事都是令人快乐的,失掉健康就失掉了快乐。即使人具有伟大的心灵,快活乐观的气质,也会因健康的丧失而黯然失色,甚至变质。所以当两人见面时,我们首先便问候对方的健康情形,相互祝福身体康泰,因为健康实在是成就人类幸福最重要的成分。只有愚昧的人才会为了其他的幸福牺牲健康。

第十四辑　失败了以后

　　世界上的事情永远不是绝对的,结果因人而异。苦难对于天才是一块垫脚石,对于能干的人是一笔财富,对于弱者是一个万丈深渊。当我们面临失败时有两种选择:要么微笑面对失败,要么被失败彻底击倒。

第十五辑　伟大的人物

在处理人的问题时,如果只依赖个人的见识与才智,歪曲为尊重个人而制定的社会道德法律,歪曲作为我们文明基础和基督教本质的自由、平等、博爱的原则,那么,即使是最有天才的人,也肯定会犯错误。

第十六辑　追求生命的不朽

我向年纪说,一如我向群众说:"无论如何,我要克服你。"这一种永不变成衰老的精神在说着话。谁最近见过柏恩哈特的,不会表示疑惑,时光虽然一年年过去,无论如何,她继续尽力向年纪挑战。这伟大的女伶,在六旬之年,还正在盛年,看上去不像过了四十岁的人。

第 一 辑
拒 绝 平 庸

受 益 一 生

　　一个人想要拥有不朽的荣誉，成就伟大的功名，那么他就必须不为虚名所累，放松自己，自强自立，这样他将会拥有全世界。

人

□钱 穆

钱穆(1895~1990) 江苏无锡人。著名历史学家、国学家。曾任燕京大学、北京大学、清华大学等校教授。后到香港创办新亚书院,一九六七年移居台北,曾任中国文化书院历史所教授、台北故宫博物院特聘研究员。著有《国学概论》、《中国近三百年学术史》、《国史大纲》、《中国文化史导论》等。

今天我要讲的题目是一个"人"字。中国有一本书叫《三字经》,每一个中国儿童开始读书时,都要先读这本书。《三字经》开卷第一个字就是"人"。近代中国,学校编的教科书,初级第一年的第一个字,仍然是"人"。人字比较容易认识,你我同是人,小孩子对人字亦易懂。但我们进一步问,什么叫做人? 人的意义是什么? 不要说你我难以明白,可说从古至今不明白的也真多。

我们通常说人生,指衣食住行四项。吃饭、穿衣、住房、走路,这是人在生活,并非生活既是人。人为要生活,就得找职业,职业有士、农、工、商之别,但这是人在当职业,并非职业即是人。职业进一步而有事业,譬如:教育、经济、科学,各有专门,但也只能说这人成了一专家,专家也并不即是人的本身。人的职业、事业有不同,但同样由人来担当。若以国籍来分,有中国人、日本人、英国人、美国人、法国人等。用中国话来讲,便见其同样是人。若用别种语言来讲,那同样是人的意义便不明显了。

正如中国人看重此"人"的观念,因此中国古谚说:"中国一人,天下一家。"这意思是说世界宛如一大家庭,譬如中国人为哥哥,其他各国人则为弟妹一样。可是要达到这理想,却不易。试从近代的交通、经济等各方面看,空间范围缩小,世界真像成为一家了。但若从人们的心理及精神方面来讲,相处愈密,冲突愈增。人与人、国与国、民族与民族,多为利害关系相冲突。我们当知,顾及自己,亦应顾及他人,心胸必须放开,才能达到"中国一人,世界一家"的理想。

前面说到过,贵校称为"亚细亚大学",我校称为"新亚",两校的命名,正欲使每一个青年知道，他们不仅是一个日本人或中国人，但同时是亚洲人，也同是世界人。若要中日问题获得解决，必须先解决亚洲问题。若要解决亚洲问题，更非先解决世界问题不可。世界是一个，人类是一家，大家同是人，人类相同，应该共同来解决我们人类本身所共同面对的问题。知识不同，职业不同，可是人总是人。知识可以各有专门，职业可以分工合作，唯有人与人的问题是虽分你我，而共同相通，易于一致。

再说大学，研究大学问的地方才叫大学。中国在两千年前有一本书叫《大学》。我们刚才已讲过，由中国话讲，日本人、中国人、英国人、美国人、法国人，同是人，但人又可以分别为"大人"和"小人"。懂得研究，懂得解决人类的大问题的是大人。只以个人为主，只求解决个人一己生活的，这种人统称为小人。虽则人有贫、富、贵、贱，这些只是人的遭遇，不是人本身的区别。

中国人区别人，却不分中国人和日本人，也不分贫人和富人，但注重分别大人和小人。人之大小，观其心胸之大小。只顾一己，其心小。若能在一身以外，顾到自己的家庭，其心便较大。顾到国家和民族，心则更大。若能顾及全世界，全人类，那他的心更大了。中国《大学》一书中，讨论到修身、齐家、治国、平天下的道理。当知必要讲到平天下，人的问题亦才算有解决。必须天下平，然后国亦治，家亦齐，个人修身亦算是达到最高的目的了。但为各个人的力量、知识有限，不可能一下达到平天下的大目的。所以，我们只有一步步做去，由修身而齐家，而治国，而再到平天下。概括地讲，人类的问题是共同的。如何去解决，则由各个人各自做起。

中国又把人分为：圣人、贤人、君子人、善人等。这和把人分为大小是同样意义的。中国向来不从人的贫富或社会地位来分等级，如统治阶级、资产阶级、无产阶级等。中国人注重的是人格，人格有高下有大小。资产阶级的人不一定是大人，无产阶级的人不一定是小人。资产阶级的人也不一定是恶人，无产阶级的人也不一定是善人。看人不从外表看，乃以人的本质为准。但上面已说过，天地生人其本质则是同一的，而其生后修养有别，因此有圣人、贤人、君子人、大人、小人、善人、恶人之相异。

但中国人又认为每个人都可以成为圣人的，人类最理想的社会，便是每个人都成为圣人的那一个社会了。前面讲过的《三字经》，它的第一句便是："人之初，性本善。"这是说圣人与普通人的天生本质是相等的，都是善良的。故中国人认为，每个人都可成为最高标准的人。如何达此目的，正是人类最大的问题。解决这一问题，必须循一途径。此途径，中国人称为"理"，即道理的理。

我们怎样能懂得理呢？这不能仅靠书本，或是仅从外面学。这该本于人之

人生颇具机会和变化。人最得意的时候，有最大的不幸光临。

——[古希腊]亚里士多德

内心的。若人无能知理的心，便无法知得理。我们都是人，人相同，理亦相同。因此中国人说："人同此心，心同此理。"又云："东海有圣人，南海、西海、北海有圣人，此心同，此理同。"

那么人要达到此理想，到此境界，是否都该受最高等教育呢？诸位当知，教育不只在学校，也在社会人群中。所以不识字的人亦可成为一堂堂的人。换言之，大学毕业，研究了高深的学问，获得了博士学位，著书立说，他的知识胜过他人，但未必就可以堂堂地做个人。我们先要认识人的意义和价值，所以中国人才注重来分大人、小人、善人和恶人了。

记得半年前到贵国，吉川教授举一例子说：日本人责骂自己的儿辈时，总爱用"你这样像个人吗？"这句话只有日本人讲，中国人讲，其他各国人，似不讲这句话。人要怎样才算是人呢？人一定要是好人，才算是人。人为何定要做一个好人？人又如何能都做得一个好人？因为人的天性就是善良的。"性善"这一番理论，可以说是哲学，亦可说是宗教信仰，也只有东方中国及日本人才有此信仰。正如父母责备儿女，儿女却说："那么你为何不送我进大学呢？"正因进学校不是做人的唯一条件。难道说，每一个人进入大学就算是人了吗？又难道无法进入大学的，就不算是人了吗？当知要做真正的人，条件不在进学校。父母认为儿子做好人，是儿子当下的责任，他却不做，责任便在他自身了。故能责备他："你这样像人吗？"这是中国道理，也可说是中国文化。

一切文化从人创始。你我都是人，人主要在求解决人类共同的问题，那些问题不是杀一个人乃至杀千千万万人可以解决的。人与人之间的问题，绝不是用人杀人的手段能解决的。国与国之间的问题，也不是能凭原子弹或氢弹或任何武力解决的。人的问题不解决，你我的问题、国家与国家的问题，亦永远不能解决。

从个人做一个善人开始，达到"中国一人，天下一家"的境界，这才是人生最大的学问，最大的理想，也是我们最大的责任。目前，世界上有很多问题亟待解决，知识日新月异，情形千变万化。但问题越来越多，而且越来越严重了，在此世界中，我以为最重要的是发扬文化，发挥做人的精神。刚才说了，亚细亚大学和新亚书院基于共同的目标，为达成一共同的理想而合作。这种合作是我第一次与太田校长见面时，因为我敬仰他这人，而才产生合作的。这是人与人、心与心的合作。我们两人虽然言语不同，又是初次相逢，然而形成两校合作的基础了。若此后有更多的合作，这是中日两民族文化精神的表现。不是一种理论，却要有信仰。

你是否相信人是同样的？你是否相信人有高下大小之分？你是否相信人可以离开一切外在的条件，人人有做"大人"的可能？你若没有这种信仰，我想你

受·益·一·生·的·人·生·智·慧·书

的新朋有一天会责骂你："你还像个人吗？"这是一个最切身的问题。

今天，我这番话，只要大家明白，我是人，你是人，大家是人。再进一步问怎样算是人，怎样算大人。若是人不能为人，不能为一大人，一切学问知识会全无价值。人类将步入黑暗，任何问题都无法解决。这是今天我所要贡献诸位的话。话虽浅，但这是我个人的信仰。

人生有何意义

□　胡　适

　　胡适（1891～1962）　　原名洪骍(xīng)，字适之，安徽绩溪人。现代学者、历史学家、文学家、哲学家。一九一〇年赴美留学，师从哲学家杜威。回国后，任北京大学教授，加入《新青年》编辑部，积极提倡"文学改良"和白话文学。著有《中国哲学史大纲》、《白话文学史》等。

我细读来书，终觉得你不免作茧自缚。你自己去寻出一个本不成问题的问题："人生有何意义？"其实这个问题是容易解答的。人生的意义全是各人自己寻出来、造出来的：高尚、卑劣、清贵、污浊、有用、无用……全靠自己的作为。生命本身不过是一件生物学的事实，有什么意义可说？一个人与一头猪、一只狗，有什么分别？人生的意义不在于何以有生，而在于自己怎样生活。你若情愿把这六尺之躯葬送在白昼做梦之上，那就是你这一生的意义。你若发奋振作起来，决心去寻求生命的意义，去创造自己的生命的意义，那么，你活一日便有一日的意义，做一事便添一事的意义，生命无穷，生命的意义也无穷了。

总之，生命本没有意义，你要能给他什么意义，他就有什么意义。与其终日冥想人生有何意义，不如试用此生做点有意义的事……

为人写扇子的话：

　　知世如梦无所求，无所求心普空寂。
　　还似梦中随梦境，成就河沙梦功德。

5

没有人能平安无事地度过一生。
——[古希腊]埃斯库罗斯

王荆公小诗一首,真是有得于佛法的话。认得人生如梦,故无所求。但无所求不是无为。人生固然不过一梦,但一生只有这一场做梦的机会,岂可不努力做一个轰轰烈烈像个样子的梦?岂可糊糊涂涂懵懵懂懂混过这几十年吗?

生命的炸药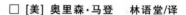

□ [美] 奥里森·马登　林语堂/译

　　奥里森·马登(1848~1924)　二十世纪初美国著名的成功学奠基人和最伟大的成功励志导师之一。其创办的《成功》杂志,在美国家喻户晓。他撰写了大量鼓舞人心的著作,包括《一生的资本》、《思考与成功》、《伟大的励志书》、《成功的品质》、《高贵的个性》等,并被翻译成二十多种文字,畅销世界各地。

　　一颗潜水艇水雷弹,其力量之大,可以把巨舰炸得粉碎,但是普通的"击撞"是不能使这雷弹发出其可怖的炸力的。

　　孩子们可以把它玩弄终年,把它抛掷,把它拨转,把它做种种玩意,弹壳或者会洞穿寻常居舍的墙壁,而仍不爆发其巨大的炸力,必须将它放入巨口炮中,以巨大的压力,把它发射出去,遇到了一尺来厚的军舰上的钢板的阻挡,然后它可怖的炸力才能全部爆发开来。

　　每个人对于自己的最大的才能,最高的力量,总不能认识,除非大责任,大变故,或生命中的大危难的训练,把它催唤出来。

　　在陇亩间,在制革工场中工作,转运木材,做店员,在镇市中做短工,这种种境遇,都不足以唤起格兰德将军的酣睡着的"伟人性",甚至连西点军官学校,连墨西哥战争都不能把它唤起。假使美国没有南北战争的爆发,则格兰德将军的名字,必然埋没无闻,必不能流传后世。

　　在格兰德将军的生命中,是有着大量之动力的,然而却需要南北战争的大"击撞",去把它炸发,寻常的处境不能触发他的酣睡着的力量,不能燃起他的生命炸药。

耕田、砍木、做铁路员役、做测量员、做州议员、做律师，甚至连做国会议员，这种种境遇，都无足以燃起林肯的生命火药。炸发林肯的生命动力，只有把国家危急存亡的重任放在他的肩头，这位美国有史以来最伟大的人物之生命炸药，这才爆发出来。

历史上有许多伟大的人物，除非到了除自己的勇气与耐心以外，一切都已丧失，到了大祸临头，驱使他们入于绝地，而不得不谋死里逃生的时候，绝不能发现他们的真面目。

伟人是在"需要"之学校中训练出来的！

他们之所以成为伟人，就因为他们是大量的困难之克胜者，大量危急情形之超越者，他们在克胜种种阻碍中，得到了力量。

许多大商人，在大不幸、大恐慌没有使他们的产业、营业扫地以尽，使他们的一切凭借荡然无存以前，是不会发现他们自己真实力量的。

许多男子女子，非到了认为可以帮助自己达到成功的外力已经失掉，非到了在他们的生命中所认为亲爱宝贵的东西都已丧失的时候，绝不会发现他们自己的才能。我们的最高的力量，最大的可能性，蛰伏在我们生命的内层，必须有大事变，大的危难，才能把它唤出。

只有在我们感觉到前无出路，后有追兵的时候，感觉到一切的外援都已绝望的时候，才能发掘出我们的全部的力量。我们一天不能得到外援，即一天不能发现我们自己的力量。有多少青年男女，其日后之成功，都是受赐于当初的或重大的不幸——父母亲戚的死亡、营业财产之丧失或其他驱迫他不得不依赖自己，不得不用自己的拳头，去打出一条生路的别种大灾祸！

因不测的变故而被迫负上重大责任的地位的青年，往往于一年半载之后，大反其以前的为人。他已经练出了为别人以前所梦想不到的坚强力量与品格，是"责任"造就了他！

责任是最足以发挥我们的力量的东西。从来没有立上负责任的地位的人，绝不能发挥他们的真力量。在终身处在附属、卑贱的位置，终身役于人的人中间，所以很少见有伟大坚强之人物者，其一部分理由，就在于此。他们的力量，因为从来未为重大的责任所试练、所发挥，所以他为人一世，总是个弱者。他们不必要用自己的思想，只需执行别人的命令。他们没有机会去学习着独当一面，去自己思想、自己动作。

创造综合的力量，应付非常的力量，是从那不断地集中自己的才智去对付艰难的环境，寻出解决困难的方法中所得来的力量，那可以使个人足以应付国家危急存亡的局面的力量。这种力量，只有重大责任之下，多年的实地训练中

每个人的一生都是战役——多事多难的漫长战役。

——[古希腊]尤里披蒂

才能练出来。

有人以为，假使一个青年人生来有些大本领，则这种本领，迟早总会显露出来，这真是最错误的一种观念。本领谁有，可以显露出来，也可以不显露出来，这全视环境，全视足以唤起志愿、唤醒力量的环境之有无。生来有大本领的人，未必是同时生来有大的志愿，大的自信力的人。

把重大的责任搁上一个人的肩头，驱使他入于绝境，则情势之要求，自能把这个人内在的全部力量发挥出来。这可以催唤出他的创造智力，催唤出他的自恃、自信力及解决困难的力量。假使在他生命中，有些做大人物、做领袖的成分，"责任"可以把它催唤出来。所以，朋友，假使有重大的责任，搁上肩头，你当很高兴地欢迎它，它可以预言你的成功！

拒 绝 平 庸

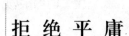

□ [美] 爱默生　龙　婧/译

爱默生 (1803～1882)　美国散文作家、思想家、诗人。一八三七年他的演讲词《论美国学者》，抨击了美国社会的拜金主义，强调人的价值，被誉为美国思想文化领域的"独立宣言"。文学批评家伦斯·布尔在《爱默生传》里说，爱默生与他的学说，是美国最重要的世俗宗教。

有一句话是大家非常熟悉的：妒忌别人是无知的表现，而摹仿他人则无异于自杀。世界上的每一件东西都有自己的价值，我们也应该相信自己的力量和价值。每个人的能量和潜力都是巨大的，除了他自己，别人是不能够充分认识到的，即使是他自己，也是要尽力去试验，因为只有在行动之后，才能够知道自己能力的大小的。

一件事情在经历之后总会在大脑中留下点什么，但是在有的人那里，却也许什么都不会留下。我们应该相信自己，内心的观念是来源于自己的，如果是适合自己的，那么将会带来很好的作用。世界是不喜欢懦夫的，如果一个人做任何事情都是竭尽全力，并且干一行爱一行，那么他就会感到无比的充实与快乐。相反，如果他做事总是心猿意马，浅尝辄止，那么他的内心就会永远是痛苦的。他的才能和潜力就会离他而去，他就不会有什么深沉的情感和思想，他在生活中也就不会有什么创新，这样的人显然是没有什么希望的。

相信自己吧！上天总是喜欢帮助那些自己成就自己的人！每一个人都有自己的价值，学会坦然地接受自己的位置，融入身边的这个社会。伟大的人物从来都是这样做的，他们总是以饱满的热情生活着，敞开心扉，向他们所处的时代吐露自己的心声，表达出他们内心的感受。他们凭着自助的力量成功了。我们同样是人，那么我们就必须以同样的心态来接受命运的挑战，而不是只蜷缩在角落里伤心落泪，也不应该做革命来到时望风而逃的懦夫。那样是没有用的，而是应当做一个坚定的革命者，做一个大众的拯救者，做一个开拓者，在混沌与黑暗中奋力前行。

一个人要想成为一个真正的男子汉，他就必须做到敢于独立行事和自立自强。一个人想要拥有不朽的荣誉，成就伟大的功名，那么他就必须不为虚名所累，放松自己，自强自立，这样他将会拥有全世界。

我在年轻的时候，曾经遇到过一位很有名望的牧师，他说他的工作就是向人灌输教会那些条条框框和老掉牙的教条。我对他说："如果我能够凭着自己的独立和自恃来完整地生活，那么我与宗教又有什么关系呢？"他说："如果是这样的话，那么你生命的原动力就是来自低级的生活，而不是来自于一种高层次的境界。"我回答说："在我看来，生命力似乎并不一定要来自高层次。如果我是魔鬼的孩子，那么我就可以从魔鬼那里获取生命的源泉，这并没有什么不好啊。对我来说，没有什么规律是神圣的，除了我自己以外。"好和坏都不是绝对的，有的时候是可以相互转化的。唯一正确的就是顺从我的本性来生活，唯一错误的生活态度就是违背自己的意志生活。

一般的人会认为，美德与其说是一种规范，倒不如说是一种对规范的遵守。有的人认为自己向往并努力获取美德是在为自己赎罪。我不愿意赎罪，我只愿意正常地生活。我的生活是为了生活本身的价值而不是为了某个人的想法而存在的。我宁愿它是平淡无奇的，因此它就是真实而宁静的，我不愿意生活在动荡不安之中，我希望过一种完整的生活。我努力寻求的是一种作为人存在的基本证据。我不会为我本来应该享有的权利而付出代价，虽然我的天资可能很低劣，但实际上我还是在真实地生活着。

我所必须做的就是那些与自己的生活密切相关的事情，而不是别人认为我所必须做的事情。这种在物质生活和精神生活领域都需要付出艰苦努力才能够有所收获的事情，完全可以作为区别伟大和卑劣的标准。坚持这一标准之

没有比人生更艰难的艺术了，因为其他的艺术或学问，到处都有教师。
——[古罗马]塞涅卡

所以是十分困难的,就是因为常常会有这样一种人,他们认为只有自己才是伟大的。在这个世界上,顺从于别人的意志是容易的。在离群索居时,顺从于自己的本性来生活却是很不容易的。然而,伟人在喧嚣的尘世中,仍然能够完全轻松愉快地保持独处时的独立性。

人们之所以要拒绝那些已经变得僵死的习俗,就是因为它总是在消耗着我们的力量,使我们的人格变得日益模糊。然而只要你从事一项符合你本性的工作,那么我就能够从中了解你。从事这样的工作,你就会逐渐地充实自己。

社会上更多的人喜欢随声附和、随波逐流,他们没有自己独到的见解。在他们的眼里,真正确切的东西是不存在的。

很多人长期生活在虚假之中,这就会把他们的弱点都暴露出来,他们会逐渐换上一副最驯服的、像蠢驴一样可笑的表情。而有的人却不愿意与习俗同流合污,那么世界就会用它的不满对他怒目相视,因此一个人必须善于察言观色。但是如果我们与其他人的可恶针锋相对,那么他就会有所收敛。在很多情况下,软弱是不可行的。

一个性格坚定的人可以在面对任何人的愤怒时泰然处之。毕竟多数人的愤怒都是以体面和慎重作为前提的,他们总是小心翼翼,因为他们自身也有着很多的弱点。但是当愚昧和贫穷的人们被鼓动起来时,当那种处于社会底层的野蛮暴力被触发而咆哮不已,露出狰狞之态的时候,如果你没有恢弘的气度和宽阔的心胸,那么你就不能够坦然地面对眼前的一切,把沧海横流看做是清风明月。

如果我们把言行一致奉若神灵,那么我们就不能够自助自立。因为我们总是觉得别人会从我们言行中推知我们的品格,所以我们就会过分看重自己的言行是否一致,我们不愿意因为我们言行的前后不一致而让他们失望或者损害了名声。

但是,你为什么要在任何的时候都使自己的语言和行动保持一致呢?为什么仅仅是为了不使你的话与你过去的话相矛盾,就放弃自己的思想和主张呢?即使你自相矛盾了,那么又能是怎样的呢?我们应该记住:永远不要过分相信你的感觉,不要把过去带到现在,这样我们就可以永远生活在新的一天里。

保持前后一致的愚蠢念头喜欢纠缠那些见识浅陋的人,并且会受到那些平庸不堪的政客和教士所偏爱。一个伟大的灵魂如果被这种念头所干扰,那么他就什么事也做不成了。如果他硬要什么都要保持前后一致的话,那么他就会总是生活在不安之中。

向光明走去

□郑振铎

郑振铎（1898～1958） 笔名西谛、郭源新，福建长乐人，生于浙江永嘉。现代作家、文学史家。曾与瞿秋白等合编《新社会》，著有短篇小说集《家庭的故事》、《桂公塘》，散文集有《山中杂记》，学术专著《插图本中国文学史》、《中国俗文学史》、《取火者的逮捕》等，编有《中国版画史图录》、《中国古本戏曲丛刊》等。

谁都喜欢光明的。虽然也许有些人和动物常需要躲在黑暗之中，以便实行他们的阴险计划，但那是贼，是恶人，是鸱，是蝙蝠，是狐。凡是人，是正直的人或物，总是喜欢光明，总是要向光明走去的。

黑漆漆的夜，独自走在路上，一点的星光、月光、灯光都没有，我们心里真是有些害怕。夏天的暴雨之前，天都乌黑了，无论孩子大人，心里也总多少有些凛凛然的，好像天空要有什么异样的变动。山寺的幽斋中，接连的落了几天的雨，天空是那样的灰暗，谁都要感到些凄楚之意。

但是太阳终于来了。接着夜而来的是白昼，接着暴雨而来的是晴光，接着灰暗之天空的是蔚蓝色的天空。那时，不知不觉的会有一阵慰安快乐的感觉，渗入每个人的心里，会有一种勇往活泼的精神，笼罩在每个人的脸上。

在黑暗中走着的人，在夏雨中的人，在灰暗的天空之下的人，总要相信光明的必定到来，因为继于夜之后的一定是白昼。夜来了，白昼必定不远的，因为继阴雨之后的，一定是阳光之天。雨来了，太阳必定是已躲在云雨之后的。

那些只相信有阴雨之天，只相信有夜的人，且让他们去。我们是相信着白昼，相信着阳光之必定到来的。

现在，我们是什么样的时代呢？我猜一定不会错，每个人一听到这句问话，都必定要皱着眉头，在心里叹着气答道："黑暗时代！"

是的，是的，现在是黑暗时代。

整个人生是一幕信仰之剧。没有信仰，生命顿时就毁灭了。

——[法]罗曼·罗兰

政治上，社会上，国际上，家庭上，有多少浓厚的阴影罩着！且不必多说，这许多，许多黑暗的事实，一时也诉说不尽。但是"光明"已躲在这些"黑暗"之后了！我们要相信光明一定会到来。我们不仅相信，我们还要迎着光明走去！譬如黑夜独行，坐在路旁等天亮，那是很可羞的；如果惧怕黑夜而躲进小岩洞或小屋之内的，那更是可耻。

我们相信光明，必定会到老，我们迎上去，我们向着她走去！

在黑夜里，踽踽地走着，到了天亮时，我们走到目的地了，那是多么快慰的事啊！

那些见黑暗而惧怕，而失望的，让他们永躲在黑暗中吧；那些只相信有黑暗而不相信有光明的，也让他们生活于黑暗之洞里吧。我们如果是相信"光明"的，我们便要鼓足了勇气，不怖不懈，向着光明走去。

我们不彷徨，我们不回顾。人类是永续不断地一条线，人间社会是永续不断地努力的结果。我们虽住在黑暗之中，我们应努力在黑暗中进行，但也许我们自身，是见不到光明的。人类全体永续不断地向着光明走去，光明是终于会到来的。

走去，走去，向着光明走去。

光明终于是要到来的！

人生三时期

□蔡元培

蔡元培 (1868～1940) 字鹤卿，号子民，浙江绍兴人，清光绪进士。现代教育家。一九〇〇年一月发表《对于教育方针之意见》，反对清末政府的教育宗旨。一九一七年任北京大学校长，提倡"学术自由"，主张对新旧思想"兼容并包"，使北大成为新文化运动的发祥地。著作编有《蔡元培全集》。

今日为中国大学成立四周年纪念之期，又更名纪念会之期，及专门部、中学科举行毕业式之期,关系最为重要。鄙人不敏,聊贡数言。今日鄙人来此地方,生有一种感想,因中国大学与他校不同,实有一种特性。此种特性,实与社会及吾人大有关系。

吾人自出生以至于死,可分三时期:第一预备时期,即幼年;第二工作时期,即壮年;第三休息时期,即老年。良以社会既予吾人以大利益,则吾人不可不预备代价,以为交换工具。吾人所受社会之利益,与同人缔有债务与契约无异。既欠人债,即不能不想还债。故少年预备时期,亦即为少年欠债时期,而工作时期,即为中年还债时期。然吾人一至中年,即距老不远,故不能不储蓄,以为第三期休息之预备。而老年苟有能力,仍为社会服务,不过不及壮年之多耳,止可谓之半息,而不能谓之全息。尝见外国之实业家、教育家、著作家,老而治事,至死后已,即其义也。吾人在校肄业,即为预备及欠债时期,毕业即入还债时期矣。专门部诸君,明日在社会即担任有还债之义务。换言之,即是脱离第一时期,而入第二之工作时期。虽中学科毕业之后,有入大学部或专门部深造者,然亦有在社会上做事者。在社会上做事,亦是入于工作时期。故吾人一生,实以第二时期为最重要。

想　飞

□徐志摩

13

徐志摩 (1896~1931)　名章垿(xù),笔名南湖、云中鹤等。浙江海宁人。现代著名诗人、散文家。著有诗集《志摩的诗》、《翡冷翠的一夜》、《猛虎集》,散文集《落叶》、《巴黎的鳞爪》,小说散文集《轮盘》,日记《爱眉小札》、《志摩日记》等。

假如这时候窗子外有雪——街上,城墙上,屋脊上,都有雪,胡同口一家屋檐下偎着一个戴黑兜帽的巡警,半拢着睡眼,看棉团似的雪花在半空中跳着玩……假如这夜是一个深极了的啊,不是壁上挂钟的时针指示给我们看的深夜,这深就比是一个山洞的深,一个往下钻螺旋形的山洞的深……

确定目标,即意味着为了达到目标必然要把自己逼近艰难困苦的境地中去;不能确定目标,则意味着他是没有这种勇气的人。

——[日]德田虎雄

假如我能有这样一个深夜,它那无底的阴森捻起我遍体的毫管;再能有窗子外不住往下筛的雪,筛淡了远近间扬动的市谣,筛泯了在泥道上挣扎的车轮,筛灭了脑壳中不妥协的潜流……

我要那深,我要那静。那在树阴浓密处躲着的夜莺轻易不敢在天光还在照亮时出来睁眼。

青天里有一点子黑的。正冲着太阳耀眼,望不真,你把手遮着眼,对着那两株树缝里瞧,黑的,有榧子来大,不,有桃子来大——嘿,又移着往西了!

我们吃了中饭出来到海边去(这是英国康槐尔极南的一角,三面是大西洋)。丽丽的叫响从我们的脚底下匀匀地往上颤,齐着腰,到了肩高,过了头顶,高入了云,高出了云。啊,你能不能把一种急震的乐音想象成一阵光明的细雨,从蓝天里冲着这平铺着青绿的地面不住地下? 不,那雨点都是跳舞的小脚,安琪儿的。云雀们也吃过了饭,离开了它们卑微的巢飞往高处做工去。上帝给它们的工作,替上帝做的工作。瞧着,这儿一只,那边又起了两! 一起就冲着天顶飞,小翅膀动活的多快活,圆圆的,不踌躇地飞——它们就认识青天。一起就开口唱,小嗓子动活的多快活,一颗颗小精圆珠子直往外唾,亮亮的唾,脆脆的唾——它们赞美的是青天。瞧着,这飞得多高,有豆子大,有芝麻大,黑刺刺的一屑,直顶着无底的天顶细细地摇——这全看不见了,影子都没了! 但这光明的细雨还是不住地下着……

飞。"其翼若垂天之云……背负苍天,而莫之夭阏者",那不容易见着。我们镇上东关厢外有一座黄泥山,山顶上有一座七层的塔,塔尖顶着天。塔院里常常打钟,钟声响动时,那在太阳西晒的时候多,一枝艳艳的大红花贴在西山的鬓边回照着塔山上的云彩——钟声响动时,绕着塔顶尖,摩着塔顶天,穿着塔顶云,有一只两只有时三只四只有时五只六只蜷着爪往地面瞧的"饿老鹰",撑开了它们灰苍苍的大翅膀没挂恋似的在盘旋,在半空中浮着,在晚风中泅着,仿佛是按着塔院钟的波荡来练习圆舞似的。那是我做孩子时的"大鹏"。有时好天抬头不见一瓣云的时候听着呼呦呦的叫响,我们就知道那是宝塔上的饿老鹰寻食吃来了,这一想象半天里秃顶圆眼的英雄,我们背上的小翅膀骨上就仿佛豁出了一锉锉铁刷似的羽毛,摇起来呼呼响的,只一摆就冲出了书房门,钻入了玳瑁镶边的白云里玩儿去,谁耐烦站在先生书桌前晃着身子背早上上的多难背的书! 啊飞! 不是那在树枝上矮矮地跳着的麻雀儿的飞;不是那凑天黑从堂扁后背冲出来赶蚊子吃的蝙蝠的飞;也不是那软尾巴软嗓子做窠在堂檐上的燕子的飞。要飞就得满天飞,风拦不住云挡不住地飞,一翅膀就跳过一座山头,影子下来遮得阴二十亩稻田的飞,到天晚飞倦了就来绕着那塔顶尖顺着风向打圆圈做梦……听说饿老鹰会抓小鸡!

飞。人们原来都是会飞的。天使们有翅膀,会飞,我们初来时也有翅膀,会飞。我们最初来就是飞了来的,有的做完了事还是飞了去,他们是可羡慕的。但大多数人是忘了飞,有的翅膀上掉了毛不长再也飞不起来,有的翅膀叫胶水给胶住了再也拉不开,有的羽毛叫人给修短了像鸽子似的只会在地上跳,有的拿背上一对翅膀上当铺去典钱使过了期再也赎不回……真的,我们一过了做孩子的日子就掉了飞的本领。但没了翅膀或是翅膀坏了不能用是一件可怕的事。因为你再也飞不回去,你蹲在地上呆望着飞不上去的天,看旁人有福气的一程一程地在青云里逍遥,那多可怜。而且翅膀又不比是你脚上的鞋,穿烂了可以再向妈要一双去,翅膀可不成,折了一根就是一根,没法给补的。还有,单顾着你翅膀也还不定规到时候能飞,你这身子要是不谨慎养太肥了,翅膀力量小再也拖不起,也是一样难不是? 一对小翅膀驮不起一个胖肚子,那情形多可笑! 到时候你听人家高声的招呼说,朋友,回去吧,趁这天还有紫色的光,你听他们的翅膀在半空中沙沙的摇响,朵朵的卷云跳过来拥着他们的肩背,望着最光明的来处翩翩的,冉冉的,轻烟似的化出了你的视域,像云雀似的只留下一泻光明的骤雨——"Thou art unseen,but yet I hear thy Shrill delight"——那你,独自在泥土里淹着,够多难受,够多懊恼,够多寒碜! 趁早留神你的翅膀,朋友。

是人没有不想飞的。老是在这地面上爬着够多厌烦,不说别的。飞出这圈子,飞出这圈子! 到云端里去,到云端里去! 哪个心里不成天千百遍地这么想? 飞上天空去浮着,看地球这弹丸在太空里滚着,从陆地看到海,从海再看回陆地。凌空去看一个明白——这才是做人的趣味,做人的权威,做人的交代。这皮囊要太重挪不动,就掷了它,可能的话,飞出这圈子,飞出这圈子!

人类初发明用石器的时候,已经想长翅膀,想飞。原始人洞壁上画的四不像,它的背上捎着翅膀;拿着弓箭赶野兽的,他那肩背上也给安了翅膀。小爱神是有一对粉嫩的肉翅的。挨开拉斯①是人类飞行史里第一个英雄,第一次牺牲。安琪儿(那是理想化的人)第一个标记是帮助他们飞行的翅膀。那也有沿革——你看西洋画上的表现。最初像是一对精致的令旗,蝴蝶似的粘在安琪儿们的背上,像真的,不灵动的。渐渐的翅膀长大了,地位安准了,毛羽丰满了。画图上的天使们长上了真的可能的翅膀。人类初次实现了翅膀的观念,彻悟了飞行的意义。挨开拉斯不死的灵魂,回来投生又投生。人类最大的使命,是制造翅

---

① 挨开拉斯,现译伊卡罗斯,古希腊传说中的能工巧匠代达洛斯的儿子。他用蜂蜡粘贴羽毛制成翅膀,腾空飞翔,后因蜂蜡被晒化而坠海身亡。

要是你晓得善用人生,生命毕竟是悠长的。
——[古罗马]塞涅卡

膀，最大的成功是飞！理想的极度，想象的止境，从人到神！诗是翅膀上出世的；哲理是在空中盘旋的。飞：超脱一切，笼盖一切，扫荡一切，吞吐一切。

你上那边山峰顶上试去，要是爬不到这边山峰上，你就得到这万丈的深渊里去找你的葬身地！"这人形的鸟会有一天试他第一次的飞行，给这世界惊骇，使所有的著作赞美，给他所从来的栖息处永久的光荣。"啊达文謇(jiǎn)！

但是飞？自从挨开拉斯以来，人类的工作是制造翅膀，还是束缚翅膀？这翅膀，承上了文明的重量，还能飞吗？都是飞了来的，还都能飞了回去吗？钳住了，烙住了，压住了——这人形的鸟会有试他第一次飞行的一天吗？

同时天上那一点子黑的已经迫近在我的头顶，形成了一架鸟形的机器，忽地机沿一侧，一球光直往下注，砰的一声炸响——炸碎了我在飞行中的幻想，青天里平添了几堆破碎的浮云。

人生的境界

□冯友兰

冯友兰(1895～1990)　字芝生，河南唐河人。现当代哲学家、哲学史家。二十世纪三十年代编著的《中国哲学史》，确定了其作为中国哲学史学科主要奠基人的地位。抗战期间连续撰写出版了"贞元六书"，创立了新理学思想体系，成为中国当时影响最大的哲学家。

哲学的任务是什么？我曾提出，按照中国哲学的传统，它的任务不是增加关于实际的积极的知识，而是提高人的精神境界。在这里更清楚地解释一下这个话的意思，似乎是恰当的。

我在《新原人》一书中曾说，人与其他动物的不同，在于人做某事时，他了解他在做什么，并且自觉地在做。正是这种觉解，使他正在做的事对于他有了意义。他做各种事，有各种意义，各种意义合成一个整体，就构成他的人生境界。如此构成各人的人生境界，这是我的说法。不同的人可能做相同的事，但是各人的觉解程度不同，所做的事对于他们也就各有不同的意义。每个人各有自己的人生境界，与其他任何个人的都不完全相同。若是不管这些个人的差异，我们可以把各种不同的人生境界划分为四个等级。从最低的说起，它们是：自然境界、功利境界、道德境界、天地境界。

一个人做事，可能只是顺着他的本能或其社会的风俗习惯，就像小孩和原始人那样，他做他所做的事，然而并无觉解，或不甚觉解。这样，他所做的事，对于他就没有意义，或很少意义。他的人生境界，就是我所说的自然境界。

一个人可能意识到他自己，为自己而做各种事。这并不意味着他必然是不道德的人。他可以做些事，其后果有利于他人，其动机则是利己的。所以他所做的各种事，对于他，有功利的意义。他的人生境界，就是我所说的功利境界。

还有的人，可能了解到社会的存在，他是社会的一员。这个社会是一个整体，他是这个整体的一部分。有这种觉解，他就为社会的利益做各种事，或如儒家所说，他做事是为了"正其义不谋其利"。他真正是有道德的人，他所做的都是符合严格的道德意义的道德行为。他所做的各种事都有道德的意义。所以他的人生境界，是我所说的道德境界。

最后，一个人可能了解到超乎社会整体之上，还有一个更大的整体，即宇宙。他不仅是社会的一员，同时还是宇宙的一员。他是社会组织的公民，同时还是孟子所说的"天民"。有这种觉解，他就为宇宙的利益而做各种事。他了解他所做的事的意义，自觉地正在做他所做的事。这种觉解为他构成了最高的人生境界，就是我所说的天地境界。

这四种人生境界之中，自然境界、功利境界的人，是人现在就是的人；道德境界、天地境界的人，是人应该成为的人。前两者是自然的产物，后两者是精神的创造。自然境界最低，往上是功利境界，再往上是道德境界，最后是天地境界。它们之所以如此，是由于自然境界，几乎不需要觉解；功利境界、道德境界，需要较多的觉解；天地境界则需要最多的觉解。道德境界有道德价值，天地境界有超道德价值。

照中国哲学的传统，哲学的任务是帮助人达到道德境界和天地境界，特别是达到天地境界。天地境界又可以叫做哲学境界，因为只有通过哲学，获得对宇宙的某些了解，才能达到天地境界。但是道德境界，也是哲学的产物。道德认为，并不单纯是遵循道德律的行为；有道德的人也不单纯是养成某些道德习惯的人。他行动和生活，都必须觉解其中的道德原理，哲学的任务正是给予他这种觉解。

生活于道德境界的人是贤人，生活于天地境界的人是圣人。哲学教人以怎样成为圣人的方法。我在前文中指出，成为圣人就是达到人作为人的最高成就。这是哲学的崇高任务。

在《理想国》中，柏拉图说，哲学家必须从感觉世界的"洞穴"上升到理智世界。哲学家到了理智世界，也就是到了天地境界。可是天地境界的人，其最高成就，是自己与宇宙同一，而在这个同一中，他也就超越了理智。

中国哲学总是倾向于强调，为了成为圣人，并不需要做不同于平常的事。他不可能表演奇迹，也不需要表演奇迹。他做的都只是平常人所做的事，但是由于有高度的觉解，他所做的事对于他就有不同的意义。换句话说，他是在觉悟状态做他所做的事，别人是在无明状态做他们所做的事。禅宗有人说，觉字乃万妙之源。由觉产生的意义，构成了他的最高的人生境界。

所以中国的圣人是既入世而又出世的，中国的哲学也是既入世而又出世的。随着未来的科学进步，我相信，宗教及其教条和迷信，必将让位于科学，可是人对于超越人世的渴望，必将由未来的哲学来满足。未来的哲学很可能是既入世而又出世的。在这方面，中国哲学可能有所贡献。

人生的意义

□ [日] 汤川秀树

汤川秀树（1907～1981） 日本物理学家。大阪大学哲学博士。曾任京都帝国大学、东京帝国大学教授。著有《量子力学导论》、《基本粒子理论导论》等。他的成就促成了日本物理学的发展。获一九四九年诺贝尔物理学奖。

同学们都很年轻，你们面前有着广阔的前途。平均起来你们今后将有六十年左右的寿命，也就是说，你们将跨过二十世纪进入二十一世纪。在这个时期里，世界将会发生什么变化呢？回忆一下二十世纪前半叶的六十年代中期，世界上发生了显著的变化，由此可以想象到未来的五六十年中也将产生难以估量的巨大飞跃。

究竟人世间演变的起因何在？当然，不难想象有地震、台风、洪水等自然因素造成的变迁。不过,这种自然因素的影响只是暂时的,尽管是重大事件也绝不会产生永久性的影响。从长远来看,可以说主要的还是人类的所作所为带来了世界的变化。

以交通的发达为例,现在汽车、飞机的数量大增,速度加快,再加上通讯事业迅速发展,电话、广播、电视也已经普及,这些都为世界带来了不少变化。诸如此类的变化今后还会应时而生、层出不尽。

若考究一下发生这些变化的原因,就会发现:最大的因素是人类知识、技术的进步。简而言之,即科学的进步引起了世界的变化。众所周知科学是人类创造、思维的结晶,是人们在有生之年辛勤工作的点滴积累。不光科学,人类还有许多其他活动也推动了社会的发展。关键问题是今后的世界还将由活着的人们奋斗不息地发展下去。

因此,我希望同学们深刻认识到,你们自己也是这活着的人群中的一员。如果有人认为:我的力量微不足道,根本不可能去改变一个世界,所以自己除了顺应社会趋势,随波逐流,别无所能。这种想法是极端错误的。因为尽管每个人的力量是十分微薄的,但是不能否认正是这些个人不懈努力的结果,才使社会得以发展、变化。

但是变化本身也有多种多样,究竟朝什么方向演变才好,这又是一个问题。我们应当努力设法使世界朝着光明的道路发展,而不要走向其相反的方向。要下定决心为把世界逐步引向光明的道路,而贡献自己微薄的力量——不光有决心,更要采取实际行动。我们应当认识到这样生活才是真正有意义的。

为了建设好这个世界,应当采取什么方法来贡献自己的力量呢?不用说,那是因人而异的吧。即使定下了今后努力的目标,选择出适当的道路,并已开始在这条道路上前进,也未必能够获得成功,或许会以失败而告终。究竟成功与否,谁也无法预测,不可能先知先觉。我相信只要努力就有成功的希望,从而竭尽全力去干,这便体现了人生在世的真正价值。

人们常说,现在的年轻人比起前人现实多了。也就是说他们开始关心将来,想方设法使自己的晚年过得更加舒适。这种考虑也许是人之常情,未必是坏事。但是如果青年人一味考虑个人生活的安逸,未免令人失望。而且,如果他们以为未来和现实不会有多大的差异,因而只是考虑在眼前这个圈子里,如何生活得更好,那就不仅是令人失望,而且是幼稚可笑的。

有人认为:"别人都考某某大学,所以我也要进某某大学。""要是能进某某公司工作,将来生活就有保障。为了能进某某公司,大概先进某某大学比较合适。"这类消极的想法如果充斥青年人的头脑,前景会是什么样子呢?

如果允许我再过一次人生,我愿意重复我的生活。因为,我向来就不后悔过去,不惧怕将来。

——[法]蒙 田

如果日本全国都是这样的青年集会在一起，会有什么结果呢？到那时日本人在这个地球上将变得十分渺小，失去影响。不仅如此，在日益激烈的国际竞争中，特别是创造文化价值的竞争中，日本将成为十足的落伍者。这样下去，日本人的个人生活也会在精神和物质方面双双遭到破产。

本来，在现实或将来的社会上，每一个个人的问题与社会全体的问题，推而广之和全世界的问题，是绝对不能分割的。由此可以懂得前面所说的"现实主义态度"，或者用个贬义词，叫做利己主义的生活态度，它乍看起来似乎稳妥可靠，实际并非如此。青年中至少应有一部分人能够立志摆脱个人打算，怀着崇高的理想向前迈进。如果连这一点也做不到，那么日本也好，世界也好，便不会朝着进步的方向发展。这种结局所带来的恶果又将会反过来影响到每一个个人，给人们带来巨大的不幸。前面我已讲过，抱着崇高理想前进的人，即便不能获得完全成功，那种生活也具有重大意义。我认为觉悟到生活的意义而活在世上才是真正的现实主义的生活方式。

匆　匆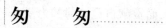

□朱自清

　　朱自清(1898～1948)　号秋实，字佩弦。原籍浙江绍兴，生于江苏东海。著名散文家，诗人。一九三二年任清华大学中文系主任。抗战时期随校南迁，任西南联大教授，讲授《宋诗》、《文辞研究》等课程。一九四六年返京任清华大学中文系主任。主要著作有诗歌《睡罢，小小的人》、《毁灭》等，散文《桨声灯影里的秦淮河》、《背影》、《荷塘月色》等。

燕子去了，有再来的时候；杨柳枯了，有再青的时候；桃花谢了，有再开的时候。但是，聪明的，你告诉我，我们的日子为什么一去不复返呢？是有人偷了他们吧：那是谁？又藏在何处呢？是他们自己逃走了吧：现在又到了哪里呢？

我不知道他们给了我多少日子，但我的手确乎是渐渐空虚了。在默默里算着，八千多日子已经从我手中溜去，像针尖上一滴水滴在大海里，我的日子滴在时间的流里,没有声音,也没有影子。我不禁头涔涔而泪潸潸了。

去的尽管去了,来的尽管来着;去来的中间,又怎样的匆匆呢?早上我起来的时候,小屋里射进两三方斜斜的太阳。太阳他有脚啊,轻轻悄悄地挪移了;我也茫茫然跟着旋转。于是——洗手的时候,日子从水盆里过去;吃饭的时候,日子从饭碗里过去;默默时,便从凝然的双眼前过去。我觉察他去的匆匆了,伸出手遮挽时,他又从遮挽着的手边过去,天黑时,我躺在床上,他便伶伶俐俐地从我身上跨过,从我脚边飞去了。等我睁开眼和太阳再见,这算又溜走了一日。我掩着面叹息,但是新来的日子的影儿又开始在叹息里闪过了。

在逃去如飞的日子里,在千门万户的世界里的我能做些什么呢?只有徘徊罢了,只有匆匆罢了;在八千多日的匆匆里,除徘徊外,又剩些什么呢?过去的日子如轻烟,被微风吹散了,如薄雾,被初阳蒸融了;我留着些什么痕迹呢?我何曾留着像游丝样的痕迹呢?我赤裸裸来到这世界,转眼间也将赤裸裸地回去吧?但不能平的,为什么偏要白白走这一遭啊?

你聪明的,告诉我,我们的日子为什么一去不复返呢?

第 一 辑 拒 绝 平 庸

生命的滋味

□ (台湾) 席慕蓉

21

席慕蓉 女,台湾著名散文作家。一九四三年生于四川重庆,蒙古族人,祖籍内蒙古,一九四九年迁至香港,后随家定居台湾。著有《七里香》、《无怨的青春》、《有一首歌》、《同心集》等。

一

电话里,T告诉我,他为了一件忍无可忍的事,终于发脾气骂了人。我问他,发了脾气以后,会后悔吗?

他说:"我要学着不后悔,就好像在摔了一个茶杯之后又百般设法要再粘起来的那种后悔,我不要。"

熄灭吧,熄灭吧,瞬间的灯火。人生只不过是行走着的影子。
——[英]莎士比亚

我静静聆听着朋友低沉的声音,心里忽然有种怅惘的感觉。我们在少年时原来都有着单纯与宽厚的灵魂啊!为什么?为什么一定要在成长的过程里让它逐渐变得复杂与锐利?在种种牵绊里不断伤害着自己和别人?还得要学不去后悔,这一切,都是为了什么呢?

　　那一整天,我耳边总会响起瓷杯在坚硬的地面上破裂的声音,那一片一片曾经怎样光润如玉的碎瓷在刹那间迸飞得满地。我也能学会不去后悔吗?

二

　　　　如果我真正爱一个人,则我爱所有的人,我爱全世界,我爱生命。
　　如果我能够对一个人说"我爱你",则我必能够说"在你之中我爱一切人,通过你,我爱全世界,在你生命中我也爱我自己"。

——E.佛洛姆

　　原来,爱一个人,并不仅仅只是强烈的感情而已,它还是"一项决心,一项判断,一项允诺"。

　　那么,在那天夜里,走在乡间滨海的小路上,我忽然间有了想大声呼唤的那种欲望也是非常正常的了。

　　我刚刚从海边走过来,心中仍然十分不舍把那样细白洁净的沙滩抛在身后。那天晚上,夜凉如水,宝蓝色的夜空里星月交辉,我赤足站在海边,能够感觉到浮面沙粒的温热干爽和松散,也能够同时感觉到再下一层沙粒的湿润清凉和坚实,浪潮在静夜里声音特别缓慢,特别轻柔。

　　想一想,要多少年的时光才能装满这一片波涛起伏的海洋?要多少年的时光才能把山石冲蚀成细柔的沙粒并且将它们均匀地铺在我的脚下? 要多少年的时光才能酝酿出这样一个清凉美丽的夜晚?要多少多少年的时光啊!这个世界才能够等候到我们的来临?

　　若是在这样的时刻里还不肯还不敢说出久藏在心里的秘密;若是在享有的时候还时时担忧它的无常,若是在爱与被爱的时候还时时计算着什么时候会不再爱与不再被爱。那么,我哪里是在享用我的生命呢?我不过是不断地在浪费它、在摧折它而已。

　　那天晚上,我当然还是要离开,我当然还是要把海浪、沙岸,还有月光都抛在身后。可是,我心里却还是感激着的,所以才禁不住想向这整个世界呼唤起来:"谢谢啊!谢谢这一切的一切啊!"

我想，在那宝蓝色深邃的星空之上，在那亿万光年的距离之外，必定有一种温柔和慈悲的力量听到了我的感谢，并且微微俯首向我怜爱地微笑起来了吧。

　　在我大声呼唤着的那一刻，是不是也同时下了决心，作了判断，有了承诺了呢？

　　如果我能够学会了去真正地爱我的生命，我必定也能够学会了去真正地爱人和爱这个世界。

<h1 style="text-align:center">三</h1>

　　所以，请让我学着为自己的行为负责，请让我学着不去后悔，当然，也请让我学着不要重复自己的错误。

　　请让我终于明白，每一条走过来的路径都有它不得不这样跋涉的理由；请让我终于相信，每一条要走上去的前途也有它不得不那样选择的方向。

　　请让我生活在这一刻，让我去好好地享用我的今天。

　　在这一切之外，请让我领略生命的卑微与尊贵。让我知道，整个人类的生命就犹如一件一直在琢磨着的艺术创作，在我之前早已有了开始，在我之后也不会停顿不会结束，而我的来临我的存在却是这漫长的琢磨过程之中必不可少的一点，我的每一种努力都会留下印记。

　　请让我，让我能从容地品尝这生命的滋味。

第一辑 拒绝平庸

23

没有了希望，一个人就不能维持他的信仰，保守他的精神，或保全他的内心的纯洁。

——[法]巴尔扎克

过去的日子如轻烟,被微风吹散了,如薄雾,被初阳蒸融了;我留着些什么痕迹呢?我何曾留着像游丝样的痕迹呢?我赤裸裸来到这世界,转眼间也将赤裸裸地回去吧?但不能平的,为什么偏要白白走这一遭啊?

第 二 辑
成功并不神秘

　　所有的成功者都拥有一个共同点，那就是他们都是信仰宇宙运行因果规律的人。他们相信，自始至终，事物的发展依靠的是对规律的遵循，而不是靠运气。这种对因果规律、对人类生存的法则以及对于报偿、对于"无中得有"的信仰，都贯彻在成功者有价值的想法之中，并且制约着这些上进者的每一次努力。

致 富 之 道

□ [美] 本杰明·富兰克林

受·益·一·生·的·人·生·智·慧·书

本杰明·富兰克林(1706～1790) 美国启蒙运动的开创者,政治家、科学家、实业家和独立革命的领导人之一。参加起草《独立宣言》。发明了避雷针,在研究大气电方面作出重要贡献。

有钱的唯一好处就在于用钱。如果你是一个节俭而诚实的人,一年六英镑就可以当一百英镑的钱使用。

一天消费四便士的人,一年就消费六个多英镑,而六英镑相当于一百英镑的使用价值。

每天虚度值一便士的时间的人,日复一日,等于消费了每天使用一百英镑的权利。

一个游手好闲而损失了价值五先令时间的人,就是失去了五个先令,他还不如把五先令扔进河里的好。

一个失去五先令的人,不仅失去了那笔钱,还失去了把钱用于经商可能带来的好处,而一个年轻人到年老的时候这笔钱就会等于一笔可观的财产。

还有,一个赊账出售物品的人,对他所售货物要求的价格相当于货物的本钱加上他暂时不能利用的那笔钱的利息。因此,一个赊账购买的人,要为他所买的货物支付利息。而一个用现金购买的人,如果不买的话,是可以把那笔钱借给别人使用的。所以,一个拥有任何买来的东西的人,都要为使用这东西而支付利息。

当你感到一种引诱,想要买任何并不急需的家用品,或任何不必要的东西的时候,你就要好好考虑一下,你是否愿意为它支付利息,并且终身为它利上加利;如果这东西是会用坏的,那么还要付得更多。

然而,在买东西时,最好还是付现金,因为赊账售物的人,估计由于吃倒账会损失百分之五,所以把赊售的所有货物都要加码,以弥补这笔损失。

那些赊账购物的人,得支付他们所应分担的这笔加码的价款。

而用现金购物的人,则不需或可能不需支付这笔钱。

省下的一便士是不折不扣的两便士,每天节约一丁点儿一年就是一大笔。

从大海沉船上救出自己

□ 胡 适

当五月七日(一九二五年)北京学生包围章士钊宅,警察拘捕学生的事件发生以后,北京各学校的学生团体即有罢课的提议。有些学校的学生因为北大学生会不曾参加五七的事,竟在北大第一院前辱骂北大学生不爱国。北大学生也有很愤激的,有些人竟贴出布告攻击北大代理校长蒋梦麟媚章媚外。然而几日之内,北大学生会举行总投票表决罢课问题,共投一千一百多票。反对罢课者八百余票,这件事真使一班留心教育问题的人心里欢喜。可喜的不在罢课案的被否决,而在:一、投票之多;二、手续的有秩序;三、学生态度的镇静。我的朋友高梦旦在上海读了这段新闻,写了一封长信给我,讨论此事,说,这样做去,便是在求学的范围以内做救国的事业,可算是在近年学生运动史上开一个新纪元。只可惜我还没有回高先生的信,上海五卅的事件已发生了,前二十天的秩序与镇静都无法维持了。于是六月三日以后,全国学校遂都罢课了。

这也是很自然的。在这个时候,国事糟到这步田地,外间的刺激这么强,上海的事件未了,汉口的事件又来了,接着广州、南京的事件又来了。在这个时候,许多中年以上的人尚且忍耐不住,许多六十老翁尚且要出来慷慨激昂地主张宣战,何况这无数的少年男女学生呢?

我们观察这七年来的"学潮",不能不算民国八年(一九一九年)的五四事件与今年的五卅事件为最有价值。这两次都不是有什么作用,事前预备好了然后发动的;这两次都只是一般青年学生的爱国血诚,遇着国家的大耻辱,自然爆发,纯然是烂漫的天真,不顾利害地干将去,这种"无所为而为"的表示是真实的,可敬爱的。许多学生都是不愿意牺牲求学的时间的。只因为临时发生的问题

27

人生像在群众面前拉小提琴,边拉边学。

——[英]巴特勒

太大了,刺激太强烈了,爱国的感情一时迸发,所以什么都顾不得了,功课也不顾了,秩序也不顾了,辛苦也不顾了。所以北大学生总投票表决不罢课之后,不到二十天,也就不能不罢课了。二十日前不罢课的表决可以表示学生不愿意牺牲功课的诚意,二十日后毫无勉强地罢课参加救国运动,可以证明此次学生运动的牺牲的精神。这并非前后矛盾:有了前回的不愿牺牲,方才更显出后来的牺牲之难能而可贵。岂但北大一校如此?国中无数学校都有这样的情形。

但群众的运动总是不能持久的,这并非中国人的"虎头蛇尾"、"五分钟的热度",这是世界人类的通病。所谓"民气",所谓"群众运动",都只是一时的大问题刺激起来的一种感情上的反应。感情的冲动是没有持久性的;无组织又无领袖的群众行动是最容易松散的。我们不看见北京大街的墙上大书着"打倒英日"、"不要五分钟的热度"吗? 其实写那些大字的人,写成之后,自己看着很满意,他的"热度"早已消除大半了。他回到家里,坐也坐得下了,睡也睡得着了。所谓"民气",无论在中国在欧美,都是这样:突然而来,倏然而去。几天一次的公民大会,几天一次的示威游行,虽然可以勉强多维持一会儿,然而那回天安门打架之后,国民大会也就不容易召集了。

我们要知道,凡关于外交的问题,民气可以督促政府,政府可以利用民气,民气与政府相为声援方才可以收效。没有一个像样的政府,虽有民气,终不能单独成功。因为外国政府绝不能直接和我们的群众办交涉,民众运动的影响(无论是一时的示威或是较有组织的经济抵制)终是间接的。一个健全的政府可以利用民气做后盾,在外交上可以多得胜利,至少也可以少吃点亏。若没有一个能运用民气的政府, 我们可以断定民众运动的牺牲的大部分是白白地糟蹋了的。

倘使外交部于六月二十四日同时送出沪案及修改条约两照会之后即行负责交涉,那时民气最盛,海员罢工的声势正大,沪案的交涉至少可以得一个比较满人意的结果。但这个政府太不像样了:外交部不敢自当交涉之冲,却要三个委员来代肩末梢;三个委员都是很聪明的人,也就乐得三揖三让,延搁下去。他们不但不能用民气,反惧怕民气了! 况且某方面的官僚想借这风潮延长现政府的寿命;某方面的政客也想借这问题延缓东北势力的侵逼。他们不运用民气来对付外人,只会利用民气来便利他们自己的志气! 于是一误,再误,至于今日,沪案及其他关联之各案丝毫不曾解决,而民气却早已成了强弩之末了!

上海的罢工本是对英日的,现在却是对邮政当局、商务印书馆、中华书局了。北京的学生运动一变而为对付杨荫榆,又变而为对付章士钊了。广州对英的事件全未了结,而广州城却早已成为共产与反共产的血战场了。三个月的

"爱国运动"的变相竟致如此!

这时候有一件差强人意的事,就是全国学生总会决议秋季开学后各地学生应一律到校上课,上课后应努力于巩固学生会的组织,为民众运动的中心。北京学联会也决议北京各校同学于开学前务必到校,一面上课,一面仍继续进行。

这是很可喜的消息。全国学生总会的通告里并且有"五卅运动并非短时间所可解决"的话。我们要为全国学生下一转语:救国事业更非短时间所能解决;帝国主义不是赤手空拳打得倒的;"英日强盗"也不是几千万人的喊声咒得死的。救国是一件顶大的事业:排队游街,高喊着"打倒英日强盗",算不得救国事业,甚至于砍下手指写血书,甚至于蹈海投江,杀身殉国,都算不得救国的事业。救国的事业需要有各色各样的人才;真正的救国的预备在于把自己造成一个有用的人才。

易卜生说的好:"真正的个人主义在于把你自己这块材料铸造成个东西。"

他又说:"有时候我觉得这个世界就好像大海上翻了船,最要紧的是救出我自己。"在这个高唱国家主义的时期,我们要很诚恳地指出:易卜生说的"真正的个人主义"正是到国家主义的唯一大路。救国须从救出你自己下手!

学校固然不是造人才的唯一地方,但在学生时代的青年却应该充分地利用学校的环境与设备来把自己铸造成个东西。我们须要明白了解:

救国千万事,何一不当为?
而吾性所适,仅有一二宜。

认清了你"性之所近,而力之所能勉"的方向,努力求发展,这便是你对国家应尽的责任,这便是你的救国事业的预备工夫。国家的纷扰,外间的刺激,只应该增加你求学的热心与兴趣,而不应该引诱你跟着大家去呐喊,呐喊救不了国家。即使呐喊也算是救国运动的一部分,你也不可忘记你的事业有比呐喊重要十倍百倍的。你的事业是要把你自己造成一个有眼光有能力的人才。

你忍不住吗? 你受不住外面的刺激吗? 你的同学都出去呐喊了,你受不了他们的引诱与讥笑吗? 你独坐在图书馆里觉得难为情吗? 你心里不安吗? 这也是人情之常,我们不怪你:我们都有忍不住的时候。但我们可以告诉你一两个故事,也许可以给你一点鼓舞——德国大文豪歌德在他的年谱里曾说,他每遇着国家政治上有大纷扰的时候,他便用心去研究一种绝不关系时局的学问,使他的心思不致受外界的扰乱。所以拿破仑的兵威逼迫德国最厉害的时期里,歌德天天用功研究中国的文物。又当利俾瑟之战的那一天哥德正关着门,做他的名著 Esex 的"尾声"。

德国大哲学家费希特是近代国家主义的一个创始者。然而,他当普鲁士被拿破仑践破之后的第二年(一八〇七年)回到柏林,便着手计划一个新的大学——即今日之柏林大学。那时候,柏林还在敌国驻兵的掌握里。费希特在柏林继续讲学,在很危险的环境里发表他的《告德意志民族》。往往在他讲学的课堂上听得见敌人驻兵操演回来的声音。他这一套讲演——《告德意志民族》——忠告德国人不要灰心丧志,不要惊慌失措。他说,德意志民族是不会亡国的,这个民族有一种天赋的使命,就是要在世间建立一个精神的文明——德意志的文明,他说:这个民族的国家是不会亡的。

后来费希特计划的柏林大学变成了世界第二个最有名的学府。他那部《告德意志民族》不但变成了德意志帝国建国的一个动力,并且成了十九世纪全世界的国家主义的一种经典。

上边的两段故事是我愿意介绍给全国的青年男女学生的。我们不期望人人都做歌德与费希特。我们只希望大家知道:在一个扰攘纷乱的时期里跟着人家乱跑乱喊,不能就算是尽了爱国的责任,此外还有更难更可贵的任务:在纷乱的喊声里,能立定脚跟,打定主意,救出你自己,努力把你这块材料铸造成个有用的东西!

成功十要素

□ [美] 康拉德·希尔顿　明　达/译

康拉德·希尔顿(1887～1979)　世界旅馆业大王,国际希尔顿旅馆的创始人。

我们每一个人,家庭主妇、政治家、木匠、圣人,甚或商人,都在为成功而奋斗。每个人前进的动力,都建立在完成愿望之上,并在他所选择的行业中一步步走向成熟。

成功又是什么呢?

成功不是用金钱来衡量的,许多富有之人反而不懂得生活的艺术。

　　是的,工人是按工作能力支取酬金的,可是他的成就绝不是靠银行里的存款所能估量的。拿甘地来说,这位伟大的印度政治家,死后留下的财产不过是两只饭碗、两双拖鞋、一副眼镜、一只老式怀表,如此而已。海伦·凯勒,这个成功的典范,曾克服了常人所难以想象的障碍,证明了盲聋之人并非毫无前途,而使千万个与她一样不幸的人得到启发,不再消沉。圣弗兰西斯,影响过多少王族统治者、高僧圣者、艺术家,以至凡夫俗子,在他死后七百年的今天,他的影响力仍然深植于人心之中,他可算是最有成就的穷人了。

　　一个人成功的标准不在于他得到多少,而在于他付出多少。

　　我们怎样知道这人是否成功呢? 看他银行的户头吗? 绝不是! 我的家乡沙卡洛,终于判定我是个成功的人,不是由于我买下了"华尔道夫",而是由于我能够为纪念我的双亲,建造了希尔顿山的卡莫学校和罗瑞图修女们的一座修道院。施韦策医生因献身于非洲而为人们所景仰,鲁宾斯坦大师的音乐造诣给人们带来了心灵的美,谐星鲍勃霍伯更因他的笑声为世人带来了欢乐。

　　成功的生涯所结的果子不是物质上的,而是在我们发挥才华之中所得到的满足。善用上帝赐下的智慧才能,并听从它的指引,它必支持你,保佑你。

　　以下是一些使我们每一个人都能够成功的要素:

　　第一,发掘自己独特的才华。正如我们每个人生来指纹不同一样,我们个人的才华亦各有不同。这不是说,世上可以不需要有两个家庭主妇或两个木匠,大家都去各行其是好了,而是说,我们虽然都有一双手,而这手指上的指纹,可完全是你个人独具的。

　　爱默生曾说:"每个人都有他自己的使命,他的才能就是上天给他的召唤……他习娴于某些事情,也容易把某些事情做好,说不定这事是别人做不好的……一个人的抱负也会与自己的能力相当,而巅峰的高度,正和基础的广度成正比。"

　　发掘出独具的才能,这是第一步。如果我们一味地人云亦云,没有自己的主见,表面上的成功将不足以遮掩那极大的挫败。

　　别为了要花时间找立足之处而烦恼!

　　我就花了三十二年的时间去发掘自己的长处,开始时还不是个小职员,事后证明,这没有什么可耻。华盛顿起初也不过是个验货员,毛姆提笔写作以前读的是医科,施韦策三十几岁以前是个神学生、音乐家,他毅然辞去神学院教授之职而去研读医学,将一生贡献于非洲的丛林,行医救人;使徒彼得,早先也只是个捕鱼的人而已。

　　有远大抱负的人不可忽略眼前的工作。

　　　　　　　　　　　——[古希腊]欧里庇得斯

没有人生来是个浪游者，是个怨天尤人的人。每个人都有权利，以谦卑虔诚之心去寻求一个神圣的计划，找到他所占的一席之地。我特别勉励年轻人要大胆进取，因为长一辈的人，和年俸之类的薪酬，往往将年轻人拉到一条安定的轨辙之内，而不去开发他自己的灿烂多彩的世界。

别为找不出自己的长处而烦恼，先发掘自己到底有些什么吧！

一个穷希腊人到雅典一家银行去应征一个守卫的工作，人家问他会不会写字，他摇摇头说，只会写自己的名字。他没有得到工作，只好借了点钱，渡海来到美国。

若干年后，一位希腊大企业家在华尔街的豪华办公室召开了记者招待会，结尾时一位记者对他说："你该写本回忆录了。"

"不可能，"这位绅士笑道，"我根本不会写字。"记者大吃一惊。

他接着说："任何事情都有得必有失。如果我会写字，今天我就仍然是个守卫而已。"

第二，志向要大，想法要宏伟，做法要大方，梦想也要远大。

你自己做的模子有多大，你所能发展的价值就有那么多。想做一个好家庭主妇、好厨子、精练的木匠，不需要付出太多的精力来期盼。有很多人一事无成，就是由于他们错估了自己的能力，妄自菲薄，以至于成就也就缩小了。一块价值五元的生铁铸成马蹄铁后，可以值十块半；若制成工业上的磁针之类，必值三千多元；倘若制成手表发条以后，身价即跳跃至二十五万元之多。

你，也正是如此。

一次，我受托为圣约翰医院征募四十万元。那些董事会的成员们如凯兹等人，都认为我担当此事绝无问题，但我实在觉得很难胜任，这里几百元，那里几百元的，就算有个上千的，这工作要多久才完成得了！我突然很想向他们承认，我不像他们所想象的那么伟大。

我已快要向他们开口说："我不行——"这时火光一现，刹那间，我发觉我必须完成此事。只要变一下方法就得了，不要用那个小法子，干脆找上两千个人，每个人捐两百元，就用这个大办法。

于是，我写了一封连锁信给我认为出得起的那些人，并再列了一份候补的名单，一旦连锁信中的某人不愿投资，就从候补人中选出两个递补上去，若这两个不行，再找四个。最后，我终于完成了这个我以为不可能做到的事。

第三，诚实。在我们每个人的意念中，都具有比不欺骗，不说谎，不偷窃更积极的道德观。我的母亲在餐桌上总是耳提面命两句古老的成语，一是莎士比亚的："你若对自己诚实，日积月累，就无法对别人不忠了。"另一则是史考特的："我们一开始撒谎，就陷入了紊乱的网罗里！"

自欺的人愈会欺人。只要一开始欺哄别人，此后将永无止境。的确，有时候我们不能毫无遮掩，但是几乎所有的现代精神医学理论都深信，自欺将是潜意识中烦扰的根源。

就我个人来说，我相信母亲的这两句老生常谈，胜过如今的镇定剂。

第四，热忱。在我的经验中，热忱是完成任何事情都不可缺少的条件。你或许有才华，但才华也必须借助热切的精神，才能发挥尽致。热忱是一种无穷无尽的动力，因此，你需要以智慧克制它，善用它，以求更臻完美。

倘若你以热忱来生活，你将不知道生命的怠惰为何事。建造过伦敦五十二座教堂的建筑师兰恩爵士，在八十六岁时退休。此后的五年内，他仍尽心于学问，努力追求文学、天文学及宗教上的知识。古罗马政治家凯图，到了八十岁还学习希腊文，而希腊的历史学家布拉塔克，几乎已近衰老之年才开始研习拉丁文。意大利的作曲家威尔第，到了七八十岁，还作出了像《奥塞罗》、《孚斯塔夫》这样不朽的歌剧。除了热忱，还有什么能使生命延续得如此多姿多彩？

每一个人都会面临困境，是什么力量促使他们通过试炼，不断地努力工作并祷告呢？那就是生命的热忱。你必须把全部的热忱投注在生命中的一切上面——宗教、工作、家庭、消遣。只有如此，生命源源不绝的力量才能涌现出来，鼓励你不断地进步。

第五，不要让你所拥有的东西占据了你的心思意念。我曾经拥有一切，但事实上也是什么都没有。在我的"圣经"中，并未提到"钱"是万恶之根，事实上，有对金钱的贪欲之心才是，不只是对金钱，对所有物品皆是如此。

但倘若你发现，你失去某样东西以后好像就活不下去了，那么你最好把这件东西丢掉。如此，你才能获得真正的自由。

我们都晓得贪心的猴子的故事。它把手伸进窄口瓶，满满抓了一把核桃，结果手抽不出来，但它还是不肯放松一点。我们都会笑它："蠢东西！这样永远都拿不到东西的，把手稍松开一点不就得了吗？"我们都会这么笑它，可是我们是不是也会像它那样呢？

第六，不要过于忧虑。成功的生活是平衡的，无论在思想、行为、休息、娱乐各方面都是如此。懂得生活艺术的人，既不会工作到累得要死的地步，也不至于玩乐到精疲力竭的地步。已成习惯的忧虑者是不平衡的，就像只衔了根骨头的狗一样。所谓"问题"，就是一种促使我们要去寻找解答的困扰，而找到了答案之后，我们就该平静下来，无论身心皆应如此，不然我们就只会继续困扰下去。如果你已尽了一天当尽之责，太阳已沉落西山，而你还在焦虑不已，这样将

从不充分的前提中推断出充分的结论，这种艺术就是人生。
——[英]巴特勒

毫无用处。

我们都希望问题能照自己的意愿尽快解决,但事实上,忧虑不能解决任何问题。我们可以借着祈祷、思考、行动来解决问题,而不要光是忧虑,否则只会扩大问题,产生出怨恨和自怜。

第七,不要依恋过去。不要老是悔恨,也不要老是渴望,否则就等于把自己捆绑在过去的记忆中。昨日已去,如何从昨日的过错中吸取教益,这才是明智之举。攀附在过去的光荣事迹上是不可救药的愚笨,你将会画地自限,无法自拔。未来是无限的,过去的经验,不过是今日的基础罢了。一个走路常常回头后顾的人,是很容易失足跌到阴沟里去的。

第八,尊重别人,而不要轻视任何人。随便找个人举例好了,假定他此刻正站在公园大道的第五十街等转换绿灯吧,他是个什么样的人呢?站在高处观望的统计学家认为他只不过是群众中的一分子;生物学家认为他属于人类;化学家眼中的这个人只是一大堆物质而已。

我们多半仅从外表看人,盲目地以貌取人,往往不能亲切地去透彻地知道对方的卓越之处、他的理想、他的痛苦,甚或他的优缺点。若我们能多去了解别人,那么我们就更能体会什么叫做:爱我们的邻舍,就如爱自己一样。

第九,承担起世界的责任。关心国内外的政治情况,关心人民的意愿,为此而努力不懈,奋斗不已。

为何要如此呢?

所谓民主政治,就是全体人民的共同参与。一个标榜"民有、民治、民享"的政府,不可能不让民众参与国家大事。

不论你个人的生活成功与否,作为一个公民、一个选民,你都有权利塑造世界,决定世事的方向。那么,你一个人能做些什么呢?你能与世人共同合作,创造更幸福美满的社会。

第十,不断祷告,充满自信。一九四五年六月,维吉尼亚步兵连在南太平洋某地区迷失了方向。眼前是浓密的灌木丛林,无路可走,随时有呼啸的子弹穿过丛林飞来,还有敌人藏匿其内。走着走着,目标越来越暴露,情势越来越危急。

"向最高的主呼喊吧!"为首之人叫了出来,"看看我们可不可以获得帮助!"

几分钟后,支援来到,他们获救了,找到了出路,脱离了险境。没有人说得出情势究竟是如何改变的,只能用奇迹来解释。这样的奇迹很可能也发生在恺撒、俾斯麦,甚至福煦将军的身上。是什么救了他们呢?是所谓的"无线电话机"。

这种"无线电话机"的由来已久，可以追溯至远古。是什么呢？就是祷告。我们可以在任何时候向这位最高的主发出恳求，同时也不必担心它会嫌我们的恳求根本不重要，或者自惭我们怎么能常常向它求助。

　　祷告是一种与神的交通，你可以随时向神倾诉，无论昼夜，神随时会听到你的心声。你需要帮助，你需要鼓励，你可以自由自在地向神发出呼告，你可以将自己无上的喜悦与神分享。

　　我个人深深感到，这些心得都是成功的轮轴，而祷告则是其中心的枢纽。若缺少了与神的亲密交往，我们就什么都不是了。因为《圣经》上说，人是"比天使微小一点，以荣耀和名誉为冠冕"。

　　如果能把握这些生活的艺术，你必能成功。

成为你自己

□ **[德] 尼 采**

　　尼采(1844～1900)　德国哲学家，唯意志论和生命哲学主要代表之一。主要著作有《悲剧的诞生》、《查拉图斯特拉如是说》、《强力意志》等。

　　一个看过许多国家、民族以及世界许多地方的旅行家，若有人问他，他在各处发现人们具有什么相同的特征，他或许会回答："他们有懒惰的倾向。"有些人会觉得，如果他说他们全是怯懦的，他就说得更正确也更符合事实了。他们躲藏在习俗和舆论背后。从根本上说，每个人心里都明白，作为一个独一无二的事物，他在世上只存在一次，不会再有第二次这样的巧合，能把如此极其纷繁的许多元素又凑到一起，组合成一个像他现在所是的个体。他明白这一点，可是他把它像亏心事一样地隐瞒着——为什么呢？因为惧怕邻人，邻人要维护习俗，用习俗包裹自己。然而，是什么东西迫使一个人惧怕邻人，随大流地思考和行动，而不是快快乐乐地做他自己呢？在少数人也许是羞愧，在大多数人则是贪图安逸，惰性，一句话，便是那位旅行家所谈到的懒惰的倾向。这位旅行家言之有理：人们的懒惰甚于怯懦，他们恰恰最惧怕绝对的真诚和坦白可能

　　人生的本质就在于运动，安谧宁静就是死亡。
　　　　　　　　——[法]帕斯卡

加于他们的负担。唯有艺术家痛恨这样草率地因袭俗套,人云亦云,而能揭示每个人的那个秘密和那件亏心事,揭示每个人都是一个一次性的奇迹这样一个命题,他们敢于向我们指出,每个人直到他每块肌肉的运动都是他自己,只是他自己,而且,只要这样严格地贯彻他的唯一性,他就是美而可观的,就像大自然的每个作品一样新奇而令人难以置信,绝对不会使人厌倦。当一个伟大的思想家蔑视人类时,他是在蔑视他们的懒惰:由于他们自己的原因,他们显得如同工厂的产品,千篇一律,不配来往和垂教。不想沦为芸芸众生的人只需做一件事,便是对自己不再懒散,他应听从他的良知的呼唤:"成为你自己! 你现在所做、所想、所追求的一切,都不是你自己。"

　　每颗年轻的心灵日日夜夜都听见这个呼唤,并且为之战栗,因为当它念及自己真正的解放时,它便隐约感觉到了其万古不移的幸福准则。只要它仍套着舆论和怯懦的枷锁,就没有任何方法能够帮助它获得这种幸福。而如果没有这样的解放,人生会是多么绝望和无聊啊! 大自然中再也没有比那种人更空虚、更野蛮的造物了,这种人逃避自己的天赋,同时却朝四面八方贪婪地窥伺。结果,我们甚至不再能攻击一个这样的人,因为他完全是一个没有核心的空壳,一件鼓起来的着色的烂衣服,一个镶了边儿的幻影,它丝毫不能叫人害怕,也肯定不能引起同情。如果我们有权说懒惰杀害了时间,那么,对于一个把其幸福建立在公众舆论亦即个人懒惰的基础上的时代,我们就必须认真地担忧这样一段时间真正是被杀害了,我是说,它被从生命真正解放的历史中勾销了。后代必须怀着怎样巨大的厌恶来对付这个时代的遗产,彼时从事统治的不是活生生的人,而是徒具人形的舆论,所以,在某一遥远的后代看来,我们这个时代也许是历史上最非人的时期,因而是最模糊、最陌生的时期。我走在我们许多城市新建的街道上,望着信奉公众意见的这一代人为自己建造的所有这些面目可憎的房屋,不禁思忖,百年之后它们将会怎样地荡然无存,而这些房屋的建造者们的意见也将会怎样的随之倾覆。与此相反,所有那些感觉自己不是这时代的公民的人该是怎样的充满希望,因为他们倘若是的话,他们就会一同致力于杀害他们的时代,并和他们的时代同归于尽——然而,他们宁愿唤醒时代,以求今生能够活下去。

　　可是,就算未来不给我们以任何希望吧——我们奇特的存在正是在这个当下最强烈地激励着我们,要我们按照自己的标准和法则生活。激励我们的是这个不可思议的事实:我们恰恰生活在今天,并且需要无限的时间才得以产生,我们除了稍纵即逝的今天之外别无所有,必须就在这个时间内表明我们缘何和为何恰恰产生于今天。对于我们的人生,我们必须自己向自己负起责任。

因此，我们也要充当这个人生的真正舵手，不让我们的生存等同于一个盲目的偶然。我们对待它应当敢作敢当，勇于冒险，尤其是因为，无论情况是最坏还是最好，我们反正会失去它。为什么要执著于这一块土地，这一种职业，为什么要顺从邻人的意见呢？恪守几百里外人们便不再当一回事的观点，这未免太小城镇气了。东方和西方不过是别人在我们眼前画的粉笔线，其用意是要愚弄我们的怯懦之心。年轻的心灵如此自语：我要为了获得自由而进行试验。而这时种种阻碍便随之而来了：两个民族之间偶然地互相仇恨和交战，或者两个地区之间横隔着大洋，或者身边有一种数千年前并不存在的宗教被倡导着。它对自己说：这一切都不是你自己。谁也不能为你建造一座你必须踏着它渡过生命之河的桥，除你自己之外没有人能这么做。尽管有无数肯载你渡河的马、桥和半神，但必须以你自己为代价，你将抵押和丧失你自己。世上有一条唯一的路，除你之外无人能走。它通往何方？不要问，走便是了。"当一个人不知道他的路还会把他引向何方的时候，他已经攀登得比任何时候更高了。"说出这个真理的那个人是谁呢？

　　然而，我们怎样挽回自己呢？人怎样才能认识自己？他是一个幽暗的被遮蔽的东西。如果说兔子有七张皮，那么，人即使脱去了七十乘七张皮，仍然不能说："这就是真正的你了，这不再是外壳了。"而且，如此挖掘自己，用最直接的方式强行下到他的本质的矿井里去，这是一种折磨人的危险的做法。这时他如此容易使自己受伤，以至于无医可治。更何况倘若舍弃了我们的本质的一切证据，我们的友谊和敌对，我们的注视和握手，我们的记忆和遗忘，我们的书籍和笔迹，还会有什么结果呢。不过，为了举行最重要的审问，尚有一个方法。年轻的心灵在回顾生活时不妨自问："迄今为止你真正爱过什么，什么东西曾使得你的灵魂振奋，什么东西占据过它同时又赐福予它？"你不妨给自己列举这一系列受珍爱的对象，而通过其特性和顺序，它们也许就向你显示了一种法则，你的真正自我的基本法则。不妨比较一下这些对象，看一看它们如何互相补充、扩展、超越、神化，它们如何组成一个阶梯，使你迄今得以朝你自己一步步攀登，因为你的真正的本质并非深藏在你里面，而是无比地高于你，至少高于你一向看做你的自我的那种东西。你的真正的教育家和塑造家向你透露，什么是你的本质的真正的原初意义和主要原料，那是某种不可教育、不可塑造之物，但肯定也是难以被触及、束缚、瘫痪的东西：除了做你的解放者之外，你的教育家别无所能。这是一切塑造的秘诀：它并不出借人造的假肢，蜡制的鼻子、戴眼镜的眼睛——毋宁说，唯有教育的效颦者才会提供这些礼物。而教育则是解放，是扫除一切杂草、废品和企图损害作物嫩芽的害虫，是光和热的施放，是

37

人的一生是短暂的，但如果卑劣地过这短暂的一生，那就太长了。

——[英]莎士比亚

夜雨充满爱意的降临,它是对大自然的摹仿和礼拜,在这里大自然被理解为母性而慈悲的;它又是对大自然的完成,因为它预防了大自然残酷不仁的爆发,并且化害为利,也因为它给大自然那后母般的态度和可悲的不可理喻的表现罩上了一层面纱。

黄 金 国

□ [英] 罗伯特·路易斯·史蒂文森

罗伯特·路易斯·史蒂文森(1850~1894)　英国著名散文作家、小说家。其作品种类繁多,尤其爱好幻想和冒险故事,《金银岛》为最受欢迎的小说之一。曾深入研究十八世纪的苏格兰历史,因而写成《黑箭》、《绑架》、《巴伦特雷的少爷》等一系列小说。

人活一世,渴望得到的东西好像很多:不胜枚举的婚姻和决战等。无论身居何方,每天固定的时刻,我们都不可避免地将一份食物津津有味并且迅速地吞入腹中。粗看一下,倾尽所能去获取就是纷扰人生唯一的目的。然而从精神层面上说,这只是一个假象。如果我们生活幸福,我们就如登梯,步步高升,没有终结。眼光长远的人,天地自然宽?虽然我们蜗居在这颗小行星上,整日为琐事而忙,生命短暂,但我们生来就心比天高,生命不息,奋斗不止。真正的幸福就在于怎样开始而不是怎样结束,是想拥有什么,而不是得到了什么。渴望是一种永恒的幸福,它是一笔财富,犹如房地产一样踏实,用之不竭、受益年年、幸福一生。精神的富有和这些渴望是成正比的。对于既没有艺术也没有科学细胞的人们而言,世界只是颜色的混合体,或者是一条崎岖的小路,一不小心就会摔伤小腿。正是这些渴望和好奇,聪明的人们充满耐心地生活着,形形色色的人和物吸引着你我,促使我们每天醒来可以兴趣盎然地工作和娱乐。渴望和好奇是人们打量这个五彩世界的一双眼睛:女人因它而美丽;化石因它而有趣。只要有这两道护身符,即使这个人挥霍无度沦为乞丐,他仍能笑口常开。假设一个人一顿饭吃得紧凑而丰盛,他将不会再饿;假设他把这世间万象看了个明明白白,便不再有求知欲;假如他在每个经验领域中都如此——你觉得他的人生还有乐趣吗?

一个徒步旅行的人,随身只带了一本书,他会精心研读,不时地思考一下,还会合上书本凝视风景或者玩赏小酒馆雅间中的画;他害怕书读完了,乐趣也随着消失,剩下的旅程将寂寞无以慰藉。最近一个年轻人拜读完托马斯·卡莱尔的著作。如果我没记错的话,他把有关腓特列大帝的笔记整整做了十本。"什么?"这个年轻人惊讶地叫道,"卡莱尔的书都看完了?那我只能天天看报纸了?"最典型的例子是亚历山大,因为已无国家供他征服,他号啕大哭。吉本写完《罗马帝国衰亡史》时也只兴奋了一时,他带着一种"清醒而又悲凉的心情"与以往的劳动果实辞别。

我们高兴地把箭射向月亮,却总是毫无效果;我们总是将希望寄托在遥不可及的黄金国上;我们好像什么也没完成,就像芥菜一样,兴趣的收获只是为了下次的耕种。你会想当然地以为孩子出生了,什么麻烦都没了,其实这只是新麻烦的开始。你看着他长大,入学,结婚生子。唉!每天都有新问题,新的感情撞击;你孙儿辈的健康将像你的健康一样牵动着你的心。当你步入婚姻殿堂时,你认为已经到顶了,可以轻松地往下走了,但这只是恋爱的终结婚姻的开始。对于桀骜不驯或者反叛的人来说,坠入爱河和获得爱情都很困难,但维持爱情也很重要,夫妻之间应该相敬如宾。真正的爱情故事从圣坛开始,在每对夫妇面前都有一场关于智慧和慷慨的壮观竞争,他们要为不可能实现的理想终生奋斗。不可能?啊,当然不可能,因为他们不是一个人,而是两个人。

传道者哀叹"著书无止境",却没有觉察到它已高度评价了作家这一职业。确实,世界上有很多事是无止境的,例如著书立说、旅行、试验、获取财富等。一个问题会引发另一问题,我们必须活到老学到老,我们的学习永远得不到满足。我们从未雕刻出符合我们梦想的塑像。我们发现一个新大陆,翻过一座山脉时,总会看到远方还有未曾涉足的海洋和大陆。宇宙浩渺,不像卡莱尔的著作可以读完,即使在其一角,一个私人花园,一个农庄附近,尽管在那里生活一辈子,天气和季节的无常变化也令我们有常看常新的感觉。

世界上只有一种愿望可以实现,也仅有一种事物绝对能得到,那就是死亡。死的方式很多,但没有人知道是否能死得其所。

当我们不做休息,不停地走向幻想时,一幅奇异的画面展现出来:不知疲倦、勇于冒险的先锋。是的,我们永远不会达到目标,甚至目的地根本就不存在。即使活上几百年,具有神的力量,我们也会觉得没有接近目标多少。啊,辛苦的双手!啊,不知疲倦的双脚,并不知道走向何方!你总是觉得,一定能登上

人生是由需要到需要的过程,而非享受至享受的阶段。

——[英]约翰逊

某个光辉的山顶,在夕阳下,看到不远的前方黄金国那尖尖的塔。你是处于幸福当中却没有察觉,奋斗胜过得到,真正的成功就是奋斗。

光荣的荆棘路

□ [丹麦] 安徒生

安徒生(1805～1875) 丹麦著名童话作家,世界童话文学创始人。代表作有《海的女儿》、《野天鹅》、《丑小鸭》、《影子》、《卖火柴的小女孩》、《幸运的贝儿》等。他的童话体现了丹麦文学中的民主传统和现实主义倾向,脍炙人口,到今天还为世人传诵。

很久以前有一个古老的传说——"光荣的荆棘路":一名自称布鲁德的猎人拥有着无上的光荣与尊严,但是他却长久遭遇极大的困难并且需要面对生命的危险。我们大多数的人在小时候都曾听过这个故事,可能后来也曾提及过它,并且还会联想起自己没有被人颂扬过的"荆棘路"和"极大的困难"。故事和事实没有明显的分界线。不过故事在我们这个世界里经常有一个完满的结尾,而真实的事情常常在今生都没有结果,只好等到永恒的未来。

人类的历史像一幕幻灯,它在现代的黑暗帷幕上,放映出爽朗的片子,说明那些造逼人类的善人和天才的殉道者在怎样走着荆棘之路。

这些闪亮的图片把各个时代,各个国家都反映给我们。每张片子只映几秒,但是它却代表所有的一生——充满了抗争和辉煌的一生。我们现在来瞻观这些殉道者行列中的人吧——除非这个世界本身已然灭亡,否则这个行列是永远没有完结的。

我们现在来看看一个坐满了观众的圆形剧场吧。讽刺与幽默的语言像潮水一般地从阿里斯托芬的"云"中喷射出来。雅典无与伦比的一个人物,在人身和精神的两个方面,都受到了舞台上的嘲笑与讽刺。他是保护人民抵抗三十个暴君的英雄。他的名字叫苏格拉底,他在混战中救援了阿尔西比亚得和施诺风,他的天才超越了古代的仙圣。他本人就在场。他从观众的座位上站了起来,走到前面去,让那些正在哄堂大笑的人可以看看,他本人和舞台上嘲笑的那个对象究竟有什么相同的地方。他伫立在他们面前,高高地站在他们的面前。

你,肥硕的、绿色的、有毒的胡萝卜,雅典的阴霾不是橄榄树而是你!

七个城邦在彼此辩驳,都说荷马是在自己城里出生——这也就是说,那是在荷马死了以后! 请看看他活着的时候! 他在这些城市里浪迹,靠朗诵自己的诗篇过活。他一想起明天的日子,他的头发就变得灰白起来。他,这个崇高的先知者,是一个孤独的盲人。锐利的荆棘把这位诗中圣哲的衣服撕得破烂。

但是他的歌仍然活着,通过这些歌,远古的英雄和神仙也获得了永生。

画面一幅连着一幅地从日出之国,从日落之国现出来。这些国家在空间、时间方面彼此的距离非常遥远,然而它们却有着同样的光荣的荆棘路。生满了刺的蓟只有在它装点坟墓的时候,才开出第一朵花儿。

骆驼在棕榈树下走过。它们满载着靛青和贵重的瑰宝。这些东西是这个国家的王送给一个人的礼品——这个人是人民的欢愉,是国家的荣耀。嫉妒与中伤逼得他不得不从这国家逃离,只有现在人们才发现他。这个骆驼队现在快要走到他躲避动乱的那个小镇子。人们拿出一具可怜的尸体走出城门,骆驼队停下来了。这个死人就正是他们所要寻找的那个人:费尔杜西——光荣的荆棘路在这儿告于结束!

在葡萄牙的首都里,在皇宫的大理石台阶上,坐着一个圆面孔、厚嘴唇、黑头发的非洲黑人,他在向人们乞讨。他是加莫恩的忠实的仆人。如果没有他和他求乞得到的许多铜钱,他的主人——叙事诗《路西亚达》的作者——也就早已饿死了。

现在加莫恩的墓上立着一座弥足珍贵的纪念碑。

这是一幅图景!

铁栏杆后面站着一个人。他像死一样的苍白,长着一脸又长又乱的胡须。

"我发明了一件东西——一件多少世纪以来最伟大的发明。"他说,"但是人们却把我放在这里关了二十多年了!"

"他是谁?"

"一个疯子!"疯人院的看守说,"这些疯子的奇怪的想法太多了! 他相信人们可以用蒸汽推动东西!"

这人名叫萨洛蒙·得·高斯,人们读不懂他伟大的著作,因此他死在了疯人院里。

而后哥伦布出现了。街上的野孩子常常跟在他后面对他讥笑,因为他想发现一个新的世界——而且他也就居然发现了。欢乐的钟声迎接着他的胜利的归来，但嫉恨的钟声敲得比这还要嘹亮。他，这个发现新大陆的人，这个把美洲黄金的大地从海中捞起的人，这个把一切贡献给他的国王的人，所得到的酬报竟然只是一条铁链。他希望把这条链子放在他的棺材之上，让所有世人能够看到他的时代所给予他的评价。

图画一幅接着一幅地出现，光荣的荆棘路真的没有尽头。

黑暗中坐着一个人，他要丈量月亮离山岳的高度。他探索着星球与行星之间的宇宙。他是个巨人，他懂得大自然的旋律。他能感觉到地球在他的脚下旋转。这人就是伽利略。老迈的他，又聋又瞎，坐在那儿，在尖锐的苦痛中和人间的轻蔑中挣扎。他几乎没有气力抬起他的一双脚，当人们不信任真理的时候，他在灵魂的极度苦痛中曾经在地上跺着这双脚，高喊道："但是大地是在旋转呀！"

一个女子，她有一颗孩子般的心，但是这颗心充满了热情与信念。她在一个顽强的部队前面挥舞着旗帜，她为她的祖国带来胜利和光明。空中起了一片嘲笑的声音，于是柴堆烧起来了：大家是在烧死一个巫婆——冉·达克。是的，在接下来的一个世纪中人们继续唾弃这朵纯洁的百合花，但智慧的鬼才伏尔泰却在歌唱《拉·比塞尔》①。

在巍峨的城堡里，丹麦的贵族烧毁了王的法律。火焰升腾，把这个立法者和他的时代全都点亮了，同时也向那个黑暗的囚楼送进了一点霞光。他的头发已然白了，腰也弯了；他坐在那儿，用手指在石桌上刻出许多的线条。他曾经统治过三个王国。他是一个民众拥戴的王，他是市民和农民的朋友——克利斯仙二世。他是一个莽撞时代的一个有性格的莽撞人。敌人书写他的历史。我们一方面不忘记他血腥的罪过，一方面也要记住：他被禁锢了二十七年。

有一只船从丹麦港口开出去了。船上有一个人倚着桅杆站着，向汶岛做最后的回眸。他是杜却·布拉赫。他把丹麦的名字提升到整个地球上去，但他所得到的报酬是讥笑与伤害。他跑到了国外去。他说："处处都是天，我还要求什么别的东西呢？"他走了。我们这位最有声望的人在国外却得到了尊敬和解脱。

"啊，解脱！只要我身体中无法容忍的痛苦能够得到解脱！"好几世纪以来我们都听到这个声音。这是一张什么样的画片呢？这是格里芬菲尔德——丹麦的普罗米修斯——被铁链拴在木克荷尔姆石岛上的一幅图景。

我们现在来到了美洲，来到一条大河之旁。有一大群人聚拢过来，据说一艘船可以在坏天气中逆风徜徉，因为它本身具有抗拒风雨的能力。那个深信

①《拉·比塞尔》是伏尔泰写的一部关于贞德的史诗。

能够做到这件事的人名叫罗伯特·富尔登。他的船开始航行了，但是它又忽然停下来了。观众大笑起来，并且还"嘘"了起来——连他自己的父亲也跟大家一起"嘘"起来：

"自吹自擂！愚蠢透顶！他现在得到了报应！应该把这个疯子关起来才对！"

一根小钉子摇断了——刚才机器不能动就是因为这个缘故。轮子转动起来了，轮翼在水中向前前行，船在开行；蒸汽机的杠杆把世界各国间的距离从钟头缩短为分秒。

人啊，当心灵懂得了它的命运以后，你能体会到在这清醒的短暂中所感到的惬意吗？在这片刻中，你在光荣的荆棘路上所受到的全部痛楚——即使是你自己所造成的——也依然会痊愈，恢复健康、力量和快乐。嘈音变成乐音，人们可以在一个人身上看到上帝的悲悯，而这悲悯通过一个人传递给大众。

光荣的荆棘路如同环绕着地球的一束绚丽的彩带，只有幸运的人才被送到这彩带上前行，才被钦定为建造那座连接上帝与人间的桥梁的、没有报酬的总工程师。

历史拍着它强大的翅羽，穿梭过许多个世纪，同时在光荣的荆棘路的这个黑暗背景之中，映衬出许多明丽的画景，来鼓起我们的勇气，给予我们抚慰，促进我们内心的平静。这条光荣的荆棘路，与童话不同，并不会在这个人世间走到一个辉煌且快乐的终点，但是它必然超越时代，走向永生。

成功与失败

□梁漱溟

梁漱溟 (1893～1988)　原名焕鼎，字寿铭。广西桂林人，哲学家、教育家，现代新儒家的早期代表人物之一。代表作《东西文化及其哲学》一书，成为现代新儒学的先驱之作。另著有《人心与人生》和《中国——理性之国》等。

没有志气的人，没有成败可说；有志气的人，没有经过二三十年奋斗不懈

人生是非常短暂的，但是如果只注意到其短暂，那就连一点价值都没了。

——[法]沃夫拿格

的阅历，也不会懂得成功与失败是怎么一回事。成功是什么呢？成功是巧，是天，不是我。失败是什么呢？失败是我，是我的错误，我有缺漏。

一事之成，都需要若干方面若干条件的凑合。百分之九十九都凑合了，一分凑不齐，便不成。在这百分中，有若干是需自己努力的；有若干是自己努力不来，而有待于外的。而细审之，没有哪一点不需要自己精神贯注，亦没有哪一点不有待于外面机会(非自己力所能及)。然而一个人(或一伙人，或一个团体)，怎能没有错误呢？没有缺漏呢？聪明而晓事的人，早晓得自己大小错误多得很，缺漏到处皆是。凡自以为我无过者，都是昏庸蠢劣之极。天下固无无过之事也。说"我无过"者，正已是从头错到底，更不消同他论什么过不过。错误了，而居然不从这里出岔子，而混得过去，岂非天乎！一次混过去，二次又混过去；这里没出岔子，那里又没出岔子，岂非天之又天乎！成功是什么？成功是巧而已，是侥幸而已。古往今来，于事业有成功者，而其人又聪明晓事，吾知其于成功之时必有此叹也。而失败了呢？则不得怨人。一切失败，自然都是各面不凑合，什么事本非自己所能包办的。然而失败之由，总在自己差失处，精神不照处，或是更大的错误，根本错误。像是楚霸王的"天亡我也"，虽在某时亦确有此叹，不过，若因此将自己许多错误缺漏都不算，那还是蠢劣，自己不要强。所以说失败是我，我值其咎。古往今来，一切失败者，而其人又自己真要强，吾知其于努力失败时必如此负责也。

成功的事和失败的事相比较，其当事者内里所有疏漏孰多孰少，亦许差不多，不过一则因其成功而见不出，一则因其失败而不可掩耳。古人云："不可以成败论人。"旨哉言乎！其理盖如此。

第 三 辑
积极思考的力量

　　世界上有两种人，他们的健康、财富以及生活上的各种享受大致相同，结果，一种人是幸福的，另一种却得不到幸福。他们对物、对人和对事的观点不同，那些观点对于他们心灵上的影响因此也不同，苦乐的分野主要的也就在此。

人是一根会思想的芦苇

□ [法] 帕斯卡

帕斯卡 (1623~1662)　十七世纪法国最具天才的数学家、物理学家和哲学家,在理论科学和实验科学两方面都作出巨大贡献。几何学上的帕斯卡六边形定理、帕斯卡三角形,物理学上的帕斯卡定理等均是他的贡献。对概率论的研究也有一定的贡献。所著《思想录》、《致外省人书》,对法国散文的发展影响甚大。

人显然是为了思想而生活的,这就是他全部的尊严和他全部的优点,并且他全部的义务就是要像他所应该的那样去思想。而思想的顺序则是从他自己以及从他的创造者和他的归宿开始。

可是世人都在思想着什么呢?从来就不是想到这一点,而是只想着跳舞、吹笛、唱歌、作诗、赌赛等等,想着打仗,当国王,而不想什么是做国王,什么是做人。

……

思想形成人的伟大。

人只不过是一根芦苇,是自然界最脆弱的东西,但他是一根能思想的芦苇。用不着整个宇宙都拿起武器来才能消灭他,一口气,一滴水就足以致他死命了。然而,纵使宇宙毁灭了他,人仍然要比致他于死命的东西更高贵得多,因为他知道自己要死亡,以及宇宙对他所具有的优势,而宇宙对此却是一无所知。

因而,我们全部的尊严就在于思想。正是由于它而不是由于我们所无法填充的空间和时间,我们才必须提高自己。因此,我们要努力好好的思想,这就是道德的原则。

能思想的苇草——我应该追求自己的尊严,绝不是求之于空间,而是求之于思想的规定。我占有多少土地都不会有用。由于空间,宇宙便囊括了我并吞没了我,有如一个质点;由于思想,我却囊括了宇宙。

人既不是天使,又不是禽兽,但不幸就在于想表现为天使的人却表现为禽兽。

思想——人的全部尊严就在于思想。

因此,思想由于它的本性,就是一种可惊叹的,无与伦比的东西,它一定得具有出奇的缺点才能为人所蔑视,然而它又确实具有,所以再没有比这更加荒唐可笑的事了。思想由于它的本性是何等的伟大!思想又由于它的缺点是何等的卑贱啊!

……

人的伟大之所以伟大,就在于他认识自己的可悲。一棵树并不认识自己的可悲。

因此,认识自己可悲乃是可悲的,然而认识我们之所以可悲,却是伟大的。

这一切的可悲其本身就证明了人的伟大。它是一位伟大君主的可悲,是一位失了位的国王的可悲。

我们没有感觉就不会可悲,一栋破房子就不会可悲。只有人才会可悲。

谁会由于自己只有一张嘴而觉得自己的不幸呢?谁会由于自己只有一只眼睛而不觉得自己不幸呢?我们也许不曾听说过由于没有三只眼睛便感到难过的,可是若连一只眼睛都没有,那就怎么也无法慰藉了。

使人过多地看到他和禽兽是怎样的等同而不指明他的伟大,那是危险的。让他对两者加以忽视,则更危险。然而把这两者都指明给他,那就非常之有益了。

绝不可让人相信自己等于禽兽,也不可等于天使,也不可让他对两者都忽视,而是应该让他同时知道这两者。

想象力的伟大

□ [美] 奥里森·马登 林语堂/译

"想象作着引导,是一切成功的原因。"

世界的进步,文化的上升,我们大部分须归功于想象。我们假定没有这许

所谓人生就是梦幻,唯有贤明的人才能做出美梦。
——[德]席 勒

多有想象力而能坚决改良万物的人，那么我们现在还须过着土人一般的穴居野处的初民生活。

的确，给予世界最大贡献的一般男女，所以能有所贡献的缘故，就因为他们在他们的想象之中，见到了许多超越现实的事实，然后努力工作，使它们成为实在的东西。

因为莫尔斯在他的想象之中，见到比邮递更便捷的交通方法，结果使他能把电报的发明贡献给世界。因为贝尔能想象到甚至比电报更方便的东西，所以我们能有电话。因为飞尔德在他的想象之中，见到比船只横渡大洋更便利的交通方法，所以各大陆间，因海底电线的铺设，而联成了一体。因马科尼见到较以往一切更好的交通方法，所以我们有无线电报，它能使一个旅客，还在海洋中的时候，就能订旅馆房间，并叫一辆马车，到埠迎接。

一个无名氏的希腊雕刻家，在"迈罗的女神"里，暗示着人类所没有估计到的匀称的美和姿态的宏伟。这模型给予了我们一种示范，我们对此至今还是努力着，而且人类对此也已经获得了极大的进步。

我们大家不能不归功于米开朗琪罗的伟大想象，他在摩西的美妙雕塑中，使我们见到了神一般的人物。

伟大作曲家的想象，将音乐中的杰作，给予了我们。

因为商人们能想到在一个屋子里，备有各种不同的商业，所以我们现在差不多在需要任何东西的时候，都可到百货公司里去购买到。

因为教师们在他们的想象中，见到人类有一个机会，可以无限制的进步，所以我们才有了各级学校。的确，有什么东西的成就，可以不归功于想象呢？人们只看见事物的现状，没有更深一步的想象，那是始终得不到进步的。有想象力的人，才能改良各种东西，向前进步，以宫辇代驿车，以海轮代帆船。

因为许多伟大艺术家的想象，超越现实，所以才能产生那些伟大的杰作。我们从事物的本体去看大自然，是不够的。在想象时，对它可以成就的能力，应该无限制地向高望，要认定它的可能性就是真实性。

普通人以为专门想象的人，是毫无价值的，他被称为戆(gàng)大。凡是梦想的人，常被认为不务实际的人、纯粹理论家，但他们常常能以事实证明自己比那许多嘲笑他们的人，实际到万倍。因为全世界的梦想者。曾把现在我们所有的最实际的东西，给予我们。梦想者曾经改良过我们人类许多困难的处境，使我们居于平庸之上，并把我们从苦役中解救出来。

啊！世界上什么东西的成功，我们能不归功于梦想者、"戆大"和理论家呢？

伟大人物所以能够造成，就因为他们或她们都能在自己本身上，见到更伟大而超过现实的理想人物。就是他们的努力，才使那促进文化的他或她，成为可能。就是因为做父母亲的人，能够在想象中看见，比他们高出一筹、比他们更是完美的人，所以他们能够高举他们的子女，超出他们。

这样的时候总会来的，那时我们将觉到：想象对于人生，有着伟大的主观力量，在教育上、造成理想上、影响事业上，以及增进健康和快乐上，是一个非常的因素。

内心的各种景象，不是用来欺骗我们，或是奉承我们的，而是给我们知道：想象能够成为真实，也有着足以想象它们的真实性。这些不过是真实本身的轮廓、暗示或影子罢了。

想象使我们看到将来能实现的事物，而成为首先的真实发现者；又使我们能够瞥见无穷美妙的事物，而砥砺我们的雄心，刺激我们上进，并使我们对于现实生活的平庸，感到不满。

我们开始见到，想象并非脑海中的纯粹狂想，而在它的里面，会生长着理想，发生着伟大的模型和功能，把想象可能地实现出来。

假定儿童的想象能够指导适宜，那么他将来的快乐和成功，是可以决定的，但是引入歧途的想象，却能使儿童遇到不堪告人的灾害和黑暗。

训练儿童想象，以便养成一种习惯，产生美丽而非可恶的景象，永久激励着而不败坏着形象。因此以和谐来代替混乱，这样给予儿童的价值，就胜过给他一笔财产了。

美腿与丑腿

□ [美] 本杰明·富兰克林

世界上有两种人，他们的健康、财富以及生活上的各种享受大致相同，结果，一种人是幸福的，另一种却得不到幸福。他们对物、对人和对事的观点不同，那些观点对于他们心灵上的影响因此也不同，苦乐的分野主要的也就在此。

一个人无论处于什么地位，遭遇总是有顺利有不顺利；无论在什么交际场

人生不长，绝不可花费太多的时间去考虑怎样过这一辈子。
——[英] 约翰逊

合,所接触到的人物和谈吐,总有讨人欢喜的和不讨人欢喜的;无论在什么地方的餐桌上,酒肉的味道总是有可口的也有不可口的,菜肴也是煮得有好有坏;无论在什么地带,天气总是有晴有雨;无论什么政府,它的法律总是有好的,也有不好的,而法律的施行也是有好有坏。天才所写的诗文,里面有美点,但也总可以找到若干瑕疵。差不多每一张脸上,总可找到优点和缺陷,差不多每一个人都有他的长处,也有他的短处。

在这些情形之下,上面所说两种人的注意目标恰好相反,乐观的人所注意的只是顺利的际遇、谈话之中有趣的部分、精制的佳肴、美味的好酒、晴朗的天气等等,同时尽情享乐。悲观的人所想的和所谈的却只是坏的一面。因此他们永远感到怏怏不乐,他们的言论在社交场所既大煞风景,个别的还得罪许多人,以致他们到处和人格格不入。如果这种性情是天生的,这些怏怏不乐的人倒是更堪怜悯。但那种吹毛求疵令人厌恶的脾气,也许根本从摹仿而来,于不知不觉中养成了习惯。假若悲观的人能够知道他们的恶习对于他们一生幸福有如何不良的影响,那么即使恶习已经到了根深蒂固的程度,也还是可以矫正的。我希望这一点忠告可能对悲观的人有所帮助,促使他们去除恶习。这种恶习实际上虽然只是一种态度,一种心理行为,但是它却能造成终生的严重后果,带来真的悲哀与不幸。他们得罪了大家,大家谁也不喜欢他们,至多以极平常的礼貌和敬意跟他们敷衍,有时甚至连极平常的礼貌和敬意都谈不到。他们常常因此很气愤,引起种种争执。他们如想地位改进或财富增加,别人谁也不会希望他们成功,没有人肯为成全他们的抱负而出力或出言。如果他们遭受到公众的责难或羞辱,也没有人肯为他们的过失辩护或予以原谅;许多人还要夸大其词地同声攻击,把他们骂得体无完肤。如果这些人不愿矫正恶习,不肯迁就,不肯喜欢一切别人认为可爱的东西,而总是怨天尤人,为一切不可爱的东西自寻烦恼,那么大家还是避免和他们交往的好,因为这种人总是和人难以相处,一旦你发觉自己被牵缠在他们的争吵中时,你将感到很大的麻烦。

我有一位研究哲学的老朋友,由于饱经世故,时时谨慎、留神,避免和这种人亲近。他像一般哲学家一样,备有一具显示气温的寒暑表,和一具预示晴雨的气压计,但什么人有这种坏脾气,世界上还没有人发明什么仪器,可以使他一看便知,因此他就利用他的两条腿:一条长得非常好看,另一条却因曾逢意外事件而呈畸形。陌生人初次和他见面,如果对他的丑腿比对他的好腿更为注意,他就有所疑忌。如果此人只谈起那条丑腿,不注意那条好腿,这就足以使我的朋友决定不再和他作进一步的交往。这样一副大腿仪器并非人人都有,但是只要稍为留心,那种有吹毛求疵恶习之流的一些行迹，大家都能看出来，从而可以决定避免和他们交往。因此，我劝告那些性情苛酷、怨愤不平和郁郁寡欢的人，如果他们希望能受人敬爱而自得其乐，他们就不可再去注意人家的丑腿了。

如何消除自卑感

□ [美] 艾尔默·托马斯　陈　真/译

我十五岁时，常常因忧虑恐惧及自我意识所苦。我在同年龄的少年来说，实在长得太高了，而且瘦得像支竹竿。我有六英尺二英寸高，却只有一百一十八磅的体重。除了身材比别人高之外，在棒球或赛跑各方面都不如人。他们常取笑我，封我一个"马脸"的外号。我的自觉意识极重，不喜欢见任何人，又因为住在农庄上，离道路很远，也碰不到几个陌生人。我们的农庄离公路还有半英里远，平常我只见到父母及兄弟姐妹。

如果我任凭烦恼与恐惧盘踞下去，我可能一辈子无法翻身。一天二十四小时，我随时为自己的高瘦自怜，什么别的事也不能想。我的尴尬与惧怕实在超过文字所能形容。我的母亲了解我的感受，她曾当过学校教师，因此，她告诉我："儿子，你得去受教育，**既然你的体能状况如此，你只有靠智力谋生。**"

可是父母无力送我上大学，我必须自己想办法。我利用冬季捉到一些貂、浣熊、鼬鼠类的小动物，春天来时出售得了四美元，再买回两头猪，养大后，第二年秋季卖得四十美元，以这笔钱，我到印第安纳州去上师范学校。住宿费一周一元四角，房租一周五角。我穿的破旧衬衫是我妈妈做的(为了不显脏，她有意用咖啡色的布)，我的外套以前是我父亲的，他的旧外套、旧皮鞋都不合我用，皮鞋旁边有条松紧带，已经完全失去了弹性，搞得我走路时，鞋子随时会滑落。我没有脸去和其他同学打交道，只有成天在房间里温习功课。我内心深处最大的愿望是，有一天我能在服装店买件合身体面的衣服来穿。

不久以后，却发生了几件帮助我克服自卑感的事。其中有一件，带给我勇气、希望与自信，改变了我后来的人生。这些事件的经过如下：

人生之要事在于确立伟大的目标与实现这目标的决心。
——[德]歌　德

第一件：入学后八周，我通过一项考试，得到一份三级证书，可以到乡下的公立学校授课。虽然证书有效期只有半年，但是这是我有生以来，除了我母亲以外，第一次证明别人对我有信心。

第二件：一个乡下学校以一天两美元或月薪四十美元的薪资聘请我去教书，更证明别人对我的信心。

第三件：一领到第一张支票，我就到服装店，购买一套合身的服装。现在即使有人给我一百万，我的兴奋程度也不及我穿上第一套新衣服时的一半。

第四件：我生命中的转折点，战胜尴尬与自卑的最大胜利，发生在一年一度的集会上。我母亲敦促我参加集会上的演讲比赛。对我来说，那当然是天方夜谭。我连单独跟一个人说话的勇气都没有，更何况是一群人。可是我母亲对我的信心是不容动摇的。她对我的未来有远大的梦想，把一生的期望寄托在我身上。她对我的信念鼓励了我去参加比赛。我抽中的题目，可说是最不适合我发表意见的，题目是《美国的美术与人文艺术》。坦白承认我在作准备时，还搞不清楚人文艺术是什么玩意儿，不过反正观众也不懂什么是人文艺术，我想倒也没什么大不了的。我把演说内容都记熟了，而且对着树木与牛群演练了上百遍。为了我母亲的缘故，我渴望有出色的表现，因此，在演讲中，我真情流露。完全出乎意料的，我竟然得了冠军。我太吃惊了，群众开始欢呼。一些以前取笑我的男孩们跑来拍我的背说："我早知道你能办到的！"我母亲紧紧拥抱我。当我回顾我的人生，看得出来那次演说得奖确实是我人生的转折点。当地一家报纸以头版文章刊登我的故事，而且看好我的未来。赢得演说优胜使我在本地得到肯定，更重要的是，它使我的自信倍增。如果不是那次的成功经验，我也不可能成为国会议员，因为它提升了我的士气，开拓了我的视野，并让我体认到我拥有一些从不敢想象的才能。其中最重要的，其实是那次的优胜为我赢得一年的师范学院奖学金。

我变得十分渴求得到更多的知识。因此过后的几年——一八九六年到一九〇〇年——我的时间完全贡献在教学与研究两方面。为了筹足进大学的学费，我夏季时到麦田、玉米田里工作，并参加道路工程。

一八九六年，我虽只有十九岁，却已做过二十八场演说，鼓励人们投票选举布莱安为美国总统。为布莱安的助选演说，令人振奋，也促使我进入政界。进大学后，我主修法律及公众演说。一八九九年，我代表学校与一所大学进行辩论，主题是《国会议员是否应开放全民投票》，因为我以前曾是演说冠军，因此被选为学校年刊及学校报纸的主编。

大学毕业后，我到俄克拉何马州开了一家律师事务所，接办一些印第安保留区的法律问题。我在州议会中服务了十三年，并在下议院服务了四年。在我五十岁那年，我终于完成了一生的抱负——成为俄克拉何马州的国会议员。我是在一九二七年三月四日就任的。自从一九〇七年十一月十六日俄克拉何马与印第安保留区结合成一州，我常受到民主党的提名肯定，先是提名为州议员，后来成为国会议员。

我叙述这个故事，绝非为了吹嘘自己的成就，没有人会对我的成就感兴趣。我把它说出来，只是希望它能带给贫困子弟一些新生的勇气与信心，也许他们正像我小时候穿着父亲的旧衣旧鞋时，一样的苦恼、害羞与自卑。

当我的忧愁降生时

□ [黎巴嫩] 纪伯伦

纪伯伦(1883~1931) 黎巴嫩诗人、散文作家、画家。著有短篇小说集《草原新娘》、《叛逆的灵魂》和长篇小说《折断的翅膀》，散文诗集《先驱者》、《先知》、《沙与沫》、《人之子耶稣》、《先知园》等，以及诗剧《大地诸神》等。

当我的忧愁降生的时候，我精心地培育她，用温柔的爱心照顾她。

于是我的忧愁像其他一切有生命的事物一样成长起来，变得强壮而美丽，充满着令人惊叹的喜悦。

我与忧愁彼此相爱，我们也爱着周围的世界，因为我的忧愁有一颗善良的心，而我的心由于有了忧愁而良善。

当我与忧愁交谈时，我们的日子不知不觉地飞逝而过，连夜晚也充满着梦幻，因为我的忧愁有着雄辩的口才，而我的谈吐也因有了忧愁而变得高明。

当我与忧愁一起歌唱时，邻居们坐在窗前聆听，因为我们的歌，如大海般深沉，我们的旋律，也充满着奇妙的回忆。

当我与忧愁漫步，人们用温和的目光注视着我们，以甜蜜动听的话语低声称道，也有人在目光中流露妒意，因为我的忧愁是如此高贵雅逸，我多么以她

53

没有爱之光的人生是毫无价值的人生。的确，失去了爱的人生无疑是行尸走肉，它像沙漠般荒凉，像水泥般冰冷。在这样的人生中，再也听不到生的赞歌。

——[德]席 勒

而自豪。

可我的忧愁死去了，也像一切有生命的事物一样，只留下我独自沉思。

现在，当我开口说话时，只有繁重的语音散落耳旁。

当我歌唱时，则不再有邻人前来聆听。

当我漫步街头，也不再有人回顾。

只是在睡梦中，我听到一个怜悯的声音："看啊，这里躺着的人，他的忧愁已经死去。"

克服忧虑五招式

□ ［美］威廉·菲尔普　戴尔·卡耐基/整理　陈　真/译

菲尔普教授去世前不久，我曾荣幸地在耶鲁大学跟他谈话一个下午，这篇文章是我由谈话资料中整理出来的，谈的是菲尔普教授用来克服忧虑的五种方法。

——戴尔·卡耐基

一、我二十四岁时，眼睛忽然无法看东西，阅读三五分钟后，我的眼睛像针刺般难受，即使不是看书，眼睛也对光线过分敏感，使我简直不能面对窗户。我求诊过纽约最好的眼科医生，似乎没有什么好办法。每天下午四点以后，我就只能坐在墙角的暗处，等着上床就寝了。我十分惊恐，怕就此得放弃教学生涯。后来却发生了一件奇异的事，证明心智的力量可以战胜病痛。在我视力最恶化的那个难挨的冬天，我接受邀请去向一群大学生演说。大厅的天花板上挂着很大的瓦斯灯，刺得我眼睛痛得不得了，坐在台上的时候，我只能看着地面。可是演讲的那三十分钟内，我一点都没有觉得疼痛，甚至我直视灯光也不用眨眼。演讲过后，我又开始痛起来了。

于是我想到只要把注意力集中在某件事上，不只是三十分钟，说不定是一周，可能眼疾就痊愈了。很显然的，心理战胜了生理上的病痛。

我在船上时有过一次类似的经验。当时我腰痛得不能走路，要直起腰来，简直痛得要了命。即使在那样的状况下，我还是受邀在船上做了场演讲。我一开口说话，所有的疼痛都消除了，我站得笔直，随意移动，一直讲了一个钟头。演讲结束后，我轻轻松松地走回舱房，有一阵子，我以为自己没事了，不过那只是短暂的，后来腰还是痛。

　　这些经验都证明一个人的心理态度是何等重要！也让我体会到享受人生的重要性。所以，现在我把每一天都当做是我目睹的第一天，同时也是最后一天。日常生活也能令我兴奋，而处于兴奋状况的人是不可能作无谓的烦忧的。我热爱我的教学工作，我写过一本书，书名为《杏坛乐事》。教学对我而言，绝不只是一种职业，甚至不只是艺术。它是一种热情。我爱教学，正如同画家热爱绘画或歌者热爱歌唱一样。我早上一醒来，就先想到我那班可爱的学生。我一直觉得成功的人生来自于热忱。

　　二、我还发觉阅读一本可以沉迷其中的书，也能克服忧虑。我五十九岁时，有一阵子精神状况不佳，我开始阅读大卫·威尔生的《卡莱尔的一生》。我完全被这本书所吸引，渐渐忘却了自己意气消沉，也因此逐渐痊愈。

　　三、另一次我感到消沉时，我强迫自己每个小时都保持体能上的忙碌。每天早上，我打五六回合网球，冲个澡，午餐后，每天下午都玩十八个洞的高尔夫球。周五晚上，我跳舞跳到凌晨一点。我很相信所有的挫折忧虑都会随着汗水流逝。

　　四、我很早就学会避免匆忙，不在压力下工作。我一直遵循威尔伯·克罗斯的哲学。当克罗斯担任康奈狄格州长时，他告诉我："有时我觉得事情多得一下子处理不了，我就坐下来休息，抽我的烟斗，什么事都不做。"

　　五、我也学会了时间与耐性可以解决很多问题。当我烦心某件事时，我试着去看我的问题将来会如何。我自问："两个月后，我就不会担心这件事了，那又何必现在来担心？何不让自己现在就换上两个月后的态度呢？"

　　总而言之，以下是菲尔普教授克服忧虑的五种方法：

　　(1) 活得热忱："每一天都像是我能亲眼目睹的第一天，也是最后一天。"

　　(2) 阅读一本好书："我精神状况欠佳时……开始读《卡莱尔的一生》……我完全沉迷其中，忘了自己的挫折。"

　　(3) 运动："当我意志消沉时，我强迫自己每个小时都保持体能上的忙碌。"

　　(4) 轻松地工作："我早已学会避免在匆忙及压力下工作。"

　　(5) 我拉远眼光来看问题。我自问："两个月后，我就不会再担心这件事了，那又何必现在来担心？何不让自己现在就换上两个月后的态度呢？"

人生的光荣不在永不失败，而在于屡仆屡起。

——[法]拿破仑

生活是美好的

□ [俄] 契诃夫　　汝　龙/译

契诃夫 (1860～1904)　十九世纪末俄国伟大的批判现实主义作家,幽默讽刺大师,短篇小说巨匠,著名剧作家。其代表作《变色龙》、《套中人》堪称俄国文学史上精湛而完美的艺术珍品。他的名言"简洁是天才的姊妹"也成为后世作家孜孜追求的座右铭。

生活是极不愉快的玩笑,不过要使它美好却也不很难。为了做到这点,光是中头彩赢了二十万卢布、得了"白鹰"勋章、娶个漂亮女人、以好人出名,还是不够的——这些福分都是无常的,而且也很容易习惯。为了不断地感到幸福,甚至在苦恼和愁闷时候也感到幸福,那就需要:(一) 善于满足现状;(二) 很高兴的感到:"事情原来可能更糟呢!"这是不难的:

要是火柴在你的衣袋里燃起来了,那你应当高兴,而且感谢上苍:多亏你的衣袋不是火药库。

要是有穷亲戚上别墅来找你,那你不要脸色发白,而要喜气洋洋地叫道:"挺好,幸亏来的不是警察!"

要是你的手指头扎了一根刺,那你应当高兴:"挺好,多亏这根刺不是扎在眼睛里!"

如果你的妻子或者小姨练钢琴,那你不要发脾气,而要感激这份福气:你是在听音乐,而不是听狼嗥或者猫的音乐会。

你该高兴,因为你不是拉长途马车的马,不是寇克的"小点",不是旋毛虫,不是猪,不是驴,不是茨冈人牵的熊,不是臭虫……你要高兴,因为眼下你没有坐在被告席上,也没有看见债主在你面前,更没有主笔土尔巴谈稿费问题。

如果你不是住边远的地方,那你一想到命运总算没有把你送到边远的地方去,你岂不觉着幸福?

要是你有一颗牙痛起来,那你就该高兴:幸亏不是满口的牙痛起来。

你该高兴，因为你居然可以不必读《公民报》，不必坐在垃圾车上，不必一下子跟三个人结婚……

要是你给送到警察局去了，那就该乐得跳起来，因为多亏没有把你送到地狱的大火里去。

要是你挨了一顿桦木棍子的打，那就该蹦蹦跳跳，叫道："我多么运气，人家总算没有拿带刺的棒子打我！"

要是你的妻子对你变了心，那就该高兴，多亏她背叛的是你，不是国家。

依此类推……朋友，照着我的劝告去做吧，你的生活就会欢乐无穷了。

思考作为一种业余爱好

□ [英] 威廉·戈尔丁

威廉·戈尔丁(1911～1994)　英国小说家。一九五四年发表了长篇小说《蝇王》，获得巨大的声誉。继《蝇王》之后，发表的长篇小说有《继承者》、《品契·马丁》、《自由堕落》等。此外，他还写过剧本、散文和短篇小说，并于一九八二年出版了文学评论集《活动的靶子》。获一九八三年诺贝尔文学奖。

当我还是一个孩子的时候，我就得出一个结论：思考有三个级别。到了后来，我把思考作为我的业余爱好，渐渐地我便得出一个更加奇怪的结论——那就是，我根本不会思考。

小时候我一定是个叫成年人头疼，让他们觉得很不满意的孩子。我记得起先成年人对于我来说显得多么不可理解，不过，当然，我对于他们并非如此。最初把思考这个题目放到我面前的，是我的文法学校校长——虽然用的不是他本来打算采用的方式，产生的结果也不是他所希望的。他的书房里，在他书桌后面的一只高橱上，放着几个小的雕塑。一个是一位女士，身上什么衣服都没穿，只披着一条浴巾；她的身子那么僵着，似乎永远在那儿害怕身上的浴巾会滑落得更低；又因为她没有手臂，所以处于无法把浴巾重新拉上去的悲惨境

一本完美无缺的生活史，就像一个完美无缺的人生一样，难以寻求。

——[英]卡莱尔

地。在她旁边的，是一只蜷曲着身子的豹，准备扑向一个文件柜有着"A－AH"标记的最上层一只抽屉。我天真地把这个标记理解为豹子捕获对象最后的绝望的叫喊。在豹子的另一边，是一位赤身裸体、肌肉发达的男士，他坐在那儿，低着脑袋，一只手托着下巴，胳膊肘支在膝盖上，他看上去痛苦极了。

后来，我对这些雕塑有了一些了解。校长把它们放在会跟做了错事的孩子们面对面的位置上，因为对于他来说，它们象征着整个生活。没穿衣服的女士是米洛的《维纳斯》，她是爱神，她并不是在担心浴巾会滑落，她正忙于将美显示给人看呢。那头豹是自然，它正体现出自然。那赤身裸体、肌肉发达的男士并不痛苦，他是罗丹的《思想者》，是纯粹思想的化身。买几个小石膏模型来表达你认为生活是什么样子的，这很容易。

我最好说明一下，我是校长书房里的常客——不是因为最近我干了某件事情，就是因为最近我没有干某件事情。如同我们现在所说，我不是完善的。我是——一定要说我是什么的话——不完善的，另外，我感到困惑。成年人从来就是那么莫名其妙。每当我站在校长的书桌前等待着受处罚的时候，对着那些在我头顶上方呈灰白色的小雕塑，我总是低着脑袋，两手在身后十指交叉地紧握着，一只鞋在另一只鞋上来回地蹭。

校长透过闪亮的眼镜片看着我，那目光是什么含义我捉摸不透。

"我们拿你怎么办呢？"

哎，是呀，不知道他们会拿我怎么办。我把鞋子蹭得更加厉害，两只眼睛直勾勾地瞪着磨破了的地毯。

"抬起头来，小子！你不能把头抬起来吗？"

于是我会抬起头来看着那高橱顶上：那没有穿衣服的女士心里害怕，身子僵着，那肌肉发达的男士无比忧郁地凝视着豹子的臀部和后腿。我没有什么话可以对校长说。他的眼镜反射着光线，弄得我无法看见这副眼镜后面有任何人情味和同情心。根本就不存在互相沟通的可能性。

"你从来都不思考吗？"

不，我不思考，我没有在思考，我无法思考——我只是痛苦地等待着这场会面早些结束。

"那么你最好学一学——你没有学过怎样思考吗？"

有一次校长从椅子里跳起来，走上几步，把罗丹的杰作重重地放在我面前的桌子上。

"这就是当一个人真正在思考时的样子。"

我仔细审视这位男士，但是既没有产生兴趣，也没有弄懂什么名堂。

"回到你的班里去。"

显而易见，我这个人身上缺点儿什么。大自然赐予人类一个第六感觉，唯独把我遗漏了。情况一定是这样，在回班里去的路上我这样想，因为，当我打碎一块窗玻璃的时候，或者没能记住玻意耳定律的时候，或者上学迟到的时候，我的老师们总是这样给我提供一个成年人的答案："为什么你不会思考？"

根据我的看法，我之所以打碎窗玻璃是因为我用一只板球扔杰克·阿奈，但没有击中他；我没能记住玻意耳定律是因为我从来没有费心去记它；我上学迟到则是因为我喜欢站在桥头观赏河面上的景象。真的，我是邪恶的。也许，我的老师们如此优秀以至于无法理解我的罪孽之深重？莫非他们这些清白无罪、不受良心谴责的人能够用思考这一神秘的把戏来指导他们的每一个行动？整个事情真是不可理解。在较早的那几年里，甚至《思想者》那个小雕像也使我十分困惑。我不相信我的任何一位老师会赤身裸体，怎么会呢？像一个生下来就耳聋，但是坚定不移地要想弄明白声音是怎么一回事的人，我留心观察我的老师们，想弄明白思考是怎么一回事。

有一位霍顿先生，他老是对我说要思考。他带着几分满足告诉我，他本人是作一点儿思考的。那么，他为什么花那么多时间喝酒呢？莫非喝酒不像表面上看起来那样，实际上是很有意义的？如果不是这样，如果喝酒有损于健康——霍顿先生的健康已经被毁了，这是毫无疑问的——那么为什么他老是谈什么要过正派的生活，老是大谈新鲜空气的益处？他常常把双臂张开，那动作就好像他是一个习惯于把时间用于沿着山脊大踏步行走的人。

"户外的空气对我有好处，孩子们——这我知道！"

有的时候，他因自己慷慨激昂的演说而得意非凡，便从书桌后面跳上前来，把我们统统赶出屋子，赶进该死的大风里。

"现在，孩子们！大家做深呼吸！把它深深地吸进你们体内——上帝的丰沛的新鲜空气！"

在这种时候，他站在我们面前为自己身体强健而高兴，俨然一个爱好野外生活的人。他两手叉腰，使劲做了一次深呼吸。你能听见大风被捕捉进他的胸腔，与所有那些不正常的障碍物搏斗。他的身子因这样一次打击而摇摇晃晃，他那走了形的面孔因这次不寻常的苦难而变得煞白。这时候他就跟跟跄跄地走回他的书桌旁，瘫倒在那儿，这一上午余下的时间里他便一点儿事情都不能干了。

霍顿先生喜欢就美好的生活发表超凡脱俗的长篇大论——没有性、充满责任的美好生活。然而，当他在滔滔不绝地演讲时，倘若有一位姑娘打窗外经

59

苦难是人生的老师。
　　——[法]巴尔扎克

过，一双样子好看的小脚踏在地上发出啪嗒啪嗒的响声，演讲就会中断，他的脖子就会自行转动，他就会目送姑娘前行，直到看不见她为止。在这种时候，我觉得支配他的似乎并不是思想，而是他颈背一根无形的不可抗拒的弹簧。

对于我来说，他的脖子是个非常有趣的东西。通常情况下他的脖子显露在衣领之上的部位微微鼓出。霍顿先生在第一次世界大战期间曾经与美国人和法国人并肩战斗过，后来对这两个国家产生了——谁知道这是根据哪一条荒唐的逻辑———种根深蒂固的厌恶。要是这两个国家当中的任何一个碰巧成了时事热点，那么，无论怎样有说服力的论据都不能使霍顿先生对这个国家有一个好的看法。他会把桌子敲得砰砰响，脖子会鼓出得更厉害并且发红。"你们想怎么说就怎么说，"他会高声喊道，"但是我思考过这个问题——我知道我想到的是什么！"

霍顿先生是用他的脖子来思考的。

有一位帕森斯小姐，她再三要我们相信，她最深切的愿望是我们能得到幸福，但是，凭借孩童那神秘的洞察力我当时就知道她最想得到的是她一直没能得到的丈夫，还有汉兹先生，等等。

以上我之所以如此不厌其详地谈及我的老师们，是因为通过我与他们之间的那些事情我初次接触到通常人们称之为思想的这么一个东西的本质。这些老师使我发现，思想里常常充满着并未意识到的偏见、无知和虚伪。思想会论述公正无私的纯洁，同时它的脖子却不知自责地扭向一条裙子。严格按照字面来解释，思想差不多跟大多数生意人的高尔夫一样熟练，跟大多数政治家的意图一样诚实，或者——用一个和我自己主要关心的事情比较接近的说法——跟大多数已经写就的书一样条理清楚、前后一致。这样的思想，是我后来称之为第三级思考的东西，虽然，更恰当地说，那是感觉，不是思想。

确实，在各种偏见里常常包含着某种单纯幼稚，但是在那些日子里，我是以不容异说的态度蔑视第三级思考的，并且鲁莽地嘲笑它。我高兴地以我们应该爱我们的敌人这么一个命题去和一位憎恨德国人的虔诚的夫人当面辩论。她教给了我一个伟大的真理，使我懂得应该怎样对待第三级思考者。跟她接触过以后，我便不再轻率地摒弃百分之九十的人会把它当做最便捷的思考程序加以接受的东西。他们的共同一致是十分了不起的。一群第三级思考者——全体一致喊着共同的口号，人人都烤着他们那偏见之火使双手得以暖和——是不会因为你指出他们的看法有矛盾之处而感谢你的。人是群居动物，乐于相互一致，好比牛群一同在山坡上吃草，彼此之间是没有什么两样的。

第二级思考是发现矛盾。当我使那位可怜的虔诚的夫人陷入困境的时候，我达到了第二级。第二级思考者不会很容易就冲动起来，虽然他们常常犯另外一种错误，常常落在后面。第二级思考是向后退缩的，思考者的眼睛睁着，耳朵竖着。它成为我的业余爱好，把满足和孤独同时带给了我。因为第二级思考只管摧毁而没有力量去创造。它使我在观看人群向国王陛下欢呼致意的同时问我自己，他们那样大呼小叫的有什么意义，但是却没有向我提供任何正面的东西去替代那种鲁莽的爱国主义。然而报偿也不是没有。去听一听吧，人们为自己那种猎狐以及把狐狸撕成碎片的习惯辩护时声称狐狸喜欢这样。去听一听吧，我们的首相说什么把尼赫鲁和甘地这样的人投入监狱，我们就使印度得到了巨大的利益。去听一听吧，美国的政治家们刚刚说过要和平，马上又表示拒绝参加国际联盟。是啊，也有一些快乐的时刻。

不过，我已经到达青春期年龄，我得承认，霍顿先生并不是唯一一个脖子上有不可抗拒的弹簧的人。我本人也感觉到了自然那只有强制力的手，并且开始发现，指出别人的矛盾之处可以给我带来乐趣，同时也会使我付出很大的代价。举例来说，有一个名叫露丝的姑娘，庄重而有魅力。那时候我是一个无神论者。第二级思考对于宗教具有危害性，它把宗教派别一概击倒。我以第三级思考者的那种虚构把自己放在等待她改变我信仰的位置上。她是个基督教循道宗信徒——或者，至少她父母是，她不能不跟着也信循道宗。可是，天哪，露丝不是依靠圣灵来改变我的信仰，却愚蠢地张开她那漂亮的嘴巴来跟我辩论。她声称英王詹姆士一世钦定《圣经》英译本是逐字逐句受到神灵启示的。我反驳说，天主教教徒相信圣杰罗姆根据希腊、希伯来等原文所翻译的拉丁文《圣经》是逐字逐句受到神灵启示的，这两本《圣经》是有差别的。辩论变得索然无味。

最后，她说，有许多基督教循道宗信徒，他们是不可能错的，不是吗——数以百万计的人难道都错了吗？这真是太容易回答了，我焦躁不安地说（因为你越是靠近露丝，她就越显得可爱，使你更想靠近她），因为，不管怎么说，罗马天主教教徒的数目比基督教循道宗信徒多；他们是可能错的，不是吗——数以千万计的人难道都错了吗？她的眼睛里闪现出糟糕透顶的一丝怀疑。我慢慢地慢慢地伸过一条手臂去搂住她的腰，喘着粗气喃喃地说，要是我们计算人数的话，佛教徒们是站在我这一边的。露丝确确实实是为了我好，因为我是那么惹人喜欢。她躲开了我。我的手臂和那些多得数不清的佛教徒加在一块儿，使她觉得无法承受。

那天晚上她的父亲与我的父亲见了面，离去时脸涨得通红，怒气冲天。第三级思考使我明白发生了什么。幸运的是我们两人都只有十四岁。我失去了露丝，得到了一个我不该得到的名声：潜在的浪荡子。

人类的历史是和自然环境与社会环境奋斗的历史。

——谢觉哉

由此可见，第二级思考会有危险性。我记得，在十五岁的时候，正是有了第二级思考的水平，我从第二级的高度对第三级思考的局限性作了一次评论。有一天晚上，我独自在布置学校会堂，为一个聚会做准备。校长书房的门开着，我走了进去。校长已经停止把罗丹的《思想者》作为年轻人的榜样，重重地往桌上一放的那种做法。也许他没能找到更多的受教育对象，但是那些呈灰白色的小雕塑还在那儿，在那高橱顶上，正被蒙上越来越多的灰尘。我站到一张椅子上，将它们重新排列。我把披着浴巾的维纳斯放在那文件柜上，这样一来，最上层那只有"A－AH"标记的抽屉这会儿就是在"啊——啊"地喘着粗气，因为它的性欲受到了刺激。那自命不凡的"思想者"被我放到了高橱的边上，让他低头看着那浴巾，等待它滑落下来。

第二级思考虽然使生活充满刺激和乐趣，却并不促成它富有实质内容。找出我们的长者的缺点使年轻的自我受到鼓舞，但并不导致他对自身具有完全的把握。我发现第二级思考不仅仅是一种指出矛盾的力量，它将游泳者放到与岸相隔一段距离的过深的水中，把他丢在那儿。我认定彼拉多是一个典型的第二级思考者。"什么是真理？"他说，这是一个非常普通的第二级想法，不过总是用作辩论的结尾而不是作为开头。还有更高一级的想法，这种想法说"什么是真理"，并且着手寻找真理。

但是这些第一级思考者数量很少，他们本人并不到我的文法学校来访问，虽然他们在那儿，在书本里。我渴望达到他们的水平，部分是因为我雄心勃勃，部分是因为现在我认为要是我的业余爱好不进一步发展的话，它就是一个不能令人满意的东西。要是你动身爬山了，不管你爬到怎样的高度，如果你不能到达山顶，你就没有获得成功。

在牛津大学读一年级的时候我真遇见过一位确凿无疑的第一级思考者。当时我是在马格达仑鹿公园，正在一座小桥上俯视河面，一个留着八字须、戴着帽子的小个子走过来站在我身旁。他是一个德国人，刚刚逃离纳粹的统治到牛津来暂时避难。他姓爱因斯坦。

但是那时候爱因斯坦教授不懂英语，我也只认识两个德文字。我对他满脸堆笑，无言地试图用我的举止神态向他表达英国人对他的全部爱慕和尊敬。有可能当时——我不能不承认——我觉得这是两个第一级思考者并肩站在一起，不过我猜想，除了怪模怪样的敬畏之外，我的脸上没有任何别的表情。要是办得到的话，我会把我的希腊文、拉丁文、法文和一大块英文去交换足够的德文来和爱因斯坦教授交谈。可是我们两人被互相隔绝，他就跟我的文法学校校长一样不可理解。有大约五分钟之久我们两人一起站在桥上——一个确凿无疑的第一级思考者和一个无比激动的崇拜者。爱因斯坦教授以真正伟人的品格认识到，有接触——不管是什么样的接触——总比没有接触好。他指着在水中游动的一条鲑鱼。

他说："Fisch."

我的大脑一片混乱。我站在这个地方，和伟人在一起，却像一个十足的第三级思考者一样无能为力。我拼命地想找到某个方式，借以表达我也尊崇纯粹理性。我使劲地对他连连点头。蓦地我想到一个绝妙的主意，一下子用去我一半德语词汇量："Fisch. Ja. Ja."

我们并肩站在一起又过了约摸五分钟时间。随后爱因斯坦教授缓缓离去，直至走出我的视线之外，在这个过程中，他的整个身影始终让我感受到他的善意及和蔼可亲。

我，也要成为一个第一级思考者。我这个人是不虔诚的，即使是在最好的情况下。政治和宗教的各种制度、社会习俗、形形色色的忠诚以及各种传统——所有这些都一一坍塌，犹如这么多烂苹果从树上跌落下来。这是一个很好的业余爱好，用它替代板球是很切合实际的，因为你可以一年到头做这样的游戏。最后我达到了这么一种状况——这种状况一定会永远证明第一级思考是完全正当的，它是第一级思考的标志、印记和凭照。我为生活发明了一种紧凑的、协调的体系，那是一种完全合乎逻辑的道德体系。当然，正如我很乐意承认的，要把这世界转变到我的思想方法上来也许是困难的，因为我的体系是不把一些无价值的东西包含在内的，诸如大生意、中央集权的政府、军队以及婚姻。

又是跟露丝一模一样的情形。我有一些很好的朋友，他们过去和我站在一道，现在依然如此。但是我熟识的人不见了，把姑娘们一起带走了。年轻的女人们似乎很满意于目前状况下的世界，这真是很奇怪。她们十分看重有一只戒指的毫无意义的仪式。年轻的男人们虽然很乐意承认婚姻有那种束缚人的肮脏之处，但是却又迟疑不决，拿不准是否应该丢弃那些他们希望会给予他们远大前程的各种组织。作为一个刚刚踏上英国皇家海军这个阶梯的第一级的年轻人，我在十分高兴地摒弃大生意和婚姻的同时向天下人推荐一个没有军舰的世界，这时候我跟霍顿先生一样，脖子红了起来。

这游戏是不是太离谱了？它还是不是一个游戏？在战前的那些日子里，为了一个业余爱好我失去了许多，我经受了这样的损失。

现在，你在指望我描写我如何意识到我的思考方式是多么愚蠢并回到温暖的安乐窝来——在这安乐窝里，偏见如此经常地被称为忠诚；毫无意义的行

63

人类的生活，必须时时刻刻拿最大的努力，向最高的理想扩张传衍，流传无穷，把那陈旧的组织、腐滞的机能一一扫荡摧清，别开一种新局面。

——李大钊

为由于不断重复而受到尊崇，成为风俗习惯；而当我们只不过是在感觉的时候，我们却满足地说我们是在思考。

可是，你如果这样想你就错了。我丢弃了我的业余爱好，我把它变成了我的职业。

倘若我再回到文法学校校长的书房，并且发现那些盖满灰尘的小雕塑还在那儿，我就会重新调整它们的位置。我会掸去维纳斯身上的灰尘把她搁到旁边，因为我现在已经非常喜爱她，真正认识到她原来是如此美好的一件东西。不过我要把深深陷入沉思的"思想者"放在他面前有阴影的地方——而在他的身后，我放上那只豹子；它蜷曲着身子，准备向前扑去。

我为什么没有自杀

□王　蒙

　　王蒙　一九三四年生于北京，原籍河北。当代著名作家。曾任国家文化部部长。出版小说集、评论集等多本，其中《最宝贵的》、《悠悠寸草心》、《春之声》和《蝴蝶》先后获全国优秀短、中篇小说奖，长篇小说有《活动变人形》、《季节四部曲》等。近期著作有《我的人生哲学》、《王蒙自传》等。

　　某种情况下，我甚至要说，恰恰是在身处逆境之时，学习的条件最好，心最专，效果最好。顺境时人容易浮躁，周围常常会有各种朋友、跟随者、慕名者、请教者；顺境时你常常忙于说话、写字、发表意见、教授旁人，好为人师；顺境时常常自我感觉良好，志得意满，看到的是旁人的失缺；顺境时你必须满足社会与众人对你的期待，你必须花费大量时间去做旁人要你做的事情，比如出席某些活动、仪式而目的仅仅是为了表示你确已出席。而逆境时、被晾到一边时、"不可接触"时、"不准革命时"，正是不受干扰地求学的良机、深思的良机、总结经验教训的良机，是严格地清醒地审视自己反省自身解剖自身的良机，是补充自己、壮大自身、使自身成长、使自身更新的良机，是学大知识、获大本领、得大彻大悟的最好契机。

比如文化大革命中，我身在新疆维吾尔民族聚居的农村，又处在极"左"的狂热之时，由于我在当时被错误地列入另册，不能写作，不能在任何单位上班工作，也不能正常参加社会活动……当然无法有任何作为，甚至看来似乎也没有办法光明正大地学习。我便把主要精力放在与农村干部群众一起学习毛主席著作上。怎么样学习毛主席著作呢？学维吾尔文版的。我用维吾尔语背诵下了老三篇，背诵下了一大批毛主席语录。一次我大声朗读《纪念白求恩》，房东老大娘甚至以为是广播电台的播音。这说明我读得是怎样的字正腔圆，一丝不苟。

有些外国朋友不理解我怎么可能在那种条件下在新疆一口气生活了十六年，没有发疯也没有自杀。他们询问我在新疆十六年做了些什么，言外之意那么长的时间，你的生活将会是怎样的空虚和痛苦。我半开玩笑地回答说："我是读维吾尔语的博士后啊，两年预科，五年本科，三年硕士研究生，三年博士研究生，再有三年博士后，不是整整十六年吗？"

任何表述都不是面面俱到的，我无意用这样的说法来掩盖我与很多同命运的其中有不少是优秀的人士在那个年代的经历的悲剧性，也无意提倡阿Q式的精神胜利法。然而我以为确有真正的精神真正的胜利，不是仅仅用一种类似儿子打老子的谵(zhān)语欺骗与麻醉自己，而善于在一切逆境中学习，通过学习发展和壮大自己，憧憬着、准备着未来，为最后的不仅是精神的而且是全面的胜利打下基础。这样的学习同时也是对于制造苦难、制造不义、嫉贤妒能、动不动欲置人于死地的坏人的最好回答。

至于为什么没有疯狂也没有自杀，当然还因为我的"不可救药的乐观主义"，我的对于生活对于人众(例如维吾尔农民)的爱，还由于正是我自己从童年和少年就选择了革命，包括革命的曲折和艰难，是我自己选择的，它并不完全是外来的与异己的强加的灾难，这样思考就会舒服一点，我的心理承受能力就会强一些。有一些激烈的评者总是责备我没有像他们希望的那样采取对历史和现状无情的决绝态度，对不起了，道不同不相为谋，我的起点、出发点、思考的角度就是有所不同，我不打算迎合。我也不喜欢那些欺世盗名的大言。

人类的最大弱点之一是自命不凡的幻想。

——周作人

　　如果我们的生活是真实的,我们也就能够把社会看得更加透彻和真实。这就像一个强大的人要表现得非常强大,与一个软弱的人表现得非常软弱一样容易。当我们拥有新的思想时,我们将会高兴地把过去的思想当做破旧的废物抛弃掉。

第四辑
伟大的性格

　　性格即命运。性格可以超乎我们的意志之上来指导我们的思想和行为。别人对我们的看法并不能够改变我们本来的样子。人们都以为美德或恶行只能够通过他们公开的行为表现出来。其实，人的美德或恶行每时每刻都会从他的身上显现出来。

论 性 格 ·····················

□ [法] 伏尔泰　余兴立　吴　萍/译

伏尔泰 (1694～1778)　法国启蒙思想家、哲学家、史学家、文学家。十八世纪法国资产阶级启蒙运动的旗手,被誉为"思想之王"、"法兰西最优秀的诗人"。代表作有《亨利亚德》、《欧第伯》、《老实人》、《路易十四时代》等,他的《哲学通信》被称为"投向旧制度的第一颗炸弹"。

　　性格一词来源于希腊语,意为印记、雕刻。它是本性雕刻在我们身上的东西,我们能抹掉它吗?这是一个庞大的问题。如果我有一只鹰钩鼻子和一双猫眼睛,我能用面罩把它们隐藏起来。而对于自然赋予我的性格我能隐藏得更好吗?一个天生性格暴躁、行为凶暴的人去晋见法国国王弗朗索瓦一世,上诉一件不公正的事。国王的表情,大臣们恭敬的举止,以及此人所处的位置,在他身上产生了强有力的效应。他不自觉地低下眼睛,粗糙的声音变温和了,他谦卑地说出了自己的要求。人们会相信他天生就像大臣们一样文雅 (至少在这个时刻),在大臣中间,他甚至感到手足无措。可是如果弗朗索瓦一世善于观察表情,那么就会很容易地从他虽然低下却燃烧着隐蔽的火花的眼睛里,从他肌肉紧绷的脸上,从他紧闭的嘴唇上发现,这人不像他被迫伪装的那样温和。后来此人跟国王一起去了帕维亚,和他一起被俘,一起被带到马德里囚禁起来。弗朗索瓦一世的威严再也不能对他施加同样的影响了,因为他和他尊敬的对象混得很熟。一天,他给国王脱马靴,脱得很不好,由于不幸而变得性情怪僻的国王发怒了,于是这个人把国王送上了西天,把他的靴子扔到了窗外。

　　西克斯图斯五世教皇天生脾气暴躁、固执己见、目中无人、鲁莽冲动、喜欢报复、傲慢无礼,他的性格似乎由于他执政初期的考验而表现得温和了。但当他在自己的阶层中开始享有一些声誉时,他就对一个侍者发了脾气,拳头也就像雨点般地打到侍者身上。当他在威尼斯成为宗教法庭的审问官时,他开始蛮横地行使他的职权。但他成为红衣主教后，由于他一心想当教皇，这种狂热就压抑了他的天性，他把他的本性和性格都隐藏起来。他假装谦卑，假装身体不好，一旦被选为教皇，他马上就恢复了出于策略而长期压抑的性格。他是所有教皇中最傲慢、最专制的。

"即使你用干草叉把天性赶走，它仍会迅速回来。"

宗教和道德对天性的力量有约束作用，但它们不能消灭它。酒鬼在修道院里每餐只能喝一杯苹果酒，不会再喝醉，但他永远喜欢酒。

年老使个性减弱，老年是一株只能长出几只退化了的果实的树，可是这些果实依然是同一种类；树逐渐被节疤和青苔所覆盖，被虫蛀得千疮百孔，可它依然是一株栎树或梨树。如果我们能改变我们的性格，我们就会再给自己一个性格，我们就能成为本性的主人。我们能为所欲为吗？我们能不承认一切吗？请尝试一下吧，在懒惰的人群中激起连续不停的活动，用冷漠把鲁莽冲动的人的沸腾的灵魂冻结起来，在一个缺乏鉴赏力和灵敏的听觉的人身上引起对音乐和诗歌的兴趣。你不会成功的，就像你要使一个天生盲人重见光明一样。我们完善、我们减轻、我们隐藏本性所留在我们身上的一切，但我们在自己身上什么也没留下。

一个农夫被告知："你池塘里的鱼太多了，它们不会茁壮成长；你田地里的牲畜太多，草不够，它们会瘦下去。"在这次劝告之后，恰好狗鱼吃掉他一半的鲤鱼，狼吃掉他一半的羊；剩下的鱼和羊都长肥了。他将为自己的管理感到庆幸吗？这个农民就是你自己。你的一种感情吞没了其他种感情，你则认为你战胜了自己。一个九十岁的老将军偶尔看到几个年轻军官为了镇上的一些妇女而引起骚动，他发脾气地说："先生们，这就是我给你们树立的榜样吗？"我们难道就真的不像这个老将军吗？

69

人类高昂精神的辐射，填补了自然界的贫乏，增添了景色。

——茅 盾

论人的天性

□ [英] 弗兰西斯·培根

受·益·一·生·的·人·生·智·慧·书

弗兰西斯·培根 (1561～1626)　英国哲学家,第一个提出"知识就是力量"的人,被尊称为哲学史和科学史上划时代的人物。马克思称他是"英国唯物主义和整个现代实验科学的真正始祖"。《新工具》是他的主要哲学著作之一。

天性总是隐藏起来不会显露的,但却很难被压制住,更难完全戒除。即使勉强能够压制住天性,只会使它在压力消除后具有更强的反作用力。教育和道德的力量甚至不能完全约束住天性,只有长期养成的习惯,才能真正改变和制服人的天性。

要想改变自己的某种天性,给自己定下的目标不要太高,也不要太低。目标太高,容易受到挫折而灰心丧气;目标太低,虽然会成功,但因成效太小而会泄气。在努力的过程中,在开始时,不妨借助外力来练习,这样可以鼓励自己的情绪,就像学游泳的人借助气囊和木筏一样。但一段时日后,如取得成效,则练习应加大强度和难度,严格要求自己,犹如练功的人缚着笨重的东西走路一样。如果练习的力度大于实际要求的难度,那么效果会更为显著。

如果一个人某种天性非常顽劣,很难克服,那么必须循序渐进。第一步,要坚持不懈地、长时间地约束自己,如有人在生气时就默诵二十四个字母以消气。接着,从一点一滴做起,不能放纵小的恶习,如酗酒者戒酒的办法是每天比前一天少喝一点,最后终于戒绝。最后,把一切毛病完全根除。当然,一个人如果有很大的毅力和决心,能控制自己改变不良习惯,能脱胎换骨,那是非常让人敬佩的:

> 一举挣断胸膛的枷锁,
> 从此不再受罪,
> 这样的人才是灵魂自由的人。

另外,古代的一种办法,用起来还是很有效的,即矫枉不可过正,用相反的习惯来改变天性,如同要弄直弯曲的棍子,必须要反过来扳一样。但要注意,相反的习惯不要是另一种不良习惯。

建立一种良好的习惯,不能一蹴而就,需要一定的间歇性。一则因为稍事休息,可以强化取得进步的效果;二则,如果一个人总是不间断地练习,虽然能锻炼能力,但更会强化自己的缺点。在这种情况下,最好的办法就是稍事停顿,以便回顾一下自己努力过程中的成绩和失误。

人不能对克服天性太过自信。因为天性非常狡猾,你警惕的时候它就潜伏,你放松时或受到诱惑时它就活跃起来。如同《伊索寓言》中那只变成少女的猫一样,尽管它规规矩矩地坐在餐桌边,但见到一只老鼠出现在面前,就忍耐不住扑了过去。因此,一个人或者明智地彻底避开这种让自己现原形的情形,或者干脆多接触这种场合来锻炼自己,长此以往,也就见怪不怪了。

当一个人的职业合乎他的天性,则此人是幸福的。但是,那些强迫自己从事与他们天性不合的事业的人,则这样说:"我的灵魂不属于我自己,是寄存的。"治学的时候,如果一个人要强迫自己去做不喜欢的事,就必须安排好时间,强制自己按安排好的时间去做。当然,如果自己喜欢的事情,就不必如此了。因为你的思想会自然而然地带着你向前跑,只要时间足够即可。一个人的天性就像一粒种子,或者长成芳草,或者变成毒草。所以,你应当随时警醒,铲除毒草,及时浇灌芳草。

自满、自高自大和轻信是人生的三大暗礁。

——[法]巴尔扎克

对异见要宽容[①]

□ [美]房 龙 连 卫 靳翠微/译

房龙（1882~1944） 荷裔美国作家和历史学家。一九二一年《人类的故事》的出版使他一举成名，其著作主要是历史和传记，包括《人的故事》、《文明的开端》、《奇迹与人》、《圣经的故事》及《伦勃朗的人生苦旅》等。

在宁静的无知山谷里，人们过着幸福的生活。

永恒的山脉向东西南北各个方向蜿蜒绵亘。

知识的小溪沿着深邃破败的溪谷缓缓地流着。

它发源于昔日的荒山。

它消失在未来的沼泽。

这条小溪并不像江河那样波澜滚滚，但对于需求浅薄的村民来说，已经绰有余裕。

晚上，村民们饮毕牲口，灌满木桶，便心满意足地坐下来，尽享天伦之乐。

守旧的老人们被搀扶出来，他们在阴凉角落里度过了整个白天，对着一本神秘莫测的古书苦思冥想。

他们向儿孙们唠叨着古怪的字眼，可是孩子们却惦记着玩耍从远方捎来的漂亮石子。

这些字眼的含意往往模糊不清。

不过，它们是一千年前由一个已不为人所知的部族写下的，因此神圣而不可亵渎。

在无知山谷里，古老的东西总是受到尊敬。

谁否认祖先的智慧，谁就会遭到正人君子的冷落。

①本文是房龙作品《宽容》一书的序言。题目为本书编者所加。

受·益·一·生·的·人·生·智·慧·书

所以,大家都和睦相处。

恐惧总是陪伴着人们。谁要是得不到果园里果实中应得的份额,又该怎么办呢?

深夜,在小镇的狭窄街巷里,人们低声讲述着情节模糊的往事,讲述那些敢于提出问题的男男女女。

这些男男女女后来走了,再也没有回来。

另一些人曾试图攀登挡住太阳的岩石高墙。

但他们陈尸石崖脚下,白骨累累。

日月流逝,年复一年。

在宁静的无知山谷里,人们过着幸福的生活。

外面是一片漆黑,一个人正在爬行。

他手上的指甲已经磨破。

他的脚上缠着破布,布上浸透着长途跋涉留下的鲜血。他跌跌撞撞来到附近一间草房,敲了敲门。

接着他昏了过去。借着颤动的烛光,他被抬上一张吊床。

到了早晨,全村都已知道:他回来了。

邻居们站在他的周围,摇着头。他们明白,这样的结局是注定的。

对于敢于离开山脚的人,等待他的是屈服和失败。

在村子的一角,守旧老人们摇着头,低声倾吐着恶狠狠的词句。

他们并不是天性残忍,但律法毕竟是律法。他违背了守旧老人的意愿,犯了弥天大罪。

他的伤一旦治愈,就必须接受审判。

守旧老人本想宽大为怀。

他们没有忘记他母亲的那双奇异闪亮的眸子, 也回忆起他父亲三十年前在沙漠里失踪的悲剧。

不过,律法毕竟是律法,必须遵守。

守旧老人是它的执行者。

守旧老人把漫游者抬到集市区,人们毕恭毕敬地站在周围,鸦雀无声。

漫游者由于饥渴,身体还很衰弱。老者让他坐下。

他拒绝了。

他们命令他闭嘴。

但他偏要说话。

他把脊背转向老者,两眼搜寻着不久以前还与他志同道合的人。

人生并不是以金钱为对象,因为我们的对象是人群。

——[俄]普希金

"听我说吧，"他恳求道，"听我说，大家都高兴起来吧！我刚从山的那边来。我的脚踏上了新鲜的土地，我的手感觉到了其他民族的抚摸，我的眼睛看到了奇妙的景象。

"小时候，我的世界只是父亲的花园。

"早在创世的时候，花园东面、南面、西面和北面的疆界就定下来了。

"只要我问疆界那边藏着什么，大家就不住地摇头，一片嘘声。可我偏要刨根问底，于是他们把我带到这块岩石上，让我看那些敢于蔑视上帝的人的嶙嶙白骨。

"骗人！上帝喜欢勇敢的人！我喊道。于是，守旧老人走过来，对我读起他们的圣书。他们说，上帝的旨意已经决定了天上人间万物的命运。山谷是我们的，由我们掌管，野兽和花朵，果实和鱼虾，都是我们的，按我们的旨意行事。但山是上帝的。对山那边的事物我们应该一无所知，直到世界的末日。

"他们是在撒谎，他们欺骗了我，就像欺骗了你们一样。

"那边的山上有牧场，牧草同样肥沃，男男女女有同样的血肉，城市是经过一千年能工巧匠细心雕琢的，光彩夺目。

"我已经找到一条通往更美好的家园的大道，我已经看到幸福生活的曙光。跟我来吧，我带领你们奔向那里。上帝的笑容不只是在这儿，也在其他地方。"

他停住了，人群里发出一声恐怖的吼叫。

"亵渎，这是对神圣的亵渎。"守旧老人叫喊着，"给他的罪行以应有的惩罚吧！他已经丧失理智，胆敢嘲弄一千年前定下的律法。他死有余辜！"

人们举起了沉重的石块。

人们杀死了这个漫游者。

人们把他的尸体扔到山崖脚下，借以警告敢于怀疑祖先智慧的人，杀一儆百。

没过多久，爆发了一场特大干旱。潺潺的小溪枯竭了，牲畜因干渴而死去，粮食在田野里枯萎，无知山谷里饥声遍野。

不过，守旧老人们并没有灰心。他们预言说，一切都会转危为安，至少那些最神圣的篇章是这样写的。

况且，他们已经很老了，只要一点儿食物就足够了。

冬天降临了。

村庄里空荡荡的，人稀烟少。

半数以上的人由于饥寒交迫已经离开人世。

活着的人把唯一希望寄托在山脉那边。

但是律法却说:"不行!"

律法必须遵守。

一天夜里,爆发了叛乱。

失望把勇气赋予那些由于恐惧而逆来顺受的人们。

守旧老人们无力地抗争着。

他们被推到一旁,嘴里还抱怨着自己的命运不济,诅咒孩子们忘恩负义。不过,最后一辆马车驶出村子时,他们叫住了车夫,强迫他把他们带走。

这样,投奔陌生世界的旅程开始了。

离那个漫游者回来的时间,已经过了很多年,所以要找到他开辟的道路并非易事。

成千上万的人死了,人们踏着他们的尸骨,才找到第一座用石子堆起的路标。

此后,旅程中的磨难少了一些。

那个细心的先驱者已经在丛林和无际的荒野乱石中用火烧出了一条宽敞大道。

它一步一步把人们引到新世界的绿色牧场。大家相视无言。

"归根结底他是对了,"人们说道,"他对了,守旧老人错了。"

"他讲的是实话,守旧老人撒了谎……"

"他的尸首还在山崖下腐烂,可是守旧老人却坐在我们的车里,唱那些老掉牙的歌。"

"他救了我们,我们反倒杀死了他。"

"对这件事我们的确很内疚,不过,假如当时我们知道的话,当然就……"

随后,人们解下马和牛的套具,把牛羊赶进牧场,建造起自己的房屋,规划自己的土地。从这以后很长时间,人们又过着幸福的生活。

几年以后,人们建起了一座新大厦,作为智慧老人的住宅,并准备把勇敢先驱者的遗骨埋在里面。

一支肃穆的队伍回到了早已荒无人烟的山谷。但是,山脚下空空如也,先驱者的尸骨荡然无存。

一只饥饿的豺狗早已把尸首拖入自己的洞穴。

人们把一块石头放在先驱者足迹的尽头(现在那已是一条大道),石头上刻着先驱者的名字,一个首先向未知世界的黑暗和恐怖挑战的人的名字,他把人们引向了新的自由。

石上还写明,它是由前来感恩朝礼的后代所建。

人生至高无上的幸福,莫过于确信自己被人所爱。

——[法]雨 果

这样的事情发生在过去，也发生在现在，不过将来（我们希望）这样的事不再发生了。

拿破仑的个性

门岂 一九四三年生，河南南乐人。古代文学研究专家。著有《开国皇帝的功罪》、《专制变奏曲——从吕后到慈禧》、《帝国之梦——忽必烈全传》等。主编有《二十六史精要辞典》、《二十六史精粹今译》、《中华国粹大辞典》、《中国历代文献精粹大典》等。

如同其他伟大的人物一样，拿破仑具有自己鲜明的性格特征。实际上，如果不是超凡脱俗的个性，任何伟大都无法成就功业。

在拿破仑的一生中，从没有任何东西比权力和光荣更能打动他的心。从一名将军到共和国第一执政再到至尊无上的皇帝，拿破仑一步步地迈向权力之巅。在他成为法国皇帝之后，权力欲并未因此减弱，却因为大权在握而更加追求权力。他自己有着浪漫的英雄豪气，梦想有朝一日重建查理大帝的功勋，统一欧洲，然后踏着君士坦丁大帝的足迹，由欧洲席卷君士坦丁堡，建立庞大的帝国。甚至于他梦想征服印度，完成亚历山大大帝未能完成的任务。在拿破仑的内心深处，保存了许多属于古典英雄主义的理想，而正是这种理想成为拿破仑一生东征西杀，扩张侵略的动力。

权力和野心，支配了拿破仑全部生命。如果没有这两样东西，他根本无意活着。"死算得了什么？然而生于战败中，生于耻辱中，不啻一日百死。"正是这种信念，使得拿破仑终生都在为追求万世不朽的功业而奋斗。拿破仑曾经说过一句著名的话："权力是我的情妇，我努力奋斗征服了她，绝不容许别人从我身旁把她抢走。"这就是拿破仑的权力观，也恰恰是这位生前曾拥有不少真正情妇的皇帝的悲剧：他的权力如同他的情妇一样最终仍然被别人夺走。

拿破仑具有无比坚定的意志，有为远大目标顽强奋斗的决心。在他写给一位朋友的信中有这样的话："我有今日，完全因为我坚强的意志、性格、努力和胆识。"确实，在拿破仑一生中曾有过无数次濒于失败的经历，最终都因他的勇敢和坚定反败为胜。在奥斯特立兹战役中，他的坚强意志再一次发挥了决定性作用，他所指挥的法军以少胜多打败了强大的俄国军队。在后人的笔下，拿破仑是一位意志坚定的将军，英明果断的皇帝，同时，也是一位具有超凡毅力的半人半神式的神话人物。

大凡伟人都是傲慢的，也许有些人表面上谦恭和蔼，但内心深处却旁若无人。拿破仑更是如此，他的傲慢与自负几乎都表现在外面。他将自己视为法国的守护神、人民的保护者，"朕即国家"就是拿破仑内心狂傲自负的最好反映。拿破仑曾经对他的秘书说："布宁，你也会不朽的，因为你是我的秘书。"他一生指挥了无数次战争，最后还是以战败而告终。不过，在他内心世界里，他永远不是一位失败者，因为他的骄傲自负已根深蒂固地印刻在他的心中，使他永远把自己与胜利联系在一起。

拿破仑的个性特征如此鲜明，以致在他身边的人都感到有一种压力。这是一种人格的力量。与他接触最多的人从他的前妻约瑟芬皇后到他的贴身保镖，都对他怀有畏惧之情。他脾气暴躁，动辄发怒，对于许多地位相当高的人如驻外大使、红衣主教等人也常常口出不逊。不过不要以为他是一个残暴粗野的人，他对待士兵和蔼可亲，对于有功的将领也是恩宠相加。他内心的感情世界极其丰富细腻，当他得知亲爱的将军戴沙克斯阵亡的消息时，竟情不自禁地痛哭起来。这位皇帝为了政治目的与约瑟芬离婚，娶了奥国公主，但直到他被放逐圣赫勒拿，他一直在心中深爱着他的前妻。

这就是拿破仑的性格。追求权力的野心使他向往光荣的一生，突出的个人支配欲使他凌驾于众人甚至国家之上，但他的内心也有慈祥和温柔的感情。作为一位科西嘉的军人，他的血管中流淌着野性的血液，而法国传统的文化又给予他富有浪漫色彩的个人英雄主义影响。许多矛盾的性格在拿破仑身上结合得如此完美，从而塑造了一位极富戏剧性的英雄人物。

个人性格的影响往往潜在地反映到社会政治生活之中。人类在原初社会状态下，性格的表现较为突出，特别是在古典英雄主义时代，个人性格常常决定个人成就。但随着人类社会制度的日益完善，人与人关系日益复杂，个人性格就要更多地隐藏起来，服从于时代与社会的性格。这一现象在东方农业文明社会中表现得较为突出，而在西方世界里，由于传统的影响，个人性格尚且可

人生包括两部分：过去的是一个梦，未来的是一个希望。
——[美]霍 桑

以保留一些直露机会。政治原来是一种群体活动,而政治人物便是由各种机会和各种环境造就的,一旦成为政治风云人物,必然希望能够在政治活动中体现个人愿望和理想,于是个性特征便会乘机出来推波助澜。拿破仑个性上的许多特点都对其统治下的法国发生了很大影响。其他不论,就以那个时代法国人的民族自豪感和追求荣誉精神为例,如果不是拿破仑一手培养起来的话,起码也是他激励的结果。

拿破仑是一个意志坚定的人,为了达到他追求的目标,不论怎样艰难辛苦,他也百折不挠。然而政治斗争的复杂性并不是认定目标向前冲锋就能完全获胜的,这一点直到晚年他才懂得。意志坚定并不等于直线前进,有时退却、迂回恰好是为了更好地前进。然而他懂得却太晚了。

他的生活有着明确的目的性,他常常为了目的一时不能实现而情绪急躁,甚至发起脾气来不顾场合,当众斥责外国大使,使人难堪,甚至脚踢学者的胃部,让人痛楚难忍,他只求自己一时痛快,而绝不在乎他人的痛苦。所以拿破仑虽然声名显赫,权势极大,但是他却没有朋友。拿破仑曾说:"友谊只是虚名而已。我无法和别人建立友谊。""我知道我并没有真正的朋友,只要我今日之地位不变,我要多少虚情假意的朋友就有多少。"

他对自己要求严格,对下属要求也严格。他对下级的报告和意见要求具体简明,反对繁文藻饰,空谈无物。这一切是为建立一个秩序井然的政权服务的。他对下属指示有好消息不必忙于报告,而有坏消息,哪怕半夜也要马上报告。他时刻保持着警惕。他有一句箴言:"成功到一败涂地往往只是一步之差而已。"

他善于谋略,善于识人,善于用人,尽管他对人苛刻,可是他的才干还是使不少人佩服,使不少人为他甘愿献身。他比较讲究实际,不关心仪表,不讲究谈吐。他思维敏捷,写字很快,目前已知的公开书信就有四万余封。

但是不要以为拿破仑是一个枯燥的人,是一个冷血的人。任何一个人都是复杂的,都是多种性格的混合体。我们述说了他的主要方面,但他高傲,有时也很谦虚;他冷酷,有时也很多情;他很威严,有时也很幽默;他善于谋算,有时也有失误。他有伟大的一面,也有卑鄙的一面、平庸的一面。他说过"我一向能以意志改变和创造命运";他也说过"我依顺大势,我没有自己的意志。我任事物自然发展"、"命运驱使我朝不可知的目标前进"。

然而拿破仑之所以为拿破仑就因为他是这样一个复杂的人。无论如何他对欧洲历史的进展曾发生过重大的影响,他是一个应时代而产生的风云人物。

性格即命运

□ [美] 爱默生　　龙　婧/译

　　性格即命运。性格可以超乎我们的意志之上来指导我们的思想和行为,别人对我们的看法并不能够改变我们本来的样子。人们都以为美德或恶行只能够通过他们公开的行为表现出来,其实,人的美德或恶行每时每刻都会从他的身上显现出来。

　　所有的行动之间都存在着一种一致性,由于它们都是归属于一个意志,所以不管它们表面上的差别有多么大,这些行动都是和谐一致的。如果从一定的距离,或者从一定的思想高度来看,这些差异是会逐渐缩小直至消失的。你的一个真诚的行为就能够解释这个行为本身,也能解释你的其他行为。我们要相信,走自己的路吧,认真而真诚地去做每一件事,那么事实将会主动地站出来为你辩护。

　　如果你有足够的力量来做一件事情而且并不在乎别人如何评价,那么这将会为你增光添彩。让别人说去吧,你只要好好干就是了。人们常常会轻视外表,你可能也是这样的。性格的力量要靠平时的积累。一种美德的出现,并不是突然出现的,它在此之前的日子就已经开始积累了。

　　我们要痛斥那些平庸的和不思进取的人生态度,让我们面对社会习俗、事务和政治活动,指出这样一个事实——一个真正从事劳动的人就是一个伟大的、可以信赖的思想者和行动者。一个真正的人不属于任何其他的时间和空间,他永远都处于社会的中心。他出现在哪里,真理就会出现在哪里。他就是一个标准,衡量着所有的人和事。

　　社会中的每个个体都会让我们想起其他的东西或其他的人。人必须自强自立。这样一来,任何环境对他来说就都会显得无关紧要了。每个真正的人其实都是一个自信自立的典范。恺撒出生了,在以后的日子里,我们就有了一位伟大的罗马皇帝。基督诞生了,千万人的心灵在他的教导下成长。因此,一个人

　　人生一世,总有些片段当时看着无关紧要,而事实上却牵动了大局。

　　　　　　　　　　　　　　　　　　——[英]萨克雷

知道他自己存在的价值，把一切事物都了然于胸，就可以做到自助自立了。

　　然而，当一个人置身于街上熙熙攘攘的人群之中，由于他看不到自己的价值，由于他看不到自己具有建起一座塔、雕刻出一尊大理石神像的力量，所以当他看到一座塔和一尊石像时就会感到自惭形秽。在这样的人看来，一座宫殿、一尊雕像或者是一本价格昂贵的书籍都显示出一种拒他于千里之外的神情，它们都好像是一辆装饰华美的马车，驾车的人在对他说："先生，你也配坐这车？"而事实上，他完全有能力创造这一切，重要的就是看他是否努力。

　　如果我们用片面的方法阅读书籍，那么我们得到的就会是片面的知识。在阅读历史时，我们的想象力常常会把历史想象得面目全非。"王国"与"贵族"、"权力"与"财产"似乎要比安静地生活和做着平凡工作的约翰与爱德华更具有吸引力，然而生活的内容对于每个人都是一样的。确实，品德高尚的人是富有德性的，但是他们能够垄断所有的德性吗？我们要依据自己的意志独自行事，而不是跟随在那些著名人物的身后，这是一个不言自明的问题。当名不见经传的人们与那些帝王怀着同样的目的行动时，帝王的行动所散发出的王者气象也就可以体现在一般人的行动中。

　　当我们在探究人们自信自立的理由时，所有的人格魅力就可以得到解释了。谁是被信赖的人？什么是可以依赖的？那种困扰科学的本性和力量又是什么呢？如果一个人的行动显现出独立的意象，那么它就会把一束美的光芒投射在这个行动上。即使这个行动是平淡无奇的，而且是并不高尚的，但它却可以显示出我们自身的力量。

　　我们不应该总是把精力放在几本书和几件事情上。我们应该把全部的身心都投入到生活之中，一切都要以实际的生活为准，而不是生活在虚伪中。如果我们的生活是真实的，我们也就能够把社会看得更加透彻和真实。这就像一个强大的人要表现得非常强大，与一个软弱的人表现得非常软弱一样容易。当我们拥有新的思想时，我们将会高兴地把过去的思想当做破旧的废物抛弃掉。

天助自助者

塞缪尔·斯迈尔斯(1812~1904)　英国十九世纪伟大的道德学家，社会著名改革家和散文随笔作家。写过许多脍炙人口的人生随笔作品，如《自己拯救自己》、《品格的力量》、《金钱与人生》、《人生的职责》等，这些作品在全球畅销百年而不衰，改变了亿万人的命运，塑造了近现代西方道德文明的精神风貌。

"天助自助者。"这条经典的格言，早已被漫长的人类历史中无数的事实所验证。个体的自立精神是其一切实在的发展与进步的动力所在，它体现在个体生活的诸多领域，是国家兴盛的真正根源。从后果看，外在的帮助只会使受助者逐步衰亡，而内在的帮助则可以使自助者走向强大。无论你为某些人或某些集团做些什么，从某种意义上讲，这到最后反而会扼杀他们自助的进取心和动力。当人们需要极度过分的呵护、指导和代为管理的时候，他们会逐步走向一条不归之路，这种趋势是不可避免的。

即便是最好的制度也不一定能够给人以积极的帮助。制度的功能，大概就是放手让人们努力发展自己的事业，从而改善他们自己的生活状况。然而，几乎是所有的时代，人们竟然都不假思索地相信，是制度的帮助，而不是自己的行动，使他们获得了幸福的生活。因而，由于制度被视为一种促进人类进步的动力，创立制度，也就是立法的价值常常被高估。为此，人们设立了千千万万的作为立法机关的职能部门，每隔三到五年就选举一次立法者，但是，无论这样的制度被尽心尽责地履行得多么好，它对个人的生活和性格所起的积极影响都是那样的微弱。更有甚者，人们日常生活中发生的一切也使他们逐渐认识到，政府的作用是消极和有限的，而不是积极的和无限的，政府的主要作用是保护——保护人们的生命、自由和财产。得到良好执行的法律可以保护人们平等地享受自己的劳动果实，而没有任何智力上或身体上的约束，需要付出的代

81

人生只有在斗争中才有价值，受过痛苦，才能得到报酬。

——[俄]赫尔岑

价相对而言是很小的,仅仅完税即可。但是,无论多么严厉的法律也不能使懒惰之人变得勤奋,奢靡之徒变得节俭,或者使嗜酒如命的酒鬼能有所节制。只有个体自身行动起来、节俭起来和自我克制,才能有效地改变上述情况,改变只能通过养成良好的习惯,而不是屈服于更大的权力才可能出现。

一国政府本身一般情况下仅仅是组成它的各个个体性格的复制品。如果政府的水平高于人民素质的水平,那么这个政府必将被拉回到与后者水平相当的层次,而一个低于人民素质水平的政府则迟早要被拉升到与人民素质水平相当的层次。就结构的性格特征而言,一国的法律内容和政府结构及其运行结果也能确切地反映出一个民族的整体性格,就像水能形象地显示出自己的水平高度一样。高贵的人接受高贵的统治,无知而腐朽的人则接受无知的统治。事实上,一切的经验都说明:一国的价值和力量绝非取决于它的制度的形式,而是取决于它的人民的素质水平。因为国家仅仅是社会个体的集合,而文明自身仅仅是组成社会的男人、女人和孩子不断改善个人状态的一种形式而已。

国家的进步是每个人辛勤劳作、不辞劳苦和真诚待人的结果,同样的,国家的衰落是每个人懒惰放荡、自私自利和存心不良的结果。一般而言,常常被斥为社会中的邪恶事物的东西,在人类无所不在的堕落生活中到处都是。虽然可以通过法律的手段来抑制和减少它们以至根除它们,但是,一旦遇上以迥异的形式出现的新的生长媒介,它们就会死灰复燃,除非个人生活的环境和个体性格生成的条件得到彻底的改造。如果这种看法正确的话,那么,接下去的结论就是:我们在贯彻爱国主义和博爱主义的时候,不应该在改变法律和改变制度的努力上花费太多的精力,而应该努力帮助人们,通过他们自己没有约束的个体行动来改善其自身的处境。

当个人内部的力量能够控制一切的时候,可能外界因素的驾驭对个人产生的影响相对而言就比较小了。最大的奴隶并不是那种暴君统治之下的奴隶(尽管这种统治是巨大的罪恶),而是那种在道义上无知、自私和邪恶的奴隶。一个在心灵上处于如此奴化状态的民族,仅仅靠改变主人或改变制度,是不可能获得自由的,只要这种致命的奴化的精神鸦片仍然控制着人们的心灵,政府就会一如既往地牢牢把持着人们的自由权利不放。即使这种情况发生了改变,也必须要付出巨大的代价,而且这种变化在一段相当长的时期内,对沉迷于奴化幻觉中的人并不会产生太大的实际的和持久的效果。自由必须以个人的性格为其坚实的基础,而这一条也是社会安定和国家进步的唯一可靠的保障。约翰·斯图尔特·密尔恰如其分地评论道:"只要在专制主义的统治下允许个性的存在,即使是专制主义也不会产生最恶劣的后果;而任何毁灭个性的东西都是专制主义,不论它以什么名目出现。"

　　在论及人类进步的问题时,总会出现一些老生常谈式的错误。有些人期盼恺撒式的救星,其他人则冀望民族成为自己的救星,还有一些人则寄望于议会的法令。开始我们都准备欢迎恺撒式的救星,其后我们发现,"谁承认他并遵从他,谁就幸福"这一教义简单而言即:任何事情都由救世主而不是由人民自己来做决定。一旦采纳这种教义为指导原则,本族群的自由良知必被毁灭,同时也迅速为各种形式的专制主义铺平道路。在人类所有等待救星的偶像崇拜中,恺撒主义是最坏的一种形式,它崇拜单一的绝对权力,其所产生的堕落效果正如同单纯地崇拜财富一样。自助精神才是一个值得在世界上大力弘扬的原则,只要人们尽快地完全深刻地领会了自助精神,并将之付诸行动,恺撒主义就会销声匿迹。自助精神和恺撒主义这两个原则是直接对立的,"其中一个会杀死另外一个",维克多·雨果对笔和剑相互关系的这一论述,也完全适用于上述两个原则之间的关系。

　　总而言之,人的性格是由各种各样的潜在的影响塑造而成的:受榜样和格言的影响;受生活和文学的影响;受朋友和邻居的影响;受我们生存的这个世界和祖先们精神的影响,我们惠承了他们良好品行言论的遗泽。虽则尽可以往大处讲,毫无疑问,上述影响的存在都是我们必须承认的,然而,同样毋庸置疑的是,人们应当必须是他们自己生活和行为的主动的主宰者,因而,无论对别人的感激显得多么的正确和多么的美好,就事物本身的性质而言,人们最好的救星应当是他们自己。

第四辑　伟大的性格

83

乐观向上的人生观

□梁启超

　　梁启超 (1873~1929)　字卓如,号任公,笔名饮冰子、饮冰室主人等。广东新会人。中国近代资产阶级改良派的著名政治活动家、思想家、文学家和学者,戊戌变法主要领导人之一。主要著作有《清代学术概论》、《中国历史研究法》、《中国近三百年学术史》和《中国文化史》等。

　　我自己的人生观,可以说是从佛经及儒书中领略得来。我确信儒家佛家有两

　　人生里面有些瞬间,也有些情感,那是我们只能意会,却不可以言传的。
　　　　　　　　　　　　　　　　　　　　　　　　——[俄]屠格涅夫

大相同点：(一)宇宙是不圆满的，正在创造之中，待人类去努力，所以天天流动不息，常为缺陷，常为未济。若是先已造成——既济的，那就死了，固定了。正因其在创造中，乃如儿童时代生理上时时变化，这种变化即人类之努力，除人类活动以外，无所谓的宇宙。现在的宇宙，离光明处还很远，不过走一步比前好一步，想立刻圆满不会有的。最好的境地——天堂大同极乐世界——不知在几千万年之后，绝非我们几十年生命所能做到的。能了解此理，则做事自觉快慰。以前为个人为社会做事不成功，或做坏了，常感烦闷，明乎此，知做事不成功，是不足忧的。世界离光明尚远，在人类努力中或偶有退步，不过是一现象。譬如登山，虽有时下，但以全部看，仍是向上走。青年人烦闷多，因希望太过，知政治之不良，以为经一次改革即行完满，及屡试而仍有缺陷，于是不免失望。不知宇宙的缺陷正多，岂是一步可升天的。失望之因即根据于奢望过甚。《易经》说："乐则行之，忧则违之，确乎其不可拔。"此言甚精彩。人要能如此看，方知人生不能不活动，而有活动，却不必往结果处想。最好不可有奢望，我相信孔子即是此人生观，所以"发愤忘食，乐以忘忧，不知老之将至。"他又说："智者乐水，仁者乐山；智者动，仁者静；智者乐，仁者寿。"天天快活，无一点烦闷气象，这是一件最重要的事。

受·益·一·生·的·人·生·智·慧·书

84

　(二)人不能单独存在。说世界上那一部分是我，很不对的。所以孔子主张"无我"，佛家亦主张"无我"。所谓无我，并不是将固有的我压下或抛弃，乃根本就找不出我来。如说几十斤肉体是我，那么科学发明，证明我身体上的原质也在诸君身上，也在树身上。如说精神的某部分是我，我敢说今天我讲演，我已跑入诸君精神里去了。常住学校中，许多精神变为我的一部分；读孔子的书及佛经，孔、佛的精神又有许多变为我的一部分。再从社会方面说，我与我的父母妻子，究竟有若干区别？许多人——不必尽量纯孝——看父母比自己还重要，此即我父母将我身之我压小。又如夫妇之爱，有妻视其夫或夫视其妻比己身更重的。然而何为我呢？男子为我，抑女子为我，实不易分。故彻底认清我之界限，是不可能的事(此理佛家讲得最精，惜不能多说)。世界上本无我之存在，能体会此意，则自己做事，成败得失，根本没有。佛说："有一众生不成佛，我不成佛。""我不入地狱，谁入地狱。"至理名言，洞若观火。孔子也说："诚者非但诚己而已也……"将来我的私心扫除，即将许多无谓的计较扫除，如此可以做到"仁者不忧"的境域。有忧时就是"先天下之忧而忧"，为人类——如父母、妻子、朋友、国家、世界——而痛苦。免除私忧，即所以免烦恼。我认东方宇宙未济，人类无我之说，并非论理学的认识，实在如此。我用功虽少，但时时能看清此点，此即我的信仰。我常觉快乐，悲愁不足扰我，即此信仰之光明所照。我现已年老，而趣味淋漓，精神不衰，亦靠此人生观。

魏延的性格悲剧

□冯立鳌

冯立鳌　一九五八年生,陕西扶风人。长期从事哲学教学工作和中国传统文化的研究,独立撰写过分析历史政治的论著六部,公开发表学术论文三十多篇,著有《历史的心智——乱世中的人性与命运》等。

魏延武艺高强,作战勇猛又富有谋略,他是三国时期难得的人才。一员将才未死于敌人的刀枪下,却屈死于已故上司的残害,实在是一种悲剧。魏延的悲剧既属于他个人,又属于他的民族。

这个民族是一个礼仪之邦,他的祖先曾经在一个封闭的社会圈子中制定了尽善尽美的规章法典,每一层人都有与自己的身份相适应的行为规范和思想规范,这样的社会风平浪静,一派和谐,未来的千秋子孙要想保持这种美好和谐的秩序,只要去在已严密成型的规范系统中找寻到适于自己身份的部分,努力循规蹈矩就足够了,那些想凭自己的思考去行动的人,必然是对规范系统的挑战,是对他人身份的侵害,因而是对和谐秩序的破坏,这是极端大逆不道,必然会遭到群起攻之。在这个民族,人们少想问题、少思考、安守本分,就能保证过上太平、舒服的日子,那些爱提意见、喜欢吵吵嚷嚷的人,实在是心底难测!

社会自然是存在不同的集团,但人们要参加哪一集团,应该只做一次性选择,否则,今天属这家,明天投那家,这岂不反复无常吗?“忠臣不事二主”,由此推来,事二主的不是忠臣。比如魏延,昨天从蔡瑁手下投了韩玄,今天杀了韩玄来投刘备,谁敢保你明天不杀了我孔明去投曹操? 本来,人们应该办事稳妥,“事需三思而后行”,但魏延办事无所顾忌,他雷厉风行、想到做到,这种风格实在有悖民族精神,包含有危险的因素。一个勇猛的武将,不能有独立人格,不能雷厉风行,否则,他就是没有准时的“定时炸弹”,将其迅速排除,是领导人保证自身安全的需要。保险、稳妥是干事业和做人的首位准则,也是衡量人才是否

第四辑　伟大的性格

85

人生在世最大的难题,就是不胡说八道而活着。因此,人们也就不相信自己的谎言。
——[俄]陀思妥耶夫斯基

可用的首位准则。

　　社会集团内部分为为君的人和为臣的人，他们之间存在有领导和被领导的关系，其关系的核心是"君为臣纲"，为君的可以对为臣的随心所欲，掌握其生杀予夺之权，而为臣的人在领导人的意志面前，不能存有自己的人格独立性，他应该按照领导人的所想去行动，甚至"君叫臣死，臣不得不死"，这样一种君臣关系的规范保证了双方关系的永恒和谐，避免了双方有可能发生的一切矛盾冲突和是非纠纷，解决了社会关系的一大难题，足显民族意识的独到之处。根据这一独到的意识观念，孔明可以嘲笑魏延兵出子午谷的建议，说："汝欺中原无好人物！"可以对身边的人没有根据地散布魏延"久后必反"、"素有反相"等坏话，甚至可以当着魏延的面说他"脑后有反骨"，对其进行人格侮辱，尽管这样，但孔明的言辞没有什么不合理之处，因为这是领导人应该享有的权利。魏延是为臣的人，他本应该尊重领导人的上述权利，平时在孔明面前应该抱恭敬卑谦之心，示俯首听令之意，但他对孔明的指挥不是怏怏不乐，就是满腹狐疑，似乎自己比领导人还要高明。他越出为臣的本分，对上司好提意见，消极对抗，这不是一种反叛情绪吗？炎黄子孙的血管中不能有一滴反叛的热血！维护祖宗血脉的纯洁性是每一位民族志士的责任。

　　魏延在前线听知孔明已死、大军将由杨仪率领撤退回国的安排后，对尚书费祎（yī）说："丞相虽亡，吾今犹在……我自率大军攻司马懿，务要成功，岂可因丞相一人而废国家大事耶？"他认为应当由杨仪扶孔明灵柩回川安葬，大军由他率领继续伐魏。魏延竟想把丞相和国家分开看待，似乎丞相死了，国家的事业还要继续发展。他毛遂自荐，情愿自掌兵权，大概思改辙更弦，大显身手，完成领导人的未竟事业。他的观念非但没有古老的民族精神为后盾，反倒与这种精神相抵触。两种观念的碰撞，胜利的一方必然要求对方付出人身替代品，以此向社会和历史昭示自己神圣不可侵犯。

　　孔明要公开杀掉魏延，魏延应该伸首就刃才皆大欢喜，魏延即使不是一个俯首就命的人，那也无碍于事，尽管魏延智勇兼备，但以一个死孔明对付一个活魏延是绰绰有余的，因为孔明是领导人，在他们生存的这片古老的山河上，领导人身后尚有以下三方面的当然影响：第一，是非判定的权威性。比如，当魏延从前线表奏杨仪造反时，朝中吴太后就断言："孔明识魏延脑后有反骨，每欲斩之，因怜其勇，故姑留用。今彼奏杨仪等造反，未可轻信。"领导人的是非观已造成了众人的思维定势，孔明常向众人说魏延的坏话，到危急关头，谁还能相信魏延呢？第二，"临终嘱咐"的神圣性。杨仪在向后主的奏表中写道："丞相临终，将大事委于臣，依照旧制，不敢变更。""今魏延不尊丞相遗语……"杨仪的表奏在朝廷赢得了更多的人心,因为他声明自己是在谨守丞相的"临终嘱咐"去行事。同时,马岱已按照丞相临终的嘱咐,假装支持魏延,潜伏于其身旁,准备等待时机,斩杀魏延。在与杨仪的较量中,魏延在客观形势上已处于明显的下风。第三,指定接班人的正统性。杨仪表奏一到,蒋琬就认为,杨仪"为丞相办事多时,今丞相临终,委以大事,绝非背反之人"。董允亦认为,杨仪"为丞相所任用,必不背反"。魏延在前线曾向费祎提出要替代杨仪掌握兵权,率军继续伐魏,这公开违背领导人生前的人事安排,费祎一回朝廷就向后主面奏了魏延的反情,因为凡非领导人生前指定的人,绝非正统的一方,他要掌权,就是反对正统的一方,就是在造反作乱。正是由于这一观念,魏延的军队被煽动逃散,他的行为无人支持,他被马岱斩杀后人们心安理得。

魏延死了,一个争取个性独立的人被绞杀了。历史在敬告后代:每一位炎黄子孙都应该安守本分,老老实实地做人。

乐 观 主 义

□邹韬奋

邹韬奋(1895~1944)　原名恩润,祖籍江西余江,生于福建永安。中国民主主义革命时期新闻记者、政论家、出版家。毕生从事新闻出版工作。先后在上海、香港主编《大众生活周刊》、《生活日报》、《生活星期刊》,并担任上海各界救国会和全国各界救国联合会的领导工作。一生著述甚多,编为《韬奋文集》三卷。

凡是要做得好的事情,都不是随随便便就行的,都不是容易的。你自己要立于什么地位?要达到什么地步?情愿付什么代价?你所希望的地位或地步总在那里,不过必须先付足了代价的人,才能"如愿以偿"。沿着大成功的一条路上,有许多小失败排列着,最后的成功是在能用坚毅的精神,伶俐的眼光,从这许多小失败里面寻出教训,尽量地利用它,向前猛进。而这种"尽量地利用",唯有抱乐观主义的人才能够办到。

人生最美好的,就是在你生命停止时,还能以你所创造的一切为人们服务。
——[苏联]奥斯特洛夫斯基

牛顿发明地心吸力学说的时候,全世界人反对他;哈费发明血液循环学说的时候,全世界人反对他;达尔文宣布进化论的时候,全世界人反对他;贝尔第一次造电话的时候,全世界人讥诮他;莱特用苦工制造飞机的时候,全世界人讥诮他;讲到孙中山先生,最初在南洋演讲革命救国的时候,有一次听的人只有三个。这许多人都要抱着乐观主义,极强烈的乐观主义,使他们能战胜全世界的糊涂、盲从、冷酷、怨恨、反抗。而且工作愈伟大,所受的反抗也愈厉害,简直成为一种律令,对付这种厉害的反抗,最重要的工具是乐观主义。

有许多人以为乐观主义的人不过是"嬉皮笑脸"、"随随便便"、"一切放任"、"散如烂污"、"得过且过"、"唯唯诺诺",请君切勿误信这种谬说。真正的乐观主义的人是用积极的精神向前奋斗的人,是战胜愁虑穷苦的人。这类的苦境,常人遇着要"心胆俱碎"、"一蹶而不复振"的;只有真正乐观主义的人才能努力奋斗,才敢努力奋斗!

充分发挥个性

□ [日] 松下幸之助

松下幸之助(1894~1989)　日本著名企业家,"松下电器"创始人,被人称为"经营之神"。"事业部"、"终身雇佣制"、"年功序列"等日本企业的管理制度都由他首创。其著作《松下幸之助经营管理全集》在工商业界影响深远。

对于这个想法,当然会有人点头同意,可是持相反意见的,也大有人在。他们认为,一旦当起公司的受薪职员,就想一生当受薪阶级。持这种想法的人,真可说是只知其一,不知其二。年轻人应该放大眼光,挺起胸膛,心平气和地观察四周环境,一定会发现这个时代,是多么令人向往,到处都充满了帮助我们成功的机遇。所以我说今日的青年们,可以抱有更大的希望。

相反的,有人总想以反面的态度,来衡量判断东西,认为社会情势并不好,以此为前提来判断事物。把自己拘束在狭窄而细小的范围之内,自寻烦恼,而以偏见来看东西,这是违反自然的。

每个人的容貌、体格都不同，如果有相同的人，分辨不出来，不就麻烦了吗？如果连太太也看错了，岂不是天下大乱？幸而一看，就知道谁是山田先生，谁是竹田先生，所以这种不同，是很好的事。说得更远些，"心"这种东西，是千变万化的，脸形是天生的，一经决定就不容易改变，山田君的脸不会变成竹田君的脸。可是心就不同了，绝不能说决定了，就永不改变；而是非常富于变化性的，也可以说是有向上性的。

就像人的脸形千变万化，心的变化，更可说是千变万化的千倍以上，心就是这样复杂的东西。要把这种能自由变化的心，统一起来，一起处理，我想这根本就不可能。

自由是人类最尊重的，能够随心所欲地生活，是人生最大的快乐。加上许多限制，会使人感到很困扰。世界上所有的人能够按其所好，依他自己的想法，自由地表现，这样的状态才是最理想的。如果将人朝同一方向，强迫统一起来，将人类的尊严、人类的自由加以束缚，这是很不幸的。就拿花来作比喻，花绝不会只是一种且一个颜色的，所谓百花缭乱、百花争艳，这是自然的美景，有樱花、梅花、桃花、牡丹花等等，人类欣赏它而陶冶了心情，该是多么诗情画意。

如果说只有樱花最好，其余的都不好，全部只准栽种樱花，那情形将会怎么样呢？就算是这种花多么好看，只有它一种，还是会令人感到枯燥乏味，甚至于觉得单调、凄凉。还是需要各种花朵的陪衬，才能显出其美丽。同样地，由于人心不同，欣赏花的感受也不同。同一种花，又因栽培方法的不同，会开出大小不同的花，这才能使人感到喜乐。人心更是如此，各不相同，强迫一个爱樱花的人去爱桃花，这是万万不可的。

就这样，人人有其个性，各人过着自己喜爱的生活，那就会呈现百花缭乱的生活，进而互相调和，而形成一个社会生活，这乃是调和的人生观。如果硬是强迫人这样那样，那是忽视人性本质的做法，万万行不得。人的希望也不只一样，就让他以各种方式达成其希望，不是一件很有意义的事吗？有百人就有百志，使人各得其志，这也是人类与生俱来的最大愿望。

89

人生的一切变化，一切魅力，一切美都是由光明和阴影构成的。

——[俄]列夫·托尔斯泰

　　自由是人类最尊重的，能够随心所欲地生活，是人生最大的快乐。加上许多限制，会使人感到很困扰。世界上所有的人能够按其所好，依他自己的想法，自由地表现，这样的状态才是最理想的。

　　人的希望也不只一样，就让他以各种方式达成其希望，不是一件很有意义的事吗？有百人就有百志，使人各得其志，这也是人类与生俱来的最大愿望。

第 五 辑
人生最好的教育

优秀的图书会使我们受益匪浅，那是高级脑力劳动的结晶。书是一个时代文化的载体。所谓的大学教育，其实就是读书——阅读那些被大多数学者公认为是迄今为止最能代表科学文化水平的好书。

读书的必要

□ [美] 爱默生　龙　婧/译

优秀的图书会使我们受益匪浅，那是高级脑力劳动的结晶。书是一个时代文化的载体。所谓的大学教育，其实就是读书——阅读那些被大多数学者公认为是迄今为止最能代表科学文化水平的好书。

在图书馆里，数以百计的亲爱的朋友围绕在我们周围，只是他们被那些皮革的盒子以及纸张中的"巫士"所囚禁；而那些思想家们是知道我们的，他们中的一些人已经等待我们两百年、一千年甚至是两千年了，他们渴望与我们沟通，向我们表露心声。

最好的读书方法就是顺其自然，而不是对读书的时间和页数做出机械的规定。顺其自然地读书，人们就能够根据各自不同的兴趣来满足自己的求知欲，而不是随随便便地翻来翻去，强迫自己用读书来打发时间。要读适合自己的书，而不要在质量不佳的图书上浪费过多的时间和精力。就像《圣经》在欧洲的绝大部分国家的宗教信仰和文化中居于主导地位，每个国家的文化都是从这一本书中发展、传播下来的一样。例如：哈菲兹在波斯人眼中是天才，孔子被中国人尊奉为圣人，塞万提斯在西班牙人心中是智者的化身。所以，如果我们对他们的经典作品进行深入地研究，那么我们就会受益匪浅，就会不断进步。让学生按照自己的意愿进行少量的精读或者大量的泛读，他们都会学有所得。琼森曾经说过："当你站在那里还在思考应该让儿子读哪些书时，其他的孩子已经把书都读完了。每天都要读五个小时的书，无论读什么都可以，你很快就会变成学识渊博的人。"

在读书这个问题上，服从我们的天性，凭着兴趣去阅读是最佳的态度。自然界总是泾渭分明的，自然规律会对世间存在的一切进行过滤和筛选。书的作者在经过千挑万选之后才会脱颖而出，所有堂堂正正摆在世人面前的书都是由那些成功人士创作而成的，他们都拥有十足的信心和进步的思想，他们能够通过他们的著作表达出千千万万的人想说却又说不出来的感受和想法。阅读那些古老而著名的书籍是节省时间的好方法，不是优秀的作品是不会被保存下来并流传至今的。我知道平德尔、泰伦提乌斯、开普勒、伽利略、培根和莫尔都是不同于普通文人的优秀学者，但是在当代，要分清良莠，辨明优劣，却并不是那么容易的事情。

一定要远离那些浅薄而毫无益处的书，尽量去回避新闻界中那些琐碎的闲谈和小道消息，也不要去读那些在街上或者火车上不用问就能够知道的东西。琼森说，他经常出入高档商场——有头脑的旅行者会选择最好的旅店，因为尽管他们会多花一点钱，其实并没有花费太多，这样他们却会因此有机会结识到好的、层次高的同行者，也会获得大量宝贵的信息。同样的道理，那些名著中从头到尾都是极为深刻而精辟的思想和生动详实的例证。我们可能偶尔也会在破烂的不起眼的街道中发现想要的宝贝，但这种可能性是非常小的，而在最好的环境中肯定能够找到最有价值的信息。

我有三条行之有效的读书方法希望和大家共同分享：第一，不要阅读当年出版的新书；第二，不要读名不见经传的书；第三，不要读自己并不喜欢的书。就像莎士比亚所说的那样："做一件无法从中体会到乐趣的事情是不会从中受益的，也就是要去学最让你感兴趣的东西。"

法国著名的散文家蒙田曾经说过："书籍可以带给人们愉悦，那是含蓄而渐进的。"但是，我发现有一些书是极具生命力，极富感染力的，它们不会让读者在原地停滞不前，在合上书本的那一刻，你已经成为了一个更有思想的人。我很乐意阅读这样的书，也非常愿意把这些好书列出来，即使我自己要因此去撰写大堆的入门书、语法书也是心甘情愿的，因为这会对我们那些学识还并不十分渊博的读者朋友十分有益，他们也会对此心存感激的。

人生遇到的奇妙远超过我所能想象的。

——（台湾）席慕蓉

论 教 育

□ [德] 叔本华　王　成/译

叔本华(1788~1860)　德国哲学家,唯意志论者。认为艺术应该是摒弃一切欲望或实用利益的"冥想"或"无意志的直觉"。主要著作有《作为表象和意志的世界》、《论处于自然界中的意志》和《伦理学的两个基本问题》等。

据说,人类的聪明才智之特征,表现在从具体的观察中能抽象出一般概念来,那么就时间而言,一般概念出现在观察之后。如果确实如此,对一个完全靠自学——既无老师又无书籍——的人来说,可以清楚地表明他的每一种具体观察属于何种一般概念,而该一般概念指的又是哪种具体观察。他十分了解自己成功的经验和失败的教训,因此,他能正确的处理他所接触的一切事物。仅这点,也许可以称它为自然的教育方法。

反之,人为的教育方法指的是听别人讲、学别人的东西、读别人的书。所以,在你还没有广泛的认识世界本身之前,在你自己观察世界之前,在你的头脑里就已经充塞了有关世界的一切概念。人们会告诉你,形成这一般概念的具体观察是在后来的经验过程中出现的。到那时,你却会错误地运用你的一般概念,去判断人和物,并错误地认识和对待这些人和物。所以我们说,这种教育把人的思想引入了歧途。

上述这点说明,在我们年轻的时候,为什么经过长时间的学习、阅读,却总还是半天真无知,半带着对事物的错误概念开始认识世界,致使我们的行为时而精神紧张,时而又偏激自信。原因很简单,就是因为我们的头脑里充满着一般概念,而我们自己又总想着去运用它,却又不易正确无误地运用。这也是直接违背大脑自然发展的结果,亦即主张先有一般概念,后有具体观察的结果,这还不是本末倒置。教师不去发展儿童的分辨能力、教他们独立判断和思考问题,只是一味地给他们灌输别人的现成思想。错误地运用一般概念而引起的错误的人生观,须通过长期自身的体验才可能加以纠正,但也很少能全部纠正过来的。这就是为什么富有生活常识的学者廖廖无几而目不识丁者却精通世道、处世随和的道理所在。

所有教育的目的就是获取有关世界的知识。正如我们所说,应特别注意获取知识的正确启蒙方式,这样才会有认识世界的正确开端。我所说的大意是,对于事物的具体观察先于对事物的一般概念,进而便是狭隘的局部概念总要先于广泛的概念。所以,整个教育制度应遵循概念本身形成过程中所必须采取的步骤。如果逾越或省掉了其中的某一步骤,那么这种教育制度肯定就是不完善的,所得到的概念也将是错误的,最后的结果必将是得到曲解世界的观点,这是个体本身所特有的,而且几乎人人都具有,虽然有的只局限于某段时间,但大多数却终生都有。一个人要是非常了解自己的内心世界,那他就会看到,只有到了完全成熟的年龄——有时也根本没有料到成熟的年龄即已来到——才能对生活中的众多现象有正确的理解力和清晰的概念,尽管这些现象并不是很复杂、很难理解。但是在这之前,就是这些现象才是他对世界认识中模糊不清的地方,也是早期教育中所被忽视的某种特殊的课程,且不管这种教育是属于什么类型,是人为的教育方法、传统的教育方法还是建立在个人经验基础上的顺其自然的教育方法。

有鉴于此,教育便意味着试图寻找严谨的自然求知的途径。只有如此,教育才能遵循着这条途径有条不紊地实施,儿童才能逐步认识世界而不出现错误观点,因为一旦形成了错误观点就很难纠正了。要是真采用了这个计划,我们就得小心防止儿童在还没有对文字的词义和用法有一清晰的理解力时,就滥用它们。否则,它会带来一个致命的后果,即仅满足于使用文字而不去理解事物,换句话说就是只铭记短语句式,以产生急功近利的效力。通常,这种趋势在儿童时代就有了,它会一直延续到成年时期而致使许多学者只学会了夸夸其谈。

我们必须致力于使具体观察先于一般概念而不是相反,但是,常令人叹息的是,事实却并不如此,这就像婴儿以双脚先出母体、诗行韵律先行。普通的方法是,当儿童还很少对世界做具体观察前,就先在他们的脑海中印下概念和观点,严格说来,这就是偏见。因此,儿童就是通过这些现成概念的媒介去认识世界并积累经验,并不是从他自己的生活经验中形成自己的观点,事实确应如此。

当一个人以自己的眼光看待世界时,就能观察到许多事物及事物的多方面。当然这种短而快的学习方法,在程度上远不如那种对万事都运用抽象概念

人类的本性在于竭力解释他在其中生活的世界。这正是人类与其他动物的不同之处。

——[意]艾尔莎·莫兰黛

和做一草率归纳的方法。要长期修正自身经验中的先入之见,甚至终及一生,因为当他发现事物的某方面与他已形成的一般概念间产生矛盾时, 他必会否定事物的某一方面所提供的论据,认为是局部的是偏见,甚至还会对整个事物都视而不见,根本否认上面所说的矛盾,使他的先入之见不受任何伤害。所以会有许多人终生都背着谬见之包袱,怪诞的思想、梦幻以及偏执,所有这些其结果是形成了一个固定的思想而无法更改。实际上,他并没有试图从自己的生活经历中,从自己看待世界的方法中自觉形成个人的基本思想,就在于他现成的一般概念是来自于别人,所以才使得他,也使得不少人如此浅薄、孤陋寡闻。

但是相反,我们应该确实遵循自然规律来教育儿童。让儿童头脑中建立概念的方法,就是让他们自己去观察,或最少应该用同样的方法去进行检验,这样才能使儿童有自己的思想,即使形成的不多,但也是有根据的,是正确的。通过这样,儿童就学会用自己的而不是别人的标准来衡量事物,它可以避免众多奇怪思想和偏执,也不用在今后的人生课堂上再去消除它。用这样的方法,可以使孩子们的思想始终能习惯于明确的观点,获得全面的知识,就会运用个人的判断力对事物进行没有偏见的判断。

一般说,在孩子们认识生活的本来面目之前,不管他们是注意生活的哪一方面,也不应该先从摹仿中形成自己关于人生的概念。我们不能只把书本,且仅仅是书本塞到孩子们的手里, 应该让他们逐步地去认识事物——人类生活的真实情况。我们首先应该让他们对世界具有一个清楚且客观的认识,教育他们直接从实际生活中获取概念, 再让这种概念去吻合实际生活——但绝不是从其他方面获取概念,比如说是书本、寓言或他人的言谈话语——然后再把这些现成的概念应用到实际生活中去, 因为后者只说明在他们的头脑里充斥了错误的概念,导致他们错误地观察事物,直至徒劳地曲解世界的适合自己的观点,最终步入歧途,表现在各方面:无论是刚刚构成自己的生活理论还是忙于生活中的实际事务。早年在头脑里撒下的谬误的种子,日后就会结出偏见的果实,这种错误的观点残害人身的程度之大令人发指,他们要在今后的人生大课堂内,以主要精力去铲除这种种偏见。按第欧根尼的看法,铲除偏见,就是对安提亚尼提出的什么是最有用的知识这个问题的回答,我们也可以理解他所指的是什么。

不能让不满十五岁的孩子去学习那些很可能在他们心灵中留下严重错误概念的科目,比如像哲学、宗教或其他需要有开阔见解的知识体系。因为早年所得到的错误概念是很难铲除的,而且在所有的智能中,判断力是最后才成熟的。孩子可以先学习不易产生谬误的科目,像数学;也可以学习那些即使会产生错误,但无大碍的科目,如语言、自然科学、历史等。而且,一般说我们在生命的每一阶段里所学的知识体系,应该与那个阶段中的智力相平衡,即可以完全理解。童年时期和青年时期,应把主要时间放在资料的积累上,获取关于个别和具体事物的专门知识上。要在这个时期就大量形成各种观点未免太早了,应该让他们到将来再做最终的辨别。不应在青年时期就使用判断力,这时没有成熟的经验、判断力不可能发挥出作用,要顺其自然不能勉强;还有,不要在使用判断力前就先灌输偏见,因为偏见会使判断力永远发挥不出作用。

另外,青年时期应充分使用记忆力,因为这个时候的记忆力是最旺盛也是最牢固的。当然,在选择应记忆的事时,也应格外小心,要有远见,因为青年时代学到的东西永生难忘。我们要精心耕作记忆的沃土,让它尽可能多地结出丰硕的果实。想想看,当你在十二岁前认识的人是那样深深植根于你的记忆里,在那些岁月中给你留下的印象又是如此深刻,你对别人的教诲与告诫的回忆竟如此清楚,那么,把那个时期里头脑的灵敏性和牢固性作为教育的基础,似乎是很自然的事。只要严格遵循这种方法,系统地调节反映到头脑里的印象就有可能成功。

人的青春很短,所以记忆也囿于狭小的范围内,个体的记忆更如此。既然事实是这样,所以特别重要的就是要记忆任何体系中的精华和实质,无须顾及其他非重要点。哪些是精华和实质呢?取决于各个学科的权威人士,他们应在深思熟虑后作出抉择,这种抉择必须是坚定的、成熟的,并通过筛选的方式进行。首选的是,在一般情况下,一个人应该和必须通晓的知识;其次是从事具体工作或职业所必备的知识。前者应按《百科全书》的方法分类,划分为循序渐进的学程使之适应于一个在自己所处环境中,应该具有的一般文化水平。初始阶段,这种知识应限制在初级教育必要条件的课程中,以后再逐步扩大上升到所有哲学思想的分支中所涉及的科目;后者则留给那些真正精通各分类学科的人去判别。这样一来,整个知识体系就为智力教育提供了细微的规章,不过,每十年就应当更新这种规章。按照这样的安排,就能使青年时期的记忆力得到最最充分的利用,并为判断力在今后发挥作用提供极有利的材料。

当人的全部抽象概念和他自我感觉的事物间完全取得一致时,人的知识才可以说是成熟的,即他达到了一个个体所能达到的完美的境地。也就是说,他的每一种抽象概念,直接或间接地建立在了观察的基础之上,只有他才赋予概念以真正的价值;还说明他能够把他的每一种观察归纳到它应隶属的抽象观念中。成熟是经验的结果,且需要时间。通过自己的观察所获得的知识与通

人类天生就是这样的,只要你说话的时候神气十足像个主宰者,就有人服从你。
——[法]阿 普

过抽象概念的媒介所获得的知识，一般说来是有差距的。前者是自然取得，后者则是从他人处获得的。从所受教育中得到的东西，不管是有用还是有害，我们都全盘接受，结果就是，年轻时，抽象概念与真实知识间缺乏一致的联系，这里的所谓抽象概念亦即头脑里的词句而已，真正的知识却需我们自己通过观察而获取。只有当以后两种知识通过相互纠正谬误的情况下，才能逐渐接近，这种结合一旦实现，知识才称谓成熟。不管是高级的还是低级的，这种知识的完善与另一种完美的形式没有密切关系，我指的是个人能力的完美程度，这后者并不能用两种知识是否一致来加以衡量，却是由每一种知识所达到的完美程度来决定。

要处好各种关系，所需要的是有关世道常情知识的正确与深邃。它虽必要，但也是所有学问中最枯燥无味的。导致一个人即使到寿终的年龄时，也无法完全掌握这门知识，但他在科学领域里，即便年轻，却也能掌握较重要的事实的。当一个人尚不了解世界，也就是还处于童年或青年时代时，接受这种常识的艰难的课程就开始摆到眼前，而且常常是到了晚年，还觉得有数不完的常识应该学习。

学习这种知识的本身就很困难，而小说却又加大了这种困难。小说里所表现的，实际上是不存在的人生和世界的状态，但年轻人却轻信并易于接受小说中所说的人生观，并成为他们思想中的一部分，他们所面临的并不是纯粹消极的无知，而是百分之百的谬误。这种谬误会引起一系列的错误概念，这种错误概念对人生经历却起不到应有的教育作用，还会对经验所传授的东西进行曲解。如果年轻人在这以前没有一盏明灯指明道路，那他现在就会被鬼火引入歧途，对少女同样如此。不管是男孩还是女孩的头脑中，都充斥了一些从小说中得来的糊涂概念，其结果导致永难实现的期望。那些观点通常会对他们的一生产生极恶劣的影响，在这一方面，年轻时无暇阅读小说的人——多半是从事体力劳动的人，倒处于较为有利的地位了。当然，其中也有极少数的小说无可指责，有的甚至还产生了良好的影响。比如说，我们要首先提出《吉尔布拉斯》以及勒萨日的其他作品（确切说是取材于西班牙原本），其次就是《威克菲收师传》。某种意义上还可以提及瓦尔特·司各特的小说，而《堂·吉诃德》则可以作为对我所指错误的讽刺性的揭露。

读"无字天书"与"有字人书"

□冯友兰

　　抗战前的清华大学,附设了一所职工子弟学校,名叫成志小学,小学又附设有幼稚园。宗璞(我们原为她取名钟璞,姓冯,那是当然的。现在知道宗璞的人多,吾从众)是那个幼稚园的毕业生。毕业时成志小学召开了一个家长会,最后是文艺表演。表演开始时,只见宗璞头戴花纸帽,手拿指挥棒和好些小朋友一起走上台来,宗璞喊了一声口令,小朋友们整齐地站好队。宗璞的指挥棒一上一下,这个小乐队又奏又唱,表演了好几个曲调。当时台下掌声雷动,家长和来宾们都哈哈大笑。我和我的老伴也跟着哈哈大笑,心中却暗暗惊奇,因为我们还不知道,她是个小音乐家,至少也是个音乐爱好者吧。我们还没有看见她在家里练过什么乐器,那时家里也没有什么乐器。

　　到了解放以后,我们也没有看见她在家里写过什么文章,可是报刊上登出了她的作品,人们开始称她为作家。我的老伴对我说,女儿成为一个小作家,当父母的心里倒也觉得舒服。我却担心她聪明或者够用,学力恐怕不足。一个伟大的作家必须既有很高的聪明,又有过人的学力。杜甫说他自己"读书破万卷,下笔如有神"。上一句说的是他的学力,下一句说的是他的聪明,二者都有,才能写出惊人的诗篇。

　　十年动乱的前夕,曾为宗璞写过一首《龚定庵示儿》诗。诗句是这样的:"虽然大器晚年成,卓荦(luò)全凭弱冠争。多识前言畜其德,莫抛心力贸才名。"我写这诗的用意,特别在最后一句。

　　人在名利途上要知足,在学问途上要知不足。在学问途上,聪明有余的人,认为一切得来容易,易于满足于现状;靠学力的人则能知不足,不停留于现状。学力越高,越能知不足,知不足就要读书。

　　有两种书:一种是"无字天书";一种是"有字人书"。

　　自然、社会、人生这三部大书是一切知识的根据,一切智慧的源泉。真是浩如烟海，无边无际。一个人如果能够读懂其中的三卷五卷或三页五页，就可以写出"光芒万丈长"的文章。古今中外的真正伟大的作家，都是能读懂一点这样的书的人。这三部大书虽然好，可惜它们都不是用文字写的，故可称为"无字天书"；除了凭借聪明，还要有至精至诚的心劲才能把"无字天书"酿造为文字，让我们肉眼凡胎的人多少也能阅读。

定庵所说的"前言"，指的是有字人书。读有字人书当然也非常重要，但作为从事文学创作的人，绝不可只以读有字人书为满足，而要别具慧眼，去读那"无字天书"。

我不曾写过小说。我想，创作一个文学作品，所需要的知识比写在纸上的要多得多。譬如说，反映十年动乱的作品，写在纸上的，可能只是十年中的一件事，但那一件事的确是十年动乱的反映。这就要求作者心中有一个十年动乱的全景，一个全部的十年动乱。佛学中有一句话："纳须弥于芥子。"好大的一座须弥山，要把它纳入一颗芥子，这是对于一篇短篇小说的要求。怎样纳法，那就要看小说家的能耐。但无论怎样，作者心中必先有一座须弥山。

我教了一辈子书，难免联想到本行。对于一个教师也有类似的要求，一个教师讲一本教科书，最好的教师对这门课的知识，定须比教科书多许多倍，才能讲得头头是道，津津有味，信手拈来，皆成妙趣。如果他的知识，只和教科书一样多。讲来就难免结结巴巴，吞吞吐吐，看起来好像是不能畅所欲言，实际上他是没有什么可以言。如果他的知识还少于教科书，他就只好照本宣科，在学生面前唱催眠曲了。

要努力去读"无字天书"，也不可轻视"有字人书"，那里又酿进了写书人的心血。

宗璞出集子，要我写一篇序，我就拉杂为之。后来没有能用，恰好孙犁同志有评论文章，宗璞得以为序，我很为其高兴。

可惜的是，现在书已出来，她的母亲已不在人间，不能看见了。

朋友们以为我这几句话尚可发表，无以题名，姑名之为"佚序"。

受·益·一·生·的·人·生·智·慧·书

养成好习惯

□梁实秋

梁实秋(1902～1987)　原名梁治华,字实秋,原籍浙江余杭,生于北京。现代散文家、文学评论家、翻译家。曾留学美国,回国后,先后任教于青岛大学、北京大学等校,主编《时事新报》副刊《青光》、《益世报·文学周刊》等,一度主编《新月》月刊。创作以小品文著称,《雅舍小品》为其代表作。

　　人的天性大致是差不多的,但是在习惯方面却各有不同,习惯是慢慢养成的,在幼小的时候最容易养成,一旦养成之后,要想改变过来却还不很容易。

　　例如说,清晨早起是一个好习惯,这也要从小时候养成,很多人从小就贪睡懒觉,一遇假日便要睡到日上三竿还高卧不起,平时也是不肯早起,往往蓬头垢面的就往学校跑,结果还是迟到,这样的人长大了之后也常是不知振作,多半不能有什么成就。祖逖闻鸡起舞,那才是志士奋励的榜样。

　　我们中国人最重礼,因为礼是行为的规范。礼要从家庭里做起。姑举一例:为子弟者"出必告,返必面",这一点是对长辈的最起码的礼,我们是否已经每日做到了呢? 我看见有些个孩子们早晨起来对父母视若无睹,晚上回到家来如入无人之境,遇到长辈常常横眉冷目,不屑搭讪。这样的跋扈乖戾之气如果不早早的纠正过来,将来长大到社会服务,必将处处引起摩擦不受欢迎。我们不仅对长辈要恭敬有礼,对任何人都应该维持相当的礼貌。

　　大声讲话,扰及他人的宁静,是一种不好的习惯。我们试自检讨一番,在别人读书工作的时候是否有过喧哗的行为? 我们要随时随地为别人着想,维持公共的秩序,顾虑他人的利益,不可放纵自己,在公共场所人多的地方,要知道依次排队,不可争先恐后的去乱挤。

　　时间即是生命。我们的生命是一分一秒的在消耗着,我们平常不大觉得,细想起来实在值得警惕。我们每天有许多的零碎时间于不知不觉中浪费掉了。

人生不是一种享乐,而是一桩十分沉重的工作。

——[俄]列夫·托尔斯泰

我们若能养成一种利用闲暇的习惯，一遇空闲，无论其多么短暂，都利用之做一点有益身心之事，则积少成多终必有成。常听人讲起"消遣"二字，最是要不得，好像是时间太多无法打发的样子，其实人生短促极了，哪里会有多余的时间待人"消遣"？陆放翁有句云："待饭未来还读书。"我知道有人就经常利用这"待饭未来"的时间读了不少的大书。古人所谓"三上之功"，枕上、马上、厕上，虽不足为训，其用意是在劝人不要浪费光阴。

吃苦耐劳是我们这个民族的标志。古圣先贤总是教训我们要能过得俭朴的生活，所谓"一箪食，一瓢饮"，就是形容生活状态之极端的刻苦，所谓"嚼得菜根"，就是表示一个有志的人之能耐得清寒。恶衣恶食，不足为耻，丰衣足食，不足为荣，这在个人之修养上是应有的认识。罗马帝国盛时的一位皇帝 Marcus Aurelius，他从小就摒绝一切享受，从来不参观那当时风靡全国的赛车比武之类的娱乐，终其身成为一位严肃的苦修派的哲学家，而且也建立了不朽的事功。这是很值得令人钦佩的。我们中国是一个穷的国家，所以我们更应该体念艰难，弃绝一切奢侈，尤其是从外国来的奢侈。宜从小就养成俭朴的习惯，更要知道物力维艰，竹头木屑，皆宜爱惜。

以上数端不过是偶然拈来，好的习惯千头万绪，"勿以善小而不为"。习惯养成之后，便毫无勉强，临事心平气和，顺理成章。充满良好习惯的生活，才是合于"自然"的生活。

世 故 三 昧

□鲁 迅

鲁迅 (1881～1936)　原名周树人，字豫才，浙江绍兴人。现代伟大的文学家、思想家和革命家，新文化运动的重要奠基人。一九〇二年去日本学医，后从文。一九一八年五月首次以鲁迅为笔名发表中国现代文学史上第一篇白话小说《狂人日记》，奠定了新文化运动的基石。

人世间真是难处的地方，说一个人"不通世故"，固然不是好话，但说他"深于世故"也不是好话。"世故"似乎也像"革命之不可不革,而亦不可太革"一样,不可不通,而亦不可太通的。

然而据我的经验,得到"深于世故"的恶谥者,却还是因为"不通世故"的缘故。

现在我假设以这样的话,来劝导青年人——

"如果你遇见社会上有不平事,万不可挺身而出,讲公道话,否则,事情倒会移到你头上来,甚至于会被指做反动分子的。如果你遇见有人被冤枉,被诬陷的,即使明知道他是好人,也万不可挺身而出,去给他解释或分辩,否则,你就会被人说是他的亲戚,或得了他的贿赂;倘使那是女人,就要被疑为他的情人的;如果他较有名,那便是党羽。例如我自己吧,给一个毫不相干的女士做了一篇信札集的序,人们就说她是我的小姨;介绍一点科学的文艺理论,人们就说得了苏联的卢布。亲戚是金钱,在目下的中国,关系也真是大,事实给予了教训,人们看惯了,以为人人都脱不了这关系,原也无足深怪的。

"然而,有些人其实也并不真相信,只是说着玩玩,有趣有趣的。即使有人为了谣言,弄得凌迟碎剐,像明末的郑鄤(yún)那样了,和自己也并不相干,总不如有趣的紧要。这时你如果去辨正,那就是使大家扫兴,结果还是你自己倒霉。我也有一个经验。那是十多年前,我在教育部里做'官僚',常听得同事说,某女学校的学生,是可以叫出来嫖的,连机关的地址门牌,也说得明明白白。有一回我偶然走过这条街,一个人对于坏事情,是记性好一点的,我记起来了,便留心着那门牌,但这一号,却是一块小空地,有一口大井,一间很破烂的小屋,是几个山东人住着卖水的地方,决计做不了别用。待到他们又在谈着这事的时候,我便说出我的所见来,而不料大家竟笑容尽敛,不欢而散了,此后不和我谈天者两三月。我事后才悟到打断了他们的兴致,是不应该的。

"所以,你最好是莫问是非曲直,一味附和着大家,但更好是不开口,而在更好之上的是连脸上也不显出心里的是非的模样来……"

这是处世法的精义,只要黄河不流到脚下,炸弹不落在身边,可以保管一世没有挫折的。但我恐怕青年人未必以我的话为然;便是中年、老年人,也许要以为我是在教坏了他们的子弟,呜呼,那么,一片苦心,竟是白费了。

然而,倘说中国现在正如唐虞盛世,却又未免是"世故"之谈。耳闻目睹的不算,单是看看报章,也就可以知道社会上有多少不平,人们有多少冤抑。但对于这些事,除了有时或有同业、同乡、同族的人们来说几句呼吁的话之外,利害无关的人的义愤的声音,我们是很少听到的。这很分明,是大家不开口;或者以为和自己不相干;或者连"以为和自己不相干"的意思也

在时间的长河里,一直能让自己不下沉,脚也不沾湿,这就是人生。

——[挪威]易卜生

全没有。"世故"深到不自觉其"深于世故",这才真是"深于世故"的了。这是中国处世法的精义中的精义。

而且,对于看了我的劝导青年人的话,心以为非的人物,我还有一下反攻在这里。他是以我为狡猾的。但是,我的话里,一面固然显示着我的狡猾,而且无能,但一面也显示着社会的黑暗。他单责个人,正是最稳妥的办法,倘使兼责社会,可就得站出去战斗了。责人的"深于世故"而避开了"世"不谈,这是更"深于世故"的玩意儿,倘若自己不觉得,那就更深更深了,离三昧境盖不远矣。

不过凡事一说,即落言筌,不再能得三昧。说"世故三昧"者,即非"世故三昧"。三昧真谛,在行而不言;我现在一说"行而不言",却又失了真谛,离三昧境盖益远矣。

一切善知识,心知其意可也,唵①!

我的人生主线

□ 王 蒙

生存是不能漠视的首要问题,却又是最初步的问题。如今,在一个基本上满足了温饱要求的国家,这又是一个不成问题的问题。所以,人不可能也不应该只满足于活着与为活着而活着。那么紧接着的一个问题是:生存下来以后,这一辈子你主要做了些什么?活着,总要干点事。往往不仅是你的活,而更重要的是你所干的事决定了你的价值,也决定了你活的质量。人们要问的是你是怎么活下来的? 就是说,在你存活之际,你主要从事了些什么活动呢?

以我为例,我很容易回答为:写作。也可以回答:革命工作。但有没有比它们更一贯更从未停止过、中断过的活动呢? 有没有伴我一生,成为贯穿我的生活的自始至终的内容,成为我一生的一条主线的东西呢?

---

①唵(ǎn),佛教咒语用字。

有,那就是学习。不受任何条件的限制,从不停歇,从来没有被怀疑过其价值和意义,从来都给我以鼓舞和力量,给我以尊严和自信,给我以快乐和满足,从来都给我以无尽的益处的行为,就是两个字——学习。

学习最明朗,学习最坦然,学习最快乐,学习最健康,学习最清爽,学习最充实。特别是在逆境中,在几乎是什么事都做不成的条件下,学习是我的生命所系,是我的能够战胜一切风浪而不被风浪吞噬的救生圈。学习是我的依托,学习是我的火把,学习是我的营养钵也是我的抗体。学习使我不悲观、不绝望、不疯狂、不灰溜溜也不堕落,而且不虚度年华(这一点最难),不哭天抹泪,不怨天尤人,不无可奈何,不无所事事而且多半不会为人所制。

不会被人剥夺的事情就是学习,就是学习学习再学习。

处世的艺术

□周国平

　　周国平　一九四五年生于上海。当代知名学者、作家。毕业于北京大学哲学系、中国社会科学院研究生院哲学系。著有学术专著《尼采:在世纪的转折点上》、《尼采与形而上学》,随感集《人与永恒》,诗集《忧伤的情欲》,散文集《守望的距离》,纪实作品《妞妞:一个父亲的札记》,自传《岁月与性情》等。

尽量不动感情,作为一个认识者面对一切纷扰,包括针对你的纷扰,这可以使你占据一个优越的地位。这时候,那些本来使你深感屈辱的不公正行为都变成了供你认识的材料,从而减轻了它们对你的杀伤力。

一本浅薄的书,往往只要翻几页就可以察知它的浅薄。一本深刻的书,却多半要在仔细读完了以后才能领会它的深刻。

一个平庸的人,往往只要谈几句话就可以断定他的平庸。一个伟大的人,却多半要在长期观察了以后才能确信他的伟大。

在人生的前半,有享乐的能力而无享乐的机会;在人生的后半,有享乐的机会而无享乐的能力。
——[美]马克·吐温

我们凭直觉可以避开最差的东西，凭耐心和经验才能得到最好的东西。

有时候，最艰难、最痛苦的事情是要做决定。一旦做出，便只要硬着头皮执行就可以了。

不要出于同情心而委派一个人去做他很想做的可是力不能及的事，因为任何人不是慈善事业，我们可以施舍钱财，却无法施舍才能。

看透大事者超脱，看不透大事者执著；看透小事者豁达，看不透小事者计较。

一个人可能超脱而计较，头脑开阔而心胸狭窄；也可能执著而豁达，头脑简单而心胸开朗。

还有一种人从不想大事，他们是天真的或糊涂的。

一个人简单就会显得年轻，一世故就会显老。

懦弱：懦则弱。顽强：顽则强。那么，别害怕，坚持住，你会发现自己是个强者。

世上许多事，只要肯动手做，就并不难。万事开头难，难就难在人皆有懒惰之心，因为怕麻烦而不去开这个头，久而久之，便真觉得事情太难而自己太无能了。于是，以懒惰开始，以怯懦告终，懒汉终于变成了弱者。

在较量中，情绪激动的一方必居于劣势。

假如某人暗中对你做了坏事，你最好佯装不知。否则，只会增加他对于你的敌意。他因为推测到你会恨他而愈益恨你了。

真诚如果不讲对象和分寸，就会沦为可笑。真诚受到玩弄，其狼狈不亚于虚伪受到揭露。

对待世俗的三种居高临下的态度：一，天才：藐视；二，智者：超脱；三，英雄：征服。

在各色领袖中，三等人物恪守民主，显得平庸；二等人物厌恶民主，有强大的个人意志和自信心；一等人物超越民主，有一种大智慧和大宽容。

人生中的有些错误也许是不应当去纠正的，一纠正便犯了新的、也许更严重的错误。

读书的习惯

□钱歌川

钱歌川 (1903~1990)　　原名慕祖,自号苦瓜散人,又号次遴,笔名歌川、味橄、秦戈船。湖南人。著名散文家、翻译家、语言学家、文学家。曾与鲁迅、茅盾、田汉、邹韬奋、郭沫若、郁达夫等文化名人交往,参与文化运动。译学论著有《翻译漫谈》、《翻译的技巧》等。文学理论专著有《文学概论》、《三台游赏录》、《西笑录》等。

人类的知识大都是从眼睛输入的,用耳朵听来的东西,毕竟有限,所谓耳食者流所得到的知识,不外乎是一些道听途说,学生治学,固然要听,但是更重要的还是在读。英国大学里有些学生终年不去听讲,学校里也让他们如此,而且多认为他们是优秀学生,考试起来果然比每天去听讲的学生成绩还要好,因为勤读胜于勤听,名师讲授,同学共享,只有自修,才是一人独得。

古今的大学者没有不勤读的,囊萤凿壁,比我们现在的一灯如豆,还要不方便得多,但学问就是这样得来。苏东坡说:"读破万卷自通神。"可见学问并不难,只在多读,你如果手不释卷,必然会有成就,甚至偶然翻阅,也就开卷有益。

可是现在很少有人手上拿着书本。终日终夜,不离牌桌的人,我曾见到过,废寝忘餐,手不释卷的人,却尚未遇到。一般人买书,大都是拿来作装饰品的,永远陈列在书架上,很少拿到手中来读,这些书要他们去读,条件很多,第一得有明窗净几,其次得有清闲,再次得有心情;地方不好不能读书,时间不长不能读书, 心情不定也不能读书。懒学生还有一首解嘲的打油诗:"春来不是读书天,夏日炎炎很好眠,秋多蚊虫冬多雪,一心收拾到明年。"

阔公子有了明窗净几,又有的是清闲,但还是不能读书,因为他没有那种心情,穷小子终日忙于做工糊口,也没有时间读书。军人忙于打仗,商人忙于赚钱,政客忙于应酬,男子忙于做事,女子忙于说话,少年忙于寻乐,老人忙于怀旧,甚至闲人也忙于逛街,或坐茶馆,或凑热闹,似乎谁都不能读书。其实,他们

107

为了在生活中努力发挥自己的作用,热爱人生吧。
——[法]罗　丹

并不是不能读书,而只是不去读书罢了。要读书谁都可以读,绝不受任何限制,读书的条件,就在于养成读书的习惯,其余皆不足道。

一般人为着生活关系,没有充分的时间去读书,这也是实在的情形。除了少数有闲阶级的阔人以外,谁都不免要为名利,或至少为衣食而终日奔走忙碌,如果一定要等到把生活问题解决了,闲居无所事事,然后再来从容读书,这无异待河之清,可说永远无此机会,因为人的欲望无穷,等到生活问题,在布衣粗食之下可以解决的时候,他又想到美食暖衣,朱门绣户,即令有了丰衣足食,华屋良田,他仍然不肯罢休。所谓水涨船高,生活的标准既然随时有变,这问题也就永远不能解决了。我认为要读书绝不可等待那种无尽悠闲的到来才开始,应该随时随地利用空余的时间来读,把那种读书的习惯,织入我们的生活中去,作为我们日常工作的调剂品。那么,事也做了,书也读了,一点光阴也没有虚掷。

你不要以为五分钟做不了什么事,把一百个五分钟集起来,就差不多等于一个整天。我常听见善于治家的人说,爱惜厨房里一粒米,就可以成为一笔家产。我们利用五分钟的余暇去读书,也就可以成为一个学者。

利用余暇去读书是轻而易举的,大家之所以不这样做,仅是因为没有这种习惯而已,英国人在电车上读书的风气很盛,每天都要出外工作,起码有一个钟头在电车上,预备一本书专门在车上读,不过几天也就读完了,日积月累,一年读四五十本书,也不算稀奇。我们对于这种废时不去利用,实在未免可惜。

英国人利用废时读书,不仅在有规律的电车上,即在饭馆菜馆中亦莫不为然。至于在休假日,夫妇约好同出游玩,丈夫至多取一根手杖就可以出门,太太则不免要去戴顶帽子。可是每当那丈夫在楼下等着太太去戴帽子的时候,他照例翻开一本书来读,等他太太把帽子戴好姗姗地走下楼来,他手中的书,也就起码读完两章了。中国的丈夫却不晓得这样做,所以在楼下不仅独自等得心焦,而他太太一再地被他催促,也就老不耐烦,常常把一个快乐的计划,弄成不欢的结果。

如果大家都有了这种读书的习惯,不仅国民的知识可以逐年提高,而且闲事也就不会有人爱管了。枕边有一本书,可以免得翻来覆去睡不着的苦,厕上有一本书,也就可以辟除恶臭。

我常想洋车上是一个很好读书的地方,拉到了车夫自然会停下,不像乘电车一不当心就驶过了目的地。可惜我现在只能走路,没有乘洋车的福分了,每天白白地在街上糟蹋了一两个钟头。哦,如果我能利用这种时间读书的话……

第 六 辑
怎样补救缺陷

　　在那些故事中，那将死的主人公往往在最后的时刻由于幸运降临而得救，并且从此以后他就改变了自己的生活准则。他变得更加明确生活的意义和它的永久神圣的价值。经常可以看到一些人，他们生活在死的阴影之下，却对他们所做的每一件事都怀着柔情蜜意。

假如给我三天光明(节选)

□ [美] 海伦·凯勒　黄才豪　孙秀清/译

海伦·凯勒 (1880～1968)　女,美国盲聋作家、教育家。幼年因病致残,把自己的一生献给了盲人福利和教育事业,赢得了世界舆论的赞扬。代表作有《我的一生》(又译作《我生活中的世界》)、《假如给我三天光明》等。一九六四年被授予总统自由勋章。被马克·吐温称为十九世纪的两大奇人之一。

我们谁都知道自己难免一死,但是这一天的到来,似乎遥遥无期。当然人们要是健康无恙,谁又会想到它,谁又会整日惦记着它。于是便饱食终日,无所事事。

有时我想,要是人们把活着的每一天都看做是生命的最后一天该有多好啊! 这就能更显出生命的价值。如果认为岁月还相当漫长,我们的每一天就不会过得那样有意义,有朝气,我们对生活就不会总是充满热情。

我们对待生命如此倦怠,在对待自己的各种天赋及使用自己的器官上又何尝不是如此? 只有那些瞎了的人才更加珍惜光明。那些成年后失明、失聪的人就更是如此。然而,那些耳聪目明的正常人却从来不好好地去利用他们的这些天赋。人们视而不见,充耳不闻,无任何鉴赏之心。事情往往就是这样,一旦失去了的东西,人们才会留恋它,人得了病才想到健康的幸福。

我有过这样的想法,如果让每一个人在他成年后的某个阶段瞎上几天,聋上几天该有多好,黑暗将使他们更加珍惜光明;寂静将教会他们真正领略喧哗的欢乐。

最近一位朋友来看我,他刚从林中散步回来。我问他看到些什么,他说没什么特别的东西。要不是我早习惯了这样的回答,我真会大吃一惊,我终于领会到了这样一个道理,明眼人往往熟视无睹。

我多么渴望看看这世上的一切,如果说我凭我的触觉能得到如此大的乐趣，那么能让我亲眼目睹一下该有多好。奇怪的是明眼人对这一切却如此淡漠！那点缀世界的五彩缤纷和千姿百态在他们看来是那么的平庸。也许人就是这样，有了的东西不知道欣赏，没有的东西又一味追求。在明眼人的世上，视力这种天赋不过增添一点方便罢了，并没有赋予他们的生活更多的意义。

假如我是一位大学校长，我要设一门必修课程——如何使用你的眼睛。教授应该让他的学生知道，看清他们面前一闪而过的东西会给他们的生活带来多大的乐趣，从而唤醒人们那麻木、呆滞的心灵。

请你思考一下这个问题：假如你只有三天的光明，你将如何使用你的眼睛？想到三天以后，太阳再也不会在你的眼前升起，你又将如何度过那宝贵的三日？你又会让你的眼睛停留在何处？

如何克服忧虑①

□ [美] 本杰明·富兰克林

亲爱的先生：

由于你所函问的问题对你十分重要，因此在没有充分准备之下，我不敢贸然告诉你一定要"怎么"去做，但我可以告诉你，"如何"去解决问题。

当这些问题出现时，它之所以很难解决，主要是在我们思考这些问题时，造成这些问题的"正"、"反"两面原因，并未同时出现在我们脑中。有时只有部分原因自动出现，有时候另一个原因出现了，而前一个却又不见踪影，因此，我们的思考就无法周详，各种困惑、烦恼出现，令我们颇为为难。

要想克服这些困难，我的方法是这样的：拿一张白纸，在中间画一条直线，将纸张分成两栏，一边写上"正"字，另一边写上"反"字，然后，在三天的考虑期间，我分别把随时想到的原因简短地写在各栏内，看它们是"赞成"或"反对"。当我把它们全部写下来之后，我开始估计每个原因的分量；如果我发现某两个

111

①本文是作者写给乔瑟夫·普里斯特来的一封信，作者向他讲述了自己解决问题而不必烦恼的方法。

人生中有价值的事，并不是人生的美丽，却是人生的酸苦。
——[英]哈 代

（每边一个）的分量似乎相同，我就把它们画掉。如果发现某个"正"因素相等于两个"负"因素，那就把它们三个一起画掉；如果我发现两个"负"因素，相等于三个"正"因素，我就把它们五个全部除掉。按照这种方式，最后必能找到事情的问题所在，而如果在经过一两天更进一步的考虑之后两方面没有更新、更重要的原因出现，那我自然就获得结论了。

虽然，原因的个别分量很难十分准确地加以决定，但在经过如此个别考虑及比较之后，整个问题的正反前后情势全部呈现在我眼前，我自然可以做更好的判断，而不至于采取轻率的步骤。

诚恳希望你能做最佳的决定。祝福你，亲爱的朋友。

笑 的 价 值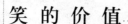

□ [英] 弗吉尼亚·伍尔夫　　杨静远/译

弗吉尼亚·伍尔夫(1882～1941)　女，英国著名作家、文学批评家和文艺理论家。意识流小说的代表作家之一。她既是现代小说的女祭祀，又是西方女性主义思潮的先驱人物，特别是在二十世纪六十年代公众的心目中，她被诠释为一个女权主义者，她坚定地支持争取妇女权利的斗争。著有长篇小说《到灯塔去》、《海浪》、《达洛维太太》等。

有一种老观念，认为喜剧表现了人性的缺陷，而悲剧则把人描绘得比其本来面目更为崇高。要如实地写人，似乎就得在这两者之间取乎其中，其结果，便是某种说喜剧又太过严肃，说悲剧又不够完美的东西，这，我们可以管它叫幽默。据说，幽默这种东西，是妇女不可企及的。妇女要么是悲剧式的，要么是喜剧式的。而那造成一位幽默家的特殊合成，只有在男人身上才能找到。不过，进行实验总是要担风险的，男性体操健将为了获得幽默家的高瞻远瞩，登上他的姐妹们可望而不可即的塔尖，站在那儿保持平衡，却时常会丢人现眼地歪向一边，不是一头栽进小丑的滑稽表演，就是摔落到一本正经的平庸硬地上，那儿，说句公道话，才真是他悠闲自在、得其所哉的场所。或许，悲剧这种必不可少的要素,在莎士比亚的时代并不那么平庸。因此,现今人们必须拿出一种体面的替代物,它抛开了血和剑,而换成头戴高顶礼帽,身着长礼服,这时它才显得神采奕奕,仪态万方。这,我们可以称之为庄严精神。如果精神具有性别的话,那么这精神无疑是男性的。喜剧呢,它是属于风雅女神和文艺女神的性别。当那位庄严的绅士迈步上前致以问候时,她望他一眼,不禁哑然失笑,再望一眼,便笑得前仰后合,不能自已,于是只得跑开,一头钻到姐妹们怀里去藏起她的笑。可见,幽默来到世间,是十分难得的,为了获得幽默,喜剧需要作一番拼搏。单纯的笑,如我们在小孩子或痴女人嘴上听到的那种笑声,名声是糟糕的。人们把那看成是傻气和轻佻的声音,既非出自见识,也非发自情感。它不携带信息,不提供知识。它是一种无词的发声,犹如狗吠或羊咩,因而,对于人这样一个发明了语言的物种来说,如此表达自己,是有失身份的。

　　然而,有一些事物,是在语言之外却又不亚于语言的。笑,便是其中之一。因为,笑尽管没有言词,却是除人以外任何动物都发不出来的。一只狗,躺卧在炉前地毯上,因痛苦而呜咽或因欢乐而吠叫,我们自会明了它的意思,而不觉有什么怪异之处。然而,设若它放声开怀大笑呢? 设若,当你走进房间,它不是用摇尾吐舌来表示见到你时应有的欢愉,而是发出一串格格的笑声——咧着大嘴笑——笑得浑身直哆嗦,显出极度开心的种种神态呢? 那样,你的反应必是惊惧和恐怖,如同听到禽兽口吐人言一般。高于我们人类的存在物发出笑声,我们也同样无法设想。笑声,似乎主要是而且纯然是属于男人和女人的。笑是我们内在的喜剧精神的流露,而喜剧精神则涉及到怪癖、反常和偏离世所公认的常规的行径。喜剧精神通过突如其来的自发的笑加以评论,而这笑是因何而起,我们几乎莫名其妙,它何时发生,也难以说清。如果我们花点时间好好想一想,把喜剧精神打下的这种印记作一番剖析,我们无疑会发现,大凡表象为喜剧的事物,基本上都是悲剧性的。当我们唇边露出微笑时,眼里却已热泪盈眶。这一点——这是班扬①说过的话——原是世所公认的幽默的定义。但喜剧性的笑却不携有眼泪的重负。再说,和真正的幽默相比,喜剧性的笑虽功能较微,但它在生活和艺术中的价值却怎样估计都不为过。幽默是顶峰,只有最罕见的才智才能登上塔尖,鸟瞰整个人生的全景。而喜剧则徜徉于大街小巷,反映着琐细的偶发的事件——它那面明察秋毫的小镜子,映照出在它前面走过的人们身上无伤大雅的瑕疵和怪癖。笑这种东西,比其他任何东西都更能帮助我们保持平衡感。它时时都在提醒着我们不过是人,而人,既不会是完美的英

---

①班扬 (1682~1688) ,英国著名作家,代表作《天路历程》

　　　人生就像一本书,傻瓜们走马观花似的随手翻阅它;聪明的人用心地阅读它,因为他知道这本书只能读一次。

　　　　　　　　　　　　　　　　　　　　　　　　——[德]保　罗

雄,也不会是十足的恶棍。一旦我们忘却了笑,看人看事就会不成比例,失去现实感。狗们不会笑,倒也是件幸事,因为,假如它们会笑,它们就会意识到,做一只狗会受到多么严重的局限。男人和女人呢,在文明的水准上恰恰够一定的高度,有资格被委以理解自己的弱点的能力,并且被赋予嘲弄这些弱点的工具。然而我们,由于受到一大堆生硬笨重的知识的压迫,现正面临着丧失这种宝贵特权,或者把它从胸中挤出去的危险。

　　要做到能够嘲笑一个人,你首先必须以他的本来面目来看他。财富、地位、学识等等这一切身外之物,都不过是一种浮面的积累所得,切不可让它们磨钝喜剧精神那快刀割肉的利刃。孩子们往往比成年人更具识人的慧眼,这已是见惯的事,而且我相信,妇女对人的性格的裁夺,就是到了末日审判那天也不致被否决。可见,妇女和儿童,是喜剧精神的主要执行官,这是因为,他们的眼睛没有被学识的云翳所遮蔽,他们的大脑也没有因塞满书本理论而窒息,因而人和事依旧保存着原有的清晰轮廓。我们现代生活中所有那些生长过速的丑恶的赘疣(yóu),那些华而不实的矫饰,世俗因袭的正统,枯燥乏味的虚套,最害怕不过的就是笑的闪光,它犹如闪电,灼得它们干瘪蜷缩起来,露出了阴森森的骨骸。正因为孩子们的笑具有这样的特性,那些自惭虚伪不实的人才惧怕孩子;或许也正是由于同样的原因,在以学识见长的行当里,妇女们才遭人白眼相待。她们之所以危险,是因为她们会嘲笑,就像安徒生童话中的那个孩子,当长辈们都朝着国王的那件并不存在的辉煌袍服顶礼膜拜时,他却直说国王是光着身子的。我们的大作家们以华美的词章而扬名,我们的小作家们则堆砌词藻,陶醉于多愁善感的缠绵情调,这便在下层人们中造成那些耸人听闻的招贴画和哭哭啼啼的通俗剧。我们热衷于参加葬礼,探望病人,远胜于参加婚礼的喜庆。我们头脑中总摆脱不掉一个信念,认为眼泪里含有某种美德,而黑色是最相宜的服色。真的,没有什么比笑更难做到,但也没有什么比笑更难能可贵的了。笑是一把刀,它既修剪,又整枝,它使我们的行为举止、言词文笔合乎分寸,真挚诚恳。

谁说败局已定①

□ [法] 戴高乐　　石幼珊/译

戴高乐(1890～1970)　世界著名的政治家、军事家,法兰西第五共和国的缔造者。参加了两次世界大战,在二战中使陷于战争危难的法国起死回生,被誉为"法兰西民族之魂"。

担任了多年军队领导职务的将领们已经组成了一个政府②。这个政府借口军队打了败仗,便同敌人接触,谋取停战。

我们确实打了败仗,我们已经被敌人陆、空军的机械化部队所困。我们之所以落败,不仅因德军的人数众多,更重要的是他们的飞机、坦克和作战战略。正是敌人的飞机、坦克和战略使我们的将领们惊慌失措,以致出此下策。

但是难道败局已定,胜利已经无望? 不,不能这样说!

请相信我的话,因为我对自己所说的话完全有把握。我要告诉你们,法兰西并未落败。总有一天我们会用目前战胜我们的同样手段使自己转败为胜。

因为法国并非孤军作战。她并不孤立! 绝不孤立! 她有一个幅员辽阔的帝国做后盾,她可以同控制着海域并在继续作战的不列颠帝国结成联盟。她和英国一样,可以得到美国雄厚工业力量源源不断的支援。

这次战祸所及,并不限于我们不幸的祖国,战争的胜败亦不取决于法国战场的局势。这是一次世界大战。我们的一切过失、延误以及所受的苦难都没关系,世界上仍有一切手段,能够最终粉碎敌人。我们今天虽然败于机械化部队,将来,却会依靠更高级的机械化部队夺取胜利。世界命运正系于此。

我,戴高乐将军,现在在伦敦发出广播讲话。我吁请目前或将来来到英国国土的法国官兵,不论是否还持有武器,都和我联系;我吁请具有制造武器技

①本为是作者二战期间,在伦敦发表的广播讲话。
②指原法国总理贝当元帅对德投降后组织的"维希政府"。

115

术的技师与技术工人，不论是目前或将来来到英国国土，都和我联系。

无论出现什么情况，我们都不容许法兰西抗战的烽火被扑灭，法兰西抗战的烽火也永不会被扑灭。

今日青年之弱点

□章太炎

章太炎 (1869～1936)　初名学乘，字枚叔。后改名绛，号太炎。后又改名炳麟。浙江余杭人。清末民初民主革命家、思想家、著名学者，研究范围涉及小学、历史、哲学、政治等。一生著作颇多，约有四百余万字。著述除刊入《章氏丛书》、《章氏丛书续编》外，遗稿又刊入《章氏丛书三编》。

现在青年第一弱点，就是把事情看得太容易，其结果不是侥幸，便是退却。因为大凡做一件事情，在起初的时候，很不容易区别谁为杰出之士，必须历练许多困难，经过相当时间，然后才显得出谁为人才，其所造就方才可靠。近来一般人士皆把事情看得容易，亦有时凑巧居然侥幸成功。他们成功既是侥幸得来，因之他们凡事皆想侥幸成功。但是天下事那有许多侥幸呢？于是乎一遇困难，即刻退却。所以近来人物一时侥幸成功，则誉满天下；一时遇着困难颓然而返，则毁谤丛集。譬如辛亥革命侥幸成功，为时太速，所以当时革命诸人多半未经历练，真才不易显出。诸君须知凡侥幸成功之事，便显不出谁是勇敢，谁是退却，因之杂乱无章，遂无首领之可言。假使当时革命能延长时间三年，清廷奋力抵抗，革命诸人由那艰难困苦中历练出来，既无昔日之侥幸成功，何至于有今日之纷纷退却。又如孙中山之为人，私德尚好，就是把事情看得太容易，实是他的最大弱点。现在青年只有将这个弱点痛改，遇事宜慎重，决机宜敏速，抱志既极坚确，观察又极明了，则无所谓侥幸退却，只有百折千回以达吾人最终之目的而已。

现在青年第二个弱点，就是妄想凭借已成势力。本来自己是有才能的，因为要想凭借已成势力。就将自己原有之才能皆一并牺牲，不能发展。譬如辛亥革命，大家皆利用袁世凯推翻清廷，后来大家都上了袁世凯的当。历次革命之利用陆荣廷岑春暄，皆未得良好结果。若使革命诸人听由自己的力量，一步一地去做，旗帜鲜明，宗旨确定，未有不成功的。你们的少年中国学会，主张不利用已成势力我是很赞成的。不过已成势力，无论大小，皆不宜利用。宗旨确定，向前做去，自然志同道合的青年一天多似一天，那力量就不小了。唯最要紧的须要耐得过这寂寞的日子，不要动那凭借势力的念头。

现在青年的第三个弱点，就是虚慕文明。虚慕那物质上的文明，其弊是显而易见的。就是虚慕那人道主义，也是有害的。原来人类性质，凡是能坚忍的人，都是含有几分残忍性，不过他时常勉强抑制，不易显露出来。有时抑制不住，那残忍性质便和盘托出。譬如曾文正破九江的时候，杀了许多人，所杀者未必皆是洪杨党人，那就是他的残忍性抑制不住的表示，也就是他除恶务尽的办法。这次欧洲大战，死了多少人，用了若干钱，直到德奥屈服，然后停战。我们试想欧战四年中，死亡非不多，损失非不大，协约各国为什么不讲和呢？这就是欧美人做事彻底的表现，也就是除恶务尽的办法。现在中国是煦煦为仁的时代，既无所谓坚忍，亦无所谓残忍，当道者对于凶横蛮悍之督军，卖国殃民之官吏，无不包容之奖励之，绝不妄杀一个，是即所谓人道主义。今后之青年做事皆宜彻底，不要虚慕那人道主义。

现在青年第四个弱点，就是好高骛远。在求学时代，都以将来之大政治家自命，并不踏踏实实去求学问。在少年时代，偶然说几句大话，将来偶然成功，那些执笔先生就称他为少年大志。譬如郑成功做了一篇《小子当洒扫应对进退》的八股中有汤武征诛，亦洒扫也；尧舜揖让，亦进退也；小子当之，有何不可数语。不过偶然说几句话而已，后人遂称他为少年有大志。故现在青年之好高骛远，在青年自身当然亟应痛改。即前辈中之好以〈少年有大志〉奖励青年者，亦当负咎。我想欧美各国青年在求学时代，必不如中国青年之好高骛远。大家如能踏踏实实去求学问，始足与各国青年相竞争于二十世纪时代也。

117

向远处看

□ [法] 阿 兰

　　对于忧郁者，我只有一句话要说："向远处看。"忧郁者几乎都是读书太多的人。人眼的构造不适应近距离的书本，目光需要在广阔的空间得到休息。当你仰望星空或眺望海天相交处的时候，你的眼睛完全放松了。如果眼睛放松了，头脑便是自由的，而步伐就更加稳健，那么你的全身上下，包括内脏，无不变得轻松、灵活，但是你不必尝试用意志的力量达到放松全身的目的。当意志专注于自身的时候，效果适得其反，最终会使你十分紧张。不要想你自己! 向远处看。

　　忧郁确实是一种病，医生有时能猜到病因，开出药方。但是服药以后需要注意药力在体内的作用，还要遵守饮食规定，而你在这方面花费的心思正好抵消药力的效果。所以高明的医生会叫人去请教哲学家。但是你在哲学家家里又找到了什么呢? 一个读书太多，思想上患近视症，因而比你还要忧郁的人。

　　国家应该像开办医学院一样开办智慧学院，在这种学校里教授真知，静观万物，体会与世界一样博大的诗意。由于人眼的构造上的特点，广阔的视野能使眼睛得到休息，这就为我们启示一个重要的真理：思想应解放肉体，把肉体交还给宇宙——我们真正的故乡。我们作为人的命运与我们的身体的功能有很深的联系。只要周围的事物不去打搅它，动物就躺下来睡觉，一睡就着。同样情况下，人却在思想。他的思想使他的痛苦和需要倍增，他用恐惧和希望折磨自己。于是在想象力的作用下他的身体不断绷紧，无休止地骚动，时而冲动，时而克制；他总在怀疑，总在窥视周围的人和物。如果他想摆脱这种状态，他就去读书。书本的天地也是关闭的，而且离他的眼睛、离他的情绪太近。思想变成牢笼，身体受苦。说思想变得狭隘或者说身体自己折磨自己，其实是一回事。野心家做一千次相同的演说，情人做一千次祈祷。如果人们想使身体舒适，那么应该让思想旅行、游观。

　　学问能引导我们达到这个境界，只是这种学问没有野心，不饶舌，不急躁，只要它把我们从书本上领开，把我们的目光引向遥远的空间。这种学问应是感知和旅行。当你发现事物之间的真正关系时，一件事物能把你引向另一件事物，引向成千上万种别的事物，这种联系像一条湍急的河流把你的思想带向风，带向云，带向星球，真知绝不限于你眼皮底下的某一件小事，这是理解最小的事物怎样与整体相联系。任何一件东西的存在理由都不在它本身，所以正确的运动使我们离开我们自身，这对我们的身体和我们的眼睛同样有益。通过这种运动，你的思想在宇宙中得到休息，而整个宇宙才是思想的真正领域。思想同时与你身体的生命取得协调，而人体的生命也是与其他一切东西相联系的。基督徒爱说："我的故乡在天上。"他无意中道出一个重要的真理。向远处看吧。

排遣忧愁

□（台湾）毕　璞

　　毕璞　女，原名周素珊。原籍广东中山，岭南大学中文系肄业。后移居台湾。笔路甚广，写有散文、小说、儿童故事、杂文、评论、传记等。她的文章清新雅丽，在平淡中蕴含哲理，言之有物。已出版的著作有《故国梦重归》、《风雨故人来》、《寂寞黄昏后》等。

　　谁不曾有过失意、挫折、痛苦、忧伤、烦恼的时刻？谁又不曾尝过孤寂无俚、绕室彷徨的滋味？既然"人生愁恨何能免"，那么，又将怎样去排遣这份无可奈何的情怀呢？

　　"何以解忧？唯有杜康"，以酒消愁，大概是古往今来最普遍的一种方式了。"一醉解千愁"、"醉乡路稳宜频到，此外不堪行"、"五花马，千金裘，呼儿将出换美酒，与尔同销万古愁"。酒，在骚人墨客的笔下，似乎真是解愁良药。可是，"举杯消愁愁更愁"，黄汤灌多了，只恐"酒入愁肠，化做相思泪"吧。

　　有人在心烦时去作声色之娱；有人去看一场电影；也有人去大吃一顿的。这种做法，与以酒浇愁一样，无非是想获得感官一时的麻醉，以忘却心头的不快而已。

　　一个尝试错误的人生不但比无所事事的人生更荣耀，并且更有意义。
　　——[英]萧伯纳

西方人士在心情苦闷时往往去开快车、骑疾马，或者从事剧烈运动，企图借体力的消耗来宣泄心中的积郁，然而，这也只是暂时性的。

曾国藩说过："近来每苦心情郁闷，毫无生机，因思寻乐，约有三端：勤劳而后憩息，一乐也。至淡以消心，二乐也。读书声出金石，三乐也。"英国作家毛姆也说过："对消除烦恼，工作比威士忌酒更有效。"用劳动、读书、工作来解忧，无疑比感官一时的麻醉容易奏效的多。

前些日子，不知何故，一向豁达、喜欢嘻嘻哈哈的我，竟有好一阵子情绪陷在最低潮，但觉抑郁寡欢、一无是处，就独自一个人很俗气地跑进一家电影院。片子是久已闻名而一直没有机会去看的《真善美》。景色之瑰丽、故事之温馨，果然名不虚传，而歌声之悠扬悦耳，绕梁又何止三日？走出影院，胸中的块垒似乎真的消失了，而片中那几首熟悉的歌，我更是一直哼来哼去，几乎有半个月之久。其中，那首主题歌的最后一段，尤其引起我的共鸣，使我反复吟唱：

> 我心寂寞时，我就到山上去，
> 我知道我会听见以前听见过的；
> 音乐之声将为我的心祝福，
> 我又将再唱歌。

我家附近只有河而没有山，而且我也不会那么潇洒一个人跑到山上去，可是，我也爱好音乐，我的心中也有歌。尽管我的歌喉已经喑哑，然而我还是可以低低吟唱，唱给自己听，唱出我心中的烦忧呀！

这时，我不禁这样想：假使我会弹奏一种乐器，会作画，会雕塑，会任何一种手工艺，有任何一技之长，那还怕什么寂寞、忧愁呢？遇到情绪不佳时，把自己关在工作室里，埋头创作，一切愁苦，自然会抛到九霄云外。

还有，去旅行一趟，让青山绿水洗涤你的胸襟；听听唱片，让音乐净化你的心灵；种种花，从枝叶间得到美的熏陶；跟孩童或者小动物亲近，欣赏那份可爱的天真无邪；平日为自己培养一份高尚的嗜好如集邮、摄影、下棋、研究书法、做女红等，也都是忘忧消愁之道。

何以解忧？何必杜康呢？

愿生生世世为矮人 ·················

□ [菲律宾] 罗慕洛

罗慕洛(1898~1985) 菲律宾政治家、外交家。曾任菲律宾驻联合国代表团团长。

有一次，在巴黎举行的联合国会议席间我与苏联代表团团长维辛斯基激辩。我讥刺他提出的建议是"开玩笑"。突然之间，维辛斯基把他所有轻蔑别人的天赋都向我发挥出来。他说："你不过是个小国家的小矮人罢了。"

在他看来，这就是辩论了。我的国家和他的相比，不过是地图上一点而已。我自己穿了鞋子，身高只有一米六三。

即使在我家中，我也是矮子。我的四个儿子全比我高七、八厘米。就是我的太太穿高跟鞋的时候，也要比我高寸把。我们婚后，有一次她接受访问，曾谦虚地说："我情愿躲在我丈夫的影子里，沾他的光。"一个熟朋友就打趣地说："这样的话，就没有多少地方好躲了。"

我身材矮小，和鼎鼎大名的人物在一起，常常特别惹人注意。第二次世界大战期间，我是麦克阿瑟将军的副官，他比我高二十厘米。那次登陆雷伊泰岛，我们一同上岸，新闻报道说："麦克阿瑟将军在深及腰部的水中走上了岸。罗慕洛将军和他在一起。"一位专栏作家立即拍电报调查真相，他认为如果水深到麦克阿瑟将军的腰部，我就要淹死了。

我一生当中，常常想到高矮的问题。我但愿生生世世都做矮子。

这句话可能会使你诧异。许多矮子都因为身材而自惭形秽，我得承认，年轻的时候也穿过高底鞋，但用这个法子把身材加高实在不舒服。并不是身体上的，而是精神上的不舒服。这种鞋使我感到，我在自欺欺人，于是我再也不穿了。

其实这种鞋子剥夺了我天赋的一大便宜。因为，矮小的人起初总被人轻视，后来，他有了表现，别人就觉得出乎意料，不由得不佩服起来，在他们心目

人生就是人间的喜剧。
——[法]巴尔扎克

中,他的成就就格外出色。

有一年我在美国哥伦比亚大学参加辩论小组,初次明白了这个道理。我因为矮小,所以样子不像大学生,就像小学生。一开始,听众就为我鼓掌助威。在他们看来,我已经居于下风,大多数人都喜欢看居下风的人得胜。

我一生的遭遇都是如此。平平常常的事经我一做,往往就似乎成了惊天动地之举,因为大家对我毫不寄以希望。

一九四五年,联合国创立会议在旧金山举行,我以无足轻重的菲律宾代表团团长身份,应邀发表演说。讲台差不多和我一样高。等到大家静下来,我庄严地说出这样一句话:"我们就把这个议场当做最后的战场吧。"全场登时寂然,接着爆发出一阵掌声。我放弃了预先准备好的演讲稿,畅所欲言,思如泉涌。后来,我在报上看到当时我说了这样一段话:"维护尊严,言辞和思想比枪炮更有力量……唯一牢不可破的防线是互助互谅的防线!"

这些话如果是大个子说的,听众可能客客气气地鼓一下掌。但菲律宾那时离独立还有一年,我又是矮子,由我来说,就有意想不到的效果。从那天起,小小的菲律宾在联合国大会中就被各国当做资格十足的国家了。

矮子还占一种便宜,通常都特别会交朋友。人家总想卫护我们,容易对我们推心置腹。大多数的矮子早年就都懂得:友谊和筋骨健硕、力量一样强大。

早在一九三五年,大多数的美国人还不知道我这个人,那时我应邀到圣母大学接受荣誉学位,并且发表演说。那天罗斯福总统也是演讲人。事后他笑吟吟地怪我"抢了美国总统的风头"。

我相信,身材短小的人往往比高大的人富有"人情味"而平易近人,他们从小就知道自视绝不可太高。身材魁梧的人态度矜持,别人会说他有"威仪",但是矮小的人摆出这种架子来,人家就要说他"自大"了。

矮子如果稍有自知之明,很早就会明白脾气是不好随便乱发的。大个子发脾气,可能气势汹汹,矮子就只像在乱吵乱闹了。

一个人有没有用,和个子大小无关。反之,身材矮小可能真有好处,历史上许多伟大的人物都是矮子。贝多芬和威尔逊都只有一米六三高,但是他们和只有一米五二高的英国诗人济慈及哲学大师康德相比,已经算高大的了。

当然,还有一位最著名的矮子是拿破仑。好些心理学家说,历史上之所以有拿破仑时代,完全是拿破仑的身材作祟,他们说,他因为矮小,所以要世人承认他真正是非常伟大的人物,失之东隅,借此收之桑榆。

本文一开始,我就提到苏联代表维辛斯基因为我胆敢批评他的国家而出言相讥的事。我不喜欢别人以为我是任凭他侮辱的矮子,而不加反驳。他一说完,我就跳起身来,告诉联合国大会的代表说,维辛斯基对我的形容是正确的,但是我又说:"此时此地,把真理之石向狂妄的巨人眉心掷去——使他们的行为有些检点,是矮子的责任!"

维辛斯基凶狠地瞪着眼,但是没有再说什么。

习惯的力量

□ [美] 保罗·格蒂　李大为/译

保罗·格蒂(1892~1976) 美国石油大亨。曾为世界首富。一九七六去世时,遗产高达六十亿美元。

以前有个时期,我抽烟抽得很凶。几年前,我度假开车经过法国,有一天,下着大雨,地面特别泥泞,开了好几个钟头的车子之后,我在 Auvergne 这个小城里的旅馆停下来过夜。经过长而困难的车程之后我累了,吃过晚饭我便到自己的房里解衣、上床,很快便入睡了。

为了某种原因,我清晨两点钟醒过来,清楚地知道我想抽一根烟。打开灯,我自然地伸手去抓我睡前放在桌上的那包烟,结果是空的。困扰着——但是仍然想抽烟——我下了床,搜寻我本来穿着的衣服口袋,结果毫无所获,我又搜索我的行李,希望在其中一个箱子里,能发现我无意地留下的一包烟,结果我又失望了。我知道旅馆的酒吧和餐厅早就打烊了,心想,这个时候要把不耐烦的门房叫过来,太不堪设想了。我唯一希望能得到香烟的办法是,穿上衣服,走到火车站,但它至少在六条街之外。

情景看来并不乐观,外面仍下着雨,我的汽车停在离旅馆尚有一段距离的车房里,而且,不管怎样,他们提醒过我,车房是在午夜关门,第二天早上六点才开门,而且能够叫到计程车的机会也将等于零。

长话短说,显然地,如果我真的这样迫切地要抽一根烟,我只有在雨中走到——而且走回来——车站,但是要抽烟的欲望不断地侵蚀着我,且顽固地,当我想到要获得一根烟是多么的困难时,我想抽烟的欲望就越浓厚。

人生从来不像意想中那么好,也不像意想中那么坏。

——[法]莫泊桑

于是，我脱下睡衣，开始穿上外衣。我衣服都穿好了，伸手去拿雨衣，这时我突然停住了，开始大笑——笑我自己。我突然体会到，我的行动多么不合乎逻辑，甚至荒谬。

我站在那儿自思：一个所谓的知识分子，一个所谓负责而且相当成功的商人，并且自认为有足够理智对别人下命令的人，竟要在三更半夜，离开舒适的旅馆，冒着大雨走过好几条街，仅仅是为了得到一根烟——因为我觉得我"必须"抽一根。

我生平第一次注意到这个问题，我已经养成了一个深不可拔的习惯，我愿意——自动地、不假思索地——牺牲极大的舒适，去满足这个习惯。这不仅仅是偶尔享受一根烟，而是我已经养成了一种牢不可破的习惯，这种习惯显然没有带来好处，而且跟我最好的利益有冲突。我突然明确地注意到这点，头脑很快地清醒过来，没片刻就作了决定。我以为这是个相当好的想法——也是好时间和好地点——祛除了一种实在对我没什么好处的习惯。

我下定了决心，把那个仍然放在桌上的烟盒，揉成一团，丢进废纸篓里。然后脱下衣服，再度穿上睡衣，回到床上。带着一种解脱——甚至胜利——的感觉，我关上灯，闭上眼，听着打在门窗的雨点。几分钟之内，我进入一个深沉、满足的睡眠中。自从那天晚上后我没抽过一根烟，也没有抽烟的欲望。

真的，我并不是利用这件事，指控香烟或抽烟的人。我回忆这件事，仅仅是为了表示，以我的情形来说，被一种恶习惯制服，已经到了不可救药的程度，差一点成为它的俘虏！

常常做了件事就会成为习惯——而习惯的力量的确大极了。但是人类也有一股不小的缓冲能力，人类既然有能力养成习惯，当然也有能力祛除他们认为不好的习惯！

举例说，一个商人有乐观和热忱的习惯，这对自己是有帮助的。它会使工作较优良、较容易，而且也会激励和鼓舞他的同僚和下属。但是，习惯性的乐观和热忱，往往会造成危险性的——甚至是不堪设想的——过度乐观和过度热忱。

我想到一个聪明而且很有能力的商人——姑且叫他毕尔史密斯吧，反正没有区别——他的乐观，对他建立起和主管着几个工厂很有助益，也帮他赚了许多钱，前途无量。不幸的是，所有毕尔史密斯做生意的经验都是从旺季得来的，因而，他的乐观看法和希望，也都是在旺季的市场下，一一实现的。

后来，突然转换到经济比较萧条的时期，这种时候，有经验的商人，或多或少地会收敛一点，节省开支，小心翼翼地等待着经济情况改观。

而毕尔史密斯完全没有办法适应这种新而陌生的情况，但是，他的乐观和热忱习惯已牢不可破，在应该踩刹车的时候，他却仍旧加足油门往前冲，非常自信地认为前途似锦呢。

　　经过一段很短的时间，史密斯已没有办法在那种情况下生存了。他过度发展他自己和公司的事业，结果破产了。

　　很多人都说，养成好习惯较难，而陷入坏习惯容易！也就是说，一个人必须常常用心努力才会养成好习惯；反之，很容易地、无心地便落入坏习惯。这是对的——但也并非一定如此，主要还是看一个人的毅力而定。事实上，习惯就是习惯，并没有合理的推论来说明养成好习惯比坏习惯要难。

　　比如说，我——还有许多其他的人——同意，动作敏捷或缓慢，只是习惯问题。一个人不是养成准时的好习惯，就是养成迟到的坏习惯。

　　一个人有准时的习惯，对他有很大的好处和利益。不管是赴约会、还钱、负责任或实现任何方面的诺言。

　　人家请你吃饭，如果迟到的话，会使主人和其他受邀的客人不便。如此，很快地就会变得不受欢迎，以后人家就不再请你吃饭了。

　　对商人来说，如果能守时，是项特别有价值的资产。古语说"时间就是金钱"，这话永远都是正确的，现在这个时代尤其比以往重要。现代企业的步调和复杂性，更是一日千里，分秒必争，主管和高级职员的日程工作表必须排得满满的，因为他们负担不起生产时间的浪费，就像负担不起生产线上的耽搁一样。

　　眼看自己有飞机的公司越来越多了，因此他们较能迅速地把他们的职员从这个地方送到另一个地方——准时地送他们到任何地方。今天美国公司的飞机就有三四万架。仅通用汽车公司就有二十二架之多。

　　蒙哥马利华德百货公司公开承认：公司利用自己的飞机输运职员，要比让他们自己去搭乘民航机，费用要高出三分之一。但是，使用自己公司的飞机，对职员的旅行时间却节省了将近百分之六十——而蒙哥马利华德，跟许多其他的公司一样，都了解经济时间比多花钱要划得来。

　　总而言之，一个人说他什么时候要到某地方而准时到达的话，不但给人一个极好的印象，他还替自己或他的公司节省——因而赚了——不少钱。

　　"敏捷守信"对生意人来说，非常重要，最可能成功的商人和公司，他们必定准时接受订单、交货、提供服务、付款、还债以及其他事项。假如等到时间过了，所订的货还没送来，顾客下次可能就到别的地方订货了。准时付款能建立良好信用——而那些不准时的人，将会发现很难或不可能再贷到款。

人生有两类悲剧，一是欲望难遂，另一为欲望满足。

——[英]萧伯纳

守时有很多的有益之处，有些人甚至不顾一切地来养成这种好习惯。反之，造成懒散习惯的因素是倔强、懒惰和缺乏眼光——就像很多人养成对他们和他们的事业多半有害的习惯因素一样。节俭是另一种可以养成的好习惯——而它可以说是能使任何事业成功的因素。任何人应该明白，凡是合乎道理的节省，都是好的习惯。

"勿以善小而不为"。节俭也是一样，不必论大小。创业投资途径不外乎独资、合资或供一部分资金；当然，独资经营，对盈方都是自己一人负责，而合资则盈亏共同负责；其供贷资金经营，不论盈亏都必须付出利息，其利润也自然减少。

一旦事业开始，对天性节俭的人而言，其成功几率较才华相同者要大。而习惯节俭的人，他知道只有减少开支和成本才有赚钱机会——而在今天高度竞争的市场里，即使在小东西方面去节俭，聚少成多，也是很可观的，甚至造成赚钱和赔钱的区别。

除此之外，对一个养成节俭习惯的人而言，他似乎永远有一笔积蓄，以防不时之需，必要时可使他渡过难关，或使他有扩张和改进的机会，而不必去借钱。

聪明的人都知道，能达到"准时和节俭"的生活目标，对自己有很大的帮助。在生活中如果你能经常准时、节俭，直到成为你的第二天性——你就会在事业上，收到由这些习惯为你带来的利益。

第 七 辑
如何把握机遇

　　要下重要的决定,须运用你的理智,你的正确的评判力,与你的健全、清楚的观照力。你不能在心境不佳的时候,决定你生命中的重要问题,或决定你生活上的"转变点"。你的生活、事业上的"转变点",应该在你心境平安、精神愉快的时候来决定。当颓丧失望充满我们的心情时,容易使我们的判断流入于错觉。

致加西亚的信

□ [美] 阿尔伯特·哈伯德

受·益·一·生·的·人·生·智·慧·书

阿尔伯特·哈伯德 (1856～1915) 美国著名出版家、作家,《菲士利人》、《兄弟》杂志的总编辑,罗依科罗斯特出版社的创始人。其主要著作有《把信送给加西亚》、《忠诚》、《致青年朋友的信》等;其中《把信送给加西亚》在世界经济管理学史上最为著名。

如果你为一个人工作,就要以上帝的名义,为他认真去做!

如果他付给你薪水,使你得以温饱,那么为他工作——感激他,称赞他,同时支持他的立场,且和他所代表的机构站在一起。

如果能捏得起来,一盎司忠诚就如同一磅智慧。在现今一切有关古巴的事件中,有一个人最让我无法忘怀。

在美西战争爆发后,形势要求美国必须立即同西班牙的反抗军首领加西亚取得联系。加西亚在古巴丛林里——没有人可以知道他确切的地点,也无法带信给他。但是,美国总统必须尽快与他取得联系以获得他的合作。

怎么办呢?

这时有人对总统说:"有一个名叫罗文的人,或许有办法找到加西亚,也许也只有他才能找得到加西亚。"

他们找到罗文,交给他一封写给加西亚的信。至于罗文是如何拿到信,并把它装进一个油纸袋里,封好,吊在胸口;而在三个星期后,他经过千辛万苦徒步走过一个危机四伏的国家,最后把那封信交给加西亚——这些细节都不是我想在这里说明的。我在这里想要强调的是:当美国总统把这封写给加西亚的信交给罗文,当罗文接过信时,并没有问:"加西亚在什么地方?"

像罗文这样的人,我们应该为他塑造不朽的雕像,置于每一所大学里。让年轻人不仅是学习书本上的知识,接受他人种种的指导,而且更要向他们传授一种敬业精神,一种将上级的托付,立即付诸于行动,全身心地去完成这一托付的敬业精神——"把信交给加西亚。"

虽然今天加西亚将军已不在人间，但还有许多其他的加西亚。凡是需要众多人员的企业经营者，一般情况下都要苦恼于其下属无法或不愿专心去做一件事。漠不关心、马马虎虎、懒懒散散的做事态度，已经变成一种常态；只有苦口婆心、威逼利诱地叫属下帮忙，或者，只有期待奇迹出现，让上帝派一名助手给他，否则，他们是不可能把事情办成的。

我们来做个试验以使你相信：假如你坐在办公室里——周围有六名职员。将其中一名叫来，告诉他："请帮我查一查百科全书，然后将某某的生平做成一篇摘录。"

你定会认为那个职员会静静地说："好的，先生。"然后就去执行。

而我敢肯定说他绝不会，反而会满脸疑虑地提出一个或数个问题：

这个人是谁呀？

他过世了吗？

用哪套百科全书？

这些百科全书放在哪儿？

这些是我的工作吗？

为什么不让查理去做呢？

这个工作急不急？

你为什么需要查他？

我敢以十比一的赌注同你打赌，即使你回答了他所提出的所有问题，解释了怎么样去查这个资料，以及你为什么需要查的理由之后，这个职员会走开，去找另外一个职员帮助他查这个资料，然后，他会再回来对你说，他根本查不到这个人。确实，如果你是聪明人，你就不应该对你的"职员"解释，某某编在哪一类，而不是另一类，反而你应该满面笑容地说："算啦。"然后亲自去查。然而这种被动的行为，这种姑息的作风，这种心灵的脆弱，这种愚弄的道德，有可能把这个社会带入到一种三个和尚没水喝的危险境界。如果人们都不能为了自己而自动地去作为，而你又怎么能期待为别人采取行动呢？

比如当你登广告征求一名速记员时，应征者中十之八九既不会拼也不会写，而他们甚至并没有认为这些是必要条件。这种人你怎么能相信他们会把信带给加西亚呢？

在一家大公司里，总经理对我说："你看那职员。"

人生就是一连串的死亡与复活。
——[法]罗曼·罗兰

“我看到了，他怎样？”

“虽然他是个不错的会计，不过如果我派他到城里去办个小差事，他可能把任务完成，不过也可能就在途中走进一家酒吧，也有可能当他到了闹市区，根本忘了他的差事。”

那么这种人你能派他送信给加西亚吗？

近来，许多人经常对“那些为了廉价工资工作而又很难有出头之日的工人”以及“那些为求温饱而工作的无家可归的人士”表示同情，同时将那些雇主骂得体无完肤。

然而从没有人提到，甚至有些老板一直到年老，都无法使那些不求上进的懒惰的职员做点正经的工作，更没有人提到，有些老板长久而耐心地劝导和感动那些当他一转身就投机取巧的员工。

每个商店和工厂，都有一套自身完善的整顿过程，要求公司负责人经常解雇那些显然无法对公司有所贡献的员工，同时着力吸引新的员工进来。不论业务如何忙碌，这种整顿一直都在潜在进行着。一般来说，只有当公司不景气，就业机会不多的情况下，整顿才会出现较佳的成绩。将那些不能胜任、没有才能的人，都摈弃在就业的大门之外，同时将最能干的人留下来。每个老板为了自己的利益，都会保留那些最佳的职员——那些能把信送给加西亚的人。

我认识一个极为聪明的人，他没有自身创业的能力，同时对别人也没有一丝一毫的价值，这一切皆因为他老是疯狂地怀疑他的雇主在压榨他，或存心压迫他。导致他无法下命令，也不敢接受命令。如果你要他送信给加西亚，我想他极可能回答：“你自己去吧。”

当然，我们可以认为像这种道德不健全的人，并不会比一个四肢不健全的人更值得人们同情；然而，我们应该同情经营一个良好的大企业的人，他们不会因为下班的铃声而放下手头的工作。如何使那些漠不关心、懒惰被动、缺乏良心的员工不太离谱的种种努力使他们日增白发。如果没有这份努力和心血，也许那些员工将会挨饿和无家可归。

你会怀疑我是否说得太严重了？不过，当整个世界变成贫民窟，我要为那些成功者说几句同情的话——在成功机会极小的情况下，他们引导别人的力量，终于获得成功；不过他们从成功中所得到的只是一片空虚，除了食物外，一无所有。

我曾为了生存而替人工作，也曾当过老板，这一切使我深切体会到这两方面的种种甘苦。贫穷是不好的，贫苦也是不值得推崇的，就像并非所有的人都是善良者一样，所有的老板也并非都是贪婪者、专横者。

我钦佩的是那些不论老板是否在办公室都会努力工作的人，如同我们敬佩那些能够把信交给加西亚的人一样。静静地把信拿走，既不会提出任何愚蠢问题，也不会随手把信丢进水沟里，而是不顾一切地把信送到。这种人永远不会被解雇，也永远不需要为了不切实际的要求加薪而罢工。文明，正是为了努力寻找这种人才的一段漫长过程。这种人不论要求任何事物都会得到完全满足。他在每个城市、乡镇、村庄，甚至每个办公室、商店、工厂，都将会受到欢迎。

我们这个世界上急需这种人才，这种能够将信送给加西亚的人。

论 幸 运

□ [英] 弗兰西斯·培根

毫无疑问，一些偶然的事件常常在很大程度上影响一个人的命运，如长得漂亮、机缘巧遇、别人的死亡、恰当适宜的环境。一般而言，在绝大多数情况下，一个人的幸运还是由自己来决定的。正如一位诗人所说："每个人的幸运设计师都是他自己。"当然，幸运也有外在原因，比较常见的是一个人的愚蠢却给别人带来了幸运。因为，如果别人不犯错的话，谁也没有机会这么快发家，正如谚语所言："蛇吃蛇，才能变成龙。"

表露在外的才干固然可以赢得赞赏，但只有深藏于内心的才能才会带来幸运，这是一种自信和自制的美德，只可意会，不能言传。在西班牙人看来，这种美德应称之为"潜能"，其意思是说人的天性中有一种优良的素质，如果能发挥出这种素质，加上幸运的眷顾，就会取得成功。李维在描述嘉图时，曾这样形容："他的体魄如此强壮，精力如此充沛，因此不管他的家庭出身是高是低，他都会交上好运并走向成功的。"因为李维认为嘉图是一个"多才多艺"的人。这表明，人只要细致观察，就能看到幸运女神。因为，虽然幸运女神的眼睛是失明的，但却不是让人看不见的。

幸运的机会就像天上的银河。银河中许许多多小星星作为个体是不起眼的，聚集一起作为一个整体则群星璀璨、光辉灿烂。幸运也是由很多细小的、难以分辨的美德，或者能力和习惯组成的。这些细小的美德不会引起一般人的思

当人类走投无路时，就能冲破不幸和灾难，从而扭转乾坤，化险为夷。这是因为人类自身都隐藏着一股惊人的智慧和潜能。

——[美]卡耐基

考,但意大利人却注意到了。他们赞誉一个聪明人时,除了称赞他具有很多优点外,还不忘加上一句,说他表现得"有点儿傻气"。实际上,带点儿傻气,并不表示呆笨,这种人其实更容易得到幸运女神的眷顾。但是,一个极端的爱国者或君主至上主义者是不幸的,也不可能得到幸运。因为一个人如果自己不能思考,他就不会走自己的路。不期而至的幸运,会让人变得狂躁、冒失、投机取巧(法国人恰当称之为"冒险家"或"盲动家"),而得来不易的幸运,才会使人成才。

幸运女神值得我们尊重,即使是为了她的两个女儿——"自信"和"信誉"。她们都是幸运女神生的。"自信"生发于自己心中,"信誉"则降生于他人心中。真正的智慧之人不会炫耀自己取得的成就,而是把自己的成就归功于幸运女神,也只有这些成就非凡的人才能得到上帝的眷顾。而且,上天的眷顾正可显示出其不凡。恺撒曾对暴风雨中的水手说:"放心吧,你们很幸运与恺撒同坐一条船!"苏拉则只称自己是"幸运的",而不敢自称"伟大"。

历史表明,凡是那些把成功归功于自己的聪明和才能的人,往往都会是不幸的结局。如雅典人提莫修斯向联邦政府汇报他取得的功绩时,总是这样说:"这些并不是幸运带来的。"此后,他做的任何一件事情都不顺。然而,的确有人幸运的如同荷马的诗句一样顺畅。普鲁塔珂就曾比较过提摩利昂的好运与艾盖西劳或爱巴米诺达的运气。如此看来,人本身确有幸运与否的差异,但关键还在于个人的性格。

受·益·一·生·的·人·生·智·慧·书

"今"

□李大钊

李大钊 (1889～1927)　中国最早的马克思主义者,中国共产党的创始人和早期领导人。河北乐亭人。一九一八年发表《布尔什维主义的胜利》和《我的马克思主义观》等文章,并与胡适展开"问题与主义"论战。著作编为《李大钊文集》。

我以为世间最可宝贵的就是"今",最易丧失的也是"今",因为他最容易丧失，所以更觉得他可以宝贵。

为什么"今"最可宝贵呢？最好借哲人耶曼孙所说的话答这个疑问："尔若爱千古，尔当爱现在。昨日不能唤回来，明天还不确实，尔能确有把握的就是今日。今日一天，当明日两天。"

为什么"今"最易丧失呢？因为宇宙大化，刻刻流转，绝不停留。时间这个东西，也不因为吾人贵他爱他稍稍在人间留恋。试问吾人说"今"说"现在"，茫茫百千万劫，究竟哪一刹那是吾人的"今"，是吾人的"现在"呢？刚刚说他是"今"是"现在"，他早已风驰电掣的一般，已成"过去"了。吾人若要糊糊涂涂把他丢掉，岂不可惜？

有的哲学家说，时间但有"过去"与"未来"，并无"现在"。有的又说，"过去"、"未来"皆是"现在"。我以为"过去未来皆是现在"的话倒有些道理。因为"现在"就是所有"过去"流入的世界，换句话说，所有"过去"都埋没于"现在"的里边。故一时代的思潮，不是单纯在这个时代所能凭空成立的，不晓得有几多"过去"时代的思潮，差不多可以说是由所有"过去"时代的思潮，一凑合而成的。

吾人投一石子于时代潮流里面，所激起的波澜声响，都像永随即起一种失望的念，厌"今"的心。又如吾人方处一境，觉得无甚可乐；而一旦其境变易，却又觉得其境可恋，其情可思。前者为企望"将来"的动机；后者为反顾"过去"的动机。但是回想"过去"，毫无效用，且空耗努力的时间。若以企望"将来"的动机，而尽"现在"的势力，则厌"今"思想，却大足为进化的原动。乐"今"是一种惰性，须再进一步，了解"今"所以可爱的道理。全在凭他可以为创造"将来"的努力，决不在得他可以安乐无为。

热心复古的人，开口闭口都是说"现在"的景象若何黑暗，若何卑污，罪恶若何深重，祸患若何剧烈。要晓得"现在"的景象倘若真是这样黑暗，这样卑污，罪恶这样深重，祸患这样剧烈，也都是"过去"所遗留的宿孽，断断不是"现在"造的；全归咎于"现在"，是断断不能受的。要想改变他，但当努力以回复"过去"。

照这个道理讲起来，大实在的瀑流，永远由无始的实在向无终的实在奔流。吾人的"我"，吾人的生命，也永远合所有生活上的潮流，随着大实在的奔流，以为扩大，以为继续，以为进转，以为发展。故实在即动力，生命即流转。

陈独秀先生曾于《一九一六年》文中说过，青年欲达民族更新的希望，"必自杀其一九一五年之青年，而自重其一九一六年之青年。"我尝推广其意，也说过人生唯一的蕲（qí）向，青年唯一的责任，在"从现在青春之我，扑杀过去青春之我；促今日青春之我，禅让明日青春之我"。"不仅以今日青春之我，追杀今日

133

白首之我,并宜以今日青春之我,豫杀来日白首之我"。实则历史的现象,时时流转,时时变易,同时还遗留永远不灭的现象和生命于宇宙之间,如何能杀得?所谓杀者,不过使今日的"我"不仍旧沉滞于昨天的"我"。而在今日之"我"中,固明明有昨天的"我"存在。远流动传播,不能消灭。屈原的《离骚》,永远使人人感泣。打击林肯头颅的枪声,呼应于永远的时间与空间。一时代的变动,绝不消失,仍遗留于次一时代,这样传演,至于无穷,在世界中有一贯相联的永远性。昨日的事件,与今日的事件,合构成数个复杂事件。此数个复杂事件,与明日的数个复杂事件,更合构成数个复杂事件。势力结合势力,问题牵起问题。无限的"过去",都以"现在"为归宿。无限的"未来",都以"现在"为渊源。"过去"、"未来"的中间,全仗有"现在"以成其连续,以成其永远,以成其无始无终的大实在。一掣现在的铃,无限的过去未来皆遥相呼应。这就是过去未来皆是现在的道理,这就是"今"最可宝贵的道理。

现时有两种不知爱"今"的人:一种是厌"今"的人,一种是乐"今"的人。

厌"今"的人也有两派。一派是对于"现在"一切现象都不满足,因起一种回顾"过去"的感想。他们觉得"今"的总是不好,古的都是好。政治、法律、道德、风俗,全是"今"不如古。此派人唯一的希望在复古。他们的心力全施于复古的运动。一派是对于"现在"一切现象都不满足,与复古的厌"今"派全同。但是他们不想"过去",但盼"将来"。盼"将来"的结果,往往流于梦想,把许多"现在"可以努力的事业都放弃不做,单是沉溺于虚无缥缈的空玄境界。这两派人都是不能助益进化,并且很是阻滞进化的。

乐"今"的人大概是些无志趣、无意识的人,是些对于"现在"一切满足的人。他们觉得所处境遇可以安乐优游,不必再商进取,再为创造。这种人丧失"今"的好处,阻滞进化的潮流,同厌"今"派毫无区别。

原来厌"今"为人类的通性。大凡一境尚未实现以前,觉得此境有无限的佳趣,有无疆的福利;一旦身陷其境,却觉不过尔尔,不止有昨天的"我",昨天以前的"我",乃至十年二十年百千万亿年的"我",都俨然存在于"今我"的身上。然则"今"之"我","我"之"今",岂可不珍重自将,为世间造些功德。稍一失脚,必致遗留层层罪恶种子于"未来"无量的人,即未来无量的"我"。永不能消除,永不能忏悔。

我请以最简明的一句话写出这篇的意思来:

吾人在世,不可厌"今"而徒回思"过去",梦想"将来",以耗误"现在"的努力;又不可以"今"境自足,毫不拿出"现在"的努力,谋"将来"的发展。宜善用"今",以努力为"将来"之创造。由"今"所造的功德罪孽,永久不灭。故人生本务,在随实在之进行,为后人造大功德,供永远的"我"享受,扩张,传袭,至无穷极,以达"宇宙即我,我即宇宙"之究竟。

敦刻尔克大撤退的奇迹(节选)

□ [英] 温斯顿·丘吉尔　　石幼珊/译

温斯顿·丘吉尔(1874~1965)　英国首相(1940~1945,1951~1955)。保守党领袖。第二次世界大战爆发后,复任海军大臣。一九四〇年组织战时联合内阁,领导英国对德作战。著有《第二次世界大战回忆录》、《英语民族史》等。曾获一九五三年诺贝尔文学奖。

……

德军突然发动大举进攻,好像一把锋利的镰刀,紧紧围逼住北部联军的右翼和后方。德军的八、九个装甲师,每师约有各种装甲车四百辆,这些车辆分组成一个个精心搭配、相互呼应的独立作战单位,插入了我军,切断了我军和法军主力的一切联系。德军断绝了我军的粮食弹药供应。我们的粮食弹药补给线直达亚眠,然后又通过阿布维尔。德军沿岸直抵布洛涅和加莱,逼近敦刻尔克。在这支装甲机械部队突击之后,是用军车运载的许多个德军师团,再后面紧跟着的就是大批行动较缓慢、阴沉残酷的德国常规军和德国平民了。这些人素来是甘心情愿被人牵着鼻子闯进别人的国土,去摧残别人的自由与安适生活的。这种自由与安适生活,他们在自己的国土上从未享到过。……

与此同时,皇家空军早已参战,在航程所及范围内从国内基地出动打击敌人;现时并用部分城市空防战斗机的主力,袭击德轰炸机群及掩护它们的大批战斗机。战斗的时间持续很长,也十分激烈。后来,战场的形势突然明朗化起来。目前,只是在目前,隆隆的枪炮声暂时渐渐止息。展现在我们眼前的是靠着完善的工作、机智、技能和耿耿忠心争取得来的奇迹般解救。在撤退中的英法联军阻击了敌人,使其受到严重挫败后不能从容撤退。皇家空军向德国空军的主力进击,使之受到至少四倍于我们的损失。我们的海军动员了各种舰艇近千

135

人生是人类共同利用的葡萄田,是一起栽培,一起收获的处所。
　　　　　　　　　　　　　　　　　　——[法]罗曼·罗兰

艘，援救了三十三点五万余英法军兵士，使之脱离虎门，免遭折辱，安返本国，立即投入新的斗争。但是我们应该十分谨慎，切不可将此次解救成功说成是一场胜利。在战争中，胜利是不能靠撤退赢得的。但是我们应该注意到，在此次援救中我们确实打了一场胜仗。

......

然而，我们庆幸如此众多的士兵得免于危难之际（在整整一周里，他们的亲属处在极度紧张痛苦的等待中），切勿因此而看不到法国和比利时领土上军事惨败的事实。法国军队被削弱，比利时军队全军覆没，曾经赖以确保安全的防线大部分被破坏，许多宝贵的矿区和工厂已归敌人所有，海峡港口全部落入敌手，后果严重，我们还必须准备承受对我们或对法国接踵而来的第二次打击。我们已得知希特勒先生计划入侵英伦三岛，这一点我们早就预料到了。当拿破仑的平底军舰和大军在布洛涅驻扎了一年之久时，有人告诉他："英国到处有荆棘蒺藜。"是的，英国远征部队得救回来后，英国的荆棘蒺藜就更多了。

......

如果所有人都忠于职守，如果我们的工作不出纰漏，事事都像现在那样安排周密，那么，我是充满信心的。我们将又一次证明我们能够抵御战争的风暴，抗击强暴的威胁，保卫自己的岛国。如果必要，我们就进行持久战，如果必要，就孤军作战。无论如何，这就是我们准备做的。这就是英王政府以及政府中每一个人的决心。这就是国会和全国国民的意愿。由共同的目标和共同的需要联系起来的英帝国和法兰西共和国，将誓死保卫自己的国土，将亲如同志，尽一切力量彼此支援。虽然欧洲的大片土地和许多有名的古国已经或即将沦于盖世太保及一切可憎的纳粹机构之手，我们也不会气馁，不会屈服。我们要坚持到底，我们要在法国国土上作战，要在各个海洋上作战，我们的空军将愈战愈强，愈战愈有信心，我们将不惜一切牺牲保卫我国本土，我们要在滩头作战，在登陆地作战，在田野、在山上、在街巷作战；我们永不投降，即使整个英伦岛或大部分土地被占，我们饥寒交迫——这一点我认为是绝不可能的——那时，在英国舰队守卫下武装起来的英帝国海外领地将继续斗争下去，直至上帝认为适当的时候已届，新大陆将挺身而出，以其全部力量支援旧世界，使旧世界得到解放。

受·益·一·生·的·人·生·智·慧·书

时 间

□ [南斯拉夫] L.伍里采维奇

L.伍里采维奇 (1840～1916)　二十世纪南斯拉夫塞尔维亚的著名
散文家。写有散文名篇《黎明》等。

我从母亲那儿学会如何工作，并憎恶懒惰。她常说："时间就是永恒……人
们荒废时间就是荒废永恒。"她还常说："在这世界上没有什么美好的东西，也
许时间就是我们拥有的唯一美好的东西；让我们别荒废它吧……谁能知道明
天会发生什么事呢。"

时间！然而，这个词语意味着什么？我们诞生，我们活着，我们死去，并且认
为这一切都是按时发生的，仿佛时间是某种巨大、崇高、宽广和深邃的东西；仿
佛它是一个无边无际的天体，包容着一切发光的世界，包含着生命和死亡，而
这个地球像是蓝色的大海，无数的鱼在其中相聚相依，同泳同游。我们把已经
做过的一切叫做过去；把正在做的一切叫做现在；而我们将要或试图去做的一
切则称之为未来。而所有这一切都在我们身内，不在我们身外。过去了的存贮
在我们的记忆中，现在正吸引着我们的注意力，而将要来的则包容在我们的希
望和期待之中。

我们总是在期待着什么；我们的生命就是在期待中耗费掉了；我要说，生
命本身就是一种期待。我们认为某个时刻将会到来，而且一定会到来，那时我
们的期待将会实现。在某种情况下，满足和实现我们的希望似乎依赖于时间，
在另一些情况下，我们坚定地相信并且确认，时间依赖于我们，而我们并不能
使它缩短或延长。

我们把时间分为时代、世纪、年代，并给这些虚构的划分取上名字，把它们
看做是某种真实的存在于它们自身之内并独立于我们的意识之外的某种东
西。我们相信我们真正量度了时间，而实际上在我们的意识之外并不存在什么
东西；在我们的书籍之外也不存在什么东西，在书中我们写下了我们的思想、

人生不是一支短短的蜡烛，而是一支由我们暂时拿着的火炬，我们一定要把它燃得十分光明灿烂，然
后交给下一代的人们。
　　　　　　　　　　　　　　　　　　　　　——[英]萧伯纳

我们的谬见和我们的空虚的言词。时间在其自身中什么也不是；它不是实在，不是实体，而是人的思想、观念，书中的一个词，石头上的一道刻痕。

亲爱的死去的母亲，当你说"时间就是永恒……人们荒废时间就是荒废永恒"，或许你说出的是一个巨大的真理，或许你的朴素的思想(并非自觉自愿)所要达到的不是哲学家，而是父亲！一个人在他的民族中是个伟人，在上帝面前也是正直的，他也许会这样祈祷："教我们计算我们的日子吧，这样我们就有可能使我们心灵专注于寻求智慧。"

我注意到天才和头脑简单的人之间有某种相似之处，他们都能够显示真理：前者通过理性的力量得到它，后者则通过他们的心和爱。庸人并不是真正的人。

没有上帝

□ [美] G.毕晓普

没有上帝。

我们周围的奇迹都是偶然事件。几亿颗星星自己创造了自己，并非出自一只全能的手。它们自己按一定的路径一成不变地运行，没有什么力量牵制它们。地球自转，是为了避免海洋泼向太阳。由于饥饿和伤痛，婴儿自学了啼哭。为了医治那些懊丧之心，一种小花自己发明了自己，我们于是有了洋地黄制剂。

地球自己安排了白昼黑夜，自己倾斜了身子，我们于是有了四季之轮回。没有地球磁极，人类也可以在没有标记的天空海洋中航行，但南北磁极仍然自顾自地存在和变化。

膜腺糖分自动调节是怎么回事？为了保证足够的体能，它在血液中维持着一定浓度的糖分。没有这种机能，我们大家都会昏迷和死去。

为什么白雪一直坐在山顶等待，恰恰在山下玉米苗儿口渴的时候被温暖的春日所融化？实在是令人可爱的巧合。

人心搏动七八十年，没有停止。在跳动之间，不知道它怎么获得充分的休整?肾会过滤血液中的毒物,只把好的东西留下来,可不知它是如何做到良莠分明的?

是谁给了人类善言能辩的嗓子,还有能理解嗓音的大脑,但却拒绝给予所有其他的动物?

是谁出示了两性相爱的孕育所在,坚持劈开那颗微小的卵子,足日足月之后,一个婴儿便有了准确数目的手指、眼睛、耳朵和头发,而且都布置在准确无误的地方?当强健得足以支撑生命的时候,婴儿便准时赶到了这个世界。

没有上帝!

梦想的勇气

□ [美] 唐纳德·基奥　奚兆炎/译

唐纳德·基奥(1926～2015)　美国可口可乐公司前总裁。

我刚刚从可口可乐公司总裁位置上退下来,也没有了工作,正在找工作。我猜想,你们当中有不少人也在做着同样的事。因此,你瞧,我们大伙儿都一样。

我的忠告是:不用慌。我在大学时读的是哲学。我告诉你们,四十多年来,我一直在看招工广告,希望能看到一条广告说:"招聘哲学家,薪高,额外津贴多。"可是我知道,毕业典礼上的演讲人的作用很明确。他应该多出些主意。

回顾自己的一生,从衣阿华州的一座农场开始,直到坐进亚特兰大一座大厦的豪华办公室,我要是能告诉你们,这是一种痛苦而令人难以忍受的经历,那就好了。然而它不是。在某些情况下,失望和忧虑的磨炼只会使生活变得快乐和振奋。你们可能会问为什么,这问题我想得很多。几年前,剧作家尼尔·西蒙说他在想,怎样才能确切表达出他一生的主题。他的结论是,有一个词可以最恰当地描述,那就是"激情"。他说:"热情是主宰和激励我一切才能的力量,如果没有激情,生命会显得苍白和凄凉。"当然,他是搞艺术的,但是请相信我,朴素的真理是适用于一切活动领域的。它一直是我生活的核心。无论你们是从事商业,从事科学,还是法律、宗教或教育;无论你们是绝顶聪明,还是和我们常人一样资质平平;无论你们是高矮胖瘦贫富,你们是怎样的人并不重要,如果你希望生活得

人类不仅能传宗接代,而且能战胜一切。

——[美]威廉·福克纳

有成就感,希望生活得充实,有一样必不可少的东西,那就是:"激情。"

你们知道,有些悲剧会降临到某些人身上,尽管他们受到良好教育,有了硕士学位,经常出入于知识界名流的殿堂,只要不加谨慎,就会变得玩世不恭。他们摆脱不了男人和女人身上常见的缺点和弱点。我告诉你们,缺点和弱点是客观存在。世界,特别是人类,总是在不断变坏。年轻一代更是如此。圣奥古斯丁、亚里士多德、荷马,乃至古亚述人,当年都谴责过青年人不尊敬老人,不守规矩,不诚实等。总之,不像他们当年那美好的时光了。

我感到有趣的是,婴儿潮时期出生的一些人现在正走向成熟。他们抱怨说,如今再没有优秀音乐了。但我必须说,我在当初绝对不会想到,在我们回顾往事时,会把七十年代当做创作出伟大音乐作品的时期。我有一位当建筑师的朋友,他说,如果给我一台照相机,我可以从不同角度,把世界上任何地方的最优秀建筑师的最新的房屋,拍成行将倒塌的样子,因为我可以在上面找出五六个或七八个微疵,然后把镜头对准它们,就可以使人们相信整个建筑已经摇摇欲坠了。在社会上,总有一些人喜欢把镜头对准日常事件,如果我们让他们拍摄我们的生活,我们将会感到沮丧、忧虑和痛苦。因此我站在这儿,看着两千四百位从十九岁到六十五岁的毕业生,经过自己的努力终于有了今天。你们取得了成功,还在准备继续前进。我请你们做到追求真善美,因为我相信真善美这三种品质代替了百分之九十五的人类的工作。要谨防一些人把摄像机的镜头对准我们生活中的瑕疵和缺点。我不是说我们不应该面对现实,不是说我们应该闭目塞听,也不是坚持说这个世界已经完美无缺了。不,这个世界不可能完美无缺,但我们可以使它变得美好起来。你们两千四百人可以使它变得更加美好。但你必须相信自己确实能够产生影响。可是你们得有勇气。

什么时候才是最好的时机呢? 什么时候才是办企业,写一部书,登山,冒险,完成一项壮举的最好时机呢? 我愿意告诉你们,如果你是一个悲观主义者,那就永远不会开始。我曾有幸会见过海伦·凯勒。她本来有一切理由成为悲观主义者,然而她却说,悲观主义者永远不会发现星球的奥秘,也不敢航行到地图上未标明的土地,更不敢开辟通向人类心灵的新天地。客观环境总是不完美的,这是一个简单的事实。如果你要寻找一个简单的解决办法,你也许得找出一些借口,设计好退路,然后再开始。

我的观点是,就未来而言,并无所谓不可避免之事。相反,未来是一系列无穷尽的可能和机遇。我们的责任便是充分地利用这些可能和机遇。

我把人的大脑看成是一块海绵。经过长期的发育,它的主要功能是吸收知识和技能,以及各种各样的事物。我敢肯定,在座的某些医生正在对我说的医理皱眉，但我仍要说下去。我们以后步入了社会，海绵胀得鼓鼓的，于是我们开始压挤它。这就轮到我们把信息和智慧向他人传授了。

我们挤了又挤，为的是把里面存储的东西取出来。当某些人不停地挤，天天挤着，不停地使用里面存储的东西时，终有一天会挤得空空的，变成又干又硬的一团。他们发表千篇一律的演说，写着雷同的文章，说着老生常谈的话，用万古不变的方法解决新出现的问题。他们永远在原地踏步，束缚在时代的局限里，他们的头脑里满是萧条时期，二次大战，六十年代，九十年代，这就是他们的现状。但也可能有另一种现状，重新充实那块海绵。在你们的一生中，要像在校读书时一样，不断地选修新的课程。我不是说，要你们真的去选课，而是说要接近世界。整个世界是一张精彩的无穷尽的课表，你们可以从中吸收到新鲜而营养丰富的生命之水。富兰克林·罗斯福总统在大法官霍尔姆斯九十寿辰时去看望他，发现老人正坐在书房的熊熊炉火之前埋首书本之中。罗斯福便问他："大法官先生，您干什么呢？"霍尔姆斯看了看他说："我在训练我的大脑，总统先生。"其实他正在自学希腊语。

现在我劝你们用不断更新的热情对待你们的未来。我还要向你们推荐一种价值体系。你们也许注意到了，出版物正如春潮一般充满了论述价值观的作品。价值观和道德观看来又重新时髦起来了。但我和诸位都知道，价值观不是时髦，而是文明的基础。我们看重的是自由，正义，责任，慈善，诚实，宽容，法制，宗教信仰和自我——这一套戒律规范着我们的行为。你们已经用了许多宝贵时间去检验和评价过许多思想和理想，试图确定什么是好的，什么更好，什么可以指导我们的行动。在你们整个一生中，当你们需要做出道义上的决定时，你们将继续进行这种检验和评价。我劝你们，不要放弃这种责任，不要害怕做出道义上的决定，因为犹豫不定将一事无成。

现在我并不劝你们去买一副望远镜。我劝你们要有梦想的勇气。审视一下自己的内心，仅仅反问一句："我究竟希望有怎样的前途？"然后保持实现自己理想的热情和道义上的信念。

对即将离校的优秀儿女来说，我们生活的时代是多么美好和精彩啊！不论你们从事什么事业，新的事业，新的挑战，新的机遇每天都在出现。罗宾·威廉推广的一句拉丁谚语是"把握今天"。把握住今天，也就是把握住了未来的日子。亲爱的毕业生们，请记住，生活不是一场彩排。生活中的成绩不是我们的目的地，而是一段旅程。

愿命运的风风雨雨使你们的一生充满欢乐和希望。表现出你们的热情吧！上帝保佑你们大家。

141

人生不发往返车票，一旦出发了就再也不会归来了。

——[法]罗曼·罗兰

什么事不可能

□邹韬奋

　　驾雾腾云，在从前哪一个人不视为《封神传》里的"瞎三话四"？不但在中国，就是在西洋，他们原来也有一句俗谚，遇着你说出不可能的事情，往往揶揄地说道："你不如尝试去飞上天吧。"（You might just well try to fly）。可见他们原来也是把"飞"视为不可能的事情。

　　我们试一考这件由不可能而变为可能的事情所经过的大略情形，便觉得很饶趣味。在西洋一百二十年前已经有人在那里实验这件"瞎三话四"的事情，他们看见鸟有翼膀能飞，所以实验的时候，总在那里用尽心力于构造人工的翼膀。最初不但在实验方面屡次失败，而且被人笑为发痴，这是所谓"意中事"。这几个"痴子"里面有一位叫做凯雷（George Cayley），在一八〇九年做一篇文章登在一家杂志上，大发挥他的精密的"痴想"，据说现在飞机里的许多机件和原理，没有一件不被他猜着的，所以现在说起飞机的发明家，有许多人推他做"鼻祖"。他原是英国一位有名的哲学家，不知怎的会跳出哲学的范围，想起什么飞上天的把戏来。他不但实行"痴想"，而且就在发表该文的第二年，竟造了一个飞机实验起来，起先上面没有什么原动机，后来竟给他配上了一个原动机。但是他发明的飞机在实验的时候，非但飞不起来，而且炸毁得一塌糊涂，算是失败了。但是从此以后，便唤起若干人的注意，有的研究机件，有的研究机身，慢慢地比以前较有端倪，不可能的程度已渐渐减少。不过这还是极少数"痴子"的信心，一般人还是嗤之以鼻。

　　许多"痴子"虽仍在那里继续地研究来，研究去，但是总飞不起来，一点距离都未曾飞过。一直到了一八九六年，有位美国物理学家叫蓝格雷（Samuel Pierpont Langley）造了一个飞机，才算第一次有些效验，不过这个飞机还不能在空中飞，不过在波陀马克河（Potomac River）旁，沿着地飞了半英里左右的距离。同时有一位由学徒出身的在美国的英国发明家，叫做麦克沁（Hiram Maxim），和还有一位发明家叫做爱德(N.C.Ader),也在那里"痴干",改良了许多地方,但弄来弄去,还是飞不起来。后来爱德也在一八九六年总算造成一个飞机,能稍微离开地面飞过三百五十码的距离。同时在德国柏林也有一位工程师名叫李令索(Otto Lilienthal),对飞机的研究也有些成绩,他实验了两千次,最后一次由八十米达之高跌下来,把头颈跌断,做了科学界的"烈士"。

以上所说的实验,都还不够真正说得上一个"飞"字,可是没有先锋队的牺牲,真正的"飞"当然也无从达到。到了一九○三年的十二月十七日,美国有一位叫赖奥维(Orvelle wright)和他的弟弟赖威柏(Wibur Wright),他们不过受过初等教育,后来做机匠,不过做做寻常的机器脚踏车,竟对于飞机大饶兴趣,尽心研究,一跃而为发明家,根据他们研究所得,算是第一次乘着飞机飞了起来,但是只飞了二百六十码的距离。前年林德白(Charles A. Lindbergh)第一次一口气飞越大西洋而达法国,以三十二小时飞过两千六百三十三码(即一万余中国里)。

赖奥维一九○三年的飞机也还不是一蹴而成的,他们弟兄在一九○○年最初制成的飞机格式,原是想照放纸鸢办法,上面本预备坐一个人,但因为气力不足,只得让飞机独自飞翔,他们弟兄在一九○一年实验用的第二个飞机,要载上人飞还是不行,若在地上沿地拖着飞,可以一口气飞二十七码,在水面可一口气驶三百码,他们弟兄在一九○三年,替航空事业开新纪元用的飞机,上面装有汽油原动机,其构造比之现在的飞机当然粗率得很,在当时则已经是空前的完备(该机现在英国伦敦科学博物院陈列)。赖威柏已于一九一二年逝世,赖奥维尚健在,已经五十八岁了。自他成功以后,从前似乎不可能的"飞",已成为无疑的可能的事情了。

天下事只要人努力去干,什么事不可能? 但是我们对此问题至少还有下列两个更为明确的要点。

(一)事业愈大则困难亦愈甚,抵抗困难的时期也随之俱长,有的尽我们的一生尚不能目见其成者,我们若能尽其中一段的工夫,替后人开辟一段道路,或长或短,即是贡献。有所成功以备后人参考,固是贡献;即因尝试而失败,使后人有所借鉴,亦是贡献。所以能向前努力者,无论成败,都有贡献。最无丝毫贡献者是不干,怕失败而不敢干,或半途遇着困难即不愿干。

(二)林德白可以三十二小时一直不停地飞渡万余里,在最初发明者横弄竖弄,竟飞不起来,至赖奥维算是成功了,也不过飞渡二百六十码。可见从不可能达到可能的境域,不是由这一点到那一点的那样简单。必须经过许多麻烦,经过许多失败,经过许多时间,经过许多筹划,经过许多手续,经过许多改进,若是性急朋友,老早丢了哪有成功的可能? 所以昔贤告诉我们说"欲速不达"。

韧性和耐力 ·················

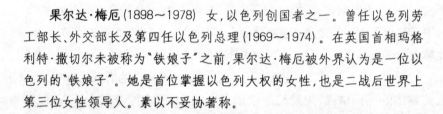

□ [以色列] 果尔达·梅厄　　章仲远/译

果尔达·梅厄 (1898～1978) 女，以色列创国者之一。曾任以色列劳工部长、外交部长及第四任以色列总理 (1969～1974)。在英国首相玛格利特·撒切尔未被称为"铁娘子"之前，果尔达·梅厄被外界认为是一位以色列的"铁娘子"。她是首位掌握以色列大权的女性，也是二战后世界上第三位女性领导人。素以不妥协著称。

一九三九年八月底，在日内瓦我的房间里，我们较乐观的谈话常在我脑海中再现。这些有献身精神的年轻人，除了几个例外，后来都在奥斯威辛、迈丹尼克和索比布尔等集中营死去，但他们之中也有东欧犹太人抵抗运动的领袖，他们在隔都内，同游击队一起在隔都外，最后在死亡营的电网后面，同纳粹作战。我今天想起他们时，悲痛之情几乎无法忍受，但我深信他们能在这种劣势下战斗到底的原因之一是，他们知道他们一直有我们的支持，他们从来不是孤立的。我并不特别喜欢神秘主义，但我希望我这样说会得到原谅：在我们最黑暗的时刻回忆他们的精神，给了我们勇气，并鼓舞我们继续奋斗；而最重要的是，使我们有了正当的依据来拒绝人家企图把我们消灭，据说这是为了让世界其他人民的日子好过些。归根到底，落入陷阱，受劫难，最后被毁灭的欧洲犹太人彻底地教育了我们，要我们必须成为自己事业的主人，我认为我们对他们是守信义的。

"我们要同希特勒作战，如同没有白皮书一样；同白皮书作战，如同没有希特勒一样"是很响亮的口号，但要执行并不简单。事实上，战争的头几年里，不是一种，而是三种密切相关（虽然仍是分开的）的斗争在巴勒斯坦进行着。作为犹太工人总工会执行委员会成员，我参加了所有斗争：争取尽可能多的犹太人进入巴勒斯坦的激烈斗争，为了说服英国人让我们参加反对纳粹的军事行动而被迫进行的屈辱而无法向人解释的斗争，以及在英国人漠不关心的情况下维护伊休夫经济的斗争，使我们战后依然保持强大和健全，以吸收大量移民——如果还有幸存的犹太人移居的话。

后来我有时也捉摸我们是怎样度过这几年而没有垮下来的；也许体力和感情上的韧性主要是个习惯问题，如果说我们缺少其他什么的话，我们绝不缺少在危机时期考验自己的机会。从我回忆所及，人们，特别是我自己的家庭，几乎一直责怪我工作太拼命。即使在我生活较为轻松的今天，孩子们还老是同我纠缠，说我"休息"不够。但在那些战争年代里我得到了一个重要的教训：每个人都能强迫自己稍微超过一点即使刚刚在昨天还认为自己最大限度的耐力。我记不起当时我曾有"疲倦"的感觉，因此我一定已习惯于疲乏了。像所有人一样，忧患和痛苦迫使我没有一天（或晚上）有足够时间做完一切要做的工作。当然，主要原因是，不管别人对纳粹分子正在灭绝欧洲犹太人一事认为很难相信，我们大多数人对此却立刻确信无疑；当你得知你同胞的生命正随着时钟的摆动而消失时，你就不会感觉要做的事情太多。

人生中的偶然机遇

□冯友兰

人生中有不如意事，亦有如意事。诸不如意事中，有能以人力避免者（例如一部分之病），有不能以人力避免者（例如死）。诸如意事中，有能以人力得到者（例如读书之乐），有不能以人力得到者（例如腰缠十万贯，骑鹤下扬州）。其不能以人力避免或得到之不如意事或如意事，固为人之所无奈何：即其能以人力避免或得到者，亦有人不能避免不能得到。其所以不能避免不能得到者，亦非尽因其力不足，非尽因其所以避之或所以得之方法不合。往往有尽力避不如意事而偏遇之，尽力求如意事而偏不遇之者，亦有不避不如意事而偏不遇之，或不求如意事而偏遇之者。范缜答竟陵王云："人之生譬如一树花，同发一枝，俱开一蒂，随风而堕，自有拂帘幌坠于茵席之上，自有关篱落于溷（hùn）粪之侧。坠茵席者，殿下是也；落粪溷者，下官是也。"（《梁书》卷四十八）王充云："蝼蚁行于地，人举足而涉之，足所履，蝼蚁笮死；足所不蹈，全活不伤。火燔野草，车辚

人生无论在极坏的时候或是在最好的时候，总是美的，而且向来是美的。

——[美]德莱塞

所至,火所不燔,俗或喜之,名曰幸草。夫足所不蹈,火所不及,未必善也。举火行道适然也。"(《论衡·幸偶篇》)人生有幸有不幸,正是如此。

在人生中,偶然的机遇颇为重要,凡大人物之所以能成大事业,固由于其天才,然亦由诸机遇凑合,使其天才得充分发展也。例如唐太宗,一大人物也。世之早夭者甚多,如唐太宗亦"不幸短命死矣",则其天才即无发展之余地。彼又亲经许多战争,吾人所见昭陵前之石马,皆刻有箭伤,使唐太宗亦偶中箭而死,则其天才亦即无发展之余地。此不过举其大者;此外可以阻其成大事业者甚多,而皆未阻之;此唐太宗之所以如茵上之花,而为有幸之人也。天才与常人,其间所差,并不甚大。世上有天才之人甚多,特其多数皆因无好的机遇凑合,故不幸而埋没耳。在中国历史中,一大人物出,则其乡里故旧,亦多闻人。如孔子生于山东,于是圣庙中"吃冷猪肉"者,遂多邹鲁子弟。如此之类甚多,旧时说者多谓系出天意。其实人才随地皆有,一大人物出,又能造机会以使之发展其天才,故一时人物蔚起耳。此大人物何幸能得机遇凑合以成其为大人物!其他人物又何幸而恰逢此大人物所造之机会!总之皆偶然而已矣。

大人物之能成为大人物,固由于其所遇之境,即普通人之仅能生存,亦不可谓非由于其所遇之幸也。男女交合,极多精虫,仅有一二幸而能与卵子结合而成胎。胎儿在母腹中,须各方面情形皆不碍其生长,十月满足,又经生产之困难危险,然后出世。自出世以来,即须适应各方面之环境,偶有不幸,则所以伤其身与其心者,如疾病,刑罚,刀兵,毁谤等,皆不招而自至。即以疾病一项而论,吾人终日,皆在与毒菌战争之中,偶一失手,败亡立见。其他诸端,亦复称是。庄子曰:"游于羿之彀中,中央者,中地也;然而不中者,命也。"(《庄子·德充符》)吉人皆日在"四面楚歌"之中,即仅能生存,亦即如未被足踏之蝼蚁,如所谓"幸草"矣。

吾人解释历史时,固不能不承认经济状况及地理等物质环境之影响。然若谓一切历史之转移,皆为经济状况等所决定,其中人物,全无关重要,则亦不对。吾人平常开一会议,其主席之能尽职与否,对于会议之进行,即有甚大关系。至于在政治上,社会上或人之思想上,有权威之人,其才智行为,岂可谓为对于历史无大关系?如清光绪帝之变法,因受慈禧太后之制而作罢。使慈禧不幸而早日即死,或幸而早日即死,光绪之维新政策得行,则中国今日之局面,当与现在所有者不同。说者或谓当时守旧之人甚多,即使无慈禧,他人亦必制光绪使不得维新。是亦固然。不过他人之制光绪,必不能如慈禧之制光绪;既不得如慈禧之制光绪,则中国现在之局面,当亦与现在所有者不同。故中国现在之所以致于如此,亦许多偶然的机会凑合使然。偶然的机会,在历史中亦颇占重要位置也。

　　说者又谓一事物之发生，必有一定的原因，故无所谓偶然。然吾人谓偶然，与所谓因果律，并不冲突。假如一人正行之际，空中陨石，正落其头上，遂将其打死。吾人固可谓此人之行于此乃由于某原因，空中陨石亦有原因，皆非由于偶然。此吾人所不必否认。吾人所谓偶然的机会者，乃此陨石之恰落于此人头上也。此人之所以行于此乃一因果系统，空中陨石又为一因果系统；此二因果系统乃必发生关系，此乃是偶然的也。

　　故吾人之求避免不如意事，或得到如意事，其成功或失败之造成，皆常受偶然的机遇之影响，故为吾人所不可必。换言之，即成功失败之造成，皆受机遇之影响，而机遇又非吾人力之所能制。如深知此，则吾人于不能达所求之目的之时，亦可"不怨天，不尤人"，而省许多烦恼。此儒家所以重"知命"也。孟子曰："君子创业垂统，为可继也。若夫成功则天也，君如彼何哉？强为善而已矣。"

良好的人生是受爱引动并受智慧指导的。

——[英]罗　素

　　我们总是在期待着什么；我们的
生命就是在期待中耗费掉了；我要说，
生命本身就是一种期待。我们认为某
个时刻将会到来，而且一定会到来，那
时我们的期待将会实现。

第八辑
工作的方法

受益一生

　　一个人工作时所具有的精神,不但对于工作的效率与品质大有关系,而且对于他本人的品格,也大有影响。工作就是一个人的人格之表现。我们的工作就是我们的志趣、理想,我们的"真我"之外的写实。看到了一个人所做的工作,就是"如见其为人"了。

给青年的忠告

□ [美] 马克·吐温　　杨自伍/译

马克·吐温 (1835~1910)　美国著名作家,幽默大师。其杰作多取材于童年在密西西比河上的生活,著有长篇小说《密西西比河上》、《汤姆·索亚历险记》、《哈克贝利·费恩历险记》、《艰难岁月》,与华尔纳合写的《镀金时代》等。

听说期望我来谈谈,我便询问应该发表什么样的谈话。他们说应当宜于青年的话题——教诲性的、启发性的话题,或者实质上是良言忠告之类的话题。好吧。关于开导青年人,我心里倒是有几件事时常想说的;因为正是在人幼小时,这些事最适合扎根,而且最持久、最有价值。那么,首先呢,我要对你们、我的年轻朋友们说的是——我恳切地、迫切地要说的是——永远服从你们的父母,只要他们在堂的时候。长远看来这是上策,因为你们要是不服从的话,他们也非要你们服从。大多数家长认为比你们懂得多,一般说来你们迁就那种迷信的话,比起你们根据自以为是的判断行事,你们会建树大些。

对待上司要尊重,要是你们有了上司;对待陌生人,有时还有别人,也要尊重。如果有人得罪了你们,你们要犹豫一番,看看是存心的还是无意的,不要采取极端的做法;只要看好机会用砖块打他一下,那就足够了。如果你们发现他并非故意冒犯,那就坦然走出来,承认自己打他不对;像个男子汉认个错,说声不是故意的。况且,永远要避免动武;处于这个仁慈和睦的时代,此类举动的年代已经过去了。"炸药"留给卑下而无教养的人吧。

早睡早起——这是聪明的。有的权威讲,跟着太阳起床;还有的讲,跟着这样东西起床,又有的讲,跟着那样东西起床。其实跟着云雀起床才是再好不过的。这样你就落个好名声,人人都知道你跟着云雀起床;如果弄到一只那种适当的云雀,在它身上花些工夫,你就很容易把它调教到九点半起来,每次都是——这可绝不是欺人之谈。

接着来谈谈说谎的问题。你们可要非常谨慎地对待说谎；否则十有八九会被揭穿。一旦揭穿，在善良和纯洁的眼光看来，你就再也不可能是过去的你了。多少年轻人，因为一次拙劣难圆的谎言，那是由于不完整的教育而导致的轻率的结果，使得自己永远蒙受损害。有些权威认为，年轻人根本不该说谎。当然，这种说法言之过甚，其实未必如此；不过，虽然我可不能把话讲得太过分，我却认定而且相信自己看法正确，那就是，在实践和经验使人获得信心、文雅、严谨之前，年轻人运用这门了不起的艺术时要有分寸，只有这三点才能使得说谎的本领无伤大雅，带来好处。耐性、勤奋、细致入微——这些是必要素质；这些素质日久天长便会使学生变得完善起来；凭借这些，只有凭借这些，他才可能为将来的出类拔萃打下稳固的基础。试想一下，要付出多么漫长的岁月，通过学习、思考、实践、经验，那位盖世无双的前辈大师才具有如此的素养，他迫使全世界接受了"真理是强大的而且终将取胜"这句崇高而掷地有声的格言——这是关于事实的复杂层面道出的最豪迈的话，迄今任何出自娘胎的人都未获得。因为我们人类的历史，还有每个人的经验，都深深地埋下了这样的证据：一个真理不难扼杀，一个说得巧妙的谎言则经久不衰。波士顿有座发现麻醉法的人的纪念碑；许多人到后来才明白，那个人根本没有发现麻醉法，而是剽窃了另一个人的发现。这个真理强大吗？它终将取胜吗？唉，错哉，听众们，纪念碑是用坚硬材料建造的，而它所晓示的谎言却将比它持久百万年。一个笨拙脆弱而有破绽的谎言是你们应该不断学会避免的东西；诸如此类的谎言比起一个普通事实来，绝不具有更加真实的永恒性。嗨，你们倒不如既讲真话又和真理打交道。一个脆弱愚蠢而又荒谬的谎言持续不了两年——除非是对什么人物的诽谤。当然，那种谎言是牢不可破的，不过那可不是你们的光彩。最后说一句：早些开始实践这门优雅美妙的艺术——从现在做起。要是我早些做起，我就能学会门道了。

切莫随便摆弄枪支。年轻人无知而又冒失地摆弄枪支，造成了多少悲伤痛苦。就在四天前，就在我度夏的农庄住家的隔壁人家，一位祖母，年老华发一团和气，当地最可爱的一个人物，坐着在干活，这时她的小孙儿悄悄进屋，取下一把破烂生锈的旧枪，多年无人碰过，以为没装子弹，把枪对准了她，哈哈笑着吓唬着要开枪。她惊骇得边跑边叫边求饶，朝屋子对面的门口过去；可是经过身边的时候，小孙儿几乎把枪贴在她的胸口上，扣动了扳机！他以为枪里没有子弹。他猜对了——没装子弹。所以没有造成什么伤害。这是我听到的同类情况中绝无仅有的。因此呢，同样的，你们可不要乱动没装子弹的旧枪支；它们是人所创造的最致命的每发必中的家伙。你们不必在这些东西上花什么工夫；你们

人生的大悲剧不是人们死亡，而是他们不再爱人。

——[英]毛 姆

不必搞个枪架，你们不必在枪上装什么准星，你们连瞄准都没有必要。算了，你们就挑个相似的东西，砰砰打个几枪，你肯定能打中。三刻钟内用加特林机枪在三十码处不能击中一个教堂的年轻人，却可以站在百码开外，举起一把空膛的旧火枪，趔趔把祖母当靶子击倒。再试想一下，倘若有一支旧火枪武装起来的童子军，大概没有装上子弹，而另一支部队是由他们的女亲戚组成的，那么滑铁卢战役会是什么结局。只要一想到此，就会令人不寒而栗。

图书有许多种类；但好书才是年轻人该读的一类。记住这一点。好书是一种伟大、无价、无言的完善自我的工具。因此，要小心选择，年轻的朋友们；罗伯逊的《布道书》，巴克斯特的《圣者的安息》、《去国外的傻瓜》，以及这一类的作品，你们应该只读这些书。

我可是说得不少了。我希望大家会铭记我给你们的言教，让它成为你们脚下的指南和悟性的明灯。用心刻苦地根据这些规矩培养自己的品格，天长日久，培养好了品格，你们将会惊喜地看到，这种品格多么准确而鲜明地类似其他每个人的品格。

受·益·一·生·的·人·生·智·慧·书

怎样安排时间

□ [意] 昂伯托·埃柯　多　多/译

昂伯托·埃柯(1932～2016)　一九三二年生于意大利。身兼哲学家、作家、历史学家、文学评论家和美学家等多种身份，更是全球最知名的记号语言学权威。著有小说《玫瑰的名字》、《傅科摆》、《昨日之岛》等。其中，《玫瑰的名字》荣获意大利两个最高文学奖和法国的文学奖，席卷欧美各地的畅销书排行榜，迄今销售已超过一千六百万册，并被翻译成三十五种文字，在美、加、英、法、德等国均被誉为"最佳小说"。

我给牙医打电话预约，他告诉我他在下周已经连一个小时的自由时间都没有了，这话我相信。他是一个严肃的专业人士。但是，当有人邀我参加会议、圆桌讨论，或请我编一个纪念文集、写一篇文章，或参加一个专家论坛时，我要是说我没有时间的话，根本没人相信我。他会说："得了吧，教授，像你这样的人总能找出时间的。"很显然，没人认为我们人文学者是严肃的专业人士，我们是一群闲人。

我做过一些统计，而且我力劝我的同行们也做一下各自的统计，然后告诉我，我的统计对不对。一个普通的年份(不是闰年)有八千七百六十个小时。按每天八小时的睡眠、一个小时的起床、洗漱、穿衣，以及半个小时的脱衣、入厕，加上不到两个小时的吃饭来计算，我们共要用去四千一百九十七点五小时。每天还有两个小时奔波于市内，一年又是七百三十个小时。

一周上三次课，每次两小时，不算每周一个下午的辅导学生(一百小时)，我每年集中二十周在大学里教书，共花去二百二十个小时，此外还要加上二十四个小时的考试，十二个小时的批改论文，以及七十八个小时的教员会议与委员会。一年平均五篇论文，每篇平均三百五十页，每篇起码要在修改的前后读上两遍，每页按三分钟计，我要用去一百七十五个小时。至于短文，由于我的助手会批改大部分，我按六种课程中每一课程读四篇计算，每篇平均三十页，每页连阅读带讨论共需五分钟，这又是六十个小时。这还没算上我本人的研究，就已经是五百六十九个小时了。

我负责编辑一份符号学评论《VS》，一年共出版三期，共计三百页。不算审读后决定不用的来稿所花费的时间，每页(评估、修改、校读)十分钟，共计五十个小时。我还负责两个与我的专业相关的学术性丛刊，一年六卷，共计一千八百页，十分钟一页，又是三百个小时。翻译我自己的作品——论文、著作、文章、大会发言稿等等，只算那些我能够审查的文字，我一年要读一千五百页，每页(阅读、对照原文审查、亲自打电话或写信与译者商讨)二十分钟，一共要用掉五百个小时。然后还有我的原创写作呢。即使假定我不写书，单是论文、发言稿、报告、讲课稿等等，很容易就会写到三百页。如果把思考、写提纲、写作和修改的时间都算在内，每页至少要花去一个小时，这就又是三百个小时了。每周我还要为杂志写专栏文章。乐观地估计一下，从选材、写提纲、查阅书籍，然后起草、剪裁至合适的长度、记录打字，最后寄出，每周要花三个小时。再乘以五十二个星期，一共是一百五十六个小时。(我花在其他文章上的时间并没有计算在内)最后是我的信件。许多信件至今未回复，可我每周要花三个从九点到一点的上午时间，这占去了六百二十四个小时。

我算了一下，去年我只接受了所收到邀请的十分之一，而且将自己限制在与个人专业密切相关的、并将在会议上发表个人或同行研究成果的学术会议上，此外还要出席各种无法回避的学术典礼以及相关机构要求参加的会议。

人生好像一盒火柴，严禁使用是愚蠢的，滥用则是危险的。

——[日]芥川龙之介

所有这些共计八千一百二十一点五个小时。把它从每年的八千七百六十个小时中减去，我还剩下六百三十八点五小时，换句话说，每天我只剩下一小时四十分钟的时间。我可以在这段时间里从事性活动，与朋友和家人谈天，参加葬礼，看病，购物，体育锻炼，看戏。你看出来了，我还没算上阅读与我的工作无关的印刷品(书籍、文章、漫画)的时间呢。假定我在旅行的三百二十三小时里读书，五分钟读一页(简单阅读并注释)，我有可能读完三千八百七十六页，仅仅等于三百页一本的书籍共十二点九二册。还有吸烟呢，每天六十支烟，假如一支要花半分钟(找到烟卷、点燃、熄灭)，要花去不止一百八十二个小时。太多了。我得戒烟。

受·益·一·生·的·人·生·智·慧·书

论 创 造

□ [法] 罗曼·罗兰　　孙　梁/译

罗曼·罗兰 (1866～1944)　法国作家、音乐学家、社会活动家。二十世纪初连续写了《贝多芬传》、《米开朗琪罗传》、《托尔斯泰传》等名人传记，并发表长篇小说《约翰·克利斯朵夫》，该小说于一九一三年获法兰西学院文学奖金，由此被认为是法国当代最重要的作家。一九一五年被授予诺贝尔文学奖。

生命是一张弓，那弓弦是梦想。箭手在何处呢？

我见过一些俊美的弓，用坚韧的木料制成，了无节痕，谐和秀逸如神之眉；但仍无用。

我见过一些行将震颤的弦线，在静寂中战栗着，仿佛从动荡的内脏中抽出的肠线。它们绷紧着，即将奏鸣了……它们将射出银矢——那音符——在空气的湖面上拂起涟漪，可是它们在等待什么？终于松弛了。永远没有人听到乐声了。

震颤沉寂，箭枝纷散。

箭手何时来捻弓呢？

他很早就来把弓搭在我的梦想上。我几乎记不起何时我曾躲过他。只有神知道我怎样的梦想！我的一生是一个梦。我梦着我的爱，我的行动和我的思想。在晚上，当我无眠时；在白天，当我幻想时，我心灵中的谢海莱莎特就解开了纺纱杆；她在急于讲故事时，把她梦想的线索搅乱了。我的弓跌到了纺纱杆一面。那箭手，我的主人，睡着了。但即使在睡眠中，他也不放松我。我挨近他躺着；我像那把弓，感到他的手放在我光滑的木杆上；那只丰美的手、那些修长而柔软的手指，它们用纤嫩的肌肤抚弄着在黑夜中奏鸣的一根弦线。我使自己的颤动融入他身体的颤动中，我战栗着，等候苏醒的瞬间，那时神圣的箭手就会把我搂入他怀抱里。

所有我们这些有生命的人都在他掌中；灵智与身体，人、兽、元素——水与火——气流与树脂———一切有生之物……

生存何足道！要生活，就必须行动。您在何处？我在向您呼吁，箭手！生命之弓在您脚下横着。俯下身来，拣起我吧！把箭搭在我的弓弦上，射吧！

我的箭如飘忽的羽翼，"嗖"地飞去了；那箭手把手挪回来，搁在肩头，一面注视着向远方消失的飞矢；而渐渐的，已经射过的弓弦也由震颤而归于凝止。

神秘的发泄！谁能解释呢？一切生命的意义就在于此——在于创造的刺激。

万物都期待着在这刺激的状态中生活着。我常观察我们那些小同胞，那些兽类与植物奇异的睡眠——那些禁锢在茎衣中的树木、做梦的反刍动物、梦游的马、终身懵懵懂懂的生物。而我在它们身上却感到一种不自觉的智慧，其中不无一些郁悒的微光，显出思想快形成了：

"究竟什么时候才行动呢？"

微光隐没。它们又入睡了，疲倦而听天由命……

"还没到时候呐。"

我们必须等待。

我们一直等待着，我们这些人类，时候毕竟到了。

可是对于某些人，创造的使者只站在门口。对于另一些人，他却进去了。他用脚碰碰他们：

"醒来！前进！"

我们一跃而起。咱们走！

我创造，所以我生存。生命的第一个行动是创造的行动。一个新生的男孩刚从母亲子宫里冒出来时，就立刻洒下几滴精液。一切都是种子；身体和心灵均如此。每一种健全的思想是一颗植物种子的包壳，传播着输送生命的花粉。造物主不是一个劳作了六天而在安息日上休憩的有组织的工人。安息日就是

第
八
辑

工
作
的
方
法

155

主日,那伟大的创造日。造物主不知道还有什么别的日子。如果他停止创造,即使是一刹那,他也会死去。因为"空虚"会张开两颚等着他……颚骨,吞下吧,别做声!巨大的播种者散布着种子,仿佛流泻的阳光;而每一颗洒下来的渺小种子就像另一个太阳。倾泻吧,未来的收获,无论肉体的或精神的!精神或肉体,反正都是同样的生命之源泉。"我的不朽的女儿,刘克屈拉和曼蒂尼亚……"我产生我的思想和行动,作为我身体的果实……永远把血肉赋予文字……这是我的葡萄汁,正如收获葡萄的工人在大桶中用脚踩出的一样。

因此,我一直创造着……

不同方法达到同样目的

□ [法] 蒙　田

蒙田(1533~1592)　文艺复兴时期法国思想家、散文作家。反对灵魂不朽之说,并认为人们的幸福生活就在今世。他的散文对弗兰西斯·培根、莎士比亚以及十七、十八世纪法国的一些先进思想家、文学家及戏剧家影响颇大。著有《散文集》三卷。

我们触犯过的人,掌握了报复的手段,对我们操生杀予夺之权,这时候感化他们心灵的最常见的办法,便是以我们的恭顺,唤起他们的同情和怜悯。然而,用相反的方法,即凭勇敢和刚毅,有时候也收到同样的效果。

威尔斯亲王爱德华①,曾长期在我们的吉耶纳②掌政,此人地位显赫,红运久长。他曾被利摩日人极大地冒犯,便以武力攻打利摩日人的城池。在屠刀下无助的民众妇孺,求饶下跪,痛哭哀号,可都未能令他罢手。他继续深入城中,直至看到三名法国贵族单枪匹马,以非凡的勇气迎击他所率的胜利之师的时

①爱德华(1330~1376),曾统治法国的阿基坦地区,是百年战争时期英国的优秀将领之一。据说,在那场攻打利摩日的战事中,他并未赦免城中的居民,而只饶了三名法国将领。
②吉耶纳,法国旧省名,大体相当于阿基坦地区。

候,他才停了下来。面对如此过人的勇敢,他不胜敬佩;怒火开始消减。于是,他由这三个人开始而赦免了全城居民。

伊庇鲁斯①君主斯坎德培②,曾追逐部下一名士兵,要把他杀掉。那士兵先是低三下四,苦苦哀求,试图用一切办法令君王息怒,可无补于事;在走投无路的情况下,于是横下心来,举剑迎候君王。这一果敢的决定顿时震住了主人的息怒;他看到士兵下了如此值得钦佩的决心,也就宽恕了他。那些并不了解这位君主的神奇力量和非凡勇敢的人,或许会对这一事例,作出别的解释。

康拉德三世皇帝③,曾包围了巴伐利亚公爵盖尔夫,对于受包围者所提出的优厚条件、猥琐的曲意逢迎都不屑一顾,而只允许同公爵一道被围的贵妇们徒步出城,保全贞节,并让她们随身能带什么就带什么。这些重情尚义的贵妇竟然想到背起自己的丈夫、孩子和公爵本人出城。皇帝眼见她们如此高尚勇敢,竟高兴地流下泪来,他对公爵不共戴天的刻骨仇怨遂告消解,从此他便仁慈地对待公爵及其臣民。

上述两种方法都极容易打动我,因为我的心地不可思议地趋向于仁爱、宽容。不过,就本人而言,我的天性更倾向于同情,而不是敬佩。然而,对于斯多葛派来说,怜悯倒不是一种美德;他们主张救助受苦难之人,而认为无须屈就他们,也不必对他们的苦难感同身受。

157

---

①伊庇鲁斯,巴尔干半岛旧地名,在现今希腊北部和阿尔巴尼亚南部。
②斯坎德培(1405~1468),阿尔巴尼亚民族英雄,曾多次抗击土耳其人入侵,一四四四年被阿尔巴尼亚人奉为君主。
③康拉德三世(1093 或 1094~1152),德意志国王,一一三八年登基,参加第二次十字军东征后去世。

给青年们的一封信

□ [俄] 巴甫洛夫

巴甫洛夫（1849～1936） "生理学之父"。终生研究自然科学，特别是对生理学的研究，结束了在他之前整个人类从未对生理过程进行系统实验研究的历史，开辟了实验研究生理过程的新纪元，成为世界上第一个获得诺贝尔奖金的生理学家。一九三五年荣获"全世界生理学元老"称号。在生理学研究方面的杰出贡献集中于三大领域，即血液循环生理学、消化生理学和高级神经活动生理学。

什么是我对于我们祖国献身科学的青年们的希望呢？

首先是循序渐进。我无论在任何时候都不能不心情激动地谈到这种卓著成效的科学工作所应具备的最重要的条件。循序渐进，循序渐进，再循序渐进。从一开始工作起，就要在积累知识方面养成严格循序渐进的习惯。

你们在想要攀登到科学顶峰之前，应先通晓科学的初步知识。如未掌握前面的东西，就永远不要着手做后面的东西。永远不要企图掩饰自己知识上的缺陷，哪怕是用最大胆的推测和假设来掩饰呢。不论这种肥皂泡的色彩多么使你们炫目，但肥皂泡必然是要破裂的，于是你们除了惭愧以外，是会毫无所得的。

要养成谨严和忍耐的习惯。要学会做科学中的细小工作。要研究事实，对比事实，积累事实。

无论鸟翼是多么完美，但如果不凭借着空气，它是永远不会飞翔高空的。事实就是科学家的空气。你们如果不凭借事实，就永远也不能飞腾起来的。如果没有事实，那你们的"理论"就会成了虚枉的挣扎。

但是在研究、实验和观察的时候，要力求不停留在事实的表面上。切勿变成事实的保管人。要洞悉事实发生的底蕴。要坚持不懈地寻求那些支配事实的规律。

第二是谦虚。无论在什么时候，永远不要以为自己已经知道了一切。不管人们把你们评价得多么高，但你们永远要有勇气对自己说："我是个毫无所知的人。"

切勿让骄傲支配了你们。由于骄傲，你们会在应该同意的场合固执起来，由于骄傲，你们会拒绝有益的劝告和友好的帮助，而且由于骄傲，你们会失掉了客观的标准。

在我领导的这个集体内，是互助气氛解决一切。我们大家都被联系到一件共同的事业上，每个人都按照他自己的力量和可能性来推进这件共同事业。我们往往是不分什么是"我的"、什么是"你的"，然而正因为这样，我们的共同事业才能赢得胜利。

第三是热情。切记，科学是需要人的毕生精力的。假定你们能有两次生命，这对你们来说也还是不够的。科学是需要人的高度紧张性和很大的热情的。在你们的工作和探讨中要热情澎湃。

我们的祖国给科学家开辟了广阔的前途，应该公道地说，在我国正把科学广泛地应用到生活中去，简直达到了最广泛的程度。

关于我国青年科学家的地位还有什么可说的呢？要知道这方面情形是非常明显的。对你们供给的多，但向你们要求的也多。不论就青年们说，或是就我们说，都要对得起我们祖国寄予的科学厚望，这乃是有关荣誉的问题。

没有一天不写作

□ [法] 让·保罗·萨特   潘培庆/译

让·保罗·萨特(1905～1980)   法国作家、哲学家，法国战后存在主义哲学思想的代表人物。主要哲学著作有《存在与虚无》、《存在主义是一种人道主义》，这些著作已成为二十世纪资产阶级哲学思想发展变化的重要思想资料。主要文学著作有《恶心》、《自由之路》等。一九六四年瑞典文学院决定授予他诺贝尔文学奖，但被他谢绝，理由是他不接受一切官方给予的荣誉。

写作是我的习惯，也是我的职业。长期以来，我一直把我的笔看做是我的剑，现在我才认识到了我的无能。可这算不了什么，我今天写书，明天还将写

人生在世不会总是一帆风顺和美妙动人的。

——[苏联]苏霍姆林斯基

书,书总是需要的,它也多少有些用处。文化并不拯救任何什么,也不拯救任何人,它并不证实什么。可它是人的产物,人把自己投射到其中,又在其中认出自己,只有这面好挑剔的镜子向他反映出他的尊容。此外,这幢已化为废墟的陈旧建筑——我的欺骗,这也是我的性格:我可以治愈我的神经症,但我却无法摆脱我自己。孩提时代的所有特征,它们已被磨损得模糊不清,它们饱受了羞辱并被抛到一旁再也无人提起,可它们仍留在我这个年逾半百的人的心里。在大部分时间里,它们都卑躬屈膝于黑暗之中,它们在窥视着,只要你稍不留神,它们就会抬起头来,经过乔装改扮便闯入光天化日之中:我真诚地希望只为排遣我的时间而写作,可我现在的名声却使我感到不快,因为这并不是荣耀,既然我还活着,不过仅仅这一点就足以使我那些陈旧的梦幻统统破灭了,我是否还在暗中滋养着这些梦幻呢? 并不完全是,我想我已将它们作了修改:既然我已失去了像一个默默无闻的人那样死去的机会,有时我便以做一个不为人所赏识的人而暗自庆幸。格里塞利迪并未死去,帕尔达扬、斯特罗戈夫,他们仍盘踞在我的身上。我仅仅属于他们,而他们又仅仅属于上帝,可我又是不信上帝的人。读者不妨去其中认认自己吧。至于我,我在其中已认不出我自己了。我有时心想,我是否在玩谁输谁就算赢的把戏,我是否在竭力诋毁我旧时的希望以便一切都能加倍地偿还给我。就此而言,我就是菲洛克忒斯,这位慷慨而又满身恶臭的残废人,他无条件地奉献出了他的一切,包括他的弓箭,然而我们可以肯定,他私底下正等待着得到报酬。

这个还是不去说它吧。妈咪会说:"略过算了,别停在这儿,讨厌的家伙。"

我之所以喜欢我的疯狂,是因为它从一开始就保护我不受"名流们"的迷惑。我从来就不认为我是具有某种"才华"的幸运者:我唯一的事情就是赤手空拳、两袖清风地通过我的工作和真诚来拯救我自己。因而我的抽象选择并没有使我超出于任何人之上:我一无装备,二无工具,我以我的全部力量去拯救我的一切。如果我把不可能实现的获救也送进小道具商店,那还剩下什么呢? 一个完整的人,他由一切人所构成,又顶得上一切人,而且任何人都可以与他相提并论。

成功的秘诀

□ [奥地利] 斯蒂芬·茨威格　王家械/译

　　斯蒂芬·茨威格 (1881～1942)　奥地利小说家、传记作家。其作品匠心独具,充满人道主义精神,塑造了不少令人难忘的女性形象。代表作有《一个陌生女人的来信》、《昨天的世界》,写有巴尔扎克、狄更斯、陀思妥耶夫斯基等世界文豪的传记。

　　二十五岁的时候,我在巴黎一面研究,一面写作。那时所发表的文学作品,已有不少人加以赞美;其中有些连我自己也很喜欢。但在我的内心深处,总觉得还可求其更加完美一些,虽则自己不能决定短处究竟在什么地方。

　　在这个时期,一位艺术大师给了我一个极大的教训。这教训初看似乎是无足轻重的小小际遇而已,事实上却是我一生写作生活的转折点。

　　有一晚我在凡拉爱朗先生家里,他是比利时的名作家。同座有一位年长的画家,他对于晚近雕塑艺术的退步,极表慨叹。我那时年少气盛,对于他的意见竭力反对。我说:"以巴黎而论,难道我们就没有一位雕刻家足以与米开朗琪罗媲美吗? 难道罗丹先生雕刻的潘赛阿像、巴尔扎克像,不能跟大理石的耐久力同传不朽吗? "

　　我的驳辩说完之后,凡拉爱朗欣然地拍拍我的肩头。"我明天就要去拜访罗丹先生,"他说,"跟我同去。像你这样地钦佩他,就有权利跟他会会面。"

　　我满心的高兴。但第二天凡拉爱朗把我介绍给那位雕刻大师之后,我一个字也说不出来。他们两位老朋友谈天说地,我觉得自己好像是一个不必要的旁听者。

　　然而那位大艺术家是十分和善的。当我们告别的时候,罗丹转过脸来对我说道:"我想你或许要看看我的雕刻作品。可惜都不在这里。但请你星期日到我梅登的乡下住宅来,并且我们可以一同用便饭。"

　　在罗丹朴素的乡下住宅里,我们坐在一只小桌子周围吃了一餐家常便饭。

161

他慈祥而柔和的顾盼,他本人坦率的神情,立刻使我忘记了局促。

他的雕刻室,也很简单,装着高大的窗子。里面有已经完成的造像,更有许许多多石膏所塑,作为初步试验的模型———一只膀子,一只手,有时甚至只是一个指头或一个小小关节;桌上堆满着种种素描的图形。这地方显示出它的主人一生在不断地研究,不断地工作。

罗丹套上一件白布外衣,立刻变成一个工人的样子。他在一个雕刻架子前立定了。

"这是我最近的作品,"他一面揭去盖在上面的湿布,就露出一个女性的半身像来,那是神采焕然地用泥土所塑的。"我觉得这已是完工的了。"

这身体魁梧、肩膀宽阔、一脸灰白胡子的老头子,往后退了一步,侧着头细加端详。"是的,我想没有什么毛病了。"

仅审视了一回之后,忽又喃喃自语道:"只有那肩膀上面,线条仍旧嫌太硬。对不起……"

他就拉起一柄塑像用的木质小刀来。小刀在柔软的泥土上轻轻拂过,使像身的肌肉发生一种更细腻的光泽。老头子的手指活泼了起来,眼睛里放着光芒。"还有这里……这里……"他又修改了别的几处地方,再退后一步,细细观察。然后又把架子转过背来,喉咙里喃喃地发出奇怪的声音。有时他欣然微笑,有时他眉头紧皱,有时捏了一点泥,加到像身上去。又轻轻抓掉一些。

如此继续了半小时,一小时……他从没有对我说一句话。除了创造他理想中的具象之外,他什么都忘记了。似乎天地间只有这工作的存在,好像上帝着手创造世界的第一天那样。

后来,他大功告成似的松了一口气,丢下小刀,把刚才的那块湿布给塑像盖上,那种小心翼翼的神情,宛如一个男人给他情侣披上披肩。然后转背向外,仍旧恢复了初见时那魁梧的老人。

还没有走到门口,忽然发现了我,他一惊。直到这个时候他才想起了我,刚才的失礼显然让他非常过意不去。"对不起,先生。我简直把你忘记了。但是……"我十分感激地紧紧握住了他的手。或许他也感觉到了我的情绪,所以微微笑着,举起膀子围住了我的肩头,两人一同走出那房间去。

这一天所得的教训,比我在学校里多年的用功还有益处。从此以后知道,一切人类的工作如欲完善而有价值,应当是如何做法的。

一个人可以如此完全忘记了时间空间与整个的世界,这个认识,使我得到了空前绝后的感动。这一小时,使我把握住了一切艺术、一切事业成功的秘奥——聚精会神;集中着所有的力量以完成不论大小的一件工作;把我们容易分散、容易旁骛的意志贯注在小小的一点。

我觉悟遗忘一切其他事物而集中意志以求完美的热忱，就是我过去所缺乏的。除了工作，好像自己都不存在，这是成功的秘诀。我现在知道舍此以外，别无神妙的方法了。

我们对于一棵古松的三种态度

□朱光潜

朱光潜(1897~1986) 现当代美学家。安徽桐城人。一九二五年先后赴英国、法国研习心理学、哲学和艺术史，获博士学位，回国后曾在北京大学等高校任教，曾任中华全国美学学会名誉会长。主要著作有《文艺心理学》、《悲剧心理学》、《给青年的十二封信》、《西方美学史》等。

我刚才说，一切事物都有几种看法。你说一件事物是美的或是丑的，这也只是一种看法。换一个看法，你说它是真的或是假的；再换一种看法，你说它是善的或是恶的。同是一件事物，看法有多种，所看出来的现象也就有多种。

比如园里那一棵古松，无论是你是我或是任何人一看到它，都说它是古松。但是你从正面看，我从侧面看，你以幼年人的心境去看，我以中年人的心境去看，这些情境和性格的差异都能影响到所看到的古松的面目。古松虽只是一件事物，你所看到的和我所看到的古松却是两件事。假如你和我各把所得的古松的印象画成一幅画或是写成一首诗，我们俩艺术手腕尽管不分上下，你的诗和画与我的诗和画相比较，却有许多重要的异点。这是什么缘故呢？这就由于知觉不完全是客观的，各人所见到的物的形象都带有几分主观的色彩。

假如你是一位木商，我是一位植物学家，另外一位朋友是画家，三人同时来看这棵古松。我们三人可以说同时都"知觉"到这一棵树，可是三人所"知觉"到的却是三种不同的东西。你脱离不了你的木商的心习，你所知觉到的只是一棵做某事用值几多钱的木料；我也脱离不了我的植物学家的心习，我所知觉到的只是一棵叶为针状、果为球状、四季常青的显花植物；我们的朋友——画

我的人生正是：使事业成为喜悦，使喜悦成为事业。
——[英]罗 素

家——什么事都不管,只管审美,他所知觉到的只是一棵苍翠劲拔的古树。我们三人的反应态度也不一致。你心里盘算它是宜于架屋或是制器,思量怎样去买它,砍它,运它。我把它归到某类某科里去,注意它和其他松树的异点,思量它何以活得这样老。我们的朋友却不这样东想西想,他只在聚精会神地观赏它的苍翠的颜色,它的盘屈如龙蛇的线纹以及它的昂然高举、不受屈挠的气概。

从此可知这棵古松并不是一件固定的东西,它的形象随观者的性格和情趣而变化。各人所见到的古松的形象都是各人自己性格和情趣的近照。古松的形象一半是天生的,一半也是人为的。极平常的知觉都带有几分创造性;极客观的东西之中都有几分主观的成分。

美也是如此。有审美的眼睛才能见到美。这棵古松对于我们的画画的朋友是美的,因为他去看它时就抱了美感的态度。你和我如果也想见到它的美,你须得把你那种木商的实用的态度丢开,我须得把植物学家的科学的态度丢开,专持美感的态度去看它。

这三种态度有什么分别呢?

先说实用的态度。做人的第一件大事就是维持生活。既要生活,就要讲究如何利用环境。"环境"包含我自己以外的一切人和物在内,这些人和物有些对于我的生活有益,有些对于我的生活有害,有些对于我不关痛痒。我对于他们于是有爱恶的情感,有趋就或逃避的意志和活动。这就是实用的态度。实用的态度起于实用的知觉,实用的知觉起于经验。小孩子初出世,第一次遇见火就伸手去抓,被它烧痛了,以后他再遇见火,便认识它是什么东西,便明了它是烧痛手指的,火对于他于是有意义。事物本来都是很混乱的,人为便利实用起见,才像被火烧过的小孩子根据经验把四围事物分类立名,说天天吃的东西叫做"饭",天天穿的东西叫做"衣",某种人是朋友,某种人是仇敌,于是事物才有所谓"意义"。在许多人看,衣除了是穿的,饭除了是吃的,女人除了是生小孩的一类意义之外,便寻不出其他意义。所谓"知觉",就是感官接触某种人或物时心里明了他的意义。明了他的意义起初都只是明了他的实用。明了实用之后,才可以对他起反应动作,或是爱他,或是恶他,或是求他,或是拒他,木商看古松的态度便是如此。

科学的态度则不然。它纯粹是客观的,理论的。所谓客观的态度就是把自己的成见和情感完全丢开,专以"无所为而为"的精神去探求真理。理论是和实用相对的。理论本来可以见诸实用,但是科学家的直接目的却不在于实用。科学家见到一个美人,不说我要去向她求婚,她可以替我生儿子,只说我看她这人很有趣味,我要来研究她的生理构造,分析她的心理组织。科学家见到一堆粪,不说它的气味太坏,我要掩鼻走开,只说这堆粪是一个病人排泄的,我要分析它的化学成分,看看有没有病菌在里面。科学家自然也有见到美人就求婚,见到粪就掩鼻走开的时候,但是那时候他已经由科学家还原到实际人的地位了。科学的态度之中很少有情感和意志,它的最重要的心理活动是抽象的思考。科学家要在这个混乱的世界中寻出事物的关系和条理,纳个物于概念,从原理演个例,分出某者为因,某者为果,某者为特征,某者为偶然性。植物学家看古松的态度便是如此。

木商由古松而想到架屋、制器、赚钱等等,植物学家由古松而想到根茎花叶、日光水分等等,他们的意识都不能停止在古松本身上面。不过把古松当做一块踏脚石,由它跳到和它有关系的种种事物上面去。所以在实用的态度中和科学的态度中,所得到的事物的意象都不是独立的、绝缘的,观者的注意力都不是专注在所观事物本身上面的。注意力的集中,意象的孤立绝缘,便是美感的态度的最大特点。比如我们的画画的朋友看古松,他把全副精神都注在松的本身上面,古松对于他便成了一个独立自足的世界。他忘记他的妻子在家里等柴烧饭,他忘记松树在植物教科书里叫做显花植物,总而言之,古松完全占领住他的意识,古松以外的世界他都视而不见、听而不闻了。他只把古松摆在心眼面前当做一幅画去玩味。他不计较实用,所以心中没有意志和欲念;他不推求关系、条理、因果等等,所以不用抽象的思考。这种脱净了意志和抽象思考的心理活动叫做"直觉",直觉所见到的孤立绝缘的意象叫做"形象"。美感经验就是形象的直觉,美就是事物呈现形象于直觉时的特质。

实用的态度以善为最高目的,科学的态度以真为最高目的,美感的态度以美为最高目的。在实用态度中,我们的注意力偏在事物对于人的利害,心理活动偏重意志;在科学的态度中,我们的注意力偏在事物间的互相关系,心理活动偏重抽象的思考;在美感的态度中,我们的注意力专在事物本身的形象,心理活动偏重直觉。真善美都是人所定的价值,不是事物所本有的特质。离开人的观点而言,事物都浑然无别,善恶、真伪、美丑就漫无意义。真善美都含有若干主观的成分。

就"用"字的狭义说,美是最没有用处的。科学家的目的虽只在辨别真伪,他所得的结果却可效用于人类社会。美的事物如诗文、图画、雕刻、音乐等等都是寒不可以为衣,饥不可以为食的。从实用的观点看,许多艺术家都是太不切实用的人物。然则我们又何必来讲美呢? 人性本来是多方面的,需要也是多方面的。真善美三者俱备才可以算是完全的人。人性中本有饮食欲,渴而无所饮,饥而无所食,固然是一种缺乏;人性中本有求知欲而没有科学的活动,本有美的

人生像曲曲折折的山涧流水,断了流,却又滚滚而来。

——[英]波普尔

嗜好而没有美感的活动，也未始不是一种缺乏。真和美的需要也是人生中的一种饥渴——精神上的饥渴。疾病衰老的身体才没有口腹的饥渴。同理，你遇到一个没有精神上的饥渴的人或民族，你可以断定他的心灵已到了疾病衰老的状态。

人所以异于其他动物的就是于饮食男女之外还有更高尚的企求，美就是其中之一。是壶就可以贮茶，何必又求它形式、花样、颜色都要好看呢？吃饱了饭就可以睡觉，何必又呕心血去作诗、画画、奏乐呢？"生命"是与"活动"同义的，活动愈自由生命也就愈有意义。人的实用的活动全是有所为而为，是受环境需要限制的；人的美感的活动全是无所为而为，是环境不需要他活动而他自己愿意去活动的。在有所为而为的活动中，人是环境需要的奴隶；在无所为而为的活动中，人是自己心灵的主宰。这是单就人说，就物说呢，在实用的和科学的世界中，事物都借着和其他事物发生关系而得到意义，到了孤立绝缘时就都没有意义；但是在美感世界中它却能孤立绝缘，却能在本身现出价值。照这样看，我们可以说，美是事物的最有价值的一面，美感的经验是人生中最有价值的一面。

许多轰轰烈烈的英雄和美人都过去了，许多轰轰烈烈的成功和失败也都过去了，只有艺术作品真正是不朽的。数千年前的《采采卷耳》和《孔雀东南飞》的作者还能在我们心里点燃很强烈的火焰，虽然在当时他们不过是大皇帝脚下的不知名的小百姓。秦始皇并吞六国，统一车书，曹孟德带八十万人马下江东，舳舻千里，旌旗蔽空，这些惊心动魄的成败对于你有什么意义？对于我有什么意义？但是长城和《短歌行》对于我们还是很亲切的，还可以使我们心领神会这些骸骨不存的精神气魄。这几段墙在，这几句诗在，他们永远对于人是亲切的。由此类推，在几千年或是几万年以后看现在纷纷扰扰的"帝国主义"、"反帝国主义"、"主席"、"代表"、"电影明星"之类对于人有什么意义？我们这个时代是否也有类似长城和《短歌行》的纪念坊留给后人，让他们觉得我们也还是很亲切的么？悠悠的过去只是一片漆黑的天空，我们所以还能认识出来这漆黑的天空者，全赖思想家和艺术家所散布的几点星光。朋友，让我们珍重这几点星光！让我们也努力散布几点星光去照耀那和过去一般漆黑的未来！

戴高乐的工作策略

□ [法] 克洛德·迪隆　史美珍/译

克洛德·迪隆(1922～2017)　女,法国历史学家、作家。著有《十七世纪的爱情》、《戴高乐在爱丽舍宫》、《黄种人的亚洲,红色的亚洲》等。此外,她还写了许多短篇小说、专栏文章、随笔以及评论文章。

　　无论是谈工作或打电话,戴高乐将军最厌恶喋喋不休的空论。他总是对助手们这样说:"我想请您汇报某个问题。我在某天见您。给您一小时。"——这样就迫使他们每个人不得不充分利用这段有限的时间把该谈的问题说清楚,也只有做到这一点,他们才能确信戴高乐全神贯注地听取了他们的汇报。

　　戴高乐的对话者除了向他陈述事前确定的问题外,休想谈论别的事情。他的一位前部长兼助手说,他这样做常使对话者感到莫大的失望,因为他极不喜欢染指不属于他管的事! 只有在接见即将结束的时候,戴高乐才偶尔请来客谈谈某个别的问题。有二、三位部长,他多年的至交,在这方面享有特殊的优待:如顾夫·德姆维尔,他既可以谈经济政策,也可以谈外交政策(当然,这两者是紧密相连的),至于安德烈·马尔罗那就更不必说了。当有人问他是否对戴高乐将军具有某种影响时,他回答说:"我仅仅和他有一种特殊的对话形式而已。"

167

　　曾有人说戴高乐将军拥有几条平行的情报渠道。这种说法是不符合事实的。戴高乐的情报来源和任何一国有实权的元首一样,既不多也不少。不过有一点倒是真的,他深知由于下级敬畏上级,不敢畅所欲言,所以只靠官方渠道他就不可能掌握足够的情报。出于上述原因,他有时也召见不在总统府和政府内任职的专家(如财政方面的问题请雅克·吕夫);有时,他还采取被人称为慧黠的种种巧妙手段,使用所有这些手段的目的是使他的对话者和盘托出他的见解。有时对方讲的事情他已了如指掌,他也听下去不打断,有时为了套出对方的真知灼见,他故意掩饰自己的真实思想。甚至在内阁会议上,他也常用这样的语气发言:"我听说……有人对我说……"有时,采用出其不意的提问方式也属于同样的策略……除非这种方式只说明他不善于交谈。特里科先生曾经描述过他的切身经历。有一天,戴高乐将军在他毫无思想准备的情况下,向他提了个漫无边际的问题:"您对阿尔及利亚问题有何高见?"这个问题顿时使他陷入窘境。同样的情况以前也发生过。一名"自由法国"的成员,第一次在伦敦遇见戴高乐时,戴高乐曾当场要他回答:"您认为贝当怎么样?"

凡是有过这种经历的官员,都事先做准备,记笔记,免得下次被提问时无言以对,尤其是在出访期间,要能随时提供扼要的情况综述和明确的个人见解。在戴高乐将军面前陈述意见都得开门见山,他讨厌演说家的咬文嚼字和法学家的诡辩。"您简直淹没在细节中了",这是他的助手经常听到和读到的一句话。如果换成同他关系亲近的人,那么他也许说得更形象,更直率:"您简直淹没在唾沫中了。"

对某些建议,戴高乐用另一种办法来加以拒绝,那就是让提建议的人考虑到失败的可能性。在一次议会选举前,他的一位解放时期的老战友力图说服他同意让自己的一个侄子当候选人,并且用一旦当选后,他们叔侄俩联合起来所能取得的种种成就来打动他。"是啊,可是如果你们被击败了呢?"戴高乐这样反问道。显然这是来访者唯一没有想到的结局!

一九五八年,戴高乐将军的雅克·吕夫向他提出恢复国家财经计划时,也用同样的语气说:"您的建议都很好,但是,假若我全面实施之后,不起作用呢?……"雅克·吕夫回答说,他的主张全部实施后,肯定会带来积极的效果。这也许正是戴高乐将军所期望的,他很需要给自己鼓气。这种需要也许比别人想象的更强烈,但是他宁肯考虑各种可能性,准备几套可供选择的方案,立足在最有希望获得成功的基点上。戴高乐将军是个取胜心很强的人,这一点甚至在那些应时说出的意见中也能感觉得到。皮埃尔·梅斯梅尔有一次对戴高乐将军说,他假期中将去参加一次长距离的海上航帆竞赛,戴高乐是不大赞同一位政府官员去做这类消遣的,因而他生硬地回答说:"不过,您得设法取胜!"

第九辑
成功的职业

　　上帝为你关闭一扇门的同时又为你打开了一扇窗。有勇气换个角度,就多一份成功的机会。换个角度来看风景,风景便会有不一样的风采;而换个角度看人生,那更会有不同的景致。只要把角度轻轻扭转,心胸会豁然开朗,灰暗的世界也能变得明亮,迷茫的事态也能变得清晰。

天 道 酬 勤

□ [英] 塞缪尔·斯迈尔斯

受·益·一·生·的·人·生·智·慧·书

　　英国人民最突出的品质之一就是他们的勤劳精神,在过往的历史中,这一精神一直表现得十分明显和与众不同,直至今日,它仍然是英国人民的一个令人啧啧赞叹的品质。正是一般英国民众表现出来的勤劳精神奠定了大英帝国的基础,从而创建了伟大的工业文明。这个民族之所以能兴旺发达,主要是因为个人能自由自在地充分发挥其才能,也是无数代英国民众用他们勤劳的双手和聪明的头脑辛勤劳动的结果。无论是土地的耕耘者,耐用商品的制造者,各式工具和机器的发明者,书籍的写作者,还是艺术作品的创作者,都为这个民族的强盛做出了贡献。勤劳的精神除了是这个民族的重要特性外,它也是这个民族能够挽救和纠正错误的根本所在,长期以来,这种精神消解了我们的法律和宪法中因为错误而产生的恶劣后果。

　　长久以来,英国人民始终坚持勤奋地工作,这一历程早已验证了这样一个道理:辛勤工作是对人民最好的教育。因为扎扎实实、一心一意的工作对任何人来说都是最良好的训练,同样的,它也是对一个国家的最好的磨砺。令人尊敬的勤奋和义务是相吻合的:幸福总是紧随着节俭出现。一位诗人曾经说过,上天在人们通往幸福天堂的路上设置了许多需要辛勤工作才能克服的障碍。可以肯定的是,无论是在物质上还是精神上,自己辛勤劳动换得的面包吃起来肯定比别人赏赐的面包感觉更加香甜可口。通过劳动,人类征服了大自然,并最终摆脱了野蛮状态;没有劳动,文明的每一个脚步都无法迈出。劳动不仅是必不可少的东西和一种义务,也是一种幸福:只有懒汉才会觉得劳动是个该受到诅咒的东西。我们降生到这个世界以后,劳动的义务就被刻画在我们的胳膊和肌肉上,成了我们的手、神经和大脑配合协调的机理——在这个机理的指导下,良好的行为带给我们满足和愉快。在劳动这所学校里,人们学到了最好的实际生活的智慧;正如我们在下面的内容中会总结出的,并非像一般人所认为的那样,体力劳动生涯注定与精神文化无缘。

也许没有人能比休·米勒更好地认识到各种劳动所包含的强大之处和弱点的了。他如此描述自己经历的成果:工作,即使是最艰苦的工作,都充满了乐趣并为自我进步创造了条件。他视高尚的工作为最好的老师,而辛勤劳动则是最高贵的学校。正是在这所学校里,有用的才能得到传授,独立的精神被人认知,艰苦奋斗的习惯得以养成。他甚至赞许机械式的训练方法——通过这种训练,他获得了一丝不苟、明察秋毫的能力,这些转化为他处理日常具体事务的能力和获取的丰富的人生经验——而这些又让他能在人生的道路上,更好地前进。可以这么说,比起其他任何条件所提供的训练,这样的训练对人生的发展更加有利。

前面我们所简单列举的,在人生的不同领域——科学、商业、文学和艺术——都能取得与众不同的杰出成就,勤劳群体中的众多伟人的经验向我们表明,贫穷和劳累所造成的困难,在任何事情中都不是不可克服和不可逾越的障碍。想到那些伟大的发明创造给我们的民族增加的活力和财富,毋庸置疑,我们都深深受惠于这些出身寒微的杰出人物。忽略这些人在这些特殊领域内的所作所为,我们会发现,事实上,其他的人做出的发明创造真是少得可怜。

发明家们打开了伟大的工业文明的大门。人类社会所获得的种种必需品、舒适和丰富的生活都要归功于他们;他们的才华和辛勤的劳动,使日常生活的各个方面都变得更加舒适和惬意。我们吃的食物,穿的衣服,家里的家具设施,让我们的住所迎接阳光、驱走寒冷的玻璃,用于街道照明和给陆海交通工具提供动力的可燃气体,以及用以制造各种生活必需品和奢侈品的工具等,都是众多的人力和才智辛勤劳动和创造的结果。总的来讲,人类是所有的这些发明创造的成果的受益者,在不断扩展的个人生活和公共娱乐活动中,人们每天都在从这些发明创造的成果中获益。

相对而言,工业用蒸汽机——机器中的王者——的发明,是我们这个时代的事情,但早在几百年前,有关蒸汽机的设想就已经产生了。和其他的创新和发现类似, 蒸汽机的发明的成功也是一步一步取得的——一个人把当时似乎没有价值的自己的劳动成果传承给后人, 此人继承了这个事业并将之推向新的阶段——这个探索活动历经好几代人。从此,这个由亚历山德里亚的英雄阐发出来的观念就再也没有消失;然而, 如同隐藏在埃及木乃伊手中的麦种一样,只有进入到现代科学光芒普照大地的时候,有关蒸汽机的想法才会重新焕发出它的生机和活力。然而,在超越理论状态之前,蒸汽机一直是无所作为。直到成为用双手亲自操作的机器,这个构想才变成了现实。蒸汽机的发明过程,是一个充满了坚持不懈、辛勤探索、遭遇无数困难又勇敢地跨越的壮丽故事,

171

人生,是两个永恒间留下的空隙,是两块黑暗间激发闪光的瞬息。

——[黎巴嫩]阿明·雷哈尼

其传奇的沧桑历史，根本无法用这部神奇的机器本身加以诉说！事实上，这部机器本身就是人类自助精神所迸发的巨大力量的一座丰碑！围绕蒸汽机的发明，我们找到了一连串的不朽名字：萨瓦雷，军事工程师；纽卡门，达特茅斯地区的铁匠；科雷，装玻璃的；波特，一个机械工；斯密顿，民用工程师；在所有这些人之上，屹立着一个勤奋努力、耐心细致、永不厌倦的詹姆斯·瓦特，一个数学仪器工具的制造者。

瓦特可以说是世界上最勤奋的人之一，他的生平和他一生的经验都验证了这样一个道理：那些生而既有无穷精力和伟大才能的人并非一定就能取得伟大的成果，只有那些以最大的勤奋和最认真的成熟的技能——包括来自劳动、实践和经验等方面的技能——去充分发挥自己才能和力量的人，才可能取得惊人的成就。许多瓦特的同时代人掌握的知识都远多于瓦特，但无人像瓦特一样努力工作，把自己所拥有的知识服务于实用操作方面。在所有因素中，最重要的是瓦特对事情的真相的坚持不懈的探求精神。他认真培养那种认真观察、充当生活中的有心人的习惯，这种习惯是所有高质量工作的头脑的根底所在。实际上，埃德奇沃斯先生就特别喜欢这种观点：人们头脑中的知识的不同，很大程度上，更多地取决于早年培养起来的善于观察的习惯，而不是取决于个人能力上的什么巨大差别。

甚至在儿童时代，他就在他的游戏过程中和玩具中发现了具有科学性质的东西。堆放在他父亲的工具间里的扇形体促使他去研究光学和天文学；他的体弱多病吸引他去探究生理学的奥秘；在远离尘嚣的乡村度假的时候，他充满好奇地去研究植物学和历史。当他从事数学仪器制造的期间，他收到一个做一架管风琴的订单，尽管他没有音乐天赋，但他即刻开始研究和声学，终于成功地造出了管风琴。类似的，在这种精神的指引下，当格拉斯哥大学的教师纽卡门把蒸汽机的微缩模型交给瓦特修理时，他马上开始学习当下已知的一切关于热量、蒸发和凝聚的知识——同时他着手从事机械学和建筑学的研究——这些工作的结果最后都反映在他凝结了无数心血的压力蒸汽机上。

其后长达十年的时间里，他继续进行发明创造活动——根本不希望人们的称赞，也不在意没有什么朋友来鼓励的事实。在研究工作的同时，他制作和销售量角器和乐器、丈量石料、做建筑工作、勘探道路、监理河道工程的修筑或做一切的被现实证明能出成果的事情来维持家人的生活。最终，瓦特遇到了另一个同他一样勤奋的伟大人物——伯明翰的马修·博尔顿，一个技艺高超、精力充沛并富有远见的人物，其时此人正全力地试图把压缩机转化为普遍适用的动力，瓦特和博尔顿的发明的成功是人类历史上的重要事件。

青年在选择职业时的考虑

□ [德] 卡尔·马克思

卡尔·马克思(1818~1883) 马克思主义的创始人,无产阶级革命导师。生于普鲁士莱茵省特里尔城一个律师家庭。参加青年黑格尔学派。其著作《资本论》论证了资本主义的必然灭亡和社会主义的必然胜利,从而把社会主义学说置于科学基础之上。

自然本身给动物规定了它应该遵循的活动范围,动物也就安分地在这个范围内活动,不试图越出这个范围,甚至不考虑有其他什么范围存在。神也给人指定了共同的目标——使人类和他自己趋于高尚,但是,神要人自己去寻找可以达到这个目标的手段;神让人在社会上选择一个最适合于他、最能使他和社会得到提高的地位。

能这样选择是人比其他生物远为优越的地方,但是这同时也是可能毁灭人的一生、破坏他的一切计划并使他陷于不幸的行为。因此,认真地考虑这种选择——这无疑是开始走上生活道路而又不愿拿自己最重要的事业去碰运气的青年的首要责任。

每个人眼前都有一个目标,这个目标至少在他本人看来是伟大的,而且如果最深刻的信念,即内心深处的声音,认为这个目标是伟大的,那它实际上也是伟大的,因为神绝不会使世人完全没有引导;神总是轻声而坚定地做启示。

但是,这声音很容易被淹没;我们认为是灵感的东西可能须臾而生,同样可能须臾而逝。也许,我们的幻想油然而生,我们的感情激动起来,我们的眼前浮想联翩,我们狂热地追求我们以为是神本身给我们指出的目标;但是,我们梦寐以求的东西很快就使我们厌恶——于是我们的整个存在也就毁灭了。

因此,我们应当认真考虑:所选择的职业是不是真正使我们受到鼓舞?我们的内心是不是同意?我们受到的鼓舞是不是一种迷误?我们认为是神的召唤的东西是不是一种自欺?但是,不找出鼓舞的来源本身,我们怎么能认清这些呢?

173

人生如棋局,精于预测者必握胜机。
——[美]巴克斯顿

伟大的东西是光辉的,光辉则引起虚荣心,而虚荣心容易给人以鼓舞或者一种我们觉得是鼓舞的东西;但是,被名利弄得鬼迷心窍的人,理智已经无法支配他,于是他一头栽进那不可抗拒的欲念驱使他去的地方;他已经不再自己选择他在社会上的地位,而听任偶然机会和幻想去决定它。

我们的使命绝不是求得一个最足以炫耀的职业,因为它不是那种使我们长期从事而始终不会感到厌倦、始终不会松劲、始终不会情绪低落的职业,相反,我们很快就会觉得,我们的愿望没有得到满足,我们的理想没有实现,我们就将怨天尤人。

但是,不只是虚荣心能够引起对这种或那种职业突然的热情。也许,我们自己也会用幻想把这种职业美化,把它美化成人生所能提供的至高无上的东西。我们没有仔细分析它,没有衡量它的全部分量,即它让我们承担的重大责任;我们只是从远处观察它,而从远处观察是靠不住的。

在这里,我们自己的理智不能给我们充当顾问,因为它既不是依靠经验,也不是依靠深入的观察,而是被感情欺骗,受幻想蒙蔽。然而,我们的目光应该投向哪里呢? 在我们丧失理智的地方,谁来支持我们呢?

是我们的父母,他们走过了漫长的生活道路,饱尝了人世辛酸。——我们的心这样提醒我们。

如果我们通过冷静地研究,认清所选择的职业的全部分量,了解它的困难以后,我们仍然对它充满热情,我们仍然爱它,觉得自己适合它,那时我们就应该选择它,那时我们既不会受热情的欺骗,也不会仓促行事。

但是,我们并不总是能够选择我们自认为适合的职业;我们在社会上的关系,还在我们有能力对它们起决定性影响以前就已经在某种程度上开始确立了。

我们的体质常常威胁我们,可是任何人也不敢藐视它的权利。

诚然,我们能够超越体质的限制,但这么一来,我们也就垮得更快;在这种情况下,我们就是冒险把大厦筑在松软的废墟上,我们的一生也就变成一场精神原则和肉体原则之间的不幸的斗争。但是,一个不能克服自身相互斗争的因素的人,又怎能抗拒生活的猛烈冲击,怎能安静地从事活动呢? 然而只有从安静中才能产生出伟大壮丽的事业,安静是唯一生长出成熟果实的土壤。

尽管我们由于体质不适合我们的职业,不能持久地工作,而且工作起来也很少乐趣,但是,为了恪尽职守而牺牲自己幸福的思想激励着我们不顾体弱去努力工作。如果我们选择了力不胜任的职业,那么我们绝不能把它做好,我们很快就会自愧无能,并对自己说,我们是无用的人,是不能完成自己使命的社会成员。由此产生的必然结果就是妄自菲薄。还有比这更痛苦的感情吗? 还有比这更难于靠外界的赐予来补偿的感情吗？妄自菲薄是一条毒蛇，它永远啃噬着我们心灵，吮吸着其中滋润生命的血液，注入厌世和绝望的毒液。

如果我们错误地估计了自己的能力，以为能够胜任经过周密考虑而选定的职业，那么这种错误将使我们受到惩罚。即使不受到外界指责，我们也会感到比外界指责更为可怕的痛苦。

如果我们把这一切都考虑过了，如果我们生活的条件容许我们选择任何一种职业，那么我们就可以选择一种使我们最有尊严的职业；选择一种建立在我们深信其正确的思想上的职业；选择一种能给我们提供广阔场所来为人类进行活动、接近共同目标（对于这个目标来说，一切职业只不过是手段）即完美境地的职业。

尊严就是最能使人高尚起来、使他的活动和他的一切努力具有崇高品质的东西，就是使他无可非议、受到众人钦佩并高出于众人之上的东西。

但是，能给人以尊严的只有这样的职业，在从事这种职业时我们不是作为奴隶般的工具，而是在自己的领域内独立地进行创造；这种职业不需要有不体面的行动（哪怕只是表面上不体面的行动），甚至最优秀的人物也会怀着崇高的自豪感去从事它。最合乎这些要求的职业，并不一定是最高的职业，但总是最可取的职业。

但是，正如有失尊严的职业会贬低我们一样，那种建立在我们后来认为是错误的思想上的职业也一定使我们感到压抑。

这里，我们除了自我欺骗，别无解救办法，而以自我欺骗来解救又是多么糟糕！

那些主要不是干预生活本身，而是从事抽象真理的研究的职业，对于还没有坚定的原则和牢固、不可动摇的信念的青年是最危险的。同时，如果这些职业在我们心里深深地扎下了根，如果我们能够为它们的支配思想牺牲生命、竭尽全力，这些职业看来似乎还是最高尚的。

这些职业能够使才能适合的人幸福，但也必定使那些不经考虑、凭一时冲动就仓促从事的人毁灭。

相反，重视作为我们职业的基础的思想，会使我们在社会上占有较高的地位，提高我们本身的尊严，使我们的行为不可动摇。

一个选择了自己所珍视的职业的人，一想到他可能不称职时就会战战兢兢——这种人单是因为他在社会上所居地位是高尚的，他也就会使自己的行为保持高尚。

在选择职业时，我们应该遵循的主要指针是人类的幸福和我们自身的完

有两个法子可适意地度过人生：一为相信所有的事，一为怀疑所有的事，两者皆不需思想。

——[美]柯日布斯基

美。不应认为,这两种利益是敌对的,互相冲突的,一种利益必须消灭另一种的;人类的天性本身就是这样的:人们只有为同时代人的完美、为他们的幸福而工作,才能使自己也达到完美。

如果一个人只为自己劳动,他也许能够成为著名学者、大哲人、卓越诗人,然而他永远不能成为完美无瑕的伟大人物。

历史承认那些为共同目标劳动因而自己变得高尚的人是伟大人物;经验赞美那些为大多数人带来幸福的人是最幸福的人;宗教本身也教诲我们,人人敬仰的理想人物,就曾为人类牺牲了自己——有谁敢否定这类教诲呢?

如果我们选择了最能为人类福利而劳动的职业,那么,重担就不能把我们压倒,因为这是为大家而献身;那时我们所感到的就不是可怜的、有限的、自私的乐趣,我们的幸福将属于千百万人,我们的事业将默默地、但是永恒发挥作用地存在下去,而面对我们的骨灰,高尚的人们将洒下热泪。

懒惰哲学趣话

□ [德] 赫·伯尔　韩耀成/译

赫·伯尔(1917～1985)　德国小说家。一九五一年起专事文学创作。曾先后担任联邦德国笔会和国际笔会主席。主要作品有短篇小说集《流浪人,你来斯巴……》,长篇小说《亚当,你在哪里?》、《一声不吭》、《没有看门人的房子》等。获一九七二年诺贝尔文学奖。

欧洲西海岸的某港口泊着一条渔船,一个衣衫寒碜的人正躺在船里打盹儿。一位穿着入时的旅游者赶忙往相机里装上彩色胶卷,以便拍下这幅田园式的画面:湛蓝的天,碧绿的海翻滚着雪白的浪花,黝黑的船,红色的渔夫帽。"咔嚓。"再来一张:"咔嚓。"好事成三嘛,当然,那就来个第三张。这清脆的、几乎怀着敌意的声音把正在打盹儿的渔夫弄醒了,他慢吞吞地支支腰,慢吞吞地伸手去摸香烟盒;烟还没有摸着,这位热情的游客就已将一包香烟递到了他的面前,虽说没有把烟塞进他嘴里,但却放在了他的手里,随着第四次"咔嚓"声打火机打着了，真是客气之至，殷勤之极。这一连串过分殷勤客气的举动，真有点儿莫名其妙，使人颇感困窘，不知如何是好。好在这位游客精通该国语言，于是便试着通过谈话来克服这尴尬的场面。

"您今天一定会打到很多鱼的。"

渔夫摇摇头。

"听说今天天气很好呀。"

渔夫点点头。

"您不出海捕鱼？"

渔夫摇摇头，这时游客心里则感到有点郁悒了。

毫无疑问，对于这位衣衫寒碜的渔夫他是颇为关注的，并为渔夫耽误了这次出海捕鱼的机会而感到十分惋惜。

"噢，您觉得不太舒服？"

这时渔夫终于不再打哑语，而开始真正说话了。"我身体特棒，"他说，"我还从来没有感到像现在这么精神过。"他站起来，伸展一下四肢，仿佛要显示一下他的体格多么像运动员。"我的身体棒极了。"

游客的表情显得越来越迷惑不解，他再也抑制不住那个像要炸开他心脏的问题了："那么您为什么不出去打鱼呢？"

回答是不假思索的，简短的："因为今天一早已经出去打过鱼了。"

"打得多吗？"

"收获大极了，所以用不着再出去了。我的筐里有四只龙虾，还捕到二十几条青花鱼……"

渔夫这时完全醒了，变得随和了，话匣子也打开了，并且宽慰地拍拍游客的肩膀。他觉得，游客脸上忧心忡忡的神情虽然有点儿不合时宜，但却说明他是在为自己担忧呀。

"我甚至连明天和后天的鱼都打够了，"他用这句话来宽慰这位外国人的心，"您抽支我的烟吗？"

"好，谢谢。"

两人嘴里都叼着烟卷，随即响起第五次"咔嚓"声。外国人摇着头，往船沿上坐下，放下手里的照相机，因为他现在要腾出两只手来强调他说的话。

"当然，我并不想干预您的私事，"他说，"但是请您想一想，要是您今天出海两次，三次，甚至四次，那您就可以捕到三十几条，四十多条，五六十条，甚至一百多条青花鱼……请您想一想。"

渔夫点点头。

人生真正的乐趣，是和比自己差的人在一起。

——谚语

"要是您不只是今天，"游客继续说，"而且明天、后天，每个好天气都出去捕两三次，或许四次——您知道，那情况将会是怎么样？"

渔夫摇摇头。

"不出一年您就可以买辆摩托，两年就可再买一条船，三四年说不定就有了渔轮；有了两条船或者那条渔轮，您当然就可以捕到更多的鱼——有朝一日您会拥有两条渔轮，您就可以……"他兴奋得一时连话都说不出来了，"您就可以建一座小冷库，也许可以盖一座熏鱼厂，随后再开一个生产各种渍汁鱼罐头厂，您可以坐着直升飞机飞来飞去找鱼群，用无线电指挥您的渔轮作业。您可以取得捕大马哈鱼的权利，开一家活鱼饭店，无需通过中间商就直接把龙虾运往巴黎——然后……"外国人兴奋得又说不出话了。他摇摇头，内心感到无比忧虑，度假的乐趣几乎已经无影无踪。他凝视着滚滚而来的排浪，浪里鱼儿欢快地蹦跳。"然后，"他说，但是由于激动他又语塞了。

渔夫拍拍他的背，像是拍着一个吃呛了的孩子。"然后怎么样？"他轻声地问。

"然后嘛，"外国人以兴奋的心情说，"然后您就可以逍遥自在地坐在这里的港口，在太阳底下打盹儿——还可以眺览美丽的大海。"

"我现在就这样做了，"渔夫说，"我正悠然自得地坐在港口打盹儿，只是您的'咔嚓'声把我打搅了。"

这位旅游者受到这番开导，便从那里走开了，心里思绪万千，浮想联翩，因为从前他也曾以为，他只要好好干一阵，有朝一日就可以不用再干活了；对于这位衣衫寒碜的渔夫的同情，此刻在他心里已经烟消云散，剩下的只是一丝羡慕。

论 工 作

□ [黎巴嫩] 纪伯伦　冰　心/译

于是一个农夫说：请给我们谈工作。

他回答说：

你工作为的是要与大地和大地的精神一同前进。

因为惰逸使你成为一个时代的生客，一个生命大队中的落伍者，这大队是庄严的，高傲而服从的，向着无穷前进。

在你工作的时候，你是一根管笛，从你心中吹出时光的微语，变成音乐。

你们谁肯做一根芦管，在万物合唱的时候，你独痴呆无声呢？

你们常听人说，工作是祸殃，劳力是不幸。

我却对你们说，你们工作的时候，你们完成了大地的深远的梦之一部，他指示你那梦是何时开头，

而在你劳力不息的时候，你确在爱了生命，

从工作里爱了生命，就是通彻了生命的最深的秘密。

倘然在你的辛苦里，将有身之苦恼和养身之诅咒，写上你的眉梢，则我将回答你，只有你眉间的汗，能洗去这些字句。

你们也听见人说，生命是黑暗的，在你疲瘁之中，你附和了那疲瘁的人所说的话。

我说生命的确是黑暗的，除非是有了激励；

一切的激励都是盲目的，除非是有了知识；

一切的知识都是徒然的，除非是有了工作；

一切的工作都是虚空的，除非是有了爱；

当你仁爱地工作的时候，你便与自己、与人类、与上帝联系为一。

怎样才是仁爱地工作呢？

从你的心中抽丝，织成布帛，仿佛你的爱者要来穿此衣裳。

179

人生是短暂的，每个人都有一个人生，不会再多。

——[奥地利]李尔克

热情地盖造房屋，仿佛你的爱者要住在其中。

温存地播种，喜乐地收获，仿佛你的爱者要来吃这产物。

这就是用你自己灵魂的气息，来充满你所制造的一切。

要知道一切受福的古人，是在你上头注视着。

我常听见你们仿佛在梦中说："那在蜡石上表现出他自己灵魂的形象的人，是比耕地的人高贵多了。

"那捉住虹霓，传神地画在布帛上的人，是比织履的人强多了。"

我却要说：不在梦中，而在正午极清醒的时候，风对大橡树说话的声音，并不比对纤小的草叶所说的更甜柔；

只有那用他的爱心，把风声变成甜柔的歌曲的人，是伟大的。

工作是眼能看见的爱。

倘若你不是欢乐地却厌恶地工作，那还不如撒下工作，坐在大殿的门边，去乞那些欢乐地工作的人的周济。

倘若你无精打采地烤着面包，你烤成的面包是苦的，只能救半个人的饥饿。

你若是怨望地压榨着葡萄酒，你的怨望，在酒里滴下了毒液。

倘若你像天使一般地唱，却不爱唱，你就把人们能听到白日和黑夜的声音的耳朵都塞住了。

劳　动

□ [英] 卡莱尔　高　健/译

卡莱尔（1795～1881）　英国十九世纪伟大的思想家，著名散文家，被尊为"切尔西的圣哲"（切尔西是英国伦敦文人名士聚居的地方）。他一生著述甚丰，散文、评论、历史、社会批评无不涉猎，借古讽今，针砭时弊，是一位极为关注社会现实的作家。著有《卡莱尔文学史演讲集》等。

工作里面有一种垂之久永的高尚之处，甚至神圣之处。一个人尽管如何冥顽不灵，尽管忘记他的崇高使命，只要是踏踏实实，埋头苦干，这个人便不致没有救药；只有怠惰才会永无希望。努力工作，而绝不贪婪卑吝，这便是与自然的歙合感通；想把工作完成的诚恳愿望本身即将把人逐步导入真理，导入自然的种种任命与规则，而这些也就是真理。

我们这个世界的最新福音则是，认识你的工作，并且努力去做。常言道："要认识你自己。"看来你那个不幸的"自己"烦乱你的心志已非一日，我料定你会永远也"认识"不了它的！因此，认识你自己这件事尽可不必看做你的职务，你乃是一个完全无从认识的人：认识你自己能做些什么，然后便动手去做，像赫鸠利斯那样地工作！这倒是你的较好办法。

经上有云："工作之中意义无穷。"一个人经过工作才能日臻完善。梗秽榛莽既除，良田嘉禾才生长起来，宏都巨邑才建立起来；而人类自身也才赖以而初次摆脱其榛莽之性，污秽荒漠之状。试想即使在最卑微的劳动中，只要一个人一旦着手工作，他的整个灵魂必将化为一种何等真实的和谐！疑虑、欲念、忧伤、懊悔、愤怒、失望等等，所有这些，仿佛地狱的恶犬一般，猺 (yín) 猺逼胁着每个穷苦工人的灵魂，正像逼胁着一切人们那样，但他却一心奋力工作，毫不为动，于是一切也就安宁无事，一切也就呶呶 (náo) 遁去，退缩入洞。这样的人方不愧为一个勇毅的人。这时他身上满被宠赐的灵光——这岂非如圣火一般，一经入炼，百毒俱消？——以及那里的一切乌烟瘴气，都将一律化作熠熠耀目的神圣火焰！

整个说来，命运之育人也别无他法。回想混沌之初，无形无状，但一经转动，呈现圆形，而且愈转愈圆，并借引力之作用，逐步形成地层、圈带等等；此时混沌已不复更为混沌，而变成圆形凝聚之世界。试想如果大地一朝停止转动，这个世界又将成何局面？在这个地老天荒的茫茫广土之上，只要它一天还在转动，一切不平等，一切不规则的事物便终有一天要消灭；一切不规则的东西正是这样不断地变得合乎规则。你注意过陶工的旋盘吗？那最为人崇敬的一件事物；论其历史之悠久，足以与先知比古，甚至比他更古。一块块粗糙的土坯，在疾速的旋转之下，会旋成多么精美的圆盘。试想现在有个最勤奋的陶工，但手中却没有旋盘；因而不得不只靠揣捏和焙烧来制作盘子或简直是什么不成形的东西！命运就是这样一个陶工，它手中的那个活人只知一味休憩，却不肯起来工作和转动！一个怠惰而不想转动的人，即使遇到最宽厚的命运，也正像那个最勤奋但是手中无旋盘的陶工那样，是不会捏烧成器的；这时即使命运在他身上怎样不惜浓颜丽色，怎样彩釉镶金，他仍不免是烂坯一块，它够不上一个盘子；不，它只不过是凹凸不一、胡揣乱捏、弯弯曲曲、歪歪扭扭、边角欹 (qī) 斜、没有规格的烂坯一块而已——虽彩釉其外，器皿之耻也！这点希望怠惰的人能

人生的价值，并不是用时间，而是用深度去衡量。
——[俄]列夫·托尔斯泰

够三思。

　　能找到自己工作的人是有福的；愿他此外不再祈求别的福祉。他现在有了工作，有了终生目的；他已经找到了它，并将矢志不渝！正像伟大的力量在生命的凄苦的泥淖沼泽之中开凿的一道畅通的运河，正像那里的一条愈流愈水宽岸阔的巨河，它将奔腾涌进，一往无前；逐渐把最远处草根周遭的毒液污水也挟与俱去，结果疫疠为虐的沼泽一变而蔚为青葱丰美的草原，清流掩映，流贯其中。这时草原本身该是多幸福啊，至于水流大小，价值高低，尚在其次。劳动就是生命；一旦工作开端得当，一个工作者从他的内心深处是会迸发出他那天赐的力量的，那种全能的上帝所嘘入的超凡入圣的生命精华；从他的内心深处，他是会被引入到一切高尚之境———一切知识之境的，不管是"自我知识"，抑或是更多的其他。知识？就是那种在工作当中可以发生效益的知识，望你谨守这点。因为自然本身就称许这点，信诺这点，严格地讲，舍工作中所获知识外，你并无别的知识。至于其余，不过是知识的一种假说而已，而且直到我们真正着手和给予确定为止，也只是学校里尚待争论的东西，也只是漂浮在云端或卷动在逻辑的漩涡里的虚无缥缈的东西。"各种各样的怀疑，最终只能靠行动来解决。"

将才的品质（节选）

□ [法] 拿破仑

　　拿破仑（1769～1821）　　法国杰出的政治家，卓越的军事家，法兰西第一共和国的缔造者。他在一七九九年发动"雾月政变"，夺取政权，不久当上皇帝，十五年后在滑铁卢战败。其重要功绩是他颁布的《拿破仑法典》，确立了资本主义社会的立法规范。

　　构成将才的品质是什么？答案是使人在公共生活中成功的那些品质：敏锐、精明、头脑灵活、有管理能力、有口才，不是律师的那种口才，而是鼓动军队的那种口才。最后是对他人的了解。这些都是文的品质。而一位成功的将军就是具备所有这些品质的将军。正因为士兵认为他有最良好的头脑才服从他,尊敬他。您只需在军营中听一个士兵的谈论就行了;他对一位知道怎样动脑筋的将军比对一位无比勇敢的将军更佩服……文的品质高于单纯的武力。刺刀在以上帝名义发言的教士面前,在真正懂得自己所说的是什么的人面前会被放低下来。……我之所以主宰法国,并非因为我是将军,而是因为人民相信我有治理国家所需要的文的品质。如果人民对我没有这种看法,我的政府就不能存在下去。

人们不应该用过去的标准来议论现在,我们有三千万人,大家以我们所具有的思想、财产、利益联系在一起了。同这样的人民群众比较,三、四十万士兵又算得了什么。说到底,军人本身也是非军人的子孙。军队,事实上就是民族。

以军事头脑而论,您能看到它所注意到的唯一法则是武力的法则。这是它唯一的职权范围。与此相反,文人的头脑却只明白一般利益。军人的方法是像专制君主那样办理一切,而文人的办法是把一切都提出来讨论、核实、推断……讨论产生理智和理解的光辉,所以我毫不迟疑地认为文治头脑优于军事头脑。

第九辑 成功的职业

关 于 军 人

□ [美] 巴 顿

183

巴顿(1885~1945) 美国陆军四星上将。二战时期的著名军事家。曾为北非远征军西部特遣部队司令,率部参加北非登陆战役,占领法属摩洛哥。后负责组建美国第七集团军,并指挥美第七集团军参加西西里岛登陆战役。他作战勇猛顽强,指挥果断,富于进攻精神,善于发挥装甲兵优势,实施快速机动和远距离奔袭,被部下称为"血胆老将"。

军人就是军队,军队亦就是军人。军人同时也是公民。事实上,公民的最高义务和特权是为国从军,而作为一名军人——一名好军人,是值得骄傲的特权。任何人,不管从事何种职业,如果满足于碌碌无为,就是不忠于自己和美国传统。作为一名好军人,必须有纪律、自尊,为其所在部队和国家感到骄傲,有高度的责任感,对战友、对上级尽忠守职,对自己的能力充满信心。

无论是过去还是现在都有不少人谈论军纪问题。但是,无论军队内外,很少有人知道到底什么是军纪,以及为什么它是必不可少的。

当一个人参军时,通常是第一次离家,同时也丢开了因要尊重父母和朋友的意见而产生的约束。他的生活主要是受他本人都未弄清楚的约束所指导。当他跨进军营而又缺乏这种正确影响时,在道德、信念和干劲等方面很容易逐渐消沉。约束失去以后的真空必须由行政纪律来填补。

所有的人都有一种内在的、不愿俯首贴耳的天性。纪律要剔除这种天性,并通过不断的重复,使服从变成习惯和下意识。一个各行其事的足球队能够进球吗? 球员们对信号的反应是下意识的。他们必须这样下意识地作出反应,如果用时间去考虑,哪怕是一刹那,都可能给对方以进球的机会。

打仗比踢球还要苛求得多。凡是心智健全的人在战场上都会害怕的,但纪律使他产生了某种共鸣的勇气。这种勇气连同其男子的刚毅使他夺得了胜利。自尊直接来源于纪律。军队中有句俗话:“没见过邋遢士兵带勋章!”事情的确是这样。而反过来,骄傲产生于自尊,产生于他知道自己是一个美国军人。军人的责任感和对战友、对上级的尽忠守职,来自他对相互义务的了解,也来自军人们所过的共同生活。自信是最伟大的军人气质,它来自获得了上述所有品质后所显示的能力,来自他对武器的熟练使用。

为了防止战争的爆发,我国教育人们贬低士兵的英雄品质。在我看来,这是不幸的,也是灾难性的。他们没有认识到,正如莎士比亚说的“即使是在炮口下追求虚名”,不仅是良好的军人性格,而且对于那些在枪林弹雨中的年轻人也是大有裨益的。如果美国妇女赞扬他们的英雄,如果报纸能在军人们的家乡刊登他们的豪言壮语,还有,如果那些愚蠢的安全观念没有使这些豪言壮语变得面目全非的话,那么,在这方面将可以大有作为的。或许从这次战争归来的士兵会纠正这种非常不幸的现象。

基普林有一首诗开头是这样的:

新兵走出家门来到了东方,
他举动像婴儿,饮酒像野兽。
他不知如何是好。
因为他常常醉死。

他就是一块当兵的材料……

我们的士兵饮酒不像野兽。实际上,在我们军队里饮酒现象之少是引人注目的。然而,许多人表现确实像个孩子。下面我想提几条证明是有用的建议。

尽量避免在树下挖掘狭长的堑壕。因为从头上飞过并打在树上的炮弹会像在空中爆炸一样使弹片直往下飞。这样你的狭长堑壕就没用了,尽管它对墓地登记处的人会有些用处。

炮手们的掩体必须挖在炮位近处,否则炮手从掩体到炮位要浪费很多时间。但如果就呆在大炮旁边——在操炮的时候常常如此——就很容易被打死。最后我要说,不开火的炮是无用的,这种炮手背叛了前方等待炮火支援的士兵。

"不掘壕就死亡"这个似是而非的措辞被到处乱用,并被许多人误解。防御战术是打不赢战争的。掘壕主要为了防守。士兵挖战壕的唯一恰当的时候是在到达他进攻的最后目标之时;或者是在露营的情况下,所在之地可能遭到空袭,或在敌人炮兵的射程之内。我个人反对在这种情况下掘壕。因为,通常情况下,在地上睡觉而被击毙的可能性极小。不挖战壕还可避免因挖掘无数狭长掩体造成的疲劳。不适当的挖壕对士兵心理也会造成不利影响。因为,如果他认为必须挖壕,那他一定会想到他正面临敌人的威胁。而在通常情况下,实际并没有这种威胁。

"迅速卧倒"是另一个流行的说法,它大大地增加了我们的伤亡。在这场对德战争中这种情况常常出现,或许在下一场对其他军队进行的战争中也会是这样。我们发现敌人会利用我们迅速卧倒的习惯。他们的做法是,等我们到达他们预定的地点,正好处于其火箭、迫击炮或者炮火的射程之内,这时,便突然用机枪向我们进行猛烈地扫射——常常是向空中扫射。由于士兵们习惯于迅速卧倒,马上便趴在地上。无需多久,迫击炮、火箭等炮火便会立即飞过来。

士兵们卧倒的唯一恰当的时间是当其遭到密集的轻武器近距离射击的时候——三百码以内。但即使此时也不应该迅速卧倒,甚至朝天仰卧。他应该迅速向敌人或朝敌人的方向射击,因为现在的情况还是像法拉格特在内战时所说的:"最好的装甲(和最好的防御)是朝正确的方向迅速射击。"我们常常得到报告说,某某部队被火力压住,而后来这支部队返回来了。这种评论对我们的部队真是可悲。

当士兵处于火网中的时候,无论它是迫击炮、火箭炮或是大炮,最保险的解脱办法是迅速向前冲,因为敌人几乎总是延伸,而不是缩短它的射程。

在过去以步枪为战场主要轻武器火力的年代,也许必须前冲以建立射击线。今天,战场上的主要轻武器火力和大多数压制火力是机枪、迫击炮和火炮。

185

人生是由短暂的花开期和冗长的花谢期所组成的。

——谚 语

在这种情况下，跳跃式向前冲就没有什么优越性了。因为，在你冲到三百码距离之前，轻武器火力没有什么效力，但是在你跳跃之间卧倒时，就将自己暴露在散弹的有效射程之内了。当你到达三百码时，你自己的轻武器——它比现有的和将来可能有的任何武器都优越——将抵消敌人轻武器的火力，这样，你就无需跳跃前进了。我颇有感触地这样讲，因为在演习和战斗中，我多次看见过部队在有山头遮挡时还在跳跃前进。而实际上，如果有可能的话，他们本可以乘机动车前进也完全不会遭受什么损失。

行进间火力：前进的正确方式，特别对装备 M-1 步枪这种精良武器的部队来说，应该是使用行进间火力并不停地前进。这种枪可以抵肩发射，但把枪托抵在腰带与腋窝之间发射也同样有效。每走两三步便应打一枪。子弹的呼啸声，炮弹的撞击声，以及从地上、树上扬起或砸下的灰土、枝杈、树叶，将对敌人产生严重影响，使其轻武器火力变得微不足道。

与此同时，我们部署在后方的部队应使用大角度火力压制敌人的迫击炮和火炮。如同我已经指出的，即便在我们未能摧毁敌人的迫击炮和火炮的情况下，在敌火下停止前进也是最愚蠢的。要不停地前进。你正在射击这一事实会增强你的自信心，因为你会感觉到自己正在做某种事情，而不是像浴缸里的鸭子一样等敌人向你射击。

在进行行进间射击时，应使用所有的武器。轻机枪可在步行时使用———个人送子弹，一个人端枪。布朗宁自动步枪也可以用。如前所述，M-1 步枪亦可用上。分段前进的六十毫米迫击炮用同样的方法可派大用场。八十一毫米迫击炮通常只从一个位置支援步兵前进。

我认为，如果说"火力是战斗的皇后"，我们就不应去争论到底是什么武器，而应该讲求实效。战斗依靠的是火力和机动取胜。机动的目的是使火力在更有利于打击敌人的地方发挥。这就是从后方或侧翼去进攻。

每个士兵都应该知道，战斗的伤亡取决于两个因素。第一，敌人的有效火力；第二，士兵暴露在火力下的时间。你的火力或在夜间发动进攻会减弱敌人火力的效力。你暴露于敌人火力下的时间随着你的快速前进而缩短。

勇敢与胆量：如果我们接受大家普遍认为的勇敢就是不知道害怕的品质这一定义，那么，我就从未见过勇敢的人了。谁都知道害怕，越是机敏的人还越知道害怕。有胆量的人是那些尽管害怕还迫使自己向前冲的人。纪律、骄傲、自尊、自信以及对荣誉的热爱，是使一个人即使害怕时也变得有胆量的因素。

对付所谓"战斗疲劳症"的最强大的武器是嘲笑。如果让士兵们认识到患了所谓"战斗疲劳症"的人大部分是想偷懒的话，他们就不会同情他们。那些说自己患了"战斗疲劳症"的人，是在逃避危险，并使那些比他更能吃苦的人不得不去面对危险。如果士兵们取笑那些开始患战斗疲劳症的人，他们就能防止这种行为蔓延开来，同时也挽救了想用这种方法开小差的人，使他们在后半生不致因此而感到耻辱和悔恨。

战壕脚疾：士兵们必须学会自己照顾自己，特别是在潮湿和阴冷的天气。对战壕脚疾尤其如此。在最高统帅部合情合理的帮助下，只要士兵们不怕麻烦，经常按摩自己的双脚，穿上干袜子，便基本上可以防止这种病的发生。士兵对干袜子能否送到没有责任，但如果送到了，穿还是没穿则是他们的责任了。

同样要注意的还有性病。如果士兵们愿意采取军事机关提供的预防措施，那就没必要隐瞒这种病。如果隐瞒不报，则是对同伴不忠诚。因为，在他们养病的时候，其他人要干他们的活。

我们在现代化中缺少了点什么

□徐复观

徐复观 (1903～1982)　原名秉常，字佛观，后由熊十力更名为复观。湖北浠水人。著名学者。在先秦两汉思想史研究方面颇有建树。主要著作有《中国人性论史》、《两汉思想史》、《中国思想史论集》、《儒家政治思想与民主自由人权》等。

一

我常常谈到传统的问题，一是珍重人类文化的积累；一是在困惑的时代中，要人能站稳自己的地位，尤其是要中国人站稳中国人的地位。没有伟大的传统的启发，而只靠在时代的横断面中，做点滴的知识追求，不可能把握住人生的方向。迷失了方向的人生，不可能真正找到自己的立足点。所以我的谈传统，不仅不是反对现代化，正是要从人的根源之地来形成现代化的动力。"现代化"中含有许多可资警惕的问题，但现代化中的问题，依然要在现代化中解决。我们所说的传统，是在现代化中的传统。现代化与传统，应当是彼此互相定位

喜爱人生的绝不是失败者。
——[法]费　德

的关系,而不是互相抗拒的关系。

谁也不会怀疑中国需要现代化。但现代化却何以进行得这样缓慢,这是每一个人所应思考的问题。这里可以举出历史的原因,可以举出社会的、政治的原因。但过去的知识分子,以为只有先去掉了这些原因,才能进入现代化。但事实上也可以倒转来说,只有在现代化的过程中,才能解决上述的困扰。这里不进一步去谈鸡生蛋,还是蛋生鸡的问题,而是想说明在上述问题之外,另有一种使现代化迟滞不前的重大原因,乃在于知识分子,缺乏真正的职业观念,因而缺乏真正的职业道德。

二

在一本西人写的研究文学的书里(书名一时忘记),曾谈到文学与道德的关系,他即以职业观念来代表道德。我当时觉得这是很浅薄的说法,但过了两年以后,才慢慢地想到,职业道德,才是近代道德的最具体的内容。任何职业,都含有许多社会关系者在里面。把某一职业做得好,即是通过某一职业而对于它所含的社会关系者,有所贡献,这不是最真实的道德吗?因为怠玩职业,而使与该职业有关的社会关系者,例如:餐厅的食客、学校的学生,都受到损害,这不是最大的不道德吗!这是问题的一面。现代化的最基本问题,是知识、技术的问题。每一样职业,都需要某种知识、技术的支持。为了做好一样职业,必定会不断地追求与某一职业有关的知识、技术,做到老,追求到老。于是广大的职业活动,即是广大的知识、技术的进步活动。职业不断在进步,支持各种职业的各种知识、技能,都不断地在进步,这不是现代化是什么?离开这一具体内容以言现代化,那多半是以现代化做行骗之用的文化骗子。

我们最多数的人都有职业,为什么对现代化的助力很少呢?即是职业观念、职业道德的缺乏。所谓职业观念、道德,是在自己职业的本身,于有意无意之中,承认它具备无限的价值。认为实现职业的价值,即是实现自己人生的价值,因而把自己的生命力,完全贯注于自己职业之中,把职业的进步,当做自己人生的幸福,此之谓职业观念、职业道德。就一般人来说,这种职业观念、道德,要靠合理的待遇来加以刺激和维持。但假定根本没有此种道德,待遇再好也没有用处。

三

我们由科举所形成的知识分子的心理状态,是彻底的实利主义。对于职业,只从报酬上评价值,不从职业本身上评价值。职业的选择,只是报酬的选择。这固然是人情之常,未可厚非。但因为没有在职业本身发现价值的习性,报酬不好,当然敷衍塞责;报酬好,也依然会敷衍塞责。因为报酬的好坏,只是相对的;而仅为了得到一种好的报酬,也常限于以维持现状为已足。求知识技术的进步,要有内发的意欲,不可能仅靠外面的刺激。我们一般知识分子,这一股内发的意欲完全没有了。

一九六〇年我在日本,看到日本左翼分子疯狂的反政府斗争。但同时也注意到他们从斗争回到自己工作的岗位时,很自然而然地专心于各自的职业。此时和斗争的情态,判若两人,好像不曾发生过什么事情一样。我当时即感到,这才是日本真正现代化的力量。一九五一年我看到日本的研究工作者,很少能穿一件不打补丁的裤子,但他们还是研究如故。这更是职业道德的另一表现。目前就我们教书的这一行来说,从小学到大学,要把自己名下的课程教好,应该如何从有关各方面去追求探索,以求保持时代的水准,并适应实际的情况。但是,几个人真会这样地勤勉从事呢?似乎大家永远在说废话、讨便宜中度日。

从前程明道曾感叹地说:"我们在人伦上有多少未尽分处。"分是指各人在人伦中担当的应尽责任,尽分是尽到了自己所应担当的责任。程子的话,是就人伦道德上说的。我们今日应把尽分的观念,推扩到职业上去。每一知识分子,应痛责在自己的职业上,没有能尽分。要现代化吗?从知识分子的"尽分"开始吧。

过着杞人忧天的生活,人生就未免太短暂了。

——[英]金斯利

　　工作里面有一种垂之久永的高尚之处，甚至神圣之处。一个人尽管如何冥顽不灵，尽管忘记他的崇高使命，只要是踏踏实实，埋头苦干，这个人便不致没有救药；只有怠惰才会永无希望。努力工作，而绝不贪婪卑吝，这便是与自然的歙合感通；想把工作完成的诚恳愿望本身即将把人逐步导入真理，导入自然的种种任命与规则，而这些也就是真理。

第十辑
幸福的秘诀

幸福的秘诀在于：使你的兴趣尽量广泛，使你对那些自己感兴趣的人和物尽量友善，而不是敌视。

论　家　庭

□ [英] 弗兰西斯·培根

为人父母的快乐是不言而喻的，而为人父母的烦恼和忧虑也是秘而不宣。欢乐说不尽，忧愁说不出。

子女使父母的劳苦变得甘甜，但也能加深不幸。父母因为子女增加了对生活的负担，但也减轻了对死亡的恐惧。

虽然动物也能传宗接代，繁衍不绝，但只有人类才能真正留名青史，建功立业。在历史上，确实有许多没有子女的人成就了很多丰功伟绩，他们虽然没有留下子孙后代，却留下流芳百世的精神。所以，那些没有后代的人其实是最关心后代的人。已经成家的创业者，往往很溺爱子女，他们认为子女不但是自己宗族的后继者，也是自己事业的后继者。很多时候，他们因为溺爱子女，在工作上也就常常放任自流。

作为父母，尤其是母亲，对于子女常常有不一致的偏爱，有时甚至是不合情理的。所罗门曾说："儿子智慧使父亲欢乐，儿子愚昧使母亲蒙羞。"在一个儿孙满堂的大家庭中，一般最大的孩子备受重视，最小的孩子备受宠爱，中间的那些常常被忘却的孩子，却往往被证明是最有出息的。

在子女小的时候，父母不应该在花销上对他们太过吝啬，这是很有危害的。否则，子女容易变得卑怯，精于投机取巧，甚至与不三不四的人交朋友，即使后来过上了富裕的生活，他们也只会穷奢极欲，不知如何正确利用财富。父母对子女在管教上从严，在花销上从宽，常常会产生最好的效果。

很多成年人(主要是那些家长、教师和家里的仆人)均有一种愚昧的行为，就是在年幼的兄弟之间挑起一些竞争，这往往使他们在长大成人后也难以和睦，制造出很多家庭纠纷。

意大利人的风俗是对子女和侄甥都一视同仁，这可以让孩子们团结一致，亲密无间，而不会介意彼此是不是亲兄弟或亲姐妹。这种风俗很适合于大宗族家庭,很多时候,我们会发现一个侄子往往更像他的叔父或伯父,而不是像他的父亲。这也就是所谓的"外甥像舅"。

父母应当把握时机为子女选择他们将来的职业和人生道路,因为孩子在小时候最具可塑性。同时,父母也不要过分迁就子女,别以为他们小时候所爱好的事,将来就一定会愿意终生从事。

当然,如果子女在某一方面的爱好和能力卓著超群,那也应当加以扶持和发展。有一句格言说的好:"挑选一条最好的路,走惯了就会化难为易,变得轻松、自如。"

没有继承权的幼子往往能成就大业,而一旦获得继承权,又往往会坐享其成,难成大器。

道德与幸福······

□ [法] 卢 梭

卢梭(1712～1778) 法国著名启蒙思想家、哲学家、教育家、文学家。出生于瑞士日内瓦。为《百科全书》撰稿人之一。主要著作有《论人类不平等的起源和基础》、《社会契约论》、《爱弥儿》、《忏悔录》和《漫步遐想录》等。

致日内瓦帕德勒奥先生:

是的,先生。看到我们共和国现在的政府与按照我的原则所建立的政府之间的一些共同点令我吃惊。因此,我有意将我的《论不平等的起源与基础》献给共和国。以一种愉快的方式来表达我对祖国及其领袖们的尊敬,我不失时机地拿起了橄榄枝。这种和平的象征,除了在他们勋章上就无处可寻了;假使我能直视他们的心底的话,也是无可寻觅的。我之所以拿起橄榄枝,在于要使人们相信,在丝毫不触动他们生活方式的情况下也可获得幸福。办法就是举出一个整个民族都感到幸福的或可能幸福的例子。

……

凡是不能兼爱欢乐与痛苦的人,便是既不爱欢乐亦不爱痛苦。凡是能体味她们的,方懂得人生的价值和离开人生时的甜蜜。
——[法]罗曼·罗兰

这个时代喜爱那种胆怯的谨慎。当人们看到四周的困难，出于谨慎，乃至不去做善事或恶事。但我却喜好胆量，为了做那些确实值得一做的事，大胆地打破体面这一枷锁。

……

我努力抛弃一切与我个人有关的私心杂念，因为这是与有志于为公共福利而工作的人所不相容的。假如一个人对荣誉、资助甚至生命也无所眷顾，那么这颗公正无私的心就能使他宣扬真理。我不揣冒昧地相信自己受这一崇高事业的召唤。正是出于为人类做些善事，我才不愿接受恩惠，而甘居贫穷与喜爱自主。我不愿想到，这种情操会损坏我在同胞中的形象。正是对这种评价无所期待与恐惧，我才准备全身心地接受这种最后的考验，这是我感到唯一重要的事情。相信我，我的确想终身成为一个诚实、淳朴而又热情的公民。假如我不得不在此时此刻自愿舍弃向祖国寻求帮助的话，除了我为人类以及真理的爱已作出牺牲外，我将再次作出这种更大的牺牲，这是我所最珍爱的，因而也能给予我最大的荣誉。

一七五四年十一月二十八日于巴黎

致迪·帕克先生：

你说，如果我生活在接受了你的原则的人群之中，由于接受了你的原则，我会得益的，这一点我确信无疑。在这种条件下，所有的道德标准均会得到证实。假如人们都能以德报德，显然，美德会使人类幸福，但问题在于一个有道德的人如何在他与道德败坏的人一起生活时能寻求到真正的处世之道呢？这正是一个有待哲学家解决的问题。

先生，如果我的作品给自己招来了麻烦，但这些麻烦绝不是来自我认为满意的读者们，也绝不是来自那些评论家，对他们我自定了一条规则，即绝不读一个字，因而他们也就不会打扰我的休息。我的烦恼多为私人之间的，从而也是很残酷的。我一直是在友情中寻求幸福，却突然看到名声的冲击怎样摧毁了友情；他所爱慕的友人变成他的对手、死敌，成为他幸福的一部分的友谊怎样为不义的圈套所取代。先生，有些不幸对像我这样心胸的人是无法抚慰的，这些不幸让我诅咒我第一次提笔写东西的那些日日夜夜。当我默默无闻并为人所爱慕时，我感到幸福，现在有了名声，我却要活得很悲惨，而且会非常凄惨地死去。祝好，先生，衷心地拥抱你并向你致敬。

一七六一年八月十二日于蒙莫朗西

致卡龙德莱修道院长：

　　阁下，我读完了你的长信，在信中，你向我解释了你关于灵魂的本质和上帝的存在的观点。虽然我已决心不再读任何有关这些问题的材料，但是我想你花了这么大的劲向我解释，我还是应该将这信作为例外，虽然我要知道你的目的何在并不容易。

　　……

　　首先，如果秩序不是我自己的一部分的话，热爱秩序这一感情就不足以抵消我对我个人利益的感情：一个纯粹理论观点不可能超越人心内的感情，否则就成了我们愿意接受外在于我的东西，而这种感情是不合乎天性的。如果我是秩序的一部分，那么事物的秩序就都与我自己有关了，而既然我自己是这个秩序的中心，要我不将一切事物都与我个人的好处联系起来就是荒谬和矛盾的。但是道德要求我们自我斗争，正是由于胜利是困难的，这困难才构成了它的优点，但是，按照你的假设，为什么要有这样一个斗争呢？根本没有进行斗争的理由和动机。因此，仅仅热爱秩序是不可能有道德的。

　　……

　　钟爱自我是最有力的动机，在我看来，它是使人类行动的唯一动机。但是，绝对的道德和作为形而上事物的道德怎么会建立在钟爱自我上，这是我无法理解的。你说，犯罪对实施犯罪的人是有害的。按照我的原则，这是对的，但按照你的原则，这却往往是虚假的。因为这样，人们必须对发现不了的或专受惩罚的诱惑、情况、大大小小的希望做出区分。一般说，犯罪的动机是避免大恶或者获得大的好处，它往往能达到目的。好，如果这种感情是不合天性的，那么，什么是合乎天性的呢？聪明的犯罪在一生中享有大量财产，甚至荣誉。公正与按良心做事只会受骗。在我去世后，如果将永恒的公正和我人身的延续排除了，在我看来，道德什么都不是，只是人们给它起了个优美名称的疯狂而已。对一个唯物主义者来说，爱自己就是爱肉体。但是雷古拉斯为了忠于信仰，到卡塞基受酷刑而死，我看不出这与爱肉体有什么关系。

　　还有一个更有力的论据可以证实上面的论证是正确的。这就是：在你的体系中，"道德"这个词不可能有任何意义，它只是撞击耳膜的声音而已。因为按照你的说法，最终，一切都是必需的，而当一切都是必需时，就没有自由了，没有自由，也就没有行动中的德行，没有德行，何来道德？就我自己来说，我看不出有道德。

一七六四年三月四日于摩蒂埃

　　少年得志，这正是人生的不幸。从内部来说，它会使他恃才自傲并阻碍他的成长；从外部来说，不论干什么事都会引起众人的嫉妒。

——[日]佐藤春夫

致德法兰基尔先生：

可能，我三十年前的思想比其他思想更使我坚定不移。我对自己说：假定人类到今天一直是生活在完全的唯物主义思想之中，从来也没有神明或者灵魂的观念；假定哲学无神论在它的所有体系中，竭力只以物质和必然运动（"必然"是对我毫无意义的一个词）来解释宇宙的形成和进程，在这种情况下，阁下，我应进一步地假定（请原谅我的坦率），这一理论的不安的支持者（这是我一直看到的而且我认为必然会是这样的）并不能平静地在这些体系中感到心安理得，而要不停地谈论他们的理论。澄清、发展、解释、掩饰、修正这些理论，就像感到所住的房子在脚下摇晃的人一样，要以新的论理来支持这一理论。最后，为归结上面的假定，让我再假定：在人们中间突然出现了一个柏拉图或克拉克，并说"我的朋友，如果以你的分析来分析这个宇宙，你会发现你自己的本质是这个宇宙的组织的关键，除此之外，你的寻求是徒劳的。"假定他在向他们解释这两种本质的不同之处时，是以物质的性质向他们证明的，但假设有一个思维的物质是完全荒谬的，虽然，洛克曾这样说过：假定他使他们看到什么是活跃并思维着的人的真正本质；假定他证明存在一个能作判断的神（Being）以后，最后达到一个虽然混乱不清但是却确定无疑的上帝的本质的概念，谁能怀疑，那些以前一直不知道，而现在才第一次知道有上帝的人，在被这一光辉、朴实、真实和美好的令人心悦诚服的思想折服后，会衷心地拜倒在它的脚下呢？谁能怀疑，思想家和哲学家不会感到羞愧，因为他们自己花了这么长的时间，却只考虑到这巨大事物的外围，而没有找到（甚至猜到）它的组织的关键，除了物质而外，从来不知道还有别的东西，而一切都向他们表明有另一个本质给宇宙以生命，给人类以智慧。从此以后，这将成为风尚。这新哲学，年轻的人和圣人都将融洽无间。每个正直的人都感到美好、伟大、欣慰的理论将会促使人们行善。而现在被世界最无人道的人重复多次，以致丧失了一切意义的，成为可笑的"人道"将会深深地印在人们的心上，而不是印在书上。

……

这样，你看到了哲学在实践中有多大用处——其余的只不过是胡思乱想而已。人不善于胡思乱想，有节制的思想家不屑于这样做，而一般人则根本不这样做。真正的人既不是残忍的人，也不是奇才，他是处于这两个极端之间的人，人类中绝大部分都是这样的人。人数众多的这一群应该高唱《上苍宣扬光荣》，但事实上，不唱这首颂歌的正是这群人。世上的人都知道并崇敬上帝，虽然每个人都以自己的形象来打扮上帝，但是在这样众多的外衣下，人们仍然能够找到同一个上帝。

......

行善是出身高贵的人的最善良的工作。他的忠诚，他的善良不是执行他的原则的结果，而是他的本性。在他主持正义时，他只是按他的本性行事，就像坏人做坏事也是按他本性行事一样。满足我们必须行善的愿望是善，不是道德。

"道德"这个字意味着力量。没有斗争，就没有道德，没有斗争胜利，也就没有道德。道德不仅是要公正，更要通过战胜人的情欲，控制人的心灵来达到公正。

......

现在，阁下，来谈抵御强烈诱惑的方法。人们可以无所顾忌地对他们说"抵御有什么用？"哲学家要成为有道德的人，必须得到众人的承认，但是在上帝的眼里，正直的人才是真正有力的人，他不看重他的生活、善、恶和虚荣，他远远地超越这些道德的不可战胜的力量。没有人理解你，只有感到自己的全部实在和知道人无权用它来做任何事情的人才能理解你。你有时读柏拉图的《理想国》吗？请看在第二篇对话中，苏格拉底的朋友(我忘了他的名字)怎样努力地向他描绘了一幅正直人的图画。这个正直人命途多舛，饱受人间不平的事，名誉受辱，肉体受折磨，被戴上各种莫须有的罪名。他的死期将近，而且知道在坏人们不再能伤害他时，他们对他的仇恨也不会使人对他有美好的回忆。但他应该享受有道德的报酬。如果没有什么能阻止人成为有道德的人，这又是一幅多么令人沮丧的画面啊。苏格拉底本人也发出了这种担忧，认为在回答这问题以前应去求助于神明——如果他没有对来世抱有希望的话，他对这种生活所作的回答也一定是不满意的。然而，即令我们必须以死亡告终(如果上帝是公正的，也就是说，如果上帝存在，我们是不可能以死亡告终的)，仅仅有他存在这一个想法就仍然足以鼓励人去做有道德的人，在他的痛苦中，这也是一个安慰。一个认为在这宇宙中自己是孤立无援的，完全对他的思想毫无信心的人是感觉不到这种安慰的。在困境中能有一个他不应该有的见证人总是一种安慰。能向上帝说"您洞察我的思想，您看到我使用了您给予我这个坚定不移、正直的人的自由"是个骄傲，这使我值得成为有道德的人。真正的信仰者感到任何时候上帝都在看着他，他愿意在上帝面前夸耀他在世上已经尽到了他的责任。

......

一七六九年一月十五日于市尔固安

致维尔坚伯格王子：

亲王，不要为噩运而悲哀，因为它们既然是你的勇敢和德行的结果，也就是你的荣誉和幸福的工具。征服了腓特烈大帝固然是丰功伟绩，但征服人们自

人只有献身于社会，才能找出那实际上是短暂而有风险的生命的意义。

——[美]爱因斯坦

己心中的偏见与欲求是更大的功绩，因为征服者和其他人都会屈从于偏见与欲求的。说实话，多次辉煌战绩给予你的欢快能与夫妇之间的情爱和父爱在你心中引起的一小时欢快相比吗？如果你的胜利确实给人们带来了好处(对此，我很怀疑，因为你们谁胜谁负，与别的国家有什么关系呢?)，你就会误解对你的真正好处，你就会受到公众欢呼的诱惑，你就会认为你未来的幸福就在于别人的评价之中。你已经在你自己身上找到了它，成为它的主人，尽管有别的东西，你还是喜欢它，也就是说你征服了它，这是最好的征服。

荣誉的芬芳使我的内心和你的一样，感到陶醉。我不知道它们是否使我晕眩，但它们经常使我的心感到痛苦，一个武士在一连串的胜利之中很难没有这种痛苦之感，因为如果英雄的桂冠是灿烂夺目的话，培养英雄却是更为痛苦的过程，更使人感到约束，而且要为之付出昂贵的代价。

我所选择的生活方式是离群索居和本色的，这使我实际上在这世界上成为孤独的人，但也使我处于能观察和比较从农民到贵族的一切人的地位。我能很容易地透过外表，因为到处我都能进行社会交往，甚至能达到与人亲密的程度。也就是说，为了很好地研究社会的各种人物，我已溶化在这些人物中了。我看到了他们的感情，他们的欢乐，他们的欲求，他们的内心。我始终认为那些知道怎样使他们自己不处于最伟大的地位而处于最独立的地位的人是最接近于得到人可能得到的幸福的人。他们培养的自由感情，如情爱和友谊与由地位、级别决定的勉强的关系是完全不同的。最后，对人的感情和出自内心的情感比对物的感情和由财富决定的感情不知要好出多少倍。

根据这样一个原则，我认为从你给我的第一封信，你就已经向获得幸福的道路迈出了最大的一步(其他的来信也证实了我的这个判断)，将自己从一个亲王和将军变为父亲、丈夫和真正的人，不是进入贫困而是获得愉快……你可能会遇到麻烦，因为每个人都会遇到麻烦的，但是如果世界上有人在他的地位和感情上接近于真正幸福的话，这个人一定是你自己，在使你处于这样简单和令人满意的境地的不幸时刻，你可以像狄密斯托克利那样说："如果我们以前没有死去的话，现在就该死去了。"亲王，这样你对你现在和过去的处境的看法就与我一样了……

一九六四年四月十五日

致 B 夫人：

你来信的开头方式使我很感兴趣，你谈到道德行为，我完全知道道德的全部价值，你谈到需要滋补你的灵魂，这使我假设你的灵魂是有吸收事物的力量的，你谈到你的健康情况，这是你吸收事物的力量的源泉。你所抱怨的内心空虚是只有应该充满的心灵才能感觉到的,庸俗的心灵从来不会感到空虚,因为虚无已充塞着它们了。但是,另一方面,有些心灵贪得无厌,我们周围的可怜的万物不能使它满足。如果大自然赋予你罕见的礼品是一颗渴望幸福的心,请不要在你自身以外去谋求满足你的需要——这样的一颗心只有从它自身才能得到营养。夫人,在我们自身以外的地方获得的幸福,都是假幸福。与任何事物都没有接触的人完全可以自我满足。如果你是我认为的那样的人,你除了通过自身,永远不会幸福。除了从你自身而外,不要希望能获得任何东西。人间罕见的这种道德感,即总是反映在我们自己身上的美、真和公正的善良的感情,使具有这种感情的人经常处于快乐之中。这是一种最美好的快乐。艰难的命运,人的邪恶,不能预见的噩运,各式各样的灾难可能暂时使心灵感到阴暗,但永远不能扑灭它。在它几乎被人类邪恶的沉重负担窒息的时候,突然的爆发有时会使它又恢复原来的光辉。人们认为对你这样年龄的妇女不应该说这些话,但另一方面,又认为只有在你这个年龄,这些话才能起作用,你们的心灵能够为它敞开;说早了,这些心灵不能理解这些话;说迟了,心灵的习惯已经固定,听不进去了。

你问我:"我该怎样才能得到它呢? 我应该做些什么才能培养出这种道德感呢?"夫人,这正是我要说的。对道德的热爱是不能通过学习得到的,它是善良、朴实生活的结果——如果我们只做好的事情,我们就会热爱我们所做的事。但是,为了能形成这样一种习惯,我们必须有个目标,因为我们只有在形成习惯以后,才能享受其乐趣。根据你目前的情况,我想到一个目标,特向你提出:照料你的孩子。我听到反对的意见——说出来的理由是:麻烦,没有奶水等等;没有说出来的理由是:令人厌倦的家庭生活,不光彩的职责,不能享受欢乐等等。欢乐? 我保证你会得到能真正满足你灵魂的欢乐。这不是一个人所感到的各种欢乐的积聚,而是一种持久的状态,它不是由各个行为组成的。如果幸福不能溶解并浸透你的灵魂,如果它仅仅接触到少数的地方,它只是表面的幸福,对灵魂是毫无价值的。

可能有的最好的关系就是家庭生活的关系,这比任何其他关系都更亲密,没有什么能比我们的家庭和孩子更能与我们融为一体了。在这亲密关系中所形成和加深的感情是我们与活人之间最真诚、最持久、最坚固的关系了,因为只有死亡才能取消它,而爱情和友谊都很少是终身的。这种感情也是最纯正的,因为它们最接近于天性和道德,并完全以它自己的力量使我们远离邪恶和腐朽的情趣。我徒劳地寻求一个人能找到真正幸福的地方,如果世上真有这个地方的话,它只能在那里(指家庭关系——译者)。我知道,贵妇人一般不到那里去寻求幸福,她们不愿照料孩子和管家,这样,她们就必须学会怎样在没有幸

199

有人可能一百岁走向坟墓,但是他生下来就已经死亡。

——[法]卢 梭

福的情况下生活。她们享受不到真正幸福的欢乐,她们必须像苦工那样劳累地生活,以逃避使她们窒息的厌倦情绪。那些被大自然赋予这一神圣的道德感的人,在顺从这种感情时会感到欢欣异常,而在逃避这种感情时会感到沉重的负担。那些纵欲的人,必须下决心听他们自己的心在呻吟和叹息。

但是,夫人,我这个谈论家庭、孩子的人对那些不幸的命运使他们享受不到这种幸福的人十分怜悯,如果他们仅仅是不幸,我怜悯他们,如果他们有罪,我更加怜悯他们……

年轻的妇人,你想得到你自己的幸福么?立即开始照料你的孩子吧,不要将你的女儿送到修道院去,你自己抚养她。你的丈夫年纪还轻,他的性格很好,这样,你所需要的,你都有了。你没有告诉我他是怎样与你生活的,这没有关系,如果他沉溺于他这个年龄和这一代人的欢乐,你不用说一句话,仅用你自己的幸福就能将他从这些欢乐中引回来。你的孩子也会以与爱情一样强烈但又比爱情持久的关系帮助你拴住你的丈夫。确实,这样,你的生活会是最简朴的,但也是我所知道的最美、最幸福的生活。再说一遍,如果你不喜欢中产阶级的家庭生活,而又屈从于一般人的观念,那么,请放弃折磨你的对幸福的渴望吧,因为你永远也不能满足它。

一七七〇年一月十七日于蒙古安

唇齿相依论男女

□ [英国] D.H.劳伦斯

D.H.劳伦斯(1885~1930) 二十世纪英国最独特和最有争议的作家之一。一生中创作了四十余部小说、诗歌、游记等作品,对二十世纪的小说写作产生了广泛影响。著有《儿子与情人》、《虹》、《爱恋中的女人》和《查特莱夫人的情人》等。

一

男人和女人相互需要。我们还是承认这一点为好。我们曾拼命否认这一点,对此厌烦、气恼,可归根结底还得认输,还得对此容忍才是。咱们这些个人主义者、利己主义者,无论什么时候,都十分信仰自由。我们都想成为绝对完美的自我。在这种情况下,如果说我们其实还需要另外一个人,岂不是对自尊心的一个巨大打击? 我们自由自在地在女人中进行挑选——同样女人也如此这般地挑选男人,这都不在话下。可是,一旦让我们承认:上帝,离了我那任性的女人我就没法儿活!——这对我们那孤傲的心是多么大的污辱!

当我说"我女人"时,绝不意味着法语中与"情妇"的性关系。我指的是我同这女人自身的关系。一个活生生的男人如果不与某个特定的女人有一种关系他就很难快活地存在,除非他迫使另外一个男人扮演女人的角色。女人也是如此。世上的女人若同某个男人没有亲昵之情几乎难以快活地存在,除非她迫使另一个女人扮演男人的角色。

就这样,三千年来,男男女女们一直在对抗这一事实。在佛教中尤其如此。如果一个男人的眼睛中有女人的影子, 他就永远达不到那尽善尽美的涅槃境界。"我孤独而至!"这是达到涅槃境界的男人骄傲的声明。"我孤独而至!"灵魂得到拯救的基督教徒亦这样说。这是自高自大的个人主义宗教,由此产生了我们有害的现代利己主义。神圣无比的婚姻终为死亡的判决而解散。在天上并没有给予和索取的婚姻。天堂上的人是绝对个性化的, 除却与上帝之间的关系,相互间不再有什么关系可言。在天上,没有婚姻,没有爱,没有友谊,没有父母、兄弟姐妹,更没有什么表亲了,只有"我",绝对孤独,单单同上帝有关系。

我们说的天堂,其实是我们极想在人间获得的。天堂的环境正是我们眼下企盼的。

如果我对某男或某女说:"你愿意摆脱一切人际关系吗——不要什么父母、兄弟姐妹、丈夫、情人、朋友和孩子? 摆脱一切人际的纠缠,只剩下你纯粹的自己,单单与上苍发生联系。"答案是什么? 请问,你将如何诚恳地回答我?

我期待着一个肯定的"愿意"。过去,有不少男人这样回答,而女人则回答"不"。可如今,我以为不少男人会犹豫再三,反之,几乎所有的女人都会毫不犹豫地回答:"愿意。"

现代的男人,达到了近乎涅槃样的境界,没有任何人的关系了,他们甚至开始揣测:他们是什么物件,身在何方。请问,当你获得了自由,砍断一切纽带或"束缚",变成了一个"纯粹"的个体时,你算个什么? 你算个什么?

你可以想象你是个很了不起的人,因为压根儿没几个人能达到近乎这种独立空濛的境界而又不会落入死一般的利己主义和自鸣得意之态。真正的危险是,你形单影只,与一切活生生的人断绝关系。危险的是你孑然一身。无论是

用感情生活的人的生命是悲剧,用思想生活的人的生命是喜剧。
——[法]布律耶尔

男是女,若只剩下其自然要素,那看看他们都还是些什么吧。极其渺小! 把拿破仑单独困在一座孤岛上,且看他如何? 全然一个乖戾、傻气十足的小人。把玛丽·斯图亚特关入醒齁的石头城堡监狱中,她就变成了一个狡诈的小东西。当然,尽管拿破仑被关在与世隔绝的圣·赫勒拿岛上他也并未变得乖戾、傻气十足。可是苏格兰的玛丽女王独囚在福色棱格之类的地方后就变成一个狡诈的小人了。这种伟大的孤立隔绝把我们变得只剩下自身,这是世间最大的诡计。这就如同拔光孔雀的毛令其恢复"真鸟"的面目。当你拔光了全部的毛以后,你得到的是什么呢? 绝不是孔雀,而不过是一具秃鸟的肉体罢了。

对于我们和我们的个人主义来说,情况亦然。若让我们只成为我们原本的样子,我们会是何种情形? 拿破仑成了一个乖戾的小傻瓜,苏格兰的玛丽女王变得狡诈,圣·西蒙斯达立特住在柱子上变成了自高自大的神经病,而我们这些神奇的人则成为自鸣得意的现代利己主义者,真是一文不值。如今的世上,尽是些个傻里傻气却又傲慢无礼的利己主义者,他们破除了一切美好的人际关系,依仗着自身的故步自封和虚张声势假充高高在上的姿态。可空虚早晚会露馅儿,这种空城计只能一时唱唱,偶尔骗骗人罢了。

其实,如果你封闭孤立一个人,只剩下他纯粹和美好的个性,你并不能得到他,你得到的只是他的一星半点。把拿破仑抓困起来,他就一文不值了,把康德孤困起来, 他那些伟大的思想就只能在他自己心中滴滴答答溜走——他如果不把他的思想写下来,这些思想就只能像一只无生命的表。甚至就是如来佛他自己,如果把他孤困在一个空寂的地方,令其盘腿坐在菩提树下,没有人见到他,也没人听他讲什么涅槃,我看他就不会津津乐道于涅槃之说,他不过只是个怪物而已,一个绝对孤独的人,没有太大价值,那灵魂甚至都不值得去拯救。"我呢,如果我升天,我会把所有的人都带上。"可如果压根儿就没有别人,你的表演就不过是一场惨剧。

所以我说,一切,每一个人都需要自身与他人的联系。"没有我,上帝就做不成事,"一位十八世纪的法兰西人说。他这话的意思是,如果世上没有人,那么,那个创造人的上帝就毫无意义了。这话真对。如果世上没有男人和女人,基督就没了其意义。同理,如果圣·赫勒拿岛上的拿破仑与他的军队和民族没有关系,他就没了意义,法兰西民族也就失去其一大半意义了。一股巨大的力量从拿破仑身上流出,而又有一股相应的力量从法国人民那里流向拿破仑,他和他们的伟人就在于此,就在于这关系之中。只有当这种循环圈子完成以后,它才会闪光。如果只是半个圈,它是不会闪光的。每一个光圈都是一个完整的圈子,每个生命亦然,如果它是生命的话。

是在与他人它物的关系中，我们获得自己极端的个性的。让我们承认这一重要事实，吞下这颗刺人的果子吧。如果不是因了与他人的关系，我们就只能是一些个体，是微不足道的。我们只有在与他人、生命和它物活生生的接触中才能行动，才能获得自身的存在。除去我们的人际关系和我们与活生生的地球和太阳的接触，我们就只能是一个个空气泡。我们的个性就毫无意义。一座孤岛上的孤云雀不会发出歌声，因此它毫无意义，它的个性也就如同一只草丛中的老鼠一样逃之夭夭。可是如果有一只母雀与它同在，它就会发出高入云霄的歌，从而恢复自己真正的个性。

对于男人和女人皆如此。他们真正的个性和鲜明的生命存在于与各自的关系中。在接触之中而不是脱离接触。这就是性。性就如同照耀着草地的阳光。这是一件活生生的接触——给予与获得，是男人和女人之间伟大而微妙的关系。通过性关系，我们才成为真正的个人；没有它，没有这真正的接触，我们就不成其为实体。

当然，应该使这种接触保持活跃，而不是使之凝固。不能说与一个女人结了婚这接触就完结，这种做法太愚蠢，只能使人避免接触，扼杀接触。人们有许多扼杀真正接触的可能性的诡计：如把一个女人当成偶像崇拜（或相反，对她不屑一顾）；或让她成为一个"模范"家庭妇女、一个"模范"母亲或一个"模范"内助。这些做法只能使你远离她。一个女人绝不是这个"模范"那个"模范"，她甚至不是一个鲜明固定的个人。我们该摒弃这些一成不变的观念了。一个女人就是一束喷泉，泉水轻柔地喷洒着靠近她的一切。一个女人是空中一道震颤的波，它的振动不为人知也不为己知，寻找着另一道振波的回应。或者可以说她是一道不协调、刺耳而令人痛苦的振波，它一味震颤着，伤害着振幅之内的每一个人。男人也是这样。他生活，行动，有着自己的生命存在，他是一束生命震颤的喷泉，颤抖着向某个人奔流，这人能够接受他的流溢并报之以回流，于是有了一个完整的循环，从而就有了和平。否则他就会成为恼怒的源泉，不和谐，痛苦，会伤害他附近的任何一个人。

但是，只要我们是健康、自信的人，我们就会不懈地寻求与他人结成真正的人际关系。当然，这种关系一定要发生得自然而然才好。我们绝不可勉为其难地寻求一种人际联系，那样只能毁灭它。毁灭它倒是不难。从好的方面说，我们至多能有意识做的是注意促成它发生，不应强迫或横加干涉。

我们是照一种虚假的自我概念在做事。几个世纪以来，男人一直是征服者，是英雄，女人则只是他弓箭上的弦，只是他装备上的一部分。女人有自己独立的灵魂，于是有了对自由和独立的呼唤。如今，这种自由和独立都有些过火

人生是非常短暂的，但是如果只注意到其短暂，那就连一点价值都没了。
——[法]沃夫拿格

了，走向了虚无，走向死亡的感情和荒芜的幻想。

所谓征服者和英雄之人已像兴登堡将军一样陈旧过时了。这个世界似乎试图再兴起此种花招来，但归根结底会证明这些人是愚蠢的。男人已不再是征服者，不再是英雄好汉。他也不是宇宙间敢于直面死亡的永恒世界中未知物的孤胆超灵。这种把戏也不再让人信服了。当然今日还有不少感伤小伙子还坚持这么认为，尤其是在最近一次大战中大受其苦从而打扮成自私自利、忧愁感伤的小伙子们。

可这两种骗术都不灵了——无论是征服者和英雄之说还是打扮成直面孤魂之永恒命运痛苦的忧伤英雄，全都没用。第三种骗术在今日更年轻的人中似更时兴，但这种自怜自艾更危险。这是一种死亡的骗术，没有出路。

今天的男人们要做的，就是承认，这些一成不变的观念归根结底是无益的。作为一个固定的客体，甚至作为一个个人，人，无论男女，都不值太多。所谓了不起的大写"我"对人类来说不算什么，人类可以置之不理。一旦一个人，无论男女，变成了了不起的大写"我"，他就一钱不值了。男人和女人，各自都是一个流动的生命，无论没有哪一方，我们都无法流淌，就如同没有岸的河不是河流一样。我生命之河的一条岸是女人，另一条岸是世界。没了这两条河岸，我的生命就会是一片沼泽。是我与女人及男人的关系使我自身成为一条生命之河。

这种关系甚至赋予我以灵魂。一个从未与别人结成生命关系的人是不会真正拥有灵魂的。我们无法以为康德有灵魂。所谓灵魂是指我与我所爱的、仇恨的或真正了解的人在生命的接触中自成一体并自我满足的一种东西。我自身具有通往我灵魂的线索。我必须获得我灵魂的完整性。我说的灵魂就是我的完整性。我们今日所失落的正是自身的完整感，有了完整感才会宁静。而今天我们还有我们的青年们所缺少的正是自我的完整感，他们深感自身支离破碎，因此他们无法获得自我的宁静。所谓宁静并非凝滞，而是像一条生命之河那样流淌。

我们不宁静，那是因为我们不完整的缘故。我们不完整，因为我们只了解生命关系的一星半点，其实我们或许会获得更多。我们生活在一个对剥离这种关系深信不疑的时代。人们要像剥葱头那样剥离生命关系，直至你变得纯而又纯或变成无比虚无、空洞。大多数人的境况正是如此：意识到了自身彻底的空虚。他们太渴望成为"自己"反倒变得空空荡荡或者说差不多空空荡荡。

"差不多空空荡荡"绝非乐事。可生活本应是快乐的，应该是顶快乐的事。"过得好"并不是为了"远离自我"。真正的乐事是成为自己。人类有两大关系，可能就是男人与女人及男人和男人的关系。眼下，这两种关系我们都弄得很乱，很让人失望。

当然，男女关系是实际人生的中心点，其次才是男人与男人的关系，再远，才谈得上其他各种关系：如父母姐妹兄弟朋友等等。

前些日子有个年轻人很嘲弄地对我说："恐怕我无法相信性可以使英国复活。"我说："我相信，你无法有这等信念。"他其实是教训我，是在说他对性这样的脏东西和女人这样的寻常玩意儿不屑一顾。他这人没什么生命力，是个空虚而又自私的年轻人。他只顾自己，就像个木乃伊一样萎缩成小小的自我，作茧自缚。

那么归根结底什么是性呢？它只是男女关系的象征吗？其实男女关系像所有生命关系一样意义很广泛。它存在于两种生命之间截然不同的生命流动中，不同，甚至是相反的生命。贞洁，亦如肉欲一样，是这件生命流程的一部分。除此之外，还有我们无法得知的无止境的微妙交流。我敢说，任何一对体面结了婚的人，他们之间的关系每隔几年就大有改观，时常他们对此竟是无意识。每次变化都带来痛苦，尽管它也带来乐趣。漫长的婚姻生活就是永久变化的漫长过程，在这当中，男人和女人共同建立起他们完整的灵魂和自我。这就如同河水不断流动，流过一个个新的国家，这些都是未知数。

可我们却让有限的观念给凝固住了，变得很愚蠢。有个爷们说："我再也不爱我老婆了，再也不想与她同床共枕。"我倒要问问他为何总想到与她同床共枕呢？他可知道，当他不想与她同房时是否还有别的微妙的生命交流在他俩之间进行，它可以使他们变得完整。还有她，她本可以不抱怨，不说一切都结束了，她非要跟他离婚、再投奔另一个男人不可——她为什么不能三思去倾听自己灵魂中新的旋律并在她男人身上寻找新的动向？每发生一次变化，就会有一新的生命应运而生；我们随着年龄的增长而更新我们的生命从而获得一种真正的宁静。那么，为什么我们非要人人像一张菜谱那样一成不变？

我们真该多一点理智。可我们却让几个固定的观念给僵化了，如性、金钱或某个人"应该"是什么样子等等，从而我们失落了整体的生命。性这东西是变化的，一会儿生机勃勃，一会儿平和，一会儿恼怒，一会儿又会随风飘去，飘去。可普通人却经受不了这些个变化。他们要的是粗暴的性欲，他们总要这样，一旦不这样，那就算！全结束。离婚！离婚！

人们说我想让人类回到野蛮状态中去，这话真让我讨厌至极。好像一到了男女这事上，现代的城市人与最粗野的猴子有什么两样似的。我看到的是我们这些自诩文明的男女们相互在感情上和肉体上摧残，我所做的就是请他们三思。

人生的价值，是由人自己决定的。
——[法]卢梭

在我看来,性意味着男女关系的全部。其实这种关系比我们所理解的要深刻得多。我们懂的不外乎这么几类毛皮——情妇、老婆、母亲和情人。在我们眼里女人就像一种偶像或一个提线木偶,总得扮演个什么角色:情人、情妇、妻子或母亲。我们真该破除这种一成不变的观念,从而认识到真正女人之难以捕捉的特质:女人是一条流淌着的生命之河,每一条河都循着自己的方向流着;男女之间的关系就是两条河并行,时有交汇,随后又会分流,自行其径。这种关系是一生的变化和一生的旅程。这就是性。在某些时候,性欲则全然离去。但整个关系仍旧向前发展,这就是活生生性的流动,是男女间的关系,它持续终生,性欲只是这种关系的一种表现,但是生动的、极生动的表现。

受·益·一·生·的·人·生·智·慧·书

二

绝大多数革命都是爆炸,而绝大多数爆炸所炸毁的东西都超过了原计划的规模。法国大革命后的历史证明,十八世纪九十年代,法国人并不真想把右上政体和贵族体制彻底炸毁。可他们却这样做了,再怎么努力也不能将其真正重新拼接起来。俄国人也是如此,他们只想在墙上炸出一条通道来,可他们却把整座房屋都炸毁了。

所有为自由而进行的斗争,一旦成功,就会走得太远,继而成为一种暴政。比如妇女自由运动,或许现代最了不起的革命就数妇女解放运动了;或许二千多年来最了不起的斗争就是妇女独立或自由的斗争。这斗争很艰苦,但我觉得胜利了,它甚至过头了,变成了女人的暴政——家庭里的女人和世界上的女性思想和理想的暴政。不管你怎么说,这世界是让今日女性的情结所动摇着。今日男人在生产上和家务事上取得了胜利,而不是像以前那样打仗、冒险、炫耀。现在这种胜利其实是女人的胜利。男人遵从女人的需要、听女人的指挥。

可他们内心又如何呢?毫无疑问,他们心里有斗争。女人不斗争就得不到自由,她仍然在斗争,斗得很苦,有时即便在没必要斗时她们也要斗。男人算完了,在女性精神动摇着当代人类时,很难指出哪个男人是不屈从女性精神的。当然,一切并不平和,总有斗争和冲突。

女人作为一个群体是在争自己的政治权力。可具体到个人,个别的女人是在与个别的男人作斗争——与父亲、兄弟,特别是与丈夫斗。在过去的年代里,除了某些阶段的反抗外,女人总是在扮演服从男人的角色。或许,男性和女性天生就需要这种服从关系。不过,这种服从一定得是出自无意识的信念,是发自本能的、无意识的服从。不知何时,女人对男人所抱的这种盲目信心似乎削弱了,随后就崩溃了。这种情形总出现在一个伟大阶段的末尾和另一个伟大阶段伊始之时。似乎它总是以男人对女人的无限崇拜和对女王的美誉为开端。它似乎总是先带来短暂崇拜的迷惑,而继之而来的是长久的痛苦。男人为崇尚女人而屈膝,崇拜一过去,斗争重又开始。

这并不见得是一种性斗争。两性并不是天生敌对的。敌对状况只出现在某些时候:当男性失去了无意识中对自身的信任而女性则先是无意识地而后又有意识地失去对他的信任。这不是生理意义上两性的斗争,绝不是。本来性是最能使两性融合的。只是当男人天性的生命自信心崩溃时,性才会成为一大攻击的武器和分裂物。

男人一旦失去了对自己的信心,女人就会开始与他斗争。克莉奥帕特拉与安东尼之间真的斗起来了——安东尼其实是为这才自杀的。当然,他先是对自己失去了信心,用爱来支撑自己,这本身就是虚弱与失败的征兆。一旦女人与自己的男人斗来斗去,表面上她是在为自由而斗,其实不然。自由是男人的座右铭,它对女人来说无甚大意义。她与男人斗,要摆脱他,是因为这男人并不真正自信了。她斗争来斗争去,无法从斗争中摆脱出来。今天的女人确实比有史以来的女人少太多的自由——我指的是女性意义上的自由。这就是说她拥有太少的安宁——太少那种涓涓细淌的女性之可爱的娴静,太少那种幸福女子花一样可爱的感触,太少那种难以言表的纯属无意识的生命欢乐——自打男女相悦以来,女人越来越缺少这些女性生命的真谛。今日的女性,总是那么精神紧张,时刻警觉着,赤膊以待,不是为了爱,而是为了斗争。从她的衣着发型到僵硬的举止,一眼就会发觉她像个斗士,而绝不会像别的。这不是她的错,这是她命中注定的形象。只有当男人失去了自信、连自己的生命都不敢相信时,女人才变成这副样子。

几个世纪以来,男人和女人之间结成了千丝万缕的联系。在怀疑的时代,这些联系让人觉得成了束缚,必须予以消解才行。这是在撕碎同情心,割裂无意识中的同情关系。这是男人和女人之间无意识的柔情和力量的交流中发生的一种巨大摩擦。男人和女人并不是两个互不相干、各自完整的实体。尽管人们反对这种说法,可我们非这样说不可。男人和女人甚至不是两个分离的人或两种分离的意识和思想。尽管人们对此种说法表示强烈反对,可事实确实如此。男人永远与女人分不开,他们之间的联系或明或暗,是一种复杂的生命流,这生命流是永远也分析不清的东西。不仅仅在夫妻之间如此,在其他男女之间亦如此,如:在火车上与我面对面而坐的女人或卖给我香烟的女人。她们都向我淌出一条女性的生命之流,喷发出女性生命的浪花与气息,她们都浸入我的

人生最终的价值在于觉醒和思考的能力,而不只在于生存。

——[古希腊]亚里士多德

血与灵之中,这才造就了我。随后我也把男性生命的溪流送还给女人,安抚她们,满足她们,把她们造就成女人。这种交流最时常地存在于公共接触中。男女间这种普遍的生命交流并没有中止过,倒是在私生活中难得交流了。可见我们都倾向于公共生活,在公共生活中,男女仍旧颇为亲善。

可在私生活中,斗争仍在继续进行着。这斗争在我们的曾祖母那里就开始了;到了祖母那一辈斗争变激烈了;而到了我们母亲那一辈,这斗争成了生活中的主要因素。女人们认为这是为正义而进行的斗争。她们认为她们与男人斗是为了让男人变好,也是为了孩子们生活得更好。我们现在知道这种道德理由不过是一种借口罢了。我们现在明白了,我们的父辈被我们的母亲们斗败了,这并不是因为我们的母亲真知道什么是"好",而是因为我们的父亲们失去了本能中对生命之流和生命实体的控制。只是因为这后一种原因,女人们才不惜任何代价与他们盲目地斗,这是命中注定的事。

我们从小就目睹了这样的斗争。我们相信这种道德上的理由,可我们长大成人了,成了男人,就轮到我们挨斗了。现在我们才知道压根儿就没有什么理由,无论是道德的还是不道德的,没有。这种斗争只是一种感觉。而我们的母亲们,尽管她们自称信"善",可她们却对那种千篇一律的善厌恶透了,至死都不信。

不,这斗争仅仅是为了斗争而已。这斗争是无情的。女人与男人斗并不是要得到他的爱,尽管她会千遍万遍地说是为了爱。她与男人斗,出于她本能地知道,男人是爱不起来的,他已经不再自信,不再相信自己的生命之流,因此他不会爱了,不会。他愈是反抗,愈是断言,愈是向女人下跪崇拜女人,他就爱得愈少。被崇拜的甚至被捧上天的女人,她内心深处本能地懂得,她并未被人爱着,她其实是在受骗。可她却鼓励这种骗局,因为这极能满足她的虚荣心。可最终她会成为复仇女神来报复她不幸的伴侣。男女间的爱既不是崇拜也不是敬佩,而是某种更深刻的东西,毫不炫目,也不是徒有其表。我们甚至说它就像呼吸一样普普通通而又必不可少。说真的,男女间的爱就是一种呼吸。

没有哪个女人是靠奋斗获得爱情的,至少不是靠与男人斗来得到爱。如果一个女人不放弃她与男人的斗争,就没有哪个男人会爱她,可是女人什么时候才会放弃这种斗争呢?而男人又何曾明明白白地屈服于她了呢(即便是屈服,也是半真半假)?没有,绝没有。一旦男人真屈服于女人了,她会跟他斗得更起劲,更无情起来。她为什么不放过他?即使放过一个,她又会再抓住另一个男人,就是为了再斗。她就需要这样不屈不挠地跟男人斗。她为什么不能孤独地活?她不能。有时她会与别的女人合起来,几个人合伙进行斗争。有时她也不得不孤独地活上一阵子,因为不会有哪个男人找上门来跟她斗。可她早晚会需要与男人接触，这是不以她的意志为转移的。如果她是个阔妇人，她会雇个男妓或舞男，让他受尽屈辱。可斗争并没完。了不起的大英雄海克特死了，可死了不能算完，他的尸首非得被拖来拖去，拖得肮脏不堪。

这斗争何时会了？何时？现代生活似乎对此不予回答。或许要等到男人再次发现自己的力量和自信心的时候，或许要等到男人先死一次，然后在痛苦中再生，生出别样的气息、别样的勇气和别样的爱心或不爱之心。可是大多数男人是不会也不敢让那旧的、恐惧的自我死去的。他们只会绝望地依傍女人，像遭虐待的孩子一样冷酷无情地仇视女人。一旦这恨也死了，男人就到了自我主义的最后一步，再也没什么真正的感情，让他痛苦他都痛苦不起来了。

如今的年轻人正是这样。斗争已经多多少少偃旗息鼓了，因为男女双方都耗尽了力气，个个儿变得玩世不恭。年轻男子们知道他们可敬的母亲给予的"仁慈"和"母爱"其实又是一种利己主义，是她们自我的伸延，这爱其实是凌驾于另一动物之上的绝对权威。天啊，这些个女人啊，她们竟是暗自渴求凌驾自己子女之上的绝对权力——为了她们自己！她们难道不知道孩子们是被欺骗的吗？从来没有这么想过！这一点你尽可以从小孩子的眼中看出来："我妈妈的每一口气都是为欺压我呼出来的。别看我才六岁，我真敢反抗她。"这就是斗争，斗争。这个斗争已堕落为仅仅是把一个意志强加给另一个动物的斗争——现在更多地表现为母亲强加给儿女。她失败了，败得很惨，可她还不肯罢休。

这种斗争几乎结束了。为什么？是因为男人获得了新的力量，旧的肉体死了并再生出新的力量和信心？不，绝不是的。男人躲到一边去了。他受尽了折磨，玩世不恭，什么都不相信，让自己的感情流出自身，只剩下一个男人的躯壳，变得可爱可人，成了最好的现代男人。这是因为，只要不伤害他的安分，就不会有什么能真的打动他。他只是感到不安全时才害怕。所以他要有个女人，让女人处在他与危险的感觉与要求之间。

可他什么也感觉不到。这是一种巨大的虚幻解放，这种虚幻的理想境界让人无法理解。它的确是一种理想境界，可它虚无空洞。女人无法实现这种理想境界。她发疯、发狂了。你可以要到一个又一个女人，她们拼命地冲撞着那些达到了虚伪的平静、力量与权力境界的利己主义男人，撞得粉身碎骨，这号利己主义者身上全无自然冲动，不会像人一样去受苦了。他的全部生命都成了废品，只剩下了自我意志和一种暗藏的统治野心，要么统治世界，要么统治别人。看看那些想统治别人的男男女女们，你就知道利己主义者是如何作为的了。不过那些现代利己主义者摆出的架势是十足的媚相儿、慈爱相儿和谦卑相儿，哼，谦卑得无以复加了。

希望是引导人成功的信仰。如果没有了希望，便一事无成。

——[美]海伦·凯勒

当一个男人变成了这样一个成功的利己主义者——今日世界上已经有不少男人"成功"了,这是些个无比可爱并"有艺术气质"的人,他们的女人可真要发疯了。可她无法从他那儿得到回应。斗争不得不戛然中断。她把自己抛向一个男人,可那个男人并不存在,那儿只有他的一个玻璃像,感觉全无。她真要气得发疯了。不少三十来岁的女人之所以行为荒谬,这就是解释吧——在斗争中她们突然失去了对方的反响,于是她们像濒临深渊一样疯了。她们非疯不可。

随后,她们要么粉身碎骨,要么突然变成那种典型的老娘们儿,几乎是一夜之间就变,一夜之间。一切都结束了,斗争完结了。男人从此靠边站了,变得无足轻重了。当然,仇恨也减少了,变得更微妙了。于是,我们的女性在二十几岁就变聪明了。她不再跟男人斗了,她让他我行我素去,自己倒有自己的主意。她可以统治孩子了,但她总是得不到自己孩子的心。她可孤独了。如果说男人没什么真的感觉了,她也是感觉全无。不管她怎样感知自己的丈夫,除非她发神经,她才会称他是光明的天使,长翅膀的信使,最可爱的人儿或最漂亮的宝贝儿。她像洒科隆香水一样把这些个美称一股脑地赠给他。而他则视其为理所当然,还会提议再开下一个玩笑。他们的生活就是这样"欢乐地循环",直到他们的神经全崩溃为止。一切都是假的:假的肤色,假的珠宝,假的高贵气,假的美貌,假的亲昵,假的激情,假的文化,连对布莱克、《圣路易桥》、毕加索或最新的电影明星的爱也是假的。还有假的悲伤和欢乐,假的痛苦呻吟,假的狂喜,在这背后是残酷的现实:我们靠金钱活着,只靠金钱,这让我们的精神彻底崩溃。

这些当然是现代年轻人的极端例子。他们已经超越了悲剧或严峻这些过时的东西。他们不知道自己的位置,对此他们也不在乎。但是,他们的确处在男女斗争的结束点上。

这种斗争看来没什么价值,可我们仍旧把他们看成是斗士。或许这斗争有其好的一面。

这些年轻人什么都经历过了,变得比五世纪的罗马人还空虚、幻灭。现在,他们满怀恐惧和哀伤,开始寻求另一种信任感了。他们开始意识到,如果他们不小心,他们就会失去生活,误了这趟车! 这样精明的年轻人,他们是那样一天三变,竟会失去生活! 用伦敦话说,就是"误了这趟车"! 他们正在茫然时,让大好的时光流逝了! 这些年轻人才刚刚不安地意识到这一点,即:他们忙来忙去过的那种"生活"或许压根儿不是生活,他们失去了真东西。

那么什么才是真东西? 这才是关键。世上有千万种活法,怎么活都是生活。可是,生活中的真谛是何物? 什么东西能让你觉得生活没毛病、让生活变得真正美好?

这是个大问题,答案则古已有之。但是,每一代人都应该拿出自己独特的答案来。对我来说,能让生活美好的东西是这样一种感觉,那就是,即使我身患病症,我还是活生生的,我的灵魂活着,仍然同宇宙间生动的生命息息相关。我的生命是从宇宙深处获得力量的,从群星之间,从巨大的"世界"中。我的力量就是从这巨大的世界中来,我的信心亦然。你尽可以称之为"上帝",不过这样说是对上帝这个词的大不恭。可以这样说,的确有一种永恒的生命之火永久地环绕着宇宙,只要我们能触到它,我们即可更新自己的生命。

只是当男人失去与这永恒的生命之火的联系,变成纯粹的个人,他们不再燃烧了,男人和女人之间的斗争才开始。这是无法避免的,它就像夜幕要降临,天要下雨一样。一个女人,她愈是因循守旧、处处规规矩矩,她就愈是害人。一旦她感到失去了控制和交往,她的感情就变得有害。这是不以她的意志为转移的。

看来,男人要做的唯一一件事就是转过头来,回归生命,回归那在宇宙间隐秘流动着的生命,它会永远流淌,支撑所有的生命、更新所有的生命。这绝不是犯罪或道德、善与恶的问题。这是一个更新与被更新、活力与耗灭的问题。今日的男人被耗尽了生命,生命变腐朽了,怎样才能更新、再生、焕发新的生命? 这是每一个男人和女人都必须自审的问题。

回答这个问题将很不容易。什么这腺那腺,什么分泌,什么生食,什么药品都不解决问题。什么启示录或布道也不解决问题。这不是个认识的问题,而是个行动的问题;这是个怎样触到宇宙之生命中心的问题。我们该怎样去触到它呢?

211

遇事失望者是胆小鬼;对人生寄予希望者则是傻子。

——[法]加 缪

平静、含蓄、温和的感情方能持久

□傅　雷

傅雷(1908～1966)　别名怒庵,著名翻译家。早年留学法国,几乎译遍法国重要作家如伏尔泰、巴尔扎克、罗曼·罗兰的重要作品。数百万言的译作形成"傅雷体华文语言"。他多艺兼通,在绘画、音乐、文学等方面均显示出独特的艺术鉴赏力。

对终身伴侣的要求,正如对人生一切的要求一样不能太苛刻。事情总有正反两面:追得你太迫切了,你觉得负担重;追得不紧了,又觉得不够热烈。温柔的人有时会显得懦弱,刚强了又近乎专制;幻想多了未免不切实际,能干的管家太太又觉得俗气。只有长处没有短处的人在哪儿呢? 世界上究竟有没有十全十美的人或事物呢? 抚躬自问,自己又完美到什么程度呢? 这一类的问题想必你考虑过不止一次。我觉得最主要的还是本质的善良,天性的温厚,开阔的胸襟。有了这三样,其他都可以逐渐培养;而且有了这三样,将来即使遇到大大小小的风波也不致变成悲剧。

做艺术家的妻子比做任何人的妻子都难,你要不预先明白这一点,即使你知道"责人太严,责己太宽",也不容易学会明哲、体贴、容忍。只要能代你解决生活琐事,同时对你的事业感到兴趣就行,对学问的钻研等等暂时不必期望过奢,还得看你们婚后的生活如何。眼前双方先学习相互地尊重、谅解、宽容。

对方把你作为她整个的世界固然很危险,但也很宝贵! 你既已发觉,一定要慢慢点醒她,最好旁敲侧击而勿正面提出,还要使她感到那是为了维护她的人格独立,扩大她的世界观。倘若你已经想到奥里维的故事,不妨就把那部书叫她细读一两遍,特别要她注意那一段插曲。像雅葛丽纳那样只知道 love,love,love 的人只是童话中人物,在现实世界中非但得不到 love,连日子都会过不下去,因为她除了 love 一无所知,一无所有,一无所爱。这样狭窄的天地哪像一个天地！这样片面的人生观哪会得到幸福！无论男女，只有把兴趣集中在事业上、学问上、艺术上，尽量抛开渺小的自我（ego），才有快活的可能，才觉得活得有意义。

　　未经世事的少女往往会存一个荒诞的梦想，以为恋爱时期的感情的高潮也能在婚后维持下去。这是违反自然规律的妄想。古语说，"君子之交淡如水"；又有一句话说，"夫妇相敬如宾"。可见，只有平静、含蓄、温和的感情方能持久；另外一句的意思是说，夫妇到后来完全是一种知己朋友的关系，也即是我们所谓的终身伴侣。未婚之前双方能深切领会到这一点，就为将来打定了最可靠的基础，免除了多少不必要的误会与痛苦。

给我的孩子们

□丰子恺

　　丰子恺(1898～1975)　原名丰润、丰仁。浙江桐乡人。画家、作家、美术和音乐教育家。一九二四年首次发表画作《人散后，一钩新月天如水》。一九三一年出版第一本散文集《缘缘堂随笔》。解放后曾任中国美术家协会主席、上海中国画院院长等职。

　　我的孩子们！我憧憬于你们的生活，每天不止一次！我想委屈地说出来，使你们自己晓得。可惜到你们懂得我的话的意思的时候，你们将不复是可以使我憧憬的人了。这是何等悲哀的事啊！

　　瞻瞻！你尤其可佩服。你是身心全部公开的真人。你什么事体都拼命地用全副精力去对付。小小的失意，像花生米翻落地了，自己嚼了舌头了，小猫不肯吃糕了，你都要哭得嘴唇翻白，昏去一两分钟。外婆去普陀烧香买回来给你的泥人，你何等鞠躬尽瘁地抱它，喂它；有一天你自己失手把它打破了，你的号哭的悲哀，比大人们的破产、失恋、broken heart、丧考妣、全军覆没的悲哀都要真切。两把芭蕉扇做的脚踏车，麻雀牌堆成的火车、汽车，你何等认真地看待，挺直了嗓子叫"汪——"，"咕咕咕"，来代替汽油。宝姐姐讲故事给你听，说到"月亮姐姐挂下一只篮来，宝姐姐坐在篮里吊了上去，瞻瞻在下面看"的时候，你何等激昂地同她争,说:"瞻瞻要上去,宝姐姐在下面看!"甚至哭到漫姑面前去求审判。我每次剃了头,你真心地疑我变了和尚,好几时不要我抱。最是今年夏天,你坐在我膝上发现了我腋下的长毛,当做黄鼠狼的时候,你何等伤心,你立刻从我身上爬下去,起初眼瞪瞪地对我端详,继而大失所望地号哭,看看,哭哭,如同对被判定了死罪的亲友一样。你要我抱你到车站里去,多多益善地要买香蕉,满满地撅了两手回来,回到门口时你已经熟睡在我的肩上,手里的香蕉不知落到哪里去了。这是何等可佩服的直率、自然与热情!大人间的所谓"沉默"、"含蓄"、"深刻"的美德,比起你来,全是不自然的、病的、伪的!

你们每天做火车、做汽车、办酒、请菩萨、堆六面画、唱歌,全是自动的,创造创作的生活。大人们的呼号"归自然!""生活的艺术化!""劳动的艺术化!"在你们面前真是出丑得很了!依样画几笔画,写几篇文章的人称为艺术家、创作家,对你们更要愧死!

你们的创作力,比大人真是强盛得多哩:瞻瞻!你的身体不及椅子的一半,却常常要搬动它,与它一同翻倒在地上;你又要把一杯茶横转来藏在抽斗里,要皮球停在壁上,要拉住火车的尾巴,要月亮出来,要天停止下雨。在这等小小的事件中,明明表示着你们的弱小的体力与智力不足以应付强盛的创作欲、表现欲的驱使,因而遭逢失败。然而你们是不受大自然的支配,不受人类社会的束缚的创造者,所以你的遭逢失败,例如火车尾巴拉不住,月亮呼不出来的时候,你们绝不承认是事实的不可能,总以为是爹爹妈妈不肯帮你们办到,同不许你们弄自鸣钟一样,所以愤愤地哭了,你们的世界何等广大!

你们一定想:终天无聊地伏在案上弄笔的爸爸,终天闷闷地坐在窗下弄引线的妈妈,是何等无气性的奇怪的动物!你们所视为奇怪动物的我与你们的母亲,有时确实难为了你们,摧残了你们,回想起来,真是不安心得很!

阿宝!有一晚你拿软软的新鞋子,和自己脚上脱下来的鞋子,给凳子的脚穿了,撮袜立在地上,得意地叫"阿宝两只脚,凳子四只脚"的时候,你母亲喊着"龌龊了袜子!"立刻擒你到藤榻上,动手毁坏你的创作。当你蹲在榻上注视你母亲动手毁坏的时候,你的心里一定感到"母亲这种人,何等煞风景而野蛮"罢!

瞻瞻!有一天开明书店送了几册新出版的毛边的《音乐入门》来。我用小刀把书页一张一张地裁开来,你侧着头,站在桌边默默地看。后来我从学校回来,你已经在我的书架上拿了一本连史纸印的中国装的《楚辞》,把它裁破了十几页,得意地对我说:"爸爸!瞻瞻也会裁了!"瞻瞻!这在你原是何等成功的欢喜,何等得意的作品!却被我一个惊骇的"哼!"字喊得你哭了。那时候你也一定抱怨"爸爸何等不明"罢!

软软！你常常要弄我的长锋羊毫，我看见了总是无情地夺脱你。现在你一定轻视我，想道："你终于要我画你的画集的封面！"

最不安心的，是有时我还要拉一个你们最怕的陆露沙医生来，教他用他的大手来摸你们的肚子，甚至用刀在你们臂上割几下，还要教妈妈和漫姑擒住了你们的手脚，捏住了你们的鼻子，把很苦的水灌到你们的嘴里去。这在你们一定认为是太无人道的野蛮举动罢！

孩子们！你们果真抱怨我，我倒欢喜；到你们的抱怨变为感激的时候，我的悲哀来了！我在世间，永没有逢到像你们这样出肺肝相示的人。世间的人群结合，永没有像你们样的彻底的真实而纯洁。最是我到上海去干了无聊的所谓"事"回来，或者去同不相干的人们做了叫做"上课"的一种把戏回来，你们在门口或车站旁等我的时候，我心中何等惭愧又欢喜！惭愧我为什么去做这等无聊的事，欢喜我又得暂时放怀一切地加入你们的真生活的团体。

但是，你们的黄金时代有限，现实终于要暴露的。这是我经历过来的情形，也是大人们谁也经历过的情形。我眼看见儿时的伴侣中的英雄、好汉，一个个退缩、顺从、妥协、屈服起来，到像绵羊的地步。我自己也是如此。"后之视今，亦犹今之视昔"，你们不久也要走这条路呢，我的孩子们！憧憬于你们的生活的我，痴心要为你们永远挽留这黄金时代在这册子里。

然这真不过像"蜘蛛网落花"，略微保留一点春的痕迹而已。且到你们懂得我这片心情的时候，你们早已不是这样的人，我的画在世间已无可印证了！这是何等可悲哀的事啊！

一个最困苦最微贱最为命运所屈辱的人，可以永远抱着希冀而无所恐惧。

——[英]莎士比亚

儿　女

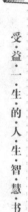

□朱自清

　　我现在已是五个儿女的父亲了。想起圣陶喜欢用的"蜗牛背了壳"的比喻，便觉得不自在。新近一位亲戚嘲笑我说，"要剥层皮呢！"更有些悚然了。十年前刚结婚的时候，在胡适之先生的《藏晖室札记》里，见过一条，说世界上有许多伟大的人物是不结婚的，文中并引培根的话，"有妻子者，其命定矣。"当时确吃了一惊，仿佛梦醒一般；但是家里已是不由分说给娶了媳妇，又有什么可说？现在是一个媳妇，跟着来了五个孩子；两个肩头上，加上这么重一副担子，真不知怎样走才好。"命定"是不用说了，从孩子们那一面说，他们该怎样长大，也正是可以忧虑的事。我是个彻头彻尾自私的人，做丈夫已是勉强，做父亲更是不成。自然，"子孙崇拜"，"儿童本位"的哲理或伦理，我也有些知道；既做着父亲，闭了眼抹杀孩子们的权利，知道是不行的。可惜这只是理论，实际上我是仍旧按照古老的传统，在野蛮地对付着，和普通的父亲一样。近来差不多是中年的人了，才渐渐觉得自己的残酷；想着孩子们受过的体罚和叱责，始终不能辩解——像抚摩着旧创痕那样，我的心酸溜溜的。有一回，读了有岛武郎《与幼小者》的译文，对着那种伟大的、沉挚的态度，我竟流下泪来了。去年父亲来信，问起阿九，那时阿九还在白马湖呢，信上说，"我没有耽误你，你也不要耽误他才好。"我为这句话哭了一场，我为什么不像父亲的仁慈？我不该忘记，父亲怎样待我们来着！人性许真是二元的，我是这样的矛盾、我的心像钟摆似的来去。

　　你读过鲁迅先生的《幸福的家庭》么？我的便是那一类的"幸福的家庭"！每天午饭和晚饭，就如两次潮水一般。先是孩子们你来他去地在厨房与饭厅里查看，一面催我或妻发"开饭"的命令。急促繁碎的脚步，夹着笑和嚷，一阵阵袭来，直到命令发出为止。他们一递一个地跑着喊着，将命令传给厨房里佣人，便立刻抢着回来搬凳子。于是这个说，"我坐这儿！"那个说，"大哥不让我！"大哥却说，"小妹打我！"我给他们调解，说好话。但是他们有时候很固执，我有时候也不耐烦，这便用着叱责了；叱责还不行，不由自主地，我的沉重的手掌便到他们身上了。于是哭的哭，坐的坐，局面才算定了。接着可又你要大碗，他要小碗，你说红筷子好，他说黑筷子好；这个要干饭，那个要稀饭，要茶要汤，要鱼要肉，要豆腐，要萝卜；你说他菜多，他说你菜好。妻是照例安慰着他们，但这显然是太迂缓了。我是个暴躁的人，怎么等得及？不用说，用老法子将他们立刻征服了，虽然有哭的，不久也就抹着泪捧起碗了。吃完了，纷纷爬下凳子，桌上是饭粒呀，汤汁呀，骨头呀，渣滓呀，加上纵横的筷子，欹斜的匙子，就如一块花花绿绿的地图模型。吃饭而外，他们的大事便是游戏。游戏时，大的有大主意，小的有小主意，各自坚持不下，于是争执起来。或者大的欺负了小的，或者小的竟欺负了大的，被欺负得哭着嚷着，到我或妻的面前诉苦。我大抵仍旧要用老法子来判断的，但不理的时候也有。最为难的，是争夺玩具的时候：这一个的与那一个的是同样的东西，却偏要那一个的，而那一个便偏不答应。在这种情形之下，不论如何，终于是非哭了不可的。这些事件自然不至于天天全有，但大致总有好些起。我若坐在家里看书或写什么东西，管保一点钟里要分几回心，或站起来一两次的。若是雨天或礼拜日，孩子们在家的多，那么，摊开书竟看不下一行，提起笔也写不出一个字的事，也有过的。我常和妻说，"我们家真是成日的千军万马呀！"有时是不但"成日"，连夜里也有兵马在进行着，在有吃乳或生病的孩子的时候！

　　我结婚那一年，才十九岁。二十一岁，有了阿九；二十三岁，又有了阿菜。那时我正像一匹野马，哪能容忍这些累赘的鞍鞯、辔头和缰绳？摆脱也知是不行的，但不自觉地时时在摆脱着。现在回想起来，那些日子，真苦了这两个孩子，真是难以宽宥的种种暴行呢！阿九才两岁半的样子，我们住在杭州的学校里。不知怎的，这孩子特别爱哭，又特别怕生人。一不见了母亲，或来了客，就哇哇地哭起来了。学校里住着许多人，我不能让他扰着他们，而客人也总是常有的；我懊恼极了，有一回，特地骗出了妻，关了门，将他按在地下打了一顿。这件事，妻到现在说起来，还觉得有些不忍，她说我的手太辣了，到底还是两岁半的孩子！我近年常想着那时的光景，也觉黯然。阿菜在台州，那时更小了，才过了周岁，还不大会走路。也是为了缠着母亲的缘故吧，我将她紧紧地按在墙角里，直哭喊了三四分钟，因此生了好几天病。妻说，那时真寒心呢！但我的苦痛也是真的。我曾给圣陶写信，说孩子们的折磨，实在无可奈何，有时竟觉着还是自杀的好。这虽是气愤的话，但这样的心情，确也有过的。后来孩子是多起来了，磨折也磨折得久了，少年的锋棱渐渐地钝起来了，加以增长的年岁增长了理性的裁制力，我能够忍耐了——觉得从前真是一个"不成材的父亲"，如我给另一个朋友信里所说。但我的孩子们在幼小时,确比别人的特别不安静,我至今还觉如此。我想这大约还是由于我们抚育不得法,从前只一味地责备孩子,让他们代我们负起责任,却未免是可耻的残酷了!

正面意义的"幸福",其实也未尝没有。正如谁所说,小的总是可爱,孩子们的小模样,小心眼儿,确有些教人舍不得的。阿毛现在五个月了,你用手指去拨弄她的下巴,或向她做趣脸,她便会张开没牙的嘴格格地笑,笑得像一朵正开的花。她不愿在屋里待着,待久了,便大声儿嚷。妻常说,"姑娘又要出去溜达了。"她说她像鸟儿般,每天总得到外面溜一些时候。闰儿上个月刚过了三岁,笨得很,话还没有学好呢。他只能说三四个字的短语或句子,文法错误,发音模糊,又得费气力说出,我们老是要笑他的。他说"好"字,总变成"小"字;问他"好不好?"他便说"小"或"不小"。我们常常逗着他说这个字玩儿,他似乎有些觉得,近来偶然也能说出正确的"好"字了——特别在我们故意说成"小"字的时候。他有一只搪瓷碗,是一毛来钱买的。买来时,老妈子教给他,"这是一毛钱。"他便记住"一毛"两个字,管那只碗叫"一毛",有时竟省称为"毛"。这在新来的老妈子,是须翻译了才懂的。他不好意思,或见着生客时,便咧着嘴痴笑,我们常用了土话,叫他做"呆瓜"。他是个小胖子,短短的腿,走起路来,蹒跚可笑;若快走或跑,便更"好看"了。他有时学我,将两手叠在背后,一摇一摆的,那是他自己和我们都要乐的。他的大姊便是阿菜,已是七岁多了,在小学校里念着书。在饭桌上,一定得啰啰唆唆地报告些同学或他们父母的事情,气喘喘地说着,不管你爱听不爱听。说完了总问我:"爸爸认识么?""爸爸知道么?"妻常禁止她吃饭时说话,所以她总是问我。她的问题真多:看电影便问电影里的是不是人? 是不是真人? 怎么不说话? 看照相也是一样。不知谁告诉她,兵是要打人的。她回来便问,兵是人么? 为什么打人? 近来大约听了先生的话,回来又问张作霖的兵是帮谁的? 蒋介石的兵是不是帮我们的? 诸如此类的问题,每天短不了,常常闹得我不知怎样答才行。她和闰儿在一处玩儿,一大一小,不很合适,老是吵着哭着。但合适的时候也有:譬如这个往床底下躲,那个便钻进去追着;这个钻出来,那个也跟着——从这个床到那个床,只听见笑着,嚷着,喘着,真如妻所说,像小狗似的。现在在京的,便只有这三个孩子,阿九和转儿是去年北来时,让母亲暂时带回扬州去了。

阿九是喜欢书的孩子。他爱看《水浒》、《西游记》、《三侠五义》、《小朋友》等,没有事便捧着书坐着或躺着看。只不欢喜《红楼梦》,说是没有味儿。是的,《红楼梦》的味儿,一个十岁的孩子,哪里能领略呢? 去年我们事实上只能带两个孩子来,因为他大些,而转儿是一直跟着祖母的,便在上海将他俩丢下。我清清楚楚记得那分别的一个早上。我领着阿九从二洋泾桥的旅馆出来,送他到母亲和转儿住着的亲戚家去。妻嘱咐说,"买点吃的给他们吧。"我们走过四马路,到一家茶食铺里。阿九说要熏鱼,我给买了,又买了饼干,是给转儿的。便乘电车到海宁路。下车时,看着他的害怕与累赘,很觉恻然。到亲戚家,因为就要回旅馆收拾上船,只说了一两句话便出来。转儿望望我,没说什么,阿九是和祖母说什么去了。我回头看了他们一眼,硬着头皮走了。后来妻告诉我,阿九背地里向她说:"我知道爸爸欢喜小妹,不带我上北京去。"其实这是冤枉的。他又曾和我们说,"暑假时一定来接我啊!"我们当时答应着,但现在已是第二个暑假了,他们还在迢迢的扬州待着。他们是恨着我们呢? 还是惦着我们呢? 妻是一年来老放不下这两个,常常独自暗中流泪,但我有什么法子呢! 想到"只为家贫成聚散"一句无名的诗,不禁有些凄然。转儿与我较生疏些。但去年离开白马湖时,她也曾用了生硬的扬州话(那时她还没有到过扬州呢)和那特别尖的小嗓子向着我:"我要到北京去。"她晓得什么北京,只跟着大孩子们说罢了;但当时听着,现在想着的我,却真是抱歉呢。这兄妹俩离开我,原是常事,离开母亲,虽也有这一回,这回可是太长了,小小的心儿,知道是怎样忍耐那寂寞来着!

我的朋友大概都是爱孩子的。少谷有一回写信责备我,说儿女的吵闹,也是很有趣的,何至可厌到如我所说,他说他真不解。子恺为他家华瞻写的文章,真是"蔼然仁者之言"。圣陶也常常为孩子操心:小学毕业了,到什么中学好呢? ——这样的话,他和我说过两三回了。我对他们只有惭愧! 可是近来我也渐渐觉着自己的责任。我想,第一该将孩子们团聚起来,其次便该给他们些力量。我亲眼见过一个爱儿女的人,因为不曾好好地教育他们,便将他们荒废了。他并不是溺爱,只是没有耐心去料理他们,他们便不能成材了。我想我若照现在这样下去,孩子们也便危险了。我得计划着,让他们渐渐知道怎样去做人才行。但是要不要他们像我自己呢?这一层,我在白马湖教初中学生时,也曾从师生的立场上问过丏尊,他毫不踌躇地说,"自然啰。"近来与平伯谈起教子,他却答得妙,"总不希望比自己坏啰。"是的,只要不"比自己坏"就行,"像"不"像"倒是不在乎的。职业,人生观等,还是由他们自己去定的好;自己顶可贵,只要指导,帮助他们去发展自己,便是极贤明的办法。

予同说,"我们得让子女在大学毕了业,才算尽了责任。"SK 说,"不然,要看我们的经济,他们的材质与志趣;若是中学毕了业,不能或不愿升学,便去做别的事,譬如做工人吧,那也并非不行的。"自然,人的好坏与成败,也不尽靠学校教育,说是非大学毕业不可,也许只是我们的偏见。在这件事上,我现在毫不能

宁无知,勿有错;没有信念的人比有错误信念的人更接近真理。

——[美]杰弗逊

有一定的主意,特别是这个变动不居的时代,知道将来怎样?好在孩子们还小,将来的事且等将来吧。目前所能做的,只是培养他们基本的力量——胸襟与眼光。孩子们还是孩子们,自然说不上高的远的,慢慢从近处小处下手了。这自然也只能先按照我自己的样子:"神而明之,存乎其人,"光辉也罢,倒霉也罢,平凡也罢,让他们各尽各的力去。我只希望如我所想的,从此好好地做一回父亲,便自称心满意——想到那"狂人""救救孩子"的呼声,我怎敢不悚然自勉呢?

长寿的幸福

□ [法] 布 封 何敬业 徐 岚/译

布封(1707~1788)　法国博物学家、作家。二十六岁入法国科学院。一七五三年成为法兰西学院院士。用四十年时间写成三十六卷的巨著《自然史》。这是一部博物志,包括地球史、人类史、动物史、鸟类史和矿物史等几大部分,综合了无数的事实材料,对自然界作了精确、详细、科学的描述和解释,提出许多有价值的创见。

以一匹五十岁的马为例,它活了正常生命的两倍时间。通常,这类似情况我们只能通过特殊现象了解到。在所有的动物中都存在这种情况。因此人类像马一样,有些生命可以延长到正常寿命的两倍时间。也就是说一百六十岁,而不是八十岁。这些自然界的幸运者在现实中是存在的,只是出现的频率越来越少。这生命六合彩中的头奖足以给老人及耄耋之年的人更长的寿命。

我们曾经说起,活着的一个证据是活过。我们通过寿命可能性的量表证明了这一点,但这种量表上的寿命期望值比实际寿命的可能性小些。当人的一生完满,即生命达到八十岁时,就越接近可能性,甚至达到稳定的程度。如果我们能以一比一的赔率打赌说一个八十岁的人还能再活三年,那么同样可以对八十三、八十八甚至九十岁的人打同样的赌。哪怕最高龄的人,我们仍然可以期望他还有三年的合理寿命。这三年难道不是一次完整的生命,难道不足以使智者再做一个计划？所以，如果我们的精神依然年轻，我们就永远不会老。哲学家应把关于衰老的言论看做是有悖人类幸福的偏见。而这种想法不会使动物感到不安。十岁的小马看到仍在工作的五十岁的老马，不会想到它比自己更接近死亡。我们只是通过算术得出不同的判断；但是同样是这算术向我们证明，人到高龄，只要身体健康，离死亡总有三年的距离。而年轻人只要稍微滥用你们这个年龄的精力，你们就会离死亡更近。此外，如果按比例均匀地消耗相等精力，我们可以肯定八十岁的人还可以再活三年，而你三十岁的人只能再活二十六年。每天早上，当我健康地起床，那么这天我拥有的享受不就是完全同你们拥有的一样吗？如果我让自己的行为、胃口、愿望与聪明的天性相一致，难道我不是同样聪明或比你们更快乐吗？因为健康可保证我再活三年以上，我不就对自己的计划更有把握了吗？那些曾经面对衰老遗憾而做的回顾相反的却使我快乐地回忆起令人愉快的画面和珍贵的形象，这些不都与你们的快乐，同样有价值吗？因为这些画面是如此温柔和纯洁，专给内心带来甜美；一切伴随着你们青春欢乐的不安、忧愁和悲伤都消失在我回忆的画面中，遗憾也因此而不复存在，它们化做了永葆青春的狂热虚荣的最后激动。

不要忘记高龄幸福的另一个优点，或至少是很大的补偿：即与体质的损失相比，有更多的精神收获。精神上一切都已获得，如果体质上丧失了某些东西，也完全在精神上得到了补偿。有人曾经问五十九岁的哲学家封德奈尔，他一生中最遗憾的二十年是哪一段？他回答说，他遗憾的事情很少，但是五十五岁到六十五岁是他感到最幸福的时期。他的回答是真诚的，他以明显的、令人信服的事实证明了这个说法。人在五十五岁时，已经积累财产，获得声誉，赢得尊敬。此时生活稳定，抱负或取消或完成，计划或流产或成功，大部分的激情已经平息或减退。对社会的义务也通过他的事业完成了。死对头减少，或不如说有威胁性的嫉妒者很少，因为功绩已经得到公众的承认。这一切精神收获都证明了年龄大的好处。只有衰弱和其他身体疾病才会打乱对以才智创造的财富的宁静享受，而唯有才智创造的财富算得上是我们的幸福。

最悲观最违背人类幸福的念头，就是总想着死亡即将来临。这种想法促使大多数老年人痛苦，甚至对那些身体很健康和那些还没有达到高龄的人也一样。我请求他们向我看齐：他们七十岁时离期望寿命还有六年零两个月；七十五岁时离正常平均寿命还有四年零六个月；即使是八十岁，甚至八十六岁，仍还有三年的寿命。所以，只有那些喜欢靠近死亡的脆弱灵魂才会感到生命的终结。能够使精神坚强起来的最好方法，就是接近喜欢的事物并扩大它们的形象；相反，要远离所有让人不愉快的事物并缩小它们的形象，特别要远离那些产生痛苦的

没有思想的人生，就像没有舵的船。
——[日]池田大作

念头，一任事物自然发展就是了。生命的继续生存只是属于我们的感觉，这种存在的感觉难道没有被睡眠摧毁吗？每天夜里，我们中止了存在。这样，我们就不能将生命看做连续不间断的感觉的存在。这绝不是一根连续的线，而是一根被结头或不如说是属于死亡的断口分割的线。每一个断口都提醒着我们那最后的一剪刀，每一个断口都向我们展示什么是中止生存。那么干吗还要去理会每天中断的这根线是长还是短？为什么不客观地看待生与死？但是，因为胆小的灵魂比坚强的灵魂多，所以死亡的概念总被夸大，它的步伐总显得急促，它的接近总是太令人生疑，它的面目总是那么可憎。人们没有想到，每一次对生存的不祥预感，就是一次对身体的毁坏。因为中止存在并没有什么，但死亡却让心灵恐惧。我不会像斯多葛主义那样认为"死亡为神仙所拒绝，却是人的至尊财富"。我既不把它看做一大财富，也不把它看做一大痛苦，我只是努力介绍它的本来面目。我把这篇文章呈送给我的读者，希望有助于他们的幸福。

财富并非快乐

□ [埃及] 萨达特　李占经/译

萨达特（1918～1981）　埃及总统（1970～1981）。曾为"自由军官组织"核心成员，参加埃及七月革命。历任国民议会议长、民族联盟总书记、阿拉伯社会主义联盟最高执委会成员、副总统等职。总统任内，进行第四次中东战争；废除《埃及苏联友好条约》；恢复与美国的外交关系；签署《埃以和约》，结束埃及、以色列两国的战争状态。一九八一年十月六日遇刺身亡。

顾客们突然哄堂大笑，我莫名其妙，他们对我说："你应该说火柴。"我坚持说是"取灯儿"。他们继续嘲笑我。面对这种嘲笑，我感到我比他们更有力量，他们有什么资格嘲笑我？

在他们看来，比他们优越的人是那些比他们钱多，比他们门第高贵的人。而我们乡村里的人，则对这些事情毫不在乎。在我们看来有道德的人本身就是最高典范，尽管他可能一贫如洗。在我们乡村有一种东西叫缺点。我们彼此以兄弟相称，合作相助和友爱相处。至于城里人，他们则看重他们的金钱、权势和豪华的宅第。所有这些都是分文不值的、昙花一现的东西。

　　就这样，在乡村里哺育我成长的，在城市里我从未发现有与之相类似的全部道德观念是我早期生活的支柱。我深深感到我内在的优越，这种内在的优越自我出生以来，一刻也没有离开过我。它实际上还是——我越来越懂得这一点——一种内在力量。它不依靠任何外界的物质，恰恰相反，正是外界物质依靠着它。当外部物质来源不存在或几乎不存在的时候，这种内在的优越感也许是最有力量的东西。

　　在高中阶段，我生活在贫困线以下，因为我父亲靠他的有限收入要养活十二个男孩和一个女孩的家庭。因此，尽管我们生活在开罗，我们家里却有一个烤面包的炉子，因为像城里人一样从市场上买面包对于我们来说是一件办不到的事情。

　　我一天的零用费是二分钱。我用这点微不足道的钱买一杯牛奶茶。我喝着，感到我是世界上最幸福的人。与此同时，我看到我周围的同学从学校的小卖部购买各种最高级的巧克力和糖果。他们当中一个人有好几套讲究的衣服，供他们随意挑选，因而他们总是穿着入时，衣冠楚楚。而我只有一套穿了多年的衣服，但是，我无法替换或添置新的衣服。

一个能思想的人，才真是一个力量无边的人。

——[法]巴尔扎克

为了不断地感到幸福,甚至在苦恼和愁闷时也感到幸福,那就需要:(一)善于满足现状;(二)很高兴地感到:"事情原来可能更糟糕呢。"

第十一辑
爱情是什么

…………爱益一生…………

　　爱情既不是崇拜也不是敬佩,而是某种更深刻的东西,毫不炫目,也不是徒有其表。我们甚至说它就像呼吸一样普普通通而又必不可少。说真的,男女间的爱就是一种呼吸。

论 爱 情

□ [法] 伏尔泰

受·益·一·生·的·人·生·智·慧·书

"所有的人都感受到同样的爱情。"在这里我们必须求助于自然：它是想象并加以美化的生命机能的要素。如果你想对爱情有所了解，那就请你看看你花园里的麻雀；看看你的鸽子；仔细看看公牛被带到母牛前的模样；看看这匹趾高气扬的公马被两个马夫带到安静的母马那里时，母马等着它的到来并把尾巴甩到一边去接受它的情景，看着公马兴奋得发亮的眼睛，听听它的嘶鸣，仔细看看它是如何欢腾跳跃的，看看它坚直的耳朵，它因稍许骚动而张开的嘴巴，它翕动的鼻孔，以及从鼻孔中呼出来的粗气，它起伏不定的鬃毛，还有它跳到自然注定赐给它的对象身上时迫不及待的样子。可是不要嫉妒，好好想想人类享有的有利条件，这些有利条件在爱情上补偿了大自然给予动物的一切：力量、美貌、轻盈、速度。

甚至有对交媾之欢一无所知的动物。有鳞的鱼就被剥夺了这种欢愉：雌鱼在烂泥中产下数以亿计的鱼卵，碰到这些鱼卵的雄鱼用自己的精液让它们受精，而不在乎这些鱼卵是哪条雌鱼产下的。

大多数交尾的动物只通过一个感官来体验快感，一旦这个欲望满足了，所有的欲望都平息了。除了你们，没有一种动物懂得做爱，你们的全身都是敏感的。首先，你们的嘴唇享受着一种无穷无尽的情欲；其次，你们能在所有时间进行交欢，而动物只能在固定的时间进行。如果你考虑到这些无与伦比的优越条件，你会同意罗切斯特伯爵的话："爱情会使一个不信神的民族崇拜上帝。"

由于人类得到了大自然赐给他们的一切完美的天赋，使他们拥有美妙的爱情。清洁和保养使皮肤变得更柔嫩，因而增加了触摸的快感，对皮肤健康的注意使得产生情欲的器官更加敏感。

就像融入了黄金的金属一样，所有其他的感情都融入了爱情：友谊、尊敬都有助于爱情；爱情使身心的结合更加紧密，更加和谐。

"一名妇女通过有礼貌的方式和对自己身体的保养来安排她的行为,使得人们习惯于和她生活在一起。"(原文是拉丁文,这里是大意。)

最重要的是:虚荣心使所有这些结合得更紧密。我们对我们的选择喝彩、赞美,无数的幻觉是这个结构的装饰物,而自然奠定了这个结构的基础。

这些就是使你优于动物的地方,可是,如果你们体验了这么多它们不知道的快乐,同时你也品尝了野兽一无所知的悲哀! 使你害怕的是:在地球四分之三的地方,自然已经用一种可怕的疾病毒害了爱情的快乐和生命的源泉,只有人类才会得这种病,而这种病也只传染给生殖器官。

这种瘟疫根本不像其他疾病一样是无节制的结果, 不是由于纵欲放荡而传到世界上来的。弗里尼斯人、莱斯人和弗罗拉斯人从来没受到它的侵袭,它产生于人们生活在无知状态的岛屿上,于是便在古代各国蔓延开来了。

如果人们能够控告自然蔑视它自己的工作, 使它的行为与它自己设计的蓝图自相矛盾,与它自己的本意背道而驰,那这就是最好的例子。这是可能有的世界中最好的世界吗? 得啦! 恺撒、安东尼和奥克他维斯确实从没生过这种病,可是难道就不能挽救弗朗西斯一世,使他不被这个病致死吗? 不,据说,为了最好的结局,事情是注定这样发展的,我愿意相信这句话,可是对于那些拉伯雷把他的书献给他们的人来说就不免悲哀了。

婚姻与情爱

□ [法]卢 梭

致维也纳法国大使什瓦泽尔伯爵秘书德莱尔:

我亲爱的德莱尔先生,你真是疯了,看了你上封信后,我对此毫不怀疑。幸运的是这些蠢事终于结束了,人们一旦摆脱了它们,留给人们的只是一点羞愧之感,同时无人有权拒绝原谅他们。你对我的判断完全正确,我真心实意地原谅了你,只希望你今后别再做蠢事。

你在热恋中,很明显,你钟情于完美无缺的人,而我也不愿与你争论这个

人类与其说是有理性的动物,不如说是有信仰的动物。
——[英]哈林顿

问题,但你必须原谅我语言冒犯。我没说你心中的偶像,而是说你心中的崇拜者。首先,我以为在你离开时,一切都算结束了,而且除了嘲笑你自己和朴实外,你不会想起有关你的旧的崇拜者的,当然你同意这种意见不是没有道理,而且在巴黎这种爱情很少能持久下去。所以我就采用了你也会采用的语调,或者说,至少是你听了以后不会感到生气的语调,然而相反,你们仍处于无所畏惧的热恋中。好吧,既然如此,我将改变语调,当然我无意触犯你,我也同意这种说法,即一个男人容忍他人说他所钟爱的女人的坏话,他不是不爱她,就是一个恶棍。

那么我究竟有什么地方侮辱了她,以致使你陷入绝望之中?我诋毁了她的美德或是忠诚吗,因为正是在这一点上你竭尽全力为她辩护,其实你又何必为此抗议呢,既然那是不可能的。亲爱的德莱尔先生,战争的格言是,人总是要从防卫最坚固的地方出击。我曾说她是个爱管闲事的人。的确,我错了。假如今天在得知你仍迷恋于她的时候,再用这一不够尊敬的形容词,那我将犯更大的错误。但设身处地地替我想一下,我认为爱管闲事的人是讨厌的,好奇而又多嘴多舌,为了满足其无足轻重的好奇心,他们竟至影响他人的休息。我认为一个真正谨慎谦虚的人(你就是这样向我描述她的,而我并未强求你把她介绍给我),劝阻你时会说(我想象):"为什么要打扰那位可怜的爱好独居的人呢?既然他要呆在那儿,就随他的心愿吧,我可不愿牺牲别人以满足我的奇想。"事实又是怎样的呢?她来到我处,窥探我,搜寻我,而且竟不惜将我逐出房子,询问我的管家——这一切是为了什么?她乐于出我的洋相,(别生气)也出足了你的洋相。请原谅我,亲爱的德莱尔,我就说这是好管闲事,类似的词语今后不会再出之于我口,但允许我最后一次地告诉你,尽管我和他人一样易动感情,我绝不会爱上这种妇人或姑娘。

……

你热恋着一位温柔善良的姑娘,这并不奇怪,所有的情人都会这样。你是在巴黎看上她的?在巴黎找到温柔善良的情人并非不幸,你答应要和她结婚,那么亲爱的德莱尔,你就做了一件蠢事。因为假如你继续爱着她,这一承诺有何意义?如果你不再爱她,它又有何用?只会给你带来许多麻烦。可能她也作了同样的允诺,这样我就不必再讲了。你是用血在签署这张契约吧?那真是可悲了。但我不知道用血或用哪种墨水签字有什么区别。我清楚地看到爱情会使学者以及我们所有的人变成孩子。亲爱的德莱尔,虽说我不是你的朋友,但我还是对你友好的,我为你的处境感到忧虑。请认真思考一下,爱情只不过是幻觉,人在热恋时就看不清事物的真相,假如你还有理智的话,那么在你做出任何决定前,与你的亲友好好商量一下吧。

一七五九年十一月十日于蒙莫朗西

致伯尔尼基希伯格先生:

　　这么年轻就结婚了! 阁下,你很早就负担起重大的责任了。我知道成熟的思想可以弥补年龄的不足,在我看来,你似乎可能就是这样的。此外,你是很会判断优点的,我相信你所选择的妻子的优点是不错的。亲爱的基希伯格,没有比使这一早熟的结合成为幸福的结合更为重要的了。你的年轻使我不安,其他的我都放心,我总认为生活的真正幸福在于一对佳偶,我也相信婚姻生活的成功取决于它开始的方式。你第一年的职业、兴趣、举止和家庭感情决定着其他一切。现在是"你生活的命运由你自己掌握"的时候,以后则取决于你生活的习惯。年轻的夫妇,如果你们只是一对情人,你们就会感到失落,及早成为伴侣吧,这样就可以永远成为伴侣。相互要信任,这比爱情更有价值、更长久而且能取代爱情。如果你们知道如何在你们之间建立起信任来,对你们说来,自己的家就会比别人的家更有乐趣,而一旦你们感到在家比在其他地方更幸福,我保证你们以后的一生都将是幸福的。但是你们不要想到别处去寻求幸福,不论是在名声、欢乐,还是在成功中。真正的幸福在外面是找不到的,你们自己的家就足够了,任何其他东西都不能给你们幸福。

　　我认为按照上述原则,目前还不是你考虑执行你向我提到的计划的时候。你参加你妻子的交往的时间应该多于参加赫尔维提克协会的时间,在出版该协会的年鉴以前,你应该为该年鉴提供最好的篇幅。在你报道别人的活动时,你应该能像科里基奥那样说:"我,也是个人。"

　　亲爱的基希伯格,我认为我看到在瑞士青年中有许多优点,但你们也都全染上了普遍的歪风。你想要让全世界都知道你的优点,我很害怕,在像你这样的一群人中有这样的癖好,总有一天领导我们共和国的不是伟大的人物而是一群小作家。不是每个人都能成为霍勒的。

　　……

　　再见,善良可爱的基希伯格。请代我向你的妻子问候,请告诉她,她完全有权接受我的感谢,因为她使我很关心并认为应该获得幸福的人得到了幸福。

一七六三年三月十七日于摩蒂埃

致德拉夏佩尔先生:

　　你一定对自己的口才评价很高,而对我(你说你对我很热情)的分辨能力

人是为思索而降生,所以人一刻也不能不思索。

——[法]巴斯加尔

评价很低，因为你以为我看了占来信的一半篇幅的捏造的故事和其后的一小段故事，就会对你有好感。从这封信中，我非常明确地知道你还不成熟，而且你以为我也是不成熟的。

阁下，在信中，你谈到你故事中的泽利，他像你的教会的圣徒们一样，据说，他们虔诚地与女孩子们睡在一起，燃起情欲之火，以便在与获得满足的欲望的斗争中抑制自己。我不知道你大胆地向我讲述这些猥亵的细节是什么意思，但是读了你的信，很难不认为你在说谎或无能。

我知道爱情能净化情欲，一个真正的情夫比其他人能活得好一百倍。尊重自己对象的爱情，珍惜它的纯洁性，这是爱情在爱的对象中找到的又一个完美性，而且害怕丢失它。情夫的自爱使他的对象变得更值得他钟爱，从而弥补了他对自己的克制；如果他的情人一旦受到他的爱抚，就失去了一切端庄，如果她的肉体成了他淫欲的俘虏，如果她的心因受到爱抚而燃烧起欲火，如果她那本已腐化的意志使她自己听命于他，那么，我很想知道，她身上还有什么值得他尊敬的。

让我们假设，在这样玷污了你的情人的身体以后，你获得了你吹嘘的那种神奇的胜利，这的确是值得夸耀的，但是，你赢得了她的心，她的愿望，甚至她的情欲了么？你吹嘘说你使她高兴得晕倒在你的怀抱中，那么，你曾设法单独看到她这样么？你这是可怜她么？不，这是降低她的身份。你喜欢这样从别人怀抱里走出来的女人么？然而，你把这些东西都称之为道德做出的牺牲！你对你所说的道德一定有着与众不同的理解，它使你无所顾忌地糟蹋现在供养你的人的女儿。你不是在实行赫卢瓦斯的准则，而是以违反这准则为骄傲：在你看来，一个人在特殊情况下不放纵情欲，因而就根本不应放纵情欲是虚伪的。你放纵能使你犯罪的一切情欲，但却拒绝能使你不犯罪的情感。你的例子如果是真的，并不证明我的原则是错的，相反，它肯定了我的原则是对的。

紧接着上述捏造的故事之后的是一个可能性较大的故事，但是上述捏造的故事使我对这故事也相当怀疑。你想以你这个年龄的狡猾来利用我的自爱之心并迫使我（哪怕仅仅是出于礼貌）注意你。阁下，这是人们为我安排的圈套中我最不会上当的一个，因为这个圈套安排得毫无技巧。你说你坚持我的原则。如果我因为你所使用的方式而谴责，我就过于急躁了，如果我因此而对你不客气，那甚至就是不领情了。然而，阁下，既然你们的国会已谴责了我的书，你对该书的辩护不可能是非常有节制和全面的，你不应该因为你对真理，或者对你认为的真理做出过公正的评价而要求我个人对你表示感激。如果我肯定事情是像你所写的那样，我会认为我应该补偿你因我所受的伤害（如果我能补偿的话），但这并不使我有义务在不了解你的情况下推荐你，而不推荐那些我了解但又不能为他们服务的好人。我要注意,在不能保证学生们能受到比你告诉我有关你自己的事和你送给我的诗更好的教育以前,不为你招收学生(特别是如果他们有姐妹的话)。你向之投稿的出版商那样粗暴地回答了你是错误的,你的著作在结构上不是像他认为的那样糟。你的诗写得很熟练,有几首写得很好,其他的则较弱而且不合格律。在其他方面,你的诗慷慨有余而热情不足。扎蒙像悲剧里的角色那样自杀了,这种死法既没有说服力,也不能感动人。诗中所有感情都是来自《新赫卢瓦斯》的,看不出有什么东西是你自己的,这说明你没有很多的灵感,也不符合历史事实。此外,如果说,出版商在某一方面有错误的话,在另一方面却是对的,但他可能没有想到这一点。一个自认为有道德的人怎么可能出版一本宣传腐败的道德,充满放荡形象,教导年轻人、情人之间的不正当的性关系是无所谓的书呢? 这书所宣传的准则是捏造的,危险的,旨在摧毁两性之间一切纯洁、忠诚和克制的感情。阁下,除非你是道德败坏的人,无原则的人,你不会不对书加以修改,以防止它的坏影响,虽然这些诗写得还可以。

毫无疑问,你还是有些才能的,但是你没有好好使用它们。但愿你以后会更好地使用它们,这样既不会给你自己带来后悔,也不会遭到正直人的谴责。

一七六四年九月二十三日

向情人坦白

□ [德] 图霍尔斯基   蔡鸿君/译

图霍尔斯基(1890～1935) 德国作家、政论家。曾主编《柏林日报》副刊,后在巴黎任记者。作品嘲讽沙文主义、军国主义、官僚政治以及小市民习气等。主要有诗篇《红色旋律》、《觉醒吧,德意志!》,小说《莱茵斯贝格》、《格里斯普霍尔姆宫》,散文集《五马力》等。

"我身上有一股陌生的气味?这是什么意思,我身上有一股陌生的气味?我身上绝对没有陌生的气味。吻一下小洛特吧。你待在瑞士的这整整四个星期里,没有任何男人吻过我。这里什么也没有发生。没有,这里真的什么也没有发

人生所缺者不是才干,而是志向;换言之,不是成功的能力,而是勤劳的意志。

——[英]鲍 威

生！你立刻发现了什么?你根本就不会立刻发现什么……啊呀,Daddy!我对你是忠实的,就像你对我一样。不过,应该说……这是真正忠于你的!你会立刻爱上任何一句歌词, 只要里面出现一个女人的名字……我对你是忠实的……谢天谢地! 这里什么也没有发生……"

"只是去看过几回戏。不,便宜的座位,嗯,有一回坐的是包厢……你是怎么知道这事的?什么? 你说什么?是谁告诉你的?那好吧,这些座位……通过关系……我当然是和一位先生一起。难道我应该和一位女护士一块儿去看戏……亲爱的Daddy,这没有坏处,完全没有坏处,这又不是卡摩拉,又不是黑手党,没有他们在科西嘉岛干的那种事,在西西里岛,我想说,西西里岛!总而言之,这是毫无坏处的。他们究竟是怎么对你说的?这里什么也没有发生。"

"他曾经是……他现在是……你不认识这个男的。我不会这么做的。我要是和另一个男人一起去看戏,绝对不会和一个你认识的。求求你,我从来没有损坏过你的名誉。男人都是这么愚蠢,假如别人做了什么,而这个人又是一位同事,他们就会气得要命。但是,如果不是同事,那就无所谓了,大家都叫朱丽叶小姐。生活真不容易! 你不认识这个男的,你不认识他。是的,他认识你。你应该高兴才是,有这么多的人认识你,你有名嘛。总之这事毫无坏处,一点儿也没有。然后,我们还一起吃了饭。除此之外什么也没有发生。"

"什么也没有。真的什么也没有。这个男的……这个男的是——我也让他坐进了我的汽车,因为他坐在我身边十分听话——一条漂亮的护卫哈巴狗,雷文特罗夫伯爵夫人也是这么说的吗?我就是这么叫他的。但是,仅仅是护卫哈巴狗而已。这位先生的外表光彩照人。是的,这是真的。他有一张奇妙的嘴,一张硬邦邦的嘴——吻过小洛特一次。他真笨。什么事也没有发生。"

"其实,他并不很笨。这是……我根本没有爱上他。你很清楚,唯有你在场我才恋爱——目的是让你也得到一份欢乐! 一位可爱的先生……但是我已经不再喜欢这种家伙。我不喜欢。我对这一切都不再感兴趣。Daddy,他看上去并不那么可爱,不过他接吻还是挺在行。就是这些,总之,没有发生什么事。"

"说说看,你对我是怎么想的?你也许把我想象得像我想象你一样吧?你……我不允许这样! 我是忠实的。Daddy,这个男的……这仅仅是一时冲动。你先是把人家一个人撇在这里,后来也没有来过信,只是打过一次电话,要是女人独自一人,她要比男人更加感到孤单。我真的不需要任何男人……我不需要。我也不需要那个男的,他不应该想入非非! 我只是想,我曾经见过他……我头一回就觉得,我从前见过他……但是,什么也没有发生。"

"看戏之后,大约有两个星期,不对,是的,只送了玫瑰花,还有两次是高级糖果和那个用滑石做的小狮子。不对。我把家门钥匙给了他？你大概……我没有把家门钥匙给他！我绝不会把家门钥匙交给一个陌生男人！那我宁可把它吞下肚去，Daddy，我压根儿就不喜欢那个男人。他也不喜欢我，这你是知道的。因为，他有一张硬邦邦的嘴……嘴唇很薄，因为，他从前当过水手。什么？在万湖？这个男人是出海当水手，乘一艘大船，我把船名给忘了，他会各种指令，他有一张硬邦邦的嘴和薄薄的嘴唇。这家伙什么也不说，就是接吻倒挺在行。Daddy，假如我不是感到这么颓唐，根本就不会有这事儿……其实，什么也没有发生……这不算数。什么，在城里？没有，不是在他家。我们一起在城里吃过饭。他付的钱——什么，你看见了！我也许应该为所有我认识的人付账……好啦，就是这些……根本就没什么。"

"文身？这个男人没有文过身！他的皮肤很白，他有……没有细节？没有细节！要么我应该说，要么我不应该说。从我这里，你不会再听到关于这个男人的一个字。Daddy，你听着，假如他不是普通水手，或者就像人们说的那样……我干脆直说吧：

'首先，什么也没有发生；其次，你不认识这个男人；第三因为他是水手，所以我根本就没送他任何东西，一点儿也没有，就像保尔·格拉埃茨常说的那样：

刚沾点儿边的事，就被当真了。Daddy，Daddy，让我瞧瞧……这是什么？什么？你说什么？这是什么照片？这是什么人？什么？你说什么？你是在哪里认识这个女人的？你说什么？在卢塞恩？什么？你和这个女人一起去郊游？在瑞士，人们经常去郊游。你什么也不用对我说……什么？什么也没有发生。"

"这完全是两码事。那好吧，我有时候会喜欢上别的男人，可是你们……"
"你们总是自甘堕落！"

人类的伟大不在于他们在做什么，而在于他们想做什么。
——[英]勃朗宁

爱情的威力

□ [哥伦比亚] 加西亚·马尔克斯

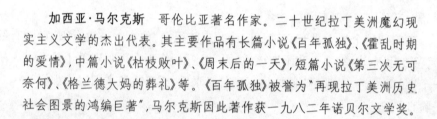

加西亚·马尔克斯　哥伦比亚著名作家。二十世纪拉丁美洲魔幻现实主义文学的杰出代表。其主要作品有长篇小说《白年孤独》、《霍乱时期的爱情》,中篇小说《枯枝败叶》、《周末后的一天》,短篇小说《第三次无可奈何》、《格兰德大妈的葬礼》等。《百年孤独》被誉为"再现拉丁美洲历史社会图景的鸿编巨著",马尔克斯因此著作获一九八二年诺贝尔文学奖。

世界仍然有这样的希望:女人们相信爱情。显然,当男人们比相信感情更相信热核武器的时候,女人们——至少那些能够影响统计学的女人——却相信爱情的力量。也许这就是我们所说的、女人们所相信的感情。而这种感情,更像是浪漫主义者所谓的爱情。

希娜·洛略布里希达相信能够凭着自己的姿容达到西方的政治家们通过威吓达不到的目的:感动马林科夫。希娜准备去莫斯科,单靠她的魅力这件武器去结束迫在眉睫的战争。可以说,她的魅力完全抵得上整整一个外交部。

现在另一个女人——她叫琼·斯托克,二十岁,伊利诺伊大学的学生——要去摩纳哥,唯一的目的是征服那个王国的君主。那个君主是世界上最小的君主,同时也是世界上最冷酷无情的单身汉。琼·斯托克生活在相信爱情的女人们中间,她的信念也许有利于她取得成功。但是现在还不能抱太多的幻想。人类的历史上有许多美丽的女人和多情的统治者,他们在一夜之间就能扭转事件的方向。

如今情况完全不同了。但是这绝不是因为今天的女人不如昨天的女人美丽,在使用诱惑武器方面不那么熟练了。原因也许在于男人,特别是统治者,不相信爱情了,所以女人们在征服他们、驯服他们、把他们变成虽然有权有势、但心肠软弱、顺从的大傻瓜之前,应该设法使他们相信爱情是存在的,尽管彼此之间并没有什么爱情。

爱在人生中的位置

□ [英] 伯特兰·罗素　靳建国/译

伯特兰·罗素 (1872～1970)　英国哲学家、数学家、逻辑学家。曾就读于英国剑桥大学三一学院，一八九三年获数学荣誉学士学位一级，改学哲学，次年获道德哲学荣誉学士学位一级。获一九五〇年诺贝尔文学奖。生前最后三年出版了一生最优秀的著作之一《自传》。

大多数人对于爱一般持有两种态度，而且这两种态度都是很奇怪的：一方面，爱是诗歌、小说和戏剧的主题；另一方面，爱完全得不到大多数严肃的社会学家的重视，从未被视为是经济或政治改革计划中一件迫切需要的事。我认为这种态度是错误的。我把爱看成是人生中最重要的事情之一，因此，我把任何无端干涉爱的自由发展的制度都视为是坏的制度。

爱，如果这个字眼能够得到正确应用的话，并不是指两性间的一切关系，而仅仅是指那种包含着充分的情感的关系和那种既是心理又是生理的关系。爱可以强烈到任何程度。《忧伤和孤独》中所表达的那种情感，是和无数男女的经验相一致的。表达爱情的这种艺术能力是罕见的，但这种情感的本身，至少在欧洲，却并非如此。这种爱的情感在某些社会中要比在另一些社会中普遍得多，我认为，这并不取决于人的本性，而取决于他们的风俗和制度。在中国，爱的情感是罕见的，从历史上看，这只是那些因邪恶的婢妾而误入歧途的昏君的特点。中国的传统文化反对一切浓厚的感情，认为一个人在任何情况下都应保持理智，这和十八世纪初叶时的情形非常相似。由于在我们以前曾有过浪漫主义运动、法国革命和欧洲大战，所以我们感到人生中理智的作用并不像安妮女王统治时期人们所希望的那样重要，因为理智本身在进行心理分析时，是靠不住的。现代生活中理性以外的三项主要活动是：宗教、战争和爱情。这些活动都是超理性的，但爱情并不是反理性的，这就是说，一个有理性的人能够理智地去享受爱的存在。在当代世界，宗教和爱情之间有着某种敌对的情形，其原因，

235

伟大的抱负造就伟大的人。

——[英]托·富勒

我们在前文中已经讨论过。我认为，这种敌对并不是不可避免的，这种情形的产生只是因为基督教与其他宗教不同，它是基于禁欲主义的。

然而，在现代世界中，爱却有着一个比宗教更危险的敌人，这就是事业和经济成功的事实。人们普遍认为，在美国尤其如此，人们不应当让爱情去妨碍他们的事业，如果不这样做，那就太愚蠢了。但是，在这个问题上和在人类的其他问题上一样，平衡是必要的。为了爱情而完全牺牲事业是愚蠢的，虽然有时也许属于一种悲壮之举；但为了事业而完全牺牲爱情同样是愚蠢的，而且绝称不上是壮举。然而，在一个普遍以金钱掠夺为基础的社会里，这种情形是常有的，而且是不可避免的。以一个现代典型商人的生活（尤其在美国）为例：从他成年之日起，他就把他所有的精力全部放在经济的成功上，而其他的一切不过是可有可无的娱乐而已。年轻时，他不断地嫖妓，以满足他肉体上的需要，后来虽然结了婚，但他的兴趣和他妻子的完全不同，因此他从来没有和她真正亲近过。他很晚才回家，而且由于公务早已疲惫不堪；他第二天早晨起床时，妻子在梦中；星期日他要打一天高尔夫球，因为运动对于他能有足够的精力和体力去挣钱是不可缺少的。在他看来，他妻子的兴趣完全是女人所特有的，所以他即使赞成她的兴趣，他也从不打算与她共享这些兴趣。与他在婚姻中的爱一样，他也没有时间去从事非法的爱，虽然在外出差时，他也许会偶然去逛一逛窑子。他的妻子在性方面也许一直对他很冷淡，但这并不奇怪，因为他从来没有时间与她调情。从下意识上说，他是不满意的，但他并不知道原因何在。他排泄不满的主要方式是工作，但也通过其他一些不大称心的方式，例如通过观看有奖拳击比赛或制裁激进分子得到一种变态的安慰。他的妻子也同样不满意，于是就在第二流的文学中找出路，而且还折磨那些慷慨和自由的人，借以维护她的道德。这样，夫妻之间在性生活上的不满，就转变为对人类的憎恶，但表面上还是以公益精神和高尚的道德标准为假象。这种不幸的情形主要归咎于我们对于性的需要的错误观念。圣保罗显然认为，婚姻中唯一需要的是性交的机会，这种观念总的说来是为基督教道德家们的学说所赞成的。他们对于性的厌恶使他们看不到性生活中好的方面，结果，那些在年轻时深受其学说之苦的人糊涂一世，竟不能正视他们自己最伟大的潜力。爱远非仅仅是性交的欲望，它也是免除孤独的主要手段，因为大多数男女在他们的大部分人生中都会有孤独之感。在大多数人中都存在着一种对于世界之冷酷和人类之残暴的巨大恐惧，同时还存在着一种对于爱情的渴望，尽管这种爱经常由于男人的粗鲁、暴躁或霸道，以及女人的无事生非和碎嘴唠叨而荡然无存。那种持久而热烈的相互之间的爱情会消除这种感觉，它会摧毁自我主义的坚壁，产生出一种合二为一的新东西。自然没有造就一种可以独处的人，因为人无法满足自然的生理目的，除非得到别人的帮助。而如果没有爱情，有文化的人也将无法充分满足他们的性本能。这种本能是无法得到充分满足的，除非一个人的整个生命，精神的和肉体的，都进入了这种关系。那些从未领受过两个人之间的爱所具有的那种密切的关系和深厚的友谊的人，失掉了生活所给予我们的那种最美好的东西。他们无意识地，假如不是有意识地感觉到这一点，而这种不满则使他们朝嫉妒、压迫和残忍的方向堕落。因此，让热烈的爱得到它应有的地位应当成为社会学家的责任，因为如果没有这种经验，男人和女人都无法进入完善的境界，而且也无法从世界上的其他人那里感受到那种热烈的情感，而如果没有这种热情，他们的社会活动无疑将受到损害。

只要有适当的环境，大多数男女都会在他们生命的某个阶段感受到热烈的爱。然而，对于那些没有经验的人，是很难把热烈的爱情和单纯的性欲区分开来的，对于那些在优越的环境中长大的少女，尤其是这样。因为她们所受的教育是：她们绝不能和男人接吻，除非她们爱这男人。一个要保持自己在结婚时仍为处女的姑娘，经常为急切和轻浮的性吸引所迷惑，而一个有性经验的女人却极容易把这种性吸引和爱情区别开。毫无疑问，这种情形时常是造成不愉快婚姻的原因。即使双方之间存在着爱情，这种爱情也会由于一方或双方认为它是罪恶的而遭到破坏。当然，这种认识也是有其根据的。例如，帕内尔无疑因奸淫而毁掉了自己的健康，结果，他推迟满足爱尔兰人的希望达数年之久。即使这种犯罪的感觉是没有根据的，它同样会损害爱。凡是能够带来各种善的爱，一定是自由的、热烈的、无拘束的和全心全意的。

传统教育把爱，甚至包括婚姻中的爱，和罪恶联系在一起。这种犯罪的感觉常在男女双方的下意识中存在着，这种感觉不但在那些旧传统的继承者身上存在，就是在那些思想解放的人身上也是存在的。这种态度的影响多种多样，它常使男人变得残忍、愚蠢，做爱时缺少同情心，因为他们既不会说些能够确定女人感觉的话，也不懂得如何对待女人才能逐渐进入最后一幕，而这对于激起大多数女人的快感是至关重要的。的确，男人经常意识不到女人是应当体验快感的，如果女人没有这种体验，那完全是男人之过。在那些受过传统教育的女人身上，时常存在着某种冷酷的自负、肉体上的自我克制以及对于男人随意亲近她的身体的厌恶。一个灵活的求婚者也许能够战胜女人的羞怯，但是一个敬重并称赞这种羞怯，而且将其视为是贞洁女人的标志的男人，大概是要失败的，结果，即使在结婚数年之后，夫妻之间的关系仍然拘谨而刻板。在我们祖先的时代，男人从不要求看到他们妻子的裸体，对于这种要求，他们的妻子会

每个人总不免有所迷恋，每个人总不免犯些错误，不过在进退失据，周围的一切开始动摇的时候，信仰就能拯救一个人。

——[俄]马明·西比利亚克

吓得魂不附体。时至今日,这种态度仍然比较普遍,这是我们始料不及的,即使在那些摆脱了这种态度的人中间,也还存在着不少拘谨之处。

在当代世界中,还存在着一种更是属于心理上的障碍在阻止爱情的充分发展,这就是有许多人在担心不能保持他们个性的完整。这是一种愚蠢的、为现代所独有的恐怖。个性的目的并不在于个性本身,个性是一种必须与世界广泛接触的东西,所以它非抛弃它的孤独之癖不可。放在玻璃杯里的个性一定会枯萎,而那种能够在人类的交往中自由发展的个性才会丰富起来。爱情、孩子和工作是增加个人与世界接触的主要源泉。在这二者当中,爱情,按时间而论,当居首位。此外,爱情对于父母爱子之心的正常发展也是不可缺少的,因为孩子习惯于模仿父母的特点,如果父母不能互爱,那么,当这些特点在孩子的身上体现时,它们所体现的只是一个人的特点,而与另一个人的特点截然不同。工作绝非总能使一个人与外界有广泛的接触,况且能否做到这一点,全取决于我们从事工作时所具有的精神。纯粹为了金钱的工作是没有价值的,只有那种包含着某种爱的工作,无论是对人、对物或仅仅是对幻想,才会有价值。仅仅为了获取的爱是没有价值的,因为这种爱和那种以金钱为目的的工作毫无二致。为了得到我们所说的这种价值,爱必须觉得那被爱者的自我和他本人的自我一样重要,而且还必须认识到别人的感觉和愿望就像是他自己的一样。这就是说,我们不但要根据我们的意识把我们的自我感觉传达给他人,而且也应当根据我们的本能去这样做。我们这个好斗的竞争社会,以及由新教和浪漫主义运动所产生的愚昧的个人崇拜,使得这一切变得难于实现。

在现代解放了的人们当中,我们所谈及的这种真正的爱,正面临着一种新的危险。由于这些人在任何时候都不再感觉到性交的道德障碍,甚至一点轻微的冲动都会导致性交,于是他们把性和真正的情感及爱情看成是两回事,甚至把性与恨的感觉视为同一。对于这个问题,奥尔德斯·赫克斯利的小说提供了最好的例证。他笔下的人物,和圣保罗一样,把性交当成单纯的生理发泄,而对于那些与性交有关的更高的价值,他们却一无所知。这种态度的唯一结果就是禁欲主义的恢复。爱有其自己正当的理想和固有的道德标准。这种理想和道德标准在基督教的说教和对于一切性道德不分皂白的反抗中(这种反抗大多来自青年一代)消失了。没有爱的性交是不能使本能得到充分满足的。我并不是说这种性交不能有,因为要做到这一点,我们必须设置难以逾越的障碍,结果,爱也难以产生了。我要说的是,没有爱的性交没有多少价值,我们应当从根本上把性交当成以爱为目的的尝试。

正如我们所看到的,爱强烈要求在人生中占有公认的地位。但是,爱是一种无政府的力量,如果放任自流,它是不会安于法律和风俗所规定的范围的。如果这事与孩子无关,那倒算不上什么大问题。但是,这事一旦与孩子有关,我们就会处于一个不同的范围,在这个范围里,爱不再是独立存在的,而是为人种的生物目的服务的。因此,我们必须有一种与孩子有关的社会道德,一旦发生冲突,这种道德便能支配热烈的爱的要求。理智的道德将会把这些冲突减至最低限度,因为爱不但对其自身有益,对孩子也是如此,只要他们的父母彼此相爱。理智的性道德的主要目的之一,就是保证爱没有多少障碍,因为它是与孩子的利益有关系的。然而,这个问题要在我们探讨了家庭问题之后再进行讨论。

女丈夫与雌男儿

□ [英] D.H.劳伦斯

在我看来有两种女人,一种娴静,另一种坚贞。男人们喜欢娴静的那一类,至少在小说中是这样的。这种女人总是回应:行,随你,好心的先生!娴静的姑娘,贤淑的伴侣,贤惠的母亲——现在仍然是男人们的理想。不少姑娘、媳妇和母亲是娴静淑女,有些是装的,可大多数则不是,也不装。我们并不希望车技娴熟的女孩是个贤惠女人,我们希望她无所畏惧。议会里娴静如少女般的议员有什么好?只会说行,随你,好心的先生!当然,也有的男性议员属于那号人。娴静的女接线员?甚至娴静的速记员呢?娴静,是女性的外在标志,就像鬈发一样。不过娴静需与内在的坚贞并行才好。一个女子要想在生活中闯荡,就得无所畏惧,如果她除此之外再有一副俏丽娴静的外表,她就是个幸运的女子了。她可谓是一石打两鸟。

这两种女性特质必带来两种自信。一种是男性的自信,一种是女性的自信。真正现代的女人应有一种男性的自信,从无疑虑和不安,这是现代类型的人。可旧式的娴静女人则像母鸡般自信,就是说对其自信一无所知。她自顾默默地忙于咯咯下蛋,焦躁地、梦幻般地给小鸡喂食,那样子不乏自信,但绝非理智的自信。她的自信是一种肉体境况,很宁静,但她极易于受惊吓而失态。

观察鸡的这两种自信是很有趣的。公鸡自然有着雄性的自信。他打鸣儿，那是因为他相信天亮了。这时，母鸡才从翅膀里朝外窥视。他大步走到母鸡窝门口，昂起头宣布：嘿，天亮了，我说亮就亮了。他威武地走下阶梯，踏上大地，深知，母鸡会小心翼翼地随他而行，因为她们为他的信心所吸引。果然，母鸡亦步亦趋地随他来了。于是他再次打鸣儿：咯咯，我们来了！毫无疑问，母鸡全然认可了他。他大步走到屋前，屋里会有人出来撒玉米粒。那人不能不出来吗？公鸡有办法，他有雄性的自信。他在门道里大叫，人就得出来。母鸡很明白，但马上会全神贯注去啄地上的玉米，而公鸡则跑来跑去照看着大家，自信自己该负点什么责任。

日子就这么过。公鸡发现点什么好东西就会高叫着招来母鸡，母鸡们晃晃悠悠地过来吞吃一气。可当她们发现点汤水佳肴时，她们会默默地吞吃，毫不犹豫。当然，她们会焦急地招呼那些小雏鸡的。但母鸡总是有自己的一套办法，比公鸡要自信得多。她信步去下蛋，先是固执地保护着自己的窝儿，下了蛋之后又会神气活现地走出来，发出最为自信的声音，那是雌鸟的声音，宣布她下蛋了。而从来不如母鸡自信的公鸡此时也会像母鸡一样叫起来。他是想如母鸡那样自信起来，因为母鸡比他自信多了。

无论如何，雄鸡的自信是起主导作用的。当捕食雏鸡的鹰出现在天空时，公鸡会高叫着发出警号。随后母鸡在廊檐下跑动，公鸡会扑棱着翅膀警惕起来。母鸡吓得麻木了，她们说，我们不行了，像公鸡那么勇敢该多好！她们会麻木地缩成一团。

公鸡咯咯叫，好像他们也会下蛋。母鸡也会打鸣儿，她也多少能显出公鸡式的自信。可是这样装出公鸡样的自信对她来说实在不容易。她尽可以像公鸡一样自信，可她很不安。母鸡般自信虽让她打颤，可她自在。

在我看来人也一样。只是今日，公鸡们才咯咯叫着假装下了蛋而母鸡们则打鸣儿假装叫着天明。如果说今日的女人都男人般刚强，男人则女人般阴柔。男人懦弱、胆小、优柔寡断，像女人一样柔顺。他们想让人温和地与之说话，可女人却一步上前，冲他们发出喔喔的吼叫！

阳刚之气的女人之悲剧在于，她们过于阳刚自信了，胜过了公鸡自己。她们从未意识到，雄鸡在清晨高声鸣叫以后，他会伸直耳朵谛听是否有别的公鸡敢于叫出声以示挑衅，对公鸡来说，晴空中总孕育着挑衅、挑战、危险和死亡，当然同样也孕育着机会。

可是，当母鸡高叫时，她并不谛听是否有挑衅和挑战。她的喔喔叫声是难以回应的。雄鸡总是警觉地谛听回声，但母鸡知道她的叫声得不到回声，喔喔，听也罢不听也罢！

正是这种女人的坚定，太危险，太灾难性了。它真的是没有章法，与别的东西没什么联系。所以这样的女人才会上演悲剧，她们常会发现，她们生出的不是蛋，而是选票、空墨水瓶或别的什么毫无意义的东西，这些东西是孵不出鸡来的。

这就是现代女性的悲剧。她像男人一样坚强，把全部的激情、能量和多年的生命都用在某种努力或固执己见上，从来不倾听否定的声音，连想都不去想它。她像男人般自信，可她们毕竟是女人。她惧怕自己母鸡似的自我，就疯狂地投入选票、福利、体育或买卖中去，干得很漂亮，超过了男人。可这些压根儿与她无关。这不过是一种姿态，某一天里这种姿态会成为一种奇怪的束缚，一段痛楚，然后它会崩溃。崩溃之后，她会看到自己生出的蛋：选票，几里长的打字稿，多年的买卖实效，突然，这一切都会因为她是只母鸡而成为虚无，这一切会突然与她母鸡的自我无关，她会发现她失去了自己的存在。那可爱的母鸡般的自信本是每个女性的幸福所在，她却不曾有过。她的生命是伴随着坚韧与刚强度过的，因此她全然失落了自己的存在。虚无！

婚 姻 格 言

□ [法] 巴尔扎克　张冠尧/译

巴尔扎克(1799～1850)　法国作家。法国现实主义文学的主要代表。代表小说有《高利贷者》、《驴皮记》、《欧也妮·葛朗台》、《高老头》等。在《人间喜剧》总序中他提出文学创作的原则，认为作家必须面向现实生活。

我们谨献下列格言，供读者们思考。

如果这些格言只是在一八三〇年才面世，那人类便没有什么指望了。但这些格言非常直截了当地确定了你、你妻子和一个情人之间存在的关系和不同之处，可以出色地阐明你的政策，给你准确地显示敌人的力量，所以老夫抛开了一切自尊心，抄录如下。如果偶然出现某一种新的想法，你就算在给本书出

喷泉的高度不会超过它的源头；一个人的事业也是这样，他的成就绝不会超过自己的信念。

——[美]林　肯

主意的魔鬼账上好了。

谈爱就是做爱。

情人最庸俗的欲念总来自突发的内心仰慕。

情人具有丈夫所没有的一切优点和缺点。

情人不仅给一切带来生命,还使人忘记生命,而丈夫却不能给任何事物带来生命。

女人所做的一切刁钻古怪的感情游戏总能欺骗情人,丈夫看见必然会耸耸肩膀的事,情人见了却会喜出望外。

情人只是从举止行动中流露出他与一个已婚女人之间达到的亲昵程度。

女人往往不知道自己爱的原因。男人却很少无目的地爱。丈夫应该找出这种秘密的个人主义原因,因为那是丈夫的阿基米德杠杆。

聪明的丈夫从不公开假定自己的妻子有外遇。

情人对女人的任性行为总是百依百顺,而且,由于男人在情妇怀里不管如何表现,都不会被对方看做卑鄙,因而会使用丈夫往往不屑使用的手段去博取情妇的欢心。

情人会把丈夫对妻子隐瞒的事告诉自己的情妇。

女人给予情人的一切感觉都会得到回报,而且总是更加热烈的回报;由于投桃报李,这些感觉更显得丰富多彩。这是一种买卖,最终会使几乎所有的丈夫破产。

情人只把能提高女人地位的话告诉女人,而丈夫即使在爱的时候,也不禁要给予妻子一些带着责备意味的教训。

情人总是先情妇后自己,而丈夫则恰恰相反。

情人总想表现得可爱。这种感情包含一条夸张到可笑程度的原则,必须懂得加以利用。

当发生了罪案的时候,预审法官知道(除非是刑满释放的囚犯随意杀人),作案的不会超过五个人。他就此进行推测。丈夫应该作出与法官一样的推理:如果想知道谁是自己妻子的情人,在社交圈子里值得怀疑的不到三个。

情人永远不会错。

一个已婚女人的情夫对这个女人说:"夫人,您需要休息了。您必须在道德上给您的孩子们做出榜样。您曾经发誓要使丈夫幸福,而您的丈夫除了有些缺点之外(我的缺点比他更多),是值得您尊敬的。好了,现在必须为了我牺牲您的家庭和您的生活了,因为我已经看到,您的腿很美。您最好连一声也别哼哼,因为后悔是一种触犯,我会以比法律惩治通奸淫妇的刑罚更严厉的刑罚去处治这种触犯。作为这些牺牲的代价,我会给予你足以补偿你痛苦的欢乐。"简直难以相信,情人胜利了!他说话所采取的形式使一切都顺利通过了。他永远只说一句话:"我爱你。"情人是使者,不是宣布女人的优点、美貌,便是女人的聪明伶俐。那么,丈夫又宣布什么呢?

总之,一个已婚妇女激发起或感受到的爱情是世界上最不讨人喜欢的感情:对她来说,是膨胀了的虚荣心,对她情人来说,则是个人主义。已婚妇女的情人承担的责任太多了,愿意履行这些责任的男人一百年不超过三个。情人必须为情妇贡献一生,但最后总还是要放弃,这一点,双方都是知道的。自有社会以来,女的一贯崇高,而男的总是薄幸。伟大的爱情往往能获得谴责这种感情的法官的怜悯,可是,真正的、持久的爱情在哪儿呢?一个丈夫需要多大的力量才能成功地对付一个有魅力、能使女人为之作出如此牺牲的男人啊!

我们认为,一般来说,一个丈夫如果懂得使用我们上面所说的自卫手段,便可以保住妻子一直到二十八岁,这并不是因为妻子没有选好情人,而是由于妻子还没有失足。往往也有一些男人,他们很懂得夫妇琴瑟之好,能保住妻子,使妻子全心全意只爱他一个人,一直到三十或者三十五岁,但这纯属例外,会引起笑话和恐惧。这种现象只见于外省,因为在外省,生活是透明的,连房子也是玻璃化的,男人在里面拥有极大的权力。人与物给予一个丈夫的这种奇迹般的帮助到了人口高达二十五万的城市便会烟消云散。

因此,几乎有充分证据说明,三十岁的年纪是道德的关键时期。在这紧要关头,想看住一个女人是十分困难的。要将她整天拴在夫妻的乐园里,就必须使出我们最后几种防御的手段。

有志气的人能叫石头长出青草来。
——朝鲜谚语

第一流的爱情往往是短暂的、新奇的、凄迷的、神秘的……当两人相处得太熟太久的时候，第一流的爱情，就会褪色。爱情的坟墓，岂特结婚而已，不讲技巧的超过三个月，坟墓的土壤，就开挖了。

第十二辑
崇高的友谊

然而,一般大众对孤独的真谛并不明白。因此,如果没有友情,人们的面目不过是画廊上陈列的肖像,人们的谈话不过是如丁当作响的钹一样的噪音。如果一个城市没有友谊和仁爱,则会如一句古代拉丁谚语所言:"一座大都市就是一片旷野。"

论 友 情

□ [英] 弗兰西斯·培根

亚里士多德曾说："喜欢孤独的人，不是野兽，就是神灵。"恐怕没有比这更透彻、又更乖谬的话能把真理和谬误混为一谈了。因为，人天生就有愤世嫉俗的心理。一个人脱离社会，愿意遁入森林与野兽生活，这固然表明他确实有几分野兽的味道，而要说这种人身上还有什么神灵，则是非常荒谬的。除非这样做并不是喜欢孤独，而是企图追求一种更纯洁高尚的生活，如同克利特岛诗人埃比门迪斯、古罗马皇帝卢马、西西里岛人恩培朵科勒思和蒂尔那人阿波罗尼斯。当然，基督教会确实有一些独居的修道士和圣徒。

然而，一般大众对孤独的真谛并不明白。因此，如果没有友情，人们的面目不过是画廊上陈列的肖像，人们的谈话不过是如丁当作响的钹一样的噪音。如果一个城市没有友谊和仁爱，则会如一句古代拉丁谚语所言："一座大都市就是一片旷野。"原因在于大城市的人们分散而居，那种睦邻友好的交情很少。我们可以断定，如果没有真正的友情，那是非常可怜的和孤独的。因此，没有友情的社会注定只是一片荒漠。就此而言，我们不妨可以推测，那些天性中不具有仁爱、不配交友的人，那么他的性格确实带有一些兽性。

友情的主要作用是宣泄一个人的情绪。当一个人遭遇挫折或者不顺心的事情，心中积压着很多烦闷抑郁，如果不及时释放和发泄，会导致人生病。因此，如果此时有一个真心朋友听你倾诉你心中的苦恼，那么你的不良情绪就能得以疏导。在医学上，服肝精可以理通肝气，磁铁粉可以健脾，杏仁可以润肺，海狸可以治疗头昏。但要治疗心病，除了真心的朋友以外，没有其他灵丹妙药。只有面对真心朋友，你才可以尽情倾诉你的忧虑和欢乐，恐惧和期望，怀疑和烦闷，包括任何压在你心底的事。一旦卸去你心头的重负，你就会感到非常轻松自如。

正因为友情具有如此大的功效，许多高高在上的伟大君主也十分重视友情。为了追求友情,他们甚至不惜屈尊降贵,有时竟然不顾自己的安全和尊严。本来友谊的基本条件是人人平等,但君主与臣民之间地位是悬殊的,因此君王本来不能得到友情。为了得到这种友情,于是很多君主不得不把一些他所宠爱之人的地位抬高,以致到了和他可以平起平坐的地步。这种人在现在被称为"宠臣"或"心腹",表示受到君主的宠幸和信任。古罗马人称之为"君主的分忧者",这恰如其分地表达出这种人的真正用途。而且,不但性格脆弱、多愁善感的君王曾这样做,就连那些性格坚毅、智慧过人的英明君王也会在下臣中选择朋友。君主要想得到友情,就必须尽量忘记他自己的高贵身份,否则,他不会有真正的友谊。

苏拉是罗马的大独裁者,他统治罗马时,曾和庞培有着很好的友情。这样,庞培的地位被提得很高的,就连庞培也自吹比苏拉还高。庞培曾建议让他的一位朋友担任执政官的职务,苏拉不同意,二人争执起来,庞培却说:"崇拜朝阳的人多过崇拜落日的人。"恺撒也曾与布卢图结为密友,并在其遗嘱中立布卢图为继承人。然而正是布卢图,诱使恺撒坠入圈套而致死。难怪西塞罗曾引用安东尼奥斯的话,称布卢图为"巫师",似乎他使恺撒鬼迷心窍的魅力来自巫术。

奥古斯都提升了出身卑微的艾格里巴的地位,后来奥古斯都为了女儿朱丽亚的婚事咨询麦塞纳斯,他竟然说:"你最好把女儿嫁给艾格里巴,否则就杀掉他,因为艾格里巴的权力太大了。"

提比留斯统治罗马时,他非常重用他的部下赛雅卢斯,他们二人可以说是一对好朋友。提比留斯曾在一封信里说:"我们的友情如此之深,以致我们之间没有什么不能说的秘密。"为了祝福和纪念他们之间真挚而伟大的友谊,全体元老院特别修筑了一个祭坛,就像给女神献祭一样。

塞维鲁与普劳蒂亚努斯之间的友情的密切,有过之而无不及。塞维鲁不仅强迫自己的儿子娶普劳蒂亚努斯的女儿为妻,而且常常为袒护朋友而公开辱骂儿子。在致元老院的一封信中,他还这样说过:"朕甚爱此卿,唯愿其福寿长于朕。"

在上述事情中,如果这些君王属于图拉真或马可·奥勒留那样贤明的君主,或许人们会觉得这些情形是出于多情或善良的心怀。但实际上,这些君王都十分强悍、诡诈、任性,而又极其自私,他们对待友谊竟也如此珍重,这便足以清楚证明他们都意识到:他们的人生虽然比凡人更幸运,但如果缺少朋友,那么这种幸运也终归是有缺憾的。虽然他们都有妻子、儿女和亲戚,但这些关系都代替不了真挚的友情。

康明纽斯在评论他的第一位主子查理公爵时,说查理公爵从不肯向他人

247

有高尚思想的人,绝不会孤独。

——[英]锡德尼

吐露自己的心事,尤其是那些使他为难的重大事件。康明纽斯还说到公爵晚年的时候,"这种独来独往的性情确实妨碍并损害他的一些心智"。无疑,只要康明纽斯愿意,对其第二位主子路易十一,他也可以下同样的断语,因为正是孤家寡人的性格使路易十一自己苦不堪言。

毕达哥拉斯说过一句真实而晦涩的格言:"不要吃掉自己的心。"的确,说得明白些,那些没有朋友的人无法向别人倾诉自己的心事,他们就好像是啃吃掉了自己的心一样。与之相反,友情可以产生一些令人惊叹的奇迹,总结一下友情的主要功效,我们可以发现,向朋友袒露心声时会产生两种相反相成的效果,那就是:使欢乐增加,让忧愁减半。这是因为,与朋友分享欢乐时,你会感到乐上加乐,向朋友倾诉忧愁时,你会感到不再那么忧愁了。所以,从实际的作用上看,友情对于人心,就好像炼丹师的丹药对人身的价值一样。炼丹师们常说,这种丹药能产生一些相反相成的效果,不过这些效力都是有益人体的生理机能的。除了炼丹师的例子,在我们常见各种自然现象中也有一些类似的情形。物质通过聚合能够强化并增进自身的天然性能,同时也会削弱并减轻一些外力带来的影响;人与人之间的友情对人的心智也有同样的效果。

友情的另外一种功效,就是能增进人的理智,正如第一种功效是增进人的情感一样。在情感方面,友情往往能将狂风暴雨转化为和风细雨,而在理智上,友情则可以使人走出迷乱的黑暗而重见阳光。这不仅仅是因为一个朋友能够给你提出有用的忠告。而且,当一个心烦意乱的人能静下来与旁人沟通或讨论时,其混乱的心智与思绪将会渐渐变得澄明而有序;他的思想更为灵敏和活跃,也更为有序和严谨;当一个人把自己的思想用语言组织起来,表达出来,他能看得见这些思想形成言语时的样子,他的思路也更加清晰了。通过这样的过程,他自己也变得越来越聪明。所以,有时与朋友交谈一小时比自己沉思一天更有收效。

特米斯托克利曾经很精辟地告诉波斯王:"说话就好像要铺开对外陈列的挂毯,里面的图画都是明显而清晰的,而思想则更像是卷起来的挂毯。"友情可以开启理智,并不仅仅意味着友情使我们拥有一些能提供忠告的朋友(当然,有了他们最好),其实,即使没有这样一些朋友,一个人也可以进行自我交流,向自己展现自己的思想,当然讨论就好像在砥上磨刀一样,可以更好地磨砺自己的机智。总之,即使是对着一些雕像或肖像倾吐心曲,也不要让自己的思想窒息。

为了充实友情的第二种功效的观点,我再补充谈一下关于朋友的忠告这一点,这是最显而易见的,但很多凡俗之人却都说不清楚的一个特点。赫拉克利特有一个谜语说得好:"最好的知识永远是不带偏见的知识。"从别人的忠告中所得来的知识，往往比一个人从自己的判断和意志中得来的知识，更为客观，也更少偏见；个人的知识，总是免不了受自己的情感和习惯的濡染。所以，朋友的意见与自我的主张有着巨大差别，也就好像朋友的忠告和献媚者的建议之间有巨大差别一样。人往往是自身最大的献媚者，而朋友的忠告却可以医治人的自以为是。

忠告可以分为两类：一种是关于品行的，另一种是关于事业的。对于第一类，朋友的忠言相告常常是保持心理健康的最佳良药。那种律己式的自我责备固然是一剂良方，但往往却药力太强，药性太猛。读一些道德修养类的书，难免有些单调死板。观察别人的过失作为自己的借鉴，有时又与自己的处境不相吻合。所以，最佳药方（这是指最易服用也最有效），就是朋友的建议。可惜的是，很多人，尤其一些出类拔萃之士，常常因为缺乏朋友的建议而铸成大错，做出一些非常荒唐的事，导致他的声名和际遇都受到很大的损害。这些人就像圣雅各所说："有时会照一下镜子，但很快就忘记了自己的相貌。"

关于事业上的忠告。一些认死理的人可以硬说：两只眼看到的未必比一只眼看到的多；或者当局者了解的总比旁观者清楚得多；或者，一支老式毛瑟枪无论用手托着或支在架上射击都可以打得一样准；或者人即使在怒气冲冲时也会和默数二十四个字母时一样的清晰灵敏等等一些骄傲愚顽的妄想。这些人往往认为光靠自己就足够了。但其实，最有益于事业的还得有赖于忠告。有人在接受别人的意见的时候，喜欢用零打碎敲的方法，在一件事上问问这个人，另一件事上问问那个人，这种方法也说得过去，它毕竟好过什么也不问。但是，这样的做法有两种危险：一种是除了真诚、忠实的朋友外，谁也不会告诉你真心话，而且很多主意难免被歪曲或被进言者个人私利所影响；另一种危险则是，即使有了忠告，主意也不错，但这些主意却是不负责任和不保险的，既可消灾，也能惹祸，打个比方，就好像你请来一位医生，以为他可以医治你的病，但他却对你的体质不熟悉。所以，他或许能够治愈你现有的病症，但用药不当却会危害你身体其他方面的健康；结果医生是治好了病症却害了病人。相反，一个清楚了解你事业的朋友，则会小心谨慎地给你提出建议，这样既可推动你现有的事业进一步发展，也不至于使你招致其他麻烦。所以，最好不要指望那些七嘴八舌的零散忠告，与其说他们是为你指导，使你安心，倒不如说是使你分心，受到误导。

友情除了可以使人情感上得到了安定，理智上得到了强化这两个出色的功效外，最后还有一种功效，那就是友谊好像石榴一样，里面有很多种子，我是指友情在任何处境和任何事务中都会有所结果，有所帮助的。所以，如果想要

弯弓对月的人必定比瞄准树梢的人射得要高。

——[英]赫伯特

生动地表达多种友情的功用，最好的方法就是列举一下，看看自己的生活中有多少事是只靠自己一个人办不了的，然后，我们可以明白。古语所谓"朋友是人的另一个自我"还是说得不够完全，因为，朋友的作用远远比自己的作用大得多。人生毕竟有限，很多人在临死时常有一些未了的心愿，比如子女的婚事，事业的完成等等。如果这时候有一位挚友的承诺，人就会大大放心，因为在自己身故之后，所有这些事情都会有朋友予以照料的。所以，甚至可以说，因为有这些好朋友，人获得了又一次的生命。

一人只有一个身体，而身体还大大受限于一个地方。但如果有了友情，人生的很多事情都可说不愁办理了，因为我们可以请朋友代劳。有时碍于面子和身份，人不能亲自去说或去做很多事情，人要谦虚，最好不要自己讲述自己的功绩，更不应该表扬或夸赞自己；人好面子，往往不会低三下四地去恳求别人等等类似的事还很多。然而，这些在自己口里不方便说出来的事，可能在朋友口里说出来却显得很体面。同样，很多身份上的关系问题也是人不能不顾及的：在儿子面前说话就得像个父亲；在妻子面前说话就得像个丈夫；在仇敌面前说话就得保持尊严。但在朋友面前说话却可以就事论事，不用讲究身份。这样的事情实在多得不胜枚举，总而言之，如果有些事一个人不能亲自得心应手地去做时，而他又没有什么朋友的话，那就该他自认倒霉了。

朋友与友谊(节选)

□ [法] 卢 梭

致日内瓦福音堂牧师穆尔土先生：

你已与韦尔纳不来往了，我认为这很好。虚假的人作为朋友比作为敌人更危险。此外，这对你来说一点也没有损失，我一直认为他毫无灵气却矫揉造作得厉害，但是我爱他，我认为他是一个好人。请想，如果他只是一个流氓式的坏蛋，我今天会怎样看他呢。亲爱的朋友，不要再说到他吧。让我们不要将不愉快的想法加在我们痛苦的感情上吧。我现在能做到的就是让灵魂安静，这是我能享受的最宝贵的东西了，我要抓住它不放。我希望在我临终时，心灵的探索者在我的心里只找到公正与友谊。

……

一七六三年八月十五日

致勒马尔基先生：

　　遭受痛苦的人是值得"人类之友"安慰的。你给我写的信，写信的时机，写信的崇高动机，高贵的写信人和不幸的收信人，这些因素合在一起使我感到了它的价值。我读着你的著作，因而热爱你，我经常希望让你知道我的情况并且为你所爱。但是我没有想到来信的竟然是你，而且恰恰是在人们普遍丢弃我的时候。慷慨的行为不会半途而废，你的信充满着慷慨之情。人类之友给予平等之友以庇护之所，这是多么动人的一幕啊！你的提议深深感动了我，我认为你的意图对我们都是光荣的，但是另一方面，你又可能使我不愉快。我由于不能从你的提议中受惠而感到遗憾，因为，对我来说，做你的客人不论是多么美好的事，但是我认为这事的希望不大：我的年龄比你大，路程太遥远，我的病痛使旅行成为痛苦的事，我对休息和独处的热爱，我希望被人遗忘以使我能在平静中死去。这些都使我怕靠近大城市，因为我到了那里，就会重新引人注意，而这对我是一种折磨……虽然我肯定巴黎的国会不会危及我的安全，但是我的确向国会承诺不在它的管辖范围内批评它，使它默认它的不公正。……阁下，为了使我不处于新的风暴之中，我坚持能保证我余生安静的方针。我爱法国，我将终生为法国感到遗憾，如果我的命运取决于我自己，我就会到你那里去了却我的余生，而你就会成为我的主人，因为你不希望我有一个庇护人——但是，显然，我的希望和我的心将登上旅程，而我的身体则将在这里安息。

　　……

　　……你会反复对我说："一个只对自己有用的人是没有任何用的。"但是一个不在某些方面对别人有用的人可能真正对自己有用吗？此外，请考虑每一个人类之友不都是像你（你是他们事实上的恩人）一样。请考虑我既无不动产，又无银钱，我正在成为老人，我身体虚弱，被人遗忘，受人迫害，遭人讨厌，在我想做好事时，却不由自主地做了坏事。我收到了解雇书，这显然是天意和人意，我收下了，并想从中得到好处。我不再去思考这样做是好是坏，因为我已经做出决定，没有什么能使我改变这决定了。但愿公众将我忘了，就像我将他们忘了一样！如果他们不愿将我忘却，他们是崇敬我还是将我撕为碎片，这与我都毫无关系，我对一切都漠不关心，我尽量不去知道这些事，如果我知道了一些，我

人生唯一有理性的目的，是在地上建筑人间天堂。
——[瑞士]希尔泰

也一点也不关心了。如果一个朴实简单的生活的例子对人类还有用处的话，我倒还能起这个用处，但是这是唯一的用处，我已决心在今后只为自己和我很少数久经考验的朋友活着，这对我来说就已经够了。我甚至可以不要朋友，但我生就一副柔软心肠，它确实需要朋友，但这种需要总是使我付出沉重的代价，因此，我已学会满足于自己生活，并且也已有足够健全的思想能这样做。我的心里从来没有仇恨、妒忌、报复。我对朋友的怀念使我神往，这是我对敌人的记忆不能干扰的。我完全存在于我所在的地方，而不是迫害我的人的地方。他们的仇恨，在不深的时候，只困扰着怀有这种仇恨的人，而我对他们的报复方法就是将这仇恨留给他们。我不是完全幸福的，因为没有什么是完全的，幸福尤其如此。但是在放逐中，我竭力使自己幸福。有一点幸福就能满足我的希望：身体的病少些，气候温和些，天空晴朗些，空气宁静些，特别是心情开朗些。在我的心自我解脱的时候，我感到，别人也感到幸福。目前我就有这样的幸福感，你可以看到我从中得到了好处，但我也是花了代价才有这种幸福的：你的信给我留下了难以磨灭的回忆，有时会使我的心不那么平静。

……

受·益·一·生·的·人·生·智·慧·书

朋　友

□巴　金

巴金（1904～2005）　原名李尧棠。四川成都人。现当代小说家、散文家。曾任中国作家协会主席。代表作有《灭亡》、《家》、《春》、《秋》、《春天里的秋天》、《萌芽》、《爱情进行曲》等。被鲁迅称为"一个有热情的有进步思想的作家，在屈指可数的好作家之列的作家"。

这一次的旅行使我更了解一个名词的意义，这个名词就是：朋友。

七八天以前我曾对一个初次见面的朋友说："在朋友们面前我只感到惭愧。你们待我太好了，我简直没法报答你们。"这并不是谦虚的客气话，这是真的事实。说过这些话，我第二天就离开了那个朋友，并不知道以后还有没有机会再看见他。但是他给我的那一点点温暖至今还使我的心颤动。

我的生命大概不会很长久吧。然而在短促的过去的回顾中却有一盏明灯，照彻了我的灵魂的黑暗，使我的生存有一点儿光彩。这盏灯就是友情。我应该感谢它，因为靠了它我才能够活到现在，而且把旧家庭给我留下的阴影扫除了的也正是它。

世间有不少的人为了家庭抛弃朋友，至少也会在家庭和朋友之间划一个界限，把家庭看得比朋友重过若干倍。这似乎是很自然的事情。我也曾亲眼看见一些人结婚以后就离开朋友、离开事业。

……

朋友是暂时的，家庭是永久的。在好些人的行为里我发现了这个信条。这个信条在我实在是不可理解的。对于我，要是没有朋友，我现在会变成怎样可怜的东西，我自己也不知道。

然而，朋友们把我救了。他们给了我家庭所不能给的东西。他们的友爱，他们的帮助，他们的鼓励，几次把我从深渊的边缘救回来。他们对我表示了无限的慷慨。

我的生活曾经是悲苦的，黑暗的。然而朋友们把多量的同情，多量的爱，多量的欢乐，多量的眼泪分了给我，这些东西都是生存所必需的。这些不要报答的慷慨的施舍，使我的生活里也有了温暖，有了幸福。我默默地接受了它们。我并不曾说过一句感激的话，我也没有做过一件报答的行为。但是朋友们却不把自私的形容词加到我的身上。对于我，他们太慷慨了。

这一次我走了许多新地方，看见了许多新朋友。我的生活是忙碌的：忙着看，忙着听，忙着说，忙着走。但是我不曾遇到一点困难，朋友们给我准备好了一切，使我不会缺少什么。我每走到一个新地方，就像回到我那个在上海被日本兵毁掉的旧居一样。

每一个朋友，不管他自己的生活是怎样苦，怎样简单，也要慷慨地分一些东西给我，虽然明知道我不能够报答他。有些朋友，连他们的名字我以前也不曾知道，他们却关心我的健康，处处打听我的"病况"，直到他们看见了我那被日光晒黑了的脸和膀子，他们才放心地微笑了。这种情形的确值得人掉眼泪。

有人相信我不写文章就不能够生活。两个月以前，一个同情我的上海朋友寄稿到《广州民国日报》的副刊，说了许多关于我的生活的话。他也说我一天不写文章第二天就没有饭吃。这是不确实的。这次旅行就给我证明：即使我不再写一个字，朋友们也不肯让我冻饿。世间还有许多慷慨的人，他们并不把自己

毫无理想而又优柔寡断是一种可悲的心理。

——[英]弗兰西斯·培根

和家庭看得异常重要，超过一切。靠了他们我才能够活到现在，而且靠了他们我还要活下去。

朋友们给我的东西是太多、太多了。我将怎样报答他们呢？但是我知道他们是不需要报答的。

最近我在法国哲学家居友的书里读到这样的话："生命的一个条件就是消费……世间有一种不能跟生存分开的慷慨，要是没有了它，我们就会死，就会从内部干枯。我们必须开花。道德，无私心就是人生的花。"

在我的眼前开放着这么多的人生的花朵了。我的生命要到什么时候才会开花？难道我已经是"内部干枯"了么？

一个朋友说过："我若是灯，我就要用我的光明来照彻黑暗。"

我不配做一盏明灯。那么就让我做一块木柴吧。我愿意把我从太阳那里受到的热放散出来，我愿意把自己烧得粉身碎骨给人间添一点点温暖。

谈 交 友

□钱钟书

钱钟书(1910~1998)　江苏无锡人。现代著名学者、作家、现代文学研究家、文学史家、古典文学研究家。著有散文集《写在人生边上》，短篇小说集《人·兽·鬼》，长篇小说《围城》，文论集《七缀集》、《谈艺录》及《管锥编》等。

假使恋爱是人生的必需，那么，友谊只能算是一种奢侈；所以，上帝垂怜阿大(Adam)①的孤寂，只为他造了夏娃，并未另造个阿二。我们常把火焰来比做恋爱，这个比喻有我们意想不到的贴切。恋爱跟火同样的贪婪，同样的会蔓延，同样的残忍，消灭了坚牢结实的原料，把灰烬去换光明和热烈。像拜伦、像歌德、像缪塞野火似的卷过了人生一世，一个个白色的、栗色的、

---

① 今译为"亚当"。

棕色的情妇的血淋淋红心、白心、黄心（孙行者的神通），都烧炙成死灰，只算供给了燃料。情妇虽然要新的才有趣，朋友还是旧的好。时间对于友谊的磨触，好比水流过石子，反把它洗琢得光洁了。因为友谊不是尖利的需要，所以在好朋友间，极少发生那厌倦的先驱，一种餍(yàn)足的情绪，像我们吃完最后一道菜，放下刀叉，靠着椅背，准备叫侍者上咖啡时的感觉，这当然不可一概而论，看你有的是什么朋友。

西谚云："急需或困乏时的朋友才是真正的朋友"，不免肤浅，我们有急需的时候，是最不需要朋友的时候。朋友有钱，我们需要他的钱；朋友有米，我们缺乏的是他的米。那时节，我们也许需要真正的朋友，不过我们真正的需要并非朋友。我们讲交情，揩面子，东借西挪，目的不在朋友本身，只是把友谊作为可利用的工具，顶方便的法门。常时最知情识趣的朋友，在我们穷急时，他的风趣，他的襟抱，他的韵度，我们都无心欣赏了。两袖包着清风，一口咽着清水，而云倾听良友清谈，可忘饥渴，即清高到没人气的名士们，也未必能清苦如此。此话跟刘孝标所谓势交利交的一派牢骚，全不相干。朋友的慷慨或吝啬，肯否排难济困，这是一回事；我们牢不可破的成见，以为我和某人即有朋友之份，我有困难，某人理当扶助，那是另一回事。尽许朋友疏财仗义，他的竟算是我的，在我穷急告贷的时节，总是心存不良，满口亲善，其实别有作用。试看世间有多少友谊，因为有求不遂，起了一层障膜；同样，假使我们平日极瞧不起，最不相与的人，能在此时帮忙救急，反比平日的朋友来得关切，我们感激之余，可以立刻结为新交，好几年积累成的友谊，当场转移对象。在困乏时的友谊，是最不值钱了——不，是最可以用钱来估定价值了！我常感到，自《广绝交论》以下，关于交谊的诗文，都不免对朋友希望太奢，批评太苛，只说做朋友的人的气量小，全不理会我们自己人穷眼孔小，只认得钱类的东西，不认得借未必有，有何必肯的朋友。古尔斯密的东方故事《阿三痛史》(The Tragedy of Asem)，颇少人知，一八七七年出版的单行本，有一篇序文，中间说，想创立一种友谊测量表，以朋友肯借给他的钱多少，定友谊的高下。这种沾光揩油的交谊观，甚至雅人如张船山，也未能免除，所以他要怨什么"事能容俗犹嫌傲，交为通财渐不亲。"《广绝交论》只代我们骂了我们的势利朋友，我们还需要一篇《反绝交论》，代朋友来骂他们的势利朋友，就是我们自己。《水浒》里写宋江刺配江州，戴宗向他讨人情银子，宋江道："人情，人情，在人情愿！"真正至理名言，比刘孝标、张船山等的见识，高出万倍。说也奇怪，这句有"恕"道的话，偏出诸船火儿张横所谓"不爱交情只爱钱"，打家劫舍的强盗头子，这不免令人摇头叹息了：第一叹来，叹唯有强盗，反比士大夫辈明白道理！然而且慢，还有第二叹；第二叹来，叹明白道理,而不免放火杀人,言行不符,所以为强盗也!

从物质的周济说到精神的补助,我们便想到孔子所谓直谅多闻的益友。这个漂白的功利主义,无非说,对于我们品性和智识有利益的人,不可不与结交。我的偏见,以为此等交情,也不甚巩固。孔子把直谅的益友跟"便僻善柔"的损友反衬,当然指那些到处碰得见的,心直口快,规过劝善的少年老成人。生就斗蟋蟀般的脾气,一搠一跳,护短非凡,为省事少气恼起见,对于喜闲事的善人们,总尽力维持着尊敬的距离。不过,每到冤家狭路,免不了听教训的关头,最近涵养功深、子路闻过则喜的境界,不是区区夸口,颇能做到。听直谅的"益友"规劝,你万不该良心发现,哭丧着脸,他看见你惶恐觳觫(hú sù)的表情,便觉得你邪不胜正,长了不少气势,带骂带劝,说得你有口难辩,然后几句甜话,拍肩告别,一路上欣然独笑,觉得替天行道,做了无量功德。反过来,你若一脸堆上浓笑,满口承认;他说你骂人,你便说像某某等辈,不但该骂,并且该杀该刮,也说到你毒,就是说,岂止刻毒,还想下毒,那时候,该他拉长了像烙铁熨过的脸,哭笑不得了。大凡最自负心直口快、喜欢规过劝善的人,像我过年来所碰到的基督教善男信女,同时最受不起别人的规劝。因此你不大看见直谅的人,彼此间会产生什么友谊;大约直心肠颇像几何学里的直线,两条平行了,永远不会接合。照我想来,心直口快,无过于使性子骂人,而这种直谅的"益友"从不骂人,顶反对你骂人。他们找到他们认为你的过失,绝不痛痛快快地骂,只是婆婆妈妈地劝告,算是他们的大度包容。骂是一种公道的竞赛,对方有还骂的机会;劝却不然,先用大帽子把你压住,无抵抗地让他攻击,卑怯不亚于打落水狗。他们喜欢规劝你,所以,他们也喜欢你有过失,好比医生要施行他手到病除的仁心仁术,总先希望你害病。这样居心险恶,无怪基督教为善男信女设立天堂。真的,没有比进天堂更妙的刑罚了:设想四周都是无懈可击,无过可规的善人,此等心直口快的"益友"无所施其故技,心痒如有臭虫叮,舌头因不用而起铁锈的苦痛。泰勒(A.E.Taylc)《道学先生的信仰》(Faith of a Moralist)书里说,读了但丁《神曲·天堂篇》,有一个印象,觉得天堂里空气沉闷,诸仙列圣只希望下界来个陌生人,谈话消遣。我也常常疑惑,假使天堂好玩,何以但丁不像乡下人上城的东张西望,倒失神落魄,专去注视琵雅德丽史的美丽的眼睛,以至受琵雅德丽史婉妙的诉说:"回过头去吧! 我的眼睛不是唯一的天堂。"天堂并不如史文朋(Swinburne)所说,一个玫瑰花园,充满了浪上人火来的姑娘。浪上人火来的姑娘,是裸了大腿,跳着舞唱"天堂不是我的份"的。史文朋一生叛教,哪知此中底细? 占法文博奇《乌开山与倪高来情史》说,天堂里全是老和尚跟残废的叫花子;风流武侠的骑士反以地狱为归宿。雷诺(Renan)《自传续编》序文里也说，天堂中大半是虔诚的老婆子（vieilles devotes），无聊得要命；雷诺教士出身，说话当然靠得住。假使爱女人，应当爱及女人的狗，那么，真心结交朋友，应当忘掉朋友的过失。对于人类应负全责的上帝，也只能捏造——捏了泥土创造，并不能改造，使世界上坏人变好；偏是凡夫俗子倒常想改造朋友的品性，真是岂有此理。一切罪过，都是一点儿未凿的天真，一角销毁不尽的个性，一条按压不住的原始的冲动，脱离了人为的规律，归宁到大自然的老家。抽象地想着了罪恶，我们也许会厌恨；但是罪恶具体地在朋友的性格里衬托出来，我们只觉得他的品性产生了一种新的和谐，或者竟说是一种动人怜惜的缺陷，像古磁上一条淡淡的裂缝，奇书里一角缺叶，使你心窝里涌出加倍的爱惜。心直口快的劝告，假使出诸美丽的异性朋友，如闻裂帛，如看快刀切菜，当然乐于听受。不过，照我所知，美丽的女郎，中外一例，说话无不打着圈儿挂了弯的；只有身段缺乏曲线的娘们，说话也笔直到底。因此，直谅的"益友"，我是没有的，我也不感到"益友"的需要。无友一身轻，威斯娄（Whistler）的得意语，只算替我说的。

多闻的"益友"，也同样的靠不住。见闻多，记诵广的人，也许可充顾问，未必配做朋友，除非学问以外，他另有引人的魔力。德白落斯（Prcsident de Brosses）批评伏尔泰道："别人敬爱他，无非为他做的诗好。确乎他的诗做得不坏。不过，我们只该爱他的诗"。——言外之意，当然是，我们不必爱他的人。我去年听见一句话，更为痛快。一位男朋友怂恿我为他跟一位女朋友撮合，生平未做媒人，好奇地想尝试一次。见到那位女朋友，声明来意，第一项先说那位男朋友学问顶好，正待极合科学方法地数说第二项第三项，那位姑娘轻冷地笑道："假使学问好便该嫁他，大学文科老教授里有的是鳏夫。"这两个例子，对于多闻的"益友"也可应用。譬如看书，参考书材料最丰富，用处最大，然而极少有人认它为伴侣的读物。颐德（Andre Gide）《日记》有个极妙的测验。他说，关于有许多书，我们应当问：这种书给什么人看（Qui peut les lire）？关于有许多人，我们应该问：这种人能看什么书（Que peuventils lire）？照此说法，多闻的"益友"就是专看参考书的人。多闻的人跟参考书往往同一命运，一经用过，仿佛挤干的柠檬，嚼之无味，弃之不足惜。并且，打开天窗说亮话，世界上没有一个人不在任何方面比我们知道得多，假使个个要攀为朋友，哪里有这许多情感来分配？伦敦东头自告奋勇做向导的顽童，巴黎夜半领游俱乐部的瘪三，对于垢污的神秘，比你的见闻来得广博，若照多闻益友的原则，几个酒钱，还够不上朋友通财之谊。多闻的"多"字，表现出数量的注重。记诵不比学问，大学问家的学问跟他整个的性情陶融为一片，不仅有丰富的数量，还添上个别的性质，每

正义的事业能够产生坚定的信念和巨大的力量。

——[英]托·富勒

一个琐细的事实,都在他的心血里沉浸滋养,长了神经和脉络,是你所学不会,学不到的。反过来说,一个参考书式的多闻者(章实斋所谓横通),无论记诵如何广博,你总能把他吸收到一干二净。学校里一般教师,授完功课后的精神的储蓄,缩挤得跟所发讲义纸一样的扁薄了!普通师生之间,不常发生友谊,这也是一个原因。根据多闻的原则而产生的友谊,当然随记诵的增减为涨缩,不稳固可想而知。自从人工经济的科学器具发达以来,"多闻"之学似乎也进了一个新阶段。唐李渤问归宗禅师云:"芥子何能容须弥山?"师言:"学士胸藏万卷书,此心不过如椰子大,万卷书何处着?"记得王荆公《寄蔡天启诗》,袁随园《秋夜杂诗》也有类似的说法。现在的情形可大不相同了。时髦的学者不需要心,只需要几只抽屉,几百张白卡片,分门别类,做成有引必得的"引得",用不着头脑更去强记。但得抽屉充实,何妨心腹空虚。最初把抽屉来代替头脑,久而久之,习而俱化,头脑也有点木木然接近抽屉的质料了。我敢预言,在最近的将来,木头或阿木林等谩骂,会变成学者们最尊敬的称谓,"朴学"一个名词,将发生新鲜的意义。

　　这并不是说,朋友对于你毫无益处;我不过解释,能给你身心利益的人,未必就算朋友。朋友的益处,不能这样拈斤拨两地讲,真正友谊的形成,并非由于双方有意的拉拢,带些偶然,带些不知不觉。在意识层底下,不知何年何月潜伏着一个友谊的种子,咦!看它在心面透出了萌芽。在温暖固密,春夜一般的潜意识中,忽然偷偷地钻进了一个外人,哦!原来就是他!真正友谊的产物,只是一种渗透了你的身心的愉快。没有这种愉快,随你如何直谅多闻,也不会有友谊。接触着你真正的朋友,感觉到这种愉快,你内心的鄙吝残忍,自然会消失,无需说教似的劝导。你没有听过穷冬深夜壁炉烟囱里呼啸着的风声么?像把你胸怀间的郁结体贴出来,吹荡到消散,然而不留语言文字的痕迹,不受金石丝竹的束缚。百读不厌的黄山谷《茶词》说得最妙:"恰如灯下故人,万里归来对影;口不能言,心下快活自省。"以交友比吃茶,可谓确当。存心要交"益友"的人,便不像中国古人的品茗,而颇像英国人下午吃的茶了:浓而苦的印度红茶,还要方糖牛奶,外加面包牛油糕点,甚至香肠肉饼子,干的湿的,热闹得好比水陆道场,胡乱填满肚子完事。在我一知半解的几国语言里,没有比中国古语所谓"素交"更能表出友谊的骨髓。一个"素"字把纯洁淳朴的交情的本体,形容尽致。素是一切颜色的基础,同时也是一切颜色的调和,像白日包含着七色。真正的交情,看来像素淡,自有超越死生的厚谊。假使交谊不淡而腻,那就是恋爱或者"柏拉图式"的友情了。中国古人称夫妇为"腻友",也是体贴入微的隽语,外国文里找不见的。所以,真正的友谊,是比精神或物质的援助更深微的关系。薄伯

(Pope) 对鲍林白洛克 (Bolingroke) 的称谓，极有斟酌，极耐寻味：哲人、导师、朋友 (Philosopher，Guide，Friend)。我有大学时代五位最敬爱的老师，都像薄伯所说，以哲人导师而更做朋友的；这五位老师以及其他三四位好朋友，全对我有说不尽的恩德；不过，我跟他们的友谊，并非由于说不尽的好处，倒是说不出的要好。孟太尼 (Montaigne) 解释他跟拉白哀地 (La Boetie) 生死交情的话，颇可借用："因为他是他，因为我是我"，没有其他的话可说。素交的素字已经把这个不着色相的情谊体会出来了；"口不能言"的快活也只可采取无字天书的做法去描写吧。

还有一类朋友，与素交略有不同。这一等朋友人多数是比你年纪稍轻的总角交。说你戏弄他，你偏爱他；说你欺侮他，你却保护他，仿佛约翰生和鲍斯威儿的关系。这一类朋友，像你的一个小小的秘密，是你私有，不大肯公开，只许你对他嬉笑怒骂。素交的快活，近于品茶；这一类狎友给你的愉快，只能比金圣叹批西厢所谓隐处生疥，闭户痛搔，不亦快哉。颐罗图 (Jean Giraudoux) 的《少女求夫记》有一节妙文，刻画微妙舒适的癣痒也能传出这个感觉。

本来我的朋友就不多，这三年来，更少接近的机会，只靠着不痛快的通信。到欧洲后，也有一二个常过往的外国少年，这又算是什么朋友？分手了，回到中国，彼此间隔着"惯于离间的大海"，就极容易地忘怀了。这个种族的门槛，是跨不过的。在国外的友谊，在国外的恋爱，你想带回家去么？也许是路程太远了，不方便携带这许多行李；也许是海关太严了，付不起那许多进出口税。英国的冬天，到一二月间才来，去年落不尽的树叶，又簌簌地随风打着小书室的窗子。想一百年前的穆尔 (Thomas Moore) 定也在同样萧瑟的气候里，感觉到"故友如冬叶，萧萧四稀"的凄凉。对于秋冬肃杀的气息，感觉顶敏锐的中国诗人自卢照邻、高蟾直到沈钦圻、陈嘉淑，早有一般用意的名句。金冬心的"故人笑比庭中树，一日秋风一日疏"，更觉染深了冬夜的孤寂。然而何必替古人们伤感呢！我的朋友个个都好着，过两天是星期一，从中国经西伯利亚来的信，又该到牛津了，包你带来朋友的消息。

人，只要有一种信念，有所追求，什么艰苦都能忍受，什么环境也都能适应。

——丁 玲

友　情

□ [日] 矢内原伊

友情是一种特殊的人类关系。恋人的关系、家庭的纽带尽管也是密切的，但在一定意义上来讲，它们有着自然的、本能的要素，而友情却是只有人类才具有的，是人的生活中不可缺少的宝物。

真正的友谊，很少被本能的欲望与利害的权衡所驱使，因为它是心与心亲密地接触相撞而产生的、语言所不能表达的强烈的共鸣，它是一种摒弃了其他任何目的纯信赖的感情。朋友当然有许多种，亲密的程度也各不相同，但是，我所讲的是真正的朋友，是能够互相理解、信赖的朋友。这样的朋友我们经常寻求，不过，也没有寻找很多的必要。假如我们能遇到真正的知己，即使只有一两个，那也将是人生巨大的财富，是生活给予我们的不朽的力量与最大的欢乐。

真正的朋友，在许多情况下，是年轻时候的朋友，是二十岁左右，即所谓青年时代的朋友。成年以后，特别是三十岁一过，心心相印的朋友就不太容易寻找到了。人们生活中需要获得能够给予安慰与鼓励的知音，需要获得不会随时间推移而变迁的美好纯洁的友情，这往往会在青年时代实现。因为在青年时代，人们能够用各自的真诚、坦率面对人生，也能够真诚坦率地正视自己，在大多数情况下，心与心可以热烈融合。换句话讲，在青年时代，用斤斤计较的、功利的观点与人交际，比成年人要少得多。

相互信赖的人，就可以从对方身上发现自己所没有的长处，从对方那里得到激励与鞭策；反之，把自己的信赖寄予朋友，这也胜过任何鼓励与安慰。这样，当生活对你产生误解时，你知道你的朋友能够理解你，那么，还有什么比友谊更加值得珍贵的呢？

交 友 之 道

□ [美] 艾森豪威尔　李志刚/译

艾森豪威尔 (1890~1969)　美国第三十四任总统。陆军五星上将。美国西点军校毕业。二战中,曾担任美军欧洲战区总司令等职,由于战功赫赫而被晋升为陆军五星上将。战后曾任美国驻德占领军司令、美国陆军参谋长。一九四八年任哥伦比亚大学校长。一九五三年当选美国总统。著有《远征欧洲》、《缔造和平》、《悠闲的话》等。

经过康纳将军的精心安排设计,我终于接到由副官署签发的指令,我被送进了参谋本部学院学习,学院就设在黎文沃思堡。一九二五年八月我正式到黎文沃思堡报到。

康纳将军帮助我实现了自己的心愿。我可能要平步青云了!

旁观者看来,我的好运气并不是自己努力而来,不过是我有幸结识了一位有权势的人物罢了。不错,这点本身就是一种机遇。若不是我能幸遇福克斯·康纳,我的军事生涯将会迥然不同。正因为我与康纳将军建立了真挚的友谊,我才能来到黎文沃思,才能在事业上步入坦途,才能为今后的自我奋斗规定好方向和起跑线。在此,我想就交友之道向年轻人提出几句忠告:

我认为择友即求师,交友就是要交那些远见卓识、精明强干、头脑敏捷、具有雄才大略的人。你只管大胆地接近他们,不要怕别人讥讽你趋炎附势、轻狂自傲,你会从这样的良师益友那里得到教诲、启迪和帮助,甚至可以得到直接提拔。当然,你自己对朋友也要肝胆相照、亲密无间。

理想的人物不仅要在物质需要的满足上,还要在精神旨趣的满足上得到表现。

——[德]黑格尔

谈 友 谊

□梁实秋

　　朋友居五伦之末,其实朋友是极重要的一伦。所谓友谊实即人与人之间的一种良好的关系,其中包括了解、欣赏、信任、容忍、牺牲……诸多美德。如果以友谊作基础,则其他的各种关系如父子夫妇兄弟之类均可圆满地建立起来。当然父子兄弟是无可选择的永久关系,夫妇虽有选择余地,但一经结合便以不再仳离为原则,而朋友则是有聚有散可合可分的。不过,说穿了,父子、夫妇、兄弟都是朋友关系,不过形式性质稍有不同罢了。严格地讲,凡是充分具备一个好朋友的条件的人,他一定也是一个好父亲、好儿子、好丈夫、好妻子、好哥哥、好弟弟。反过来亦然。

　　我们的古圣先贤对于交友一端是甚为注重的。《论语》里面关于交友的话很多。在西方亦是如此。罗马的西塞罗有一篇著名的《论友谊》,法国的蒙田、英国的培根、美国的爱默生,都有论友谊的文章。我觉得近代的作家在这个题目上似乎不大肯费笔墨了。这是不是叔季之世,友谊没落的征象呢?我不敢说。

　　古之所谓"刎颈交",陈义过高,非常人所能企及。如 Damon 与 Pythias, David 与 Jonathan,怕也只是传说中的美谈吧。就是把友谊的标准降低一些,真正能称得起朋友的还是很难得。试想一想,如有银钱经手的事,你信得过的朋友能有几人? 在你蹭蹬失意或疾病患难之中还肯登门拜访乃至雪中送炭的朋友又有几人? 你出门在外之际对于你的妻室弱媳肯加照顾而又不照顾得太多者又有几人? 再退一步,平素投桃报李,莫逆于心,能维持长久于不坠者,又有几人? 总角之交,如无特别利害关系以为维系,恐怕很难在若干年后不变成为路人。富兰克林说:"有三个朋友是忠实可靠的——老妻、老狗与现款。"妙的是这三个朋友都不是朋友。倒是亚里士多德的一句话最干脆:"我的朋友们啊!世界上根本没有朋友。"这些话近于愤世嫉俗,事实上世界里还是有朋友,不过虽然无需打着灯笼去找，却是像沙里淘金而且还需要长时间地洗练。一旦真铸成了友谊，便会金石同坚，永不退转。

大抵物以类聚，人以群分。臭味相投，方能永以为好。交朋友也讲究门当户对。纵不必像九品中正那么严格，也自然有个界线。"同学少年多不贱，五陵裘马自轻肥"，于"自轻肥"之余还能对着往日的旧游而不把眼睛移到眉毛上边去么？汉光武容许严子陵把他的大腿压在自己的肚子上，固然是雅量可风，但是严子陵之毅然决然地归隐于富春山，则尤为知趣。朱洪武写信给他的一位朋友说："朱元璋做了皇帝，朱元璋还是朱元璋……。"话尽管说得很漂亮，看看他后来之诛戮功臣，也就不免令人心悸。人的身心构造原是一样的，但是一入宦途，就可能发生突变。孔子说，无友不如己者。我想一来只是指品学而言，二来只是说不要结交比自己坏的，并没有说一定要我们去高攀。友谊需要两造，假如双方都想结交比自己好的，那便永远交不起来。

好像是王尔德说过："一个男人与一个女人之间是不可能有友谊存在的。"就一般而论，这话是对的，因为男女之间如有深厚的友谊，那友谊容易变质，如果不是心心相印，那又算不得是友谊。过犹不及，那分际是难以把握的。忘年交倒是可能的。祢衡年未二十，孔融年已五十，便相交友，这样的例子史不绝书。但似乎是也以同性为限。并且以我所知，忘年交之形成固有赖于兴趣之相近与互相之器赏，但年长的一方面多少需要保持一点童心，年幼的一方面多少需要显着几分老成。老气横秋则令人望而生畏，轻薄儇佻则人且避之若浼。单身的人容易交朋友，因为他的情感无所寄托，漂泊流离之中最需要一个一倾情愫的对象，可是等到他有红袖添香稚子候门的时候，心境便不同了。

"君子之交淡如水"，因为淡所以才能不腻，才能持久。"与朋友交，久而敬之。"敬也就是保持距离，也就是防止过分的亲昵。不过"狎而敬之"是很难的。最要注意的是，友谊不可透支，总要保留几分。Mark Twain 说："神圣的友谊之情，其性质是如此的甜蜜、稳定、忠实、持久，可以终身不渝，如果不开口向你借钱。"这真是慨乎言之。朋友本有通财之谊，但这是何等微妙的一件事！世上最难忘的事是借出去的钱，一般认为最倒霉的事又莫过于还钱。一牵涉到钱，恩怨便很难清算得清楚，多少成长中的友谊都被这阿堵物所戕害！

规劝乃是朋友中间应有之义，但是谈何容易。名利场中，沆瀣一气，自己都难以明辨是非，哪有余力规劝别人？而在对方则又良药苦口忠言逆耳，谁又愿意让人批他的逆鳞？规劝不可当着第三者的面前行之，以免伤他的颜面，不可在他情绪不宁时行之，以免逢彼之怒。孔子说："忠告而善道之，不可则止。"我总以为劝善规过是友谊之消极的作用。友谊之乐是积极的。只有神仙与野兽才

一个能思想的人，才真正是一个力量无边的人。
——[法]巴尔扎克

喜欢孤独,人是需要朋友的。"假如一个人独自升天,看见宇宙的大观,群星的美丽,他并不能感到快乐,他必要找到一个人向他述说他所见的奇景,他才能快乐。"共享快乐,比共受患难,应该是更正常的友谊中的趣味。

知　　音

□ (台湾) 刘静娟

　　刘静娟　女,一九四〇年生,台湾彰化人。著名作家。代表作品有《眼眸深处》、《笑声如歌》、《载走的和载不走的》、《逆风而上》、《心底有根弦》等。

　　多么绵远的一份友谊!平凡如我,居然有这么一位知音,我是何等幸运!

　　十一年前,她因为偏爱我的作品而认识了我。她到办公室找我,又邀我到她家去玩。

　　在她家那朴实的客厅里,我起初是有点拘束的,她的开朗和伯父母的亲切很快地祛除了我的拘谨。在教育家的伯父面前,我自觉是个很幼稚的"小毛头",而他却很郑重地送我一本他的著作《一个教育工作者的自述》,使我非常高兴。他因为女儿的推介而欣赏我的作品。听说我租赁的地方离他家很近,便跟她说:"你以后可以去找她。"我涨红了脸,讷讷地说我就要搬家了。她,很机灵地笑了,"啊!你一定是要结婚了。"

　　她猜对了,我结了婚,开始过平淡的为妻、为媳乃至为母的日子。我与她不曾再见过面。好像只在她到美国后互寄了一份贺年卡,我又送了她一本新作。她告诉我那本书是她唯一带进医院里的——当她生女儿时。六年前她回台北,曾到办公室找我,没见着,留下一张纸条。而我,我现在已想不起当时为什么没去她家找她或至少打个电话。也许我觉得我们各有各的世界吧?有时候两片偶然聚合的云是不算什么的。

　　可是这个春天,这个杜鹃花开始展露笑靥的初春,她打了电话来,我的心境突然澎湃起来。去年年底,她曾寄给我一张卡片,提及她在《世界日报》上读到我写的一篇《悼父》文。她的关切使我感到温暖；可是她的邀请，对我来说，却是太遥远了——她邀我到她在加州的家玩。我猜我们大概只能重拾淡淡的卡片式的友谊了。想不到两个月后，我却在电话中听到了她的声音。

只在十一年前见过两次面的朋友！可是我们却在电话中热烈地谈了好一会儿。我们竟是这样熟悉，我们竟无一丝隔阂。也许友谊也像葡萄美酒，即使默默地被搁置在不受注意的角落，岁月自然会使它甘醇起来吧？放下电话时，我却又杞人忧天了，见面时也会像电话中那么开怀那么兴奋吗？我已不太记得她的样子，只记得她蛮好看的，一种明丽晶洁的美。至于五官是怎样的，却怎样也"画"不出来，而十一年前的我和十一年后的我，在她眼中又不知会有什么变化？

那真是多余的忧虑，站在她家门口按电铃时，刚看耳科医生回来的她奔过来拉住我的手，说："还好，我没有回来迟了。"

我们居然不知不觉地谈了三个钟头——在十一年前那个相同的客厅里。这回，我又满载而归，带着一份温馨的友谊和伯父送我的一本新著《清白集》。

我们觉得意犹未尽，所以我邀她来我家。她就要离台了，我知道她的时间宝贵，我们也因此更珍惜相聚的机会。那个安静的早上，她花了三个钟头仔细地看完了我十一年间的照片。她对我平凡的日子、平凡的生活如此感兴趣真使我讶异。我也想不到多年来忙于读生化、忙于研究糖尿病的她竟然那么熟悉我的作品——有时甚至比我自己还熟悉。她使我感到，人生在世有这样的知音，多么美好！使我感到写文章多么美好，尤其写的是散文。散文是没有虚构的，它把你的思想、你的生活忠实地表现在字里行间。难怪虽然只在十一年前见过面，虽然只交换过两张年卡，我们仍然这般相知。也许由于她不写文章，我对她的"知"少于她对我的"知"；但是，朋友之相吸本来因为相互之间的心灵有契合之处，我既知己，自然也能知彼了。我也明白因为个性相近，她才这般偏爱我的作品，并不是我的作品有多好。

我尤其很感动地听说我后来出的那本《心底有根弦》，是伯父买了寄去美国给她的。报上有我的小文，伯父还画了红线寄去。她说："爸爸知道我喜欢你的文章嘛。"

她真是个幸福的人。第一次见面，我就感到她是天生该一辈子幸福的那种女孩。教育家出身的父母给她最好的教育，最爱的爱，她又有一个姣好的外表。不过，我最喜欢的，还是她的声音，尤其笑声。她的笑声介乎"呵"与"哈"之间，听起来悦耳又潇洒。伯父笑她学科学的人却那般相信相命，她呵呵而笑。她说相命的问："你是不是整过容，要说实话，不然相起来不准的哟！"她抬高双眉，做一个吃了一惊的表情，"我告诉他，是整过，整坏了！"她说："我最怕那美国医生了，看到我耳膜上有

265

只有向自己提出伟大的目标并以自己的全部力量为之而奋斗的人，才是幸福的人。

——[苏联]加里宁

个小洞，说我一定听不清楚，话说得好大声。我说他每句话我都听得清清楚楚，他直说奇迹奇迹，说中国人的耳朵不可思议。还叫很多学生过来看。"说着又哈哈而笑。在听到我自称"平庸"时，她怪异地看着我："不要用那个'庸'字好不好？那使我想到昏君。"说着，那悦耳的声音又笑开了。

跟她聊天实在很开心，她的表情生动极了，她说相命的说她的一生"多彩多姿"。"我才不要多彩多姿，我要的是平实的人生。"也许正因为我与她所要求的，并且幸运地拥有的是平实而不失快乐的生活，所以才"惺惺相惜"吧？

她坚持不要我到机场送她，"那是我最狼狈的时刻。"所以我只好在前一晚在电话里和她说再见。电话里，她一再认真地叮咛我要写作，不要放弃我的笔，而我也很"听话"地"好，好"个不停。放下电话，我却忍不住笑起来。她的年纪本来比我小，在这种时候，用平稳的口气郑重地叮咛，却显得那么老成持重。可是再一想到她倾听时那微微点头的神情，我又感到她偶尔的"老成"原本是很自然的；十一年前她就是善良又体贴的人，所以我才能很快地在她家的客厅里自在起来。

十一年真不是个短暂的日子。十一年前见两次面，十一年后又在一周之内见了两次。下次见面，总不会又要十一年吧？其实，在两个心灵契合的人之间，时间距离又有什么重要的？空间距离又有什么重要的？我给予她最深的祝福，而我，很高兴地知道，也有一个人在山山水水那边祝福着我。并且鼓励我要"常写，好让我与你一齐成长"。

关于友情

□余秋雨

余秋雨 一九四六年生,浙江余姚人。当代著名艺术理论家、中国文化史学者、散文作家。主要作品有《文化苦旅》、《山居笔记》、《行者无疆》、《千年一叹》、《文明的碎片》、《借我一生》等。

一

常听人说,人世间最纯净的友情只存在于孩童时代。这是一句极其悲凉的话,居然有那么多人赞成,人生之孤独和艰难,可想而知。我并不赞成这句话。孩童时代的友情只是愉快的嬉戏,成年人靠着回忆追加给它的东西很不真实。友情的真正意义产生于成年之后,它不可能在尚未获得意义之时便抵达最佳状态。

其实,很多人都是在某次友情感受的突变中,猛然发现自己长大的。仿佛是哪一天的中午或傍晚,一位要好同学遇到的困难使你感到了一种不可推卸的责任,你放慢脚步忧思起来,开始懂得人生的重量。就在这一刻,你突然长大。

我的突变发生在十岁。从家乡到上海考中学,面对一座陌生的城市,心中只有乡间的小友,但已经找不到他们了。有一天,百无聊赖地到一个小书摊看连环画,正巧看到这一本。全身像被一种奇怪的法术罩住,一遍遍地重翻着,直到黄昏时分,管书摊的老大爷用手指轻轻敲了敲我的肩,说他要回家吃饭了,我才把书合拢,恭恭敬敬放在他手里。

那本连环画的题目是:《俞伯牙和钟子期》。

纯粹的成人故事,却把艰深提升为单纯,能让我全然领悟。它分明是在说,不管你今后如何重要,总会有一天从热闹中逃亡,孤舟单骑,只想与高山流水对晤。走得远了,也许会遇到一个人,像樵夫,像隐士,像路人,出现在你与高山流水之间,短短几句话,使你大惊失色,引为终生莫逆。但是,天道容不下如此

应当以事业而不应以寿数来衡量人的一生。

——[古罗马]塞涅卡

至善至美,你注定会失去他,同时也就失去了你的大半生命。

故事是由音乐来接引的,接引出万里孤独,接引出千古知音,接引出七弦琴的断弦碎片。一个无言的起点,指向一个无言的结局,这便是友情。人们无法用其他词汇来表述它的高远和珍罕,只能留住"高山流水"四个字,成为中国文化中强烈而缥缈的共同期待。

那天我当然还不知道这个故事在中国文化中的地位,只知道昨天的小友都已黯然失色,没有一个算得上"知音"。我还没有弹拨出像样的声音,何来知音?如果是知音,怎么可能舍却苍茫云水间的苦苦寻找,正巧降落在自己的身边、自己的班级? 这些疑问,使我第一次认真地抬起头来,迷惑地注视街道和人群。

差不多整整注视了四十年,已经到了满目霜叶的年岁。如果有人问我:"你找到了吗?"我的回答有点艰难。也许只能说,我的七弦琴还没有摔碎。

我想,艰难的远不止我。近年来参加了几位前辈的追悼会,注意到一个细节:悬挂在灵堂中间的挽联常常笔涉高山流水,但我知道,死者对于挽联撰写者的感觉并非如此。然而这又有什么用呢? 在死者失去辩驳能力仅仅几天之后,在他唯一的人生总结仪式里,这一友情话语乌黑鲜亮,强硬得无法修正,让一切参加仪式的人都低头领受。

当七弦琴已经不可能再弹响的时候,钟子期来了,而且不止一位。或者是,热热闹闹的俞伯牙们全都哭泣在墓前,那哭声便成了"高山流水"。

没有恶意,只是错位。但恶意是可以颠覆的,错位却不能,因此错位更让人悲哀。在人生的诸多荒诞中,首当其冲的便是友情的错位。

二

友情的错位,来源于我们自身的混乱。

从类似于那本连环画的起点开始,心中总有几缕缥缈的乐曲在盘旋,但生性又看不惯孤傲,喜欢随遇而安,无所执持地面对日常往来。这两个方面常常难于兼顾,时间一长,缥缈的乐曲已难以捕捉,身边的热闹又让人腻烦,寻访友情的孤舟在哪一边都无法靠岸。无所适从间,一些珍贵的缘分都已经稍纵即逝,而一堆无聊的关系却仍在不断灌溉。你去灌溉,它就生长,长得密密层层、遮天蔽日,长得枝如虬龙、根如罗网,不能怪它,它还以为在烘托你、卫护你、宠爱你。几十年的积累,说不定已把自己与它长成一体,就像东南亚热带雨林中,建筑与植物已不分彼此。谁也没有想到,从企盼友情开始的人生,却被友情拥塞到不知自己是什么人。川端康成自杀时的遗言是"大拥塞了",可见拥塞可以致命。我们会比他顽泼一点,还有机会面对拥塞向自己高喊一声:"你到底要什么?"

只能等待我们自己来回答。然而可笑的是,我们的回答大部分不属于自己。能够随口吐出的,都是早年的老师、慈祥的长辈、陈旧的著作所发出过的声音。所幸流年,也给了我们另一套隐隐约约的话语系统,已经可以与那些熟悉的回答略做争辩。

他们说,友情来自于共同的事业。长辈们喜欢用大词,所说的事业其实也就是职业。置身于同一个职业难道是友情的基础?当然不是。如果偶尔有之,也不能本末倒置。情感岂能依附于事功,友谊岂能从属于谋生,朋友岂能局限于同僚。

他们说,在家靠父母,出外靠朋友。这种说法既表明了朋友的重要,又表明了朋友的价值在于被依靠。但是,没有可靠的实用价值能不能成为朋友?一切帮助过你的人是不是都能算做朋友?

他们说,患难见知己,烈火炼真金。这又对友情提出了一种要求,盼望它在危难之际及时出现。能够出现当然很好,但友情不是应急的储备,朋友更不应该被故意地考验。

……

不知出于什么原因,我们这个缺少商业思维的民族在友情关系上竟然那么强调实用原则和交换原则。

真正的友情不依靠什么。不依靠事业、祸福和身份,不依靠经历、方位和处境,它在本性上拒绝功利,拒绝归属,拒绝契约,它是独立人格之间的互相呼应和确认。它使人们独而不孤,互相解读自己存在的意义。因此所谓朋友也只不过是互相使对方活得更加自在的那些人。

在古今中外有关友情的万千美言中,我特别赞成英国诗人赫巴德的说法:"一个不是我们有所求的朋友,才是真正的朋友。"真正的友情都应该具有"无所求"的性质,一旦有所求,"求"也就成了目的,友情却转化为一种外在的装点。我认为,世间的友情至少有一半是被有所求败坏的,即便所求的内容乍一看并不是坏东西;让友情分担忧愁,让友情推进工作……友情成了忙忙碌碌的工具,那它自身又是什么呢?应该为友情卸除重担,也让朋友们轻松起来。朋友就是朋友,除此之外,无所求。

其实,无所求的朋友最难得,不妨闭眼一试,把有所求的朋友一一删去,最后还剩几个?

李白与杜甫的友情,可能是中国文化史上除俞伯牙和钟子期之外最被推崇的了,但他们的交往,也是那么短暂。相识已是太晚,作别又是匆忙,李白的送别诗是："飞蓬各自远，且尽手中杯。"从此再也没有见面。多情的杜甫在这以后一直处于对李白的思念之中，不管流落何地都写出了刻骨铭心的诗句；李白应该也在思念吧，但他步履放达、交游广泛，杜甫的名字再也没有在他的诗中出现。这里好像出现了一种巨大的不平衡，但天下的至情并不以平衡为条件。即使李白不再思念，杜甫也作出了单方面的美好承担。李白对他无所求，他对李白也无所求。

友情因无所求而深刻，不管彼此是平衡还是不平衡。诗人周涛描写过一种平衡的深刻："两棵在夏天喧哗着聊了很久的树，彼此看见对方的黄叶飘落于秋风，它们沉静了片刻，互相道别说：'明年夏天见！'"

楚楚则写过一种不平衡的深刻："真想为你好好活着，但我，疲惫已极。在我生命终结前，你没有抵达。只为最后看你一眼，我才飘落在这里。"都是无所求地飘落，都是诗化的高贵。

三

真正的友情因为不企求什么不依靠什么，总是既纯净又脆弱。世间的一切孤独者也都遭遇过友情，只是不知鉴别和维护，一一破碎了。

为了防范破碎，前辈们想过很多办法。

一个比较硬的办法是捆扎友情，那就是结帮。不管仪式多么隆重，力量多么雄厚，结帮说到底仍然是出于对友情稳固性的不信任，因此要以血誓重罚来杜绝背离。结帮把友情异化为一种组织暴力，正好与友情自由自主的本义南辕北辙。我想，友情一旦被捆扎就已开始变质，因为身在其间的人谁也分不清伙伴们的忠实有多少出自内心，有多少出自帮规。不是出自内心的忠实当然算不得友情，即便是出自内心的那部分，在群体性行动的裹卷下还剩下多少个人的成分？而如果失去了个人，哪里还说得上友情？一切吞食个体自由的组合必然导致大规模的自相残杀，这就不难理解，历史上绝大多数高竖友情旗幡的帮派，最终都成了友情的不毛之地，甚至血迹斑斑，荒冢丛丛。

一个比较软的办法是淡化友情。同样出于对友情稳固性的不信任，只能用稀释浓度来求得延长。不让它凝结成实体，它还能破碎得了吗？"君子之交淡如水"，这种高明的说法包藏着一种机智的无奈，可惜后来一直被并无机智、只剩无奈的人群所套用。怕一切许诺无法兑现，于是不作许诺；怕一切欢晤无法延续，于是不作欢晤，只把微笑点头维系于影影绰绰之间。有人还曾经借用神秘的东方美学来支持这种态度：只可意会，不可言传；不着一字，尽得风流；羚羊挂角,无迹可寻……这样一来,友情也就成了一种水墨写意,若有若无。但是,事情到了这个地步,友情和相识还有什么区别? 这与其说是维护,不如说是窒息,而奄奄一息的友情还不如没有友情,对此我们都深有体会。在大街上,一位熟人彬彬有礼地牵了牵嘴角向我们递过来一个过于矜持的笑容;为什么那么使我们腻烦,宁肯转过脸去向一座塑像大喊一声早安? 在宴会里,一位客人伸出手来以示友好却又在相握之际绷直了手指以示淡然,为什么那么使我们恶心,以至恨不得到水池边把手洗个干净?

另一个比较俗的办法是粘贴友情。既不拉帮结派,也不故作淡雅,而是大幅度降低朋友的标准,扩大友情的范围,一团和气,广种博收。非常需要友情,又不大信任友情,试图用数量的堆积来抵拒荒凉。这是一件非常劳累的事,哪一份邀请都要接受,哪一声招呼都要反应,哪一位老兄都不敢得罪,结果,哪一个朋友都没有把他当做知己。如此大的联系网络难免出现种种麻烦,他不知如何表态,又没有协调的能力,于是经常目光游移,语气闪烁,模棱两可,不能不被任何一方都怀疑、都看轻。这样的人大多不是坏人,不做什么坏事,朋友间出现裂缝他去粘粘贴贴,朋友对自己产生了隔阂他也粘粘贴贴,最终他在内心也对这种友情产生了苦涩的疑惑,没有别的办法,也只能在自己的内心粘粘贴贴。永远是满面笑容,永远是行色匆匆,却永远没有搞清:友情究竟是什么?

强者捆扎友情,雅者淡化友情,俗者粘贴友情,都是为了防范友情的破碎,但看来看去,没有一个是好办法。原因可能在于,这些办法都过分依赖技术性手段,而技术性手段一旦进入感情领域,总没有好结果。

我认为,在友情领域要防范的,不是友情自身的破碎,而是异质的侵入。这里所说的异质,不是指一般意义上的差异,而是指根本意义上的对抗,一旦侵入会使整个友情系统产生基元性的蜕变,其后果远比破碎严重。显而易见,这就不是一个技术性的问题了。

异质侵入,触及友情领域一个本体性的悖论。友情在本性上是缺少防卫机制的,而问题恰恰就出在这一点上。几盅浓茶淡酒,半夕说古道今,便相见恨晚,顿成知己,而所谓知己当然应该关起门来,言人前之不敢言,吐平日之不便吐,越是阴晦隐秘越是贴心。如果讲的全是堂堂正正的大白话,哪能算做知己? 如果只把家庭琐事、街长里短当做私房话,又哪能算做男子汉? 因此,这似乎是一个天生的想入非非的空间,许多在正常情况下不愿意接触的人和事就在这里扭合在一起。事实证明,一旦扭合,要摆脱十分困难。为什么极富智慧的大学者因为几拨老朋友的来访而终于成了汉奸? 为什么从未失算的大企业家只为了向某个朋友显示一点什么便锒铛入狱? 而更多的则是,一次错交浑身惹腥,

271

一个没有受到献身的热情所鼓舞的人,永远不会做出什么伟大的事情来。

——[俄]车尔尼雪夫斯基

一个恶友半世受累,一招错棋,步步皆输。产生这些后果,原因众多,但其中必定有一个原因是为了友情而容忍了异质侵入。心中也曾不安,但又怕落一个疏远朋友、背弃友情的话柄,结果,友情成了通向丑恶的拐杖。

由此更加明白,万不能把防范友情的破碎当成一个目的。该破碎的让它破碎,毫不足惜;虽然没有破碎却发现与自己生命的高贵内质有严重抵牾,也要做破碎化处理。罗丹说,什么是雕塑?那就是在石料上去掉那些不要的东西。我们自身的雕塑,也要用力凿掉那些异己的、却以朋友名义贴附着的杂质。不凿掉,就没有一个像模像样的自己。

对我来说,这些道理早就清楚,经受的教训也已不少,但当事情发生之前,仍然很难认清异质之所在。现在唯一能做到的是,在听到友情的呼唤时,不管是年轻热情的声音还是苍老慈祥的声音,如果同时还听到了模糊的耳语、闻到了怪异的气息,我会悄然止步,不再向前。

四

该破碎的友情常被我们捆扎、黏合着,而不该破碎的友情却又常常被我们捏碎了。两种情况都是悲剧,但不该破碎的友情是那么珍贵,它居然被我们亲手捏碎,这对人类良知的打击几乎是致命的。

提起这个令人伤心的话题,我们眼前会出现远远近近一系列酸楚的画面。两位写尽了人间友情的大作家,不知让世上多少读者领悟了互爱的真谛,而他们自己也曾在艰难岁月里相濡以沫,谁能想得到,他们的最后年月却是友情的彻底破碎。我曾在十多年前与其中一位长谈,那么善于遭词造句的文学大师在友情的怪圈前只知愤然诉说,完全失去了分析能力。我当时想,友情看来真是天地间最难说清楚的事情。还有两位与他们同时的文坛前辈,其中一位还是我的同乡,他们有一千条理由成为好友却居然在同一面旗帜下成了敌人,有你无我,生死搏斗,牵动朝野,哄传千里,直到一场灭顶之灾降临,双方才各有所悟,但当他们重新见面时,我同乡的那一位已进入弥留之际,两双昏花老眼相对,可曾读解了友情的难题?

同样的事例,可以举出千千万万。

可以把原因归之于误会,归之于性格,或者归之于历史,但他们都是知书达理、品行高尚的人物,为什么不能询问、解释和协调呢?其中有些隔阂,说出来琐碎得像芝麻绿豆一般,为什么就锁了这么一些气壮山河的灵魂?我景仰的前辈,你们到底怎么啦?

对这些问题的试图索解，也许会贯穿我的一生，因为在我看来，这其实也正是在索解人生。现在能够勉强回答的是：高贵灵魂之间的友情交往，也有可能遇到心理陷阱。

例如，因互相熟知而产生的心理过敏。

彼此太熟了，考虑对方时已经不再做移位体验，只是顺着自己的思路进行推测和预期，结果，产生了小小的差异就十分敏感。这种差异产生在一种共通的品性之下，与上文所说的异质侵入截然不同；但在感觉上，反而因大多的共通而产生了超常的差异敏感，就像在眼睛中落进了沙子。万里沙丘他都容忍得了，却不容自己的身体里嵌入一点点东西，他把朋友当做了自己。其实，世上哪有两片完全相同的树叶，即便这两片树叶贴得很紧？本有差异却没有差异准备，都把差异当做了背叛，夸大其词地要求对方纠正。这是一种双方的委屈，友情的回忆又使这种委屈增加了重量。负荷着这样的重量不可能再来纠正自己，双方都怒气冲天地走上了不归路。凡是重友情、讲正气的人都会产生这种怒气，而只有小人才是不会愤怒的一群，因此正人君子们一旦落入这种心理陷阱往往很难跳得出来。高贵的灵魂吞咽着说不出口的细小原因在陷阱里挣扎。

又如，因互相信任而产生的心理黑箱。

朋友间还有什么可提防的呢？很多人基于这样一个想法，把许多与友情有关的事情处理得干脆利落、默不做声。不管做成没做成，也不作解释，不加说明。一说就见外，一说就不美，友情好像是一台魔力无边的红外线探测仪，能把一切隐藏的角落照个明明白白。不明不白也不要紧，理解就是一切，朋友总能理解，不理解还算朋友？但是，当误会无可避免地终于产生时，原先的不明不白全都成了疑点，这对被疑的一方而言无异是冤案加身；申诉无门，他的表现一定异常，异常的表现只能引起更大的怀疑，互相的友情立即变得难于收拾。直至此时，信任的惯性还使双方撕不下脸来公然道破，仍然在昏暗之中传递着昏暗，气愤之中叠加着气愤。这就形成了一个恐怖的心理黑箱，友情的缆索在里边缠绕盘旋，打下一个个死结，形成一个个短路，灾难性的后果在所难免。

这两个心理陷阱，过敏陷阱和黑箱陷阱，大多又是交叉重合在一起的，过于清晰与过于不清晰这两个极端，互为因果，互增危难，变情为仇，变友为敌，而且都发生在大好人之间，实在让人悲叹。

在好几个夜晚，我曾反复与一些心理学研究者讨论一个难题：为什么有的人使朋友损失巨大却能重归于好，有的人只因为说了短短两句话却使朋友终生无法原谅？为什么有的敌人经历过长期争斗后却能变成朋友，而有的朋友一旦龃龉之后却不如一个敌人？

一种坏行为只能为其他坏行为开路，而坏思想却会拖着人顺那条路一直往下滑。

——[俄]列夫·托尔斯泰

我想，不要老是从基本品质上找原因，其中一个关键在于，一些错乱的心理程序造成了心理陷阱。

　　我不知道我们能在多大程度上避开这些陷阱，总觉得对它们多加研究总是好事。真正属于心灵的财富，不会被外力剥夺，唯一能剥夺它的只有心灵自身的毛病，但心灵的毛病终究也会被心灵的力量发现、解析并治疗，何况我们所说的都是高贵的心灵。

五

　　说了这么多，可能造成一个印象，人生在世要拥有真正的友情太不容易。

　　其实，归结上文，问题恰恰在于人类给友情加添了太多别的东西，加添了太多的义务，加添了太多的杂质，又添加了太多因亲密而带来的阴影。如果能去除这些加添，一切就会变得比较容易。

　　友情应该扩大人生的空间，而不是缩小这个空间。可惜，上述种种悖论都表明，友情的企盼和实践极容易缩小我们的人生空间，从而产生适得其反的效果。

　　要扩大人生的空间，最终的动力应该是博大的爱心，这才是友情的真正本义。在这个问题上，谋虑太多，反而弄巧成拙。

　　诚如先哲所言，人因智慧制造种种界限，又因博爱冲破这些界限。友情的障碍，往往是智慧过度，好在还有爱的愿望，把障碍超越。

　　友情本是超越障碍的翅膀，但它自身也会背负障碍的沉重，因此，它在轻松人类的时候也在轻松自己，净化人类的时候也在净化自己。其结果应该是两相完满：当人类在最深刻地享受友情时，友情本身也获得最充分的实现。

　　现在，即便我们拥有不少友情，它也还是残缺的，原因在于我们自身还残缺。世界理应给我们更多的爱，我们理应给世界更多的爱，这在青年时代是一种小心翼翼的企盼，到了生命的秋季，仍然是一种小心翼翼的企盼。但是，秋季毕竟是秋季，生命已承受霜降，企盼已洒上寒露，友情的渴望灿如枫叶，却也已开始飘落。

　　生命传代的下一个季度，会是智慧强于博爱，还是博爱强于智慧？现今还是稚嫩的心灵，会发出多少友情的信号，又会受到多少友情的滋润？这是一个近乎宿命的难题，完全无法贸然作答。秋天的我们，只有祝祈。心中吹过的风，有点凉意。

　　想起了我远方的一位朋友写的一则小品：两只蚂蚁相遇，只是彼此碰了一下触须就向相反方向爬去。爬了很久之后突然都感到遗憾，在这样广大的时空中,体型如此微小的同类不期而遇,"可是我们竟没有彼此拥抱一下"。

是的,不应该再有这种遗憾。但是随着宇宙空间的新开拓,我们的体型更加微小了,什么时候,还能碰见几只可以碰一下触须的蚂蚁?

且把期待留给下一代,让他们乐滋滋地爬去。

一个没有希望并意识到没有希望的人不再属于未来。

——[法]加　缪

真正的友谊，很少被本能的欲望与利害的权衡所驱使，因为它是心与心亲密地接触相撞而产生的、语言所不能表达的强烈的共鸣，它是一种摒弃了其他任何目的纯信赖的感情。

第十三辑
身心的健康

　　一般来说,人的幸福十之八九有赖健康的身心。有了健康,每件事都是令人快乐的;失掉健康就失掉了快乐。即使人具有伟大的心灵,快活乐观的气质,也会因健康的丧失而黯然失色,甚至变质。所以当两人见面时,我们首先便问候对方的健康情形,相互祝福身体康泰,因为健康实在是成就人类幸福最重要的成分。只有愚昧的人才会为了其他的幸福牺牲健康。

论　健　康

□ [德] 叔本华

能够促使心情愉快的不是财富，而是健康。

我们不是常在下层阶级——劳动阶级，特别是工作在野外的人们脸上找到愉快满足的表情吗?而那些富有的上层人士不常是愁容满面，满怀苦恼吗?所以我们当尽力维护健康，唯有健康方能绽放愉悦的花朵。

至于如何维护健康实在也无需我来指明——避免任何种类的过度放纵和动荡不安的情绪，但也不要太抑制自己。要经常做户外运动、冷水浴以及遵守卫生原则。没有适度的日常运动，便不可能永远健康，生命过程便是依赖体内的各种器官的不停运动，运动的结果不仅影响到有关身体各部分，也影响全身。亚里士多德说:"生命便是运动。"运动也的确是生命的本质。有机体的所有部分都一刻不停地迅速运动着。比如说，心脏在一收一张间有力而不息地跳动，每跳二十八次便把所有的血液由动脉送到静脉再分布到身体各处的微细血管中。肺像个蒸汽引擎无休止地膨胀、收缩。内脏也总在蠕动工作着。各种腺体不断地吸收再分泌激素。甚至于大脑也随着脉搏的跳动和我们的呼吸而运动着。世上有无数的人注定要从事坐办公室的工作，他们无法经常运动了。体内的骚动加体外的静止无法调和，必然产生显著的对立。本来体内的运动也需要适度的体外运动来平衡，否则就会产生情绪的困扰。大树要繁盛荣茂也需风来吹动。人的体外运动须与体内运动平衡，此点尤为重要。

幸福系之于人的精神，精神的好坏又与健康息息相关。这只要想想我们对同样的外界环境和事件，在健康强壮时和缠绵病榻时的看法及感受如何不同，即可看出。使我们幸福或不幸福的，并非客观事件，而是那些事件给予我们的影响和我们对它的看法。就像伊皮泰特斯所说:"人们不受事物影响，却受他们对事物看法的影响。"

一般来说,人的幸福十之八九有赖健康的身心。有了健康,每件事都是令人快乐的;失掉健康就失掉了快乐。即使人具有伟大的心灵,快活乐观的气质,也会因健康的丧失而黯然失色,甚至变质。所以当两人见面时,我们首先便问候对方的健康情形,相互祝福身体康泰,因为健康实在是成就人类幸福最重要的成分。只有愚昧的人才会为了其他的幸福牺牲健康。不管其他幸福是功、名、利、禄、学识,还是过眼烟云似的感官享受,世间没有任何事比健康来得更重要了。

我与绘画的缘分

□ [英] 温斯顿·丘吉尔   王汉梁/译

年至四十而从未握过画笔,老把绘画视为神秘莫测之事,然后突然发现自己投身到了一个对颜料、调色板和画布的新奇兴趣中去了,并且成绩还不怎么叫人丧气——这可真是个奇异而又大开眼界的体验。我很希望别人也能分享它。

为了得到真正的快乐,避免烦恼和脑力的过度紧张,我们都应该有一些嗜好。它们必须都很实在,其中最好最简易的莫过于写生画画了。这样的嗜好在一个最苦闷的时期搭救了我。一九一五年五月末,我离开了海军部,可我仍是内阁和军事委员会的一个成员。在这个职位上,我什么都知道,却什么都不能干。我有一些炽烈的信念,却无力去把它们付诸实现。那时候,我全身的每根神经都热切地想行动,而我却只能被迫赋闲。

尔后,一个礼拜天,在乡村里,孩子们的颜料盒来帮我忙了。我用他们那些玩具水彩颜料稍一尝试,便促使我第二天上午去买了一整套油画器具。下一步我真的动手了。调色板上闪烁着一摊摊颜料,一块崭新的白白的画布摆在我的面前;那支没蘸色的画笔重如千斤,性命攸关,悬在空中无从落下。我小心翼翼地用一枝很小的画笔蘸真正一点点蓝颜料,然后战战兢兢地在咄咄逼人的雪白画布上画了大约像一颗小豆子那么大的一笔。恰恰那时候只听见车道上驶来了一辆汽车,而且车里走出来的不是别人,正是著名肖像画家约翰·赖弗瑞

共同的事业,共同的斗争,可以使人们产生忍受一切的力量。

——[苏联]奥斯特洛夫斯基

爵士的才气横溢的太太。"画画！不过你还在犹豫什么哟！给我一枝笔，要大的。"画笔扑通一声浸进松节油，继而扔进蓝色和白色颜料中，在我那块调色板上疯狂地搅拌了起来，然后在吓得籁籁直抖的画布上恣肆汪洋地涂了好几笔蓝颜色。紧箍咒被打破了，我那病态的拘束烟消云散了。我抓起一枝最大的画笔，雄赳赳、气昂昂地朝我的牺牲品扑了过去。打那以后，我再也不怕画布了。

　　这个胆大妄为的开端是绘画艺术极重要的一个部分。我们不要野心太大。我们并不希冀传世之作。能够在一盒颜料中其乐陶陶，我们就心满意足了。而要这样，大胆则是唯一的门券。

　　我不想说水彩颜料的坏话。可是实在没有比油画颜料更好的材料了。首先，你能比较容易地修改错误。调色刀只消一下子就能把一上午的心血从画布上"铲"除干净；对表现过去的印象来说，画布反而来得更好。其次，你可以从各种途径达到自己的目的。假如开始时你采用适中的色调来进行一次适度的集中布局，尔后心血来潮时，你也可以大刀阔斧，尽情发挥。最后，颜色调弄起来真是太妙了。假如你高兴，可以把颜料一层一层地加上去，你可以改变计划去适应时间和天气的要求。把你所见的景象跟画面相比较简直令人着迷。假如你还没有那么干过的话，在你归天以前——不妨试一试。

　　当一个人开始慢慢地不感到选择适当的颜色，用适当的手法把它们画到适当的位置上去是一种困难时，我们便面临更广泛的思考了。人们会惊讶地发现在自然景色中还有那么许多以前从未注意到的东西。每当走路乘车时，附加了一个新目的，那可真是新鲜有趣之极。山丘的侧面有那么丰富的色彩，在阴影处和阳光下迥然不同；水塘里闪烁着如此耀眼夺目的反光，光波在一层一层地淡下去；表面和边缘那种镀金镶银般的光亮真是美不胜收。我一边散步，一边留心着叶子的色泽和特征，山峦那迷梦一样的紫色，冬天的枝干的绝妙的边线，以及遥远的地平线的暗白色的剪影，那时候，我便本能地意识到了自己。我活了四十多岁，除了用普通的眼光，从未留心过这一切。好比一个人看着一群人，只会说"人可真多啊"一样。

　　我以为，这种对自然景色观察能力的提高，便是我从学画中得来的最大乐趣之一。假如你观察得极其精细入微，并把你所见的情景如实地描绘下来，结果画布上的景象就会惊人地逼真。

　　嗣后，美术馆便出现了一种新鲜的——至少对我如此——极其实际的兴趣。你看见了昨天阻碍过你的难点，而且你看见这个难点被一个绘画大师那么轻而易举地就解决了。你会用一种剖析的理解的眼光来欣赏一幅艺术杰作。

　　一天，偶然的机缘把我引到马赛附近的一个偏僻角落里，我在那儿遇见了两位塞尚的门徒。在他们眼中，自然景色是一团闪烁不定的光，在这里形体与表面并不重要，几乎不为人所见，人们看到的只是色彩的美丽与和谐的对比。这些彩色的每一个小点都放射出一种眼睛感受得到却不明其原因的强光。你瞧，那大海的蓝色，你怎么能描摹它呢？当然不能用现成的任何单色。临摹那种深蓝色的唯一办法，是把跟整个构图真正有关的各种不同颜色一点一点地堆砌上去。难吗？可是迷人之处也正在这里！

我看过一幅塞尚的画，画的是一座房子里的一堵空墙。那是他天才地用最微妙的光线和色彩画成的。现在我常能这样自得其乐：每当我盯着一堵墙壁或各种平整的表面时，便力图辨别从中能看出的各种各样不同的色调，并且思索着这些色调是反光引起的呢，还是出于天然本色。你第一次这么试验时，准会大吃一惊，甚至在最平凡的景物上你都能看见那么多如此美妙的色彩。

所以，很显然，一个人被一盒颜料装备起来，他便不会心烦意乱，或者无所事事了。有多少东西要欣赏啊，可观看的时间又那么少！人们会开始去嫉妒梅休赛兰。

注意到记忆在绘画中所起的作用是很有趣的。当惠斯特勒在巴黎主持一所学校时，他要他的学生们在一楼观察他们的模特儿，然后跑上楼，到二楼去画他们的画。当他们比较熟练时，他就把他们的画架放高一层楼，直到最后那些高材生们必须拼命奔上六层楼梯到顶楼里去作画。

所有最伟大的风景画常常是将最初的那些印象归纳起来好久以后在室内画出来的。荷兰或者意大利的大师在阴暗的地窖里重现了尼德兰狂欢节上闪光的冰块，或者威尼斯的明媚阳光。所以，这就要求对视觉形象具有一种惊人的记忆力。就发展一种受过训练的精确持久的记忆力来说，绘画是一种十分有效的锻炼。

另外，作为旅游的一种刺激剂，实在没有比绘画更好的了。每天排满了有关绘画的远征和实践——既省钱易行，又能陶情养性。哲学家的宁静享受替代了旅行者的无谓的辛劳。你走访的每一个国家都有它自己的主调，你即使见到了也无法描摹它，但你能观察它，理解它，感受它，也会永远地赞美它。不过，只要阳光灿烂，人们是大可不必出国远行的。业余画家踌躇满志地从一个地方到另一个地方东游西荡，老在寻觅那些可以入画、可以安安稳稳带回家去的迷人胜景。

作为一种消遣，绘画简直十全十美了。我不知道还有什么在不使人筋疲力尽、消耗体力的情况下比绘画更令人全神贯注的了。不管面临何等样的目前的烦恼和未来的威胁，一旦画面开始展开，大脑屏幕上便没有它们的立足之地了。它们退隐到阴影黑暗中去了。人的全部注意力都集中到了工作上面。当我

人生价值的大小以人们对社会贡献的大小而定。

——向警予

列队行进时，或者甚至说来遗憾，在教堂里一次站上半个钟点，我总觉得这种站立的姿势对男人来说很不自在，老那么硬挺着只能使人疲惫不堪而已。可是却没有一个喜欢绘画的人接连站三四个钟点画画会感到些微的不适。

买一盒颜料，尝试一下吧。假如你知道充满思想和技巧的神奇新世界，一个阳光普照、色彩斑斓的花园正近在咫尺等待着你，与此同时你却用高尔夫球和桥牌消磨时间，那真是太可怜了。惠而不费，独立自主，能得到新的精神食粮和锻炼，在每个平凡的景色中都能享有一种额外的兴味，使每个空闲的钟点都很充实，都是一次充满了销魂荡魄般发现的无休止的航行——这些都是崇高的褒赏。我希望它们也能为你所享有。

人生的箴言

□ [日] 池田大作

池田大作　一九二八年生。日本创价学会名誉会长、国际创价学会会长。被誉为世界著名的佛教思想家、哲学家、教育家、社会活动家、作家、桂冠诗人、摄影家、世界文化名人，国际人道主义者。一九八三年获联合国奖，一九九九年获爱因斯坦和平奖。在中国获得中日文化交流贡献奖等若干奖项。

我认为人生中不能没有爽朗的笑声。爽朗的笑是"家庭中的太阳"。我希望能有打内心里为他人的喜悦而喜悦的余裕。在这样的生活态度中每一天都会给我们留下一些明朗愉快的东西。只看人的阴暗面的生活态度，最后只会扩大阴暗抑郁的世界，从而导致自己的失败。

我希望能在真正的自我中，始终保持不断创造新事物的创造性和为人们为社会做出贡献的社会性。在平凡的生活中仍能发现新鲜的感动和喜悦的人，可以说是使自己生活得富有创造性。我希望从风中颤动的一片树叶上也能听到光线的脉搏的跳动；我希望从一棵在路旁开放的无名的野花上也能发现美的心灵。但这不能是感伤。我希望的丰富的心灵，应当充满了正义和勇气，能以强韧的生命力去冲破任何惊涛骇浪。

一味地把他人与自己相比这种生活态度是渺小的。他人有他人的使命，自己有自己的使命。应当以这样广阔的心胸，从昨天到今天，从今天到明天，一步一步地登上进步与向上的坡道。这样的力量才是真正的青春活力。

信用这东西积累起来很难，毁坏起来却很容易。花十年时间积累起来的信用，可能会由于一时的微小的言行而丧失。仅凭雕虫小技粉饰表面的镀金，到关键的时刻会剥落罄尽。能在苦难中勇往直前地完成自己使命的人，最后总会赢得所有人的信用。即使每天做着朴实无华的、谁也看不见的工作，但能够重视它，为了自己的建设，顽强地一步一步地前进。我打内心里尊敬这样的人。

生命的资本

□ [美] 奥里森·马登　　林语堂/译

成功之大小，不系于你在银行中所存的款项的数目之多少，而是系于在生命中所有的资本之多少，与你怎样去使用那资本，系于你在事业上能放出多少的力量。一个因营养不良而至衰弱，或因生活不知谨慎而至精力受损的人，较之一个各部官能，各种机能，都健全精壮的人，其成功之机会，就有天壤之别。

假使你是头脑清楚，意志恳挚，而有志于大成就的，则你必须将每丝的精力，每丝的体力、精神力，视做宝贵的生命资本，而非有价值的地方，不肯割舍丝毫。

你必须视任何方式的精力耗损，视每丝的精力损失，为一种不可宽恕的浪费，甚至是一种不可宽恕的罪恶或犯罪行为。

你必须阻塞每丝的精力之走漏，阻止每丝的不必要的生命资本之损失，庶几你能将你的全部精力，全部生命资本，最经济、最有效地使用。

你必须保持你的每种机能，每种能力于最高的标准，庶几你每天工作时，都能精力饱满,应付裕如。

假使你不能以一个强健、精壮的身心去从事工作,假使你在工作上,只能放出一小部分的力量,则你必然只能实现极小部分的成功可能性。

一个人精力耗损、活力低微、身心衰弱,至于不能愉快地、自动地、有力地工作,而只由意志勉强着去工作,这是最可怜的一种景象!

维持你自己的身心的健旺,使之适宜于工作,庶几你在工作时,能够愉快、自动,而不至感受勉强或痛苦。假使你精力健旺,则仿佛在你的容貌上,从你的毛孔中,都能射出力量似的。浑身精力健旺、生气蓬勃的人一小时工作的成绩,往往要超过精力衰弱的人一整天的工作成绩。

一个青年,想以一个衰弱的身躯,萎靡的机能,去取得成功,这是一件可悲的事情。而最可悲的,就是假使他能够聪明地、谨慎地过生活,他的身心未必会衰弱,他的志愿未必不能实现,而世界也许有因他的成功,而间接蒙其惠泽的。

建筑你的事业的材料,就在你的生命中。你的"自我"就是你的最大资本。你的未来的成功之秘诀,就锁藏在你的大脑,你的神经中,你的筋骨中,你的志愿中,你的决心中,你的理想中。一切全靠你的生理与精神状态,你在事业中所下体力与精神力的数量多少,可以测量出你的最终成功之大小。所以减少你自己的体力与精神力,减少你的生命资本,即是减少你自己的成功机会与生命价值。

许多人工作之余所耗费的精力,比在工作时间所耗费的更多。假使有人这样告诉他们时,他们或许要吃惊,甚至动气。他们以为,只有肉体上的斫丧,才能摧残精力。其实可以摧残精力的方式何止百端。烦闷、恐惧、愤怒,以及其他种种不良的思想与情感,都是足以摧残活力的。

有着大量的生命资本,大量的体力与精神,却不知善于利用,以使你取得成功,这有何用处呢?

一个人的生命中,有了任何弱点,这弱点即足以破坏、阻碍他的全部事业、前程。这个弱点,会使他一生过着悲伤悔恨的日子。每种不检点的行为,错误的行为,都足以开启生命资本的孔洞。

"自然"是无情的,不仁的。假使你破坏了它的法则,则你纵然是一个君主,也得受害。君主、乞丐,在它面前是一律的。你不能将"弱"、"困难"当做你的失败的托词。它要求你应该带着强旺,常能使出你全部的力量。它不能接受任何推托,任何恕词。

林 中 水 滴

□ [苏联] 米·普里什文

米·普里什文(1873～1954)　苏联作家。二十世纪苏联文学史上极
具特色的人物。作品有小说《贝林捷雅的水泉》、《人参》和自传体长篇小
说《卡舍依的锁链》,随笔集《跟随神奇的小圆面包》、《在隐没之城的墙
边》等,主要描写自然景色、人的劳动和儿童心理。

有些人说我身体健壮,是因为营养好,常呼吸新鲜空气的缘故。"您的脸色
多好啊,大概还是老习惯,住在森林里面吧。打猎情况怎么样?"我总是有礼貌
地回答说,森林和打猎是健康的最好条件……

说来也是一样的——我的狩猎! 我用外部的平常的狩猎,来在大家面前掩
盖和辩护我那内部的狩猎。我是追捕自己心灵的猎人,我时而在幼嫩的云杉果
上,时而在松鼠的身上,时而在阳光从林阴间的小窗子中照亮的蕨草上,时而
在繁花似锦的空地上,发现和认出了我的心灵。可不可以捕猎这个东西呢? 可
不可以把这件美事对无论任何人直言呢? 不消说,简直谁也不会明白的……

我之所以有健壮的身体,不是因为沼泽上的空气好,也不是因为营养好,
我的营养是最平常的。我以探索美好事物的希望和欢乐而生活,我有可能从这
里汲取营养,因为我多少已准备好承受那件憾事了:如果我问杜鹃,我还能活
多久,它却不把两声"咕——咕"连着叫完,只是"咕"地一声飞走了。

凡是以追求自己的幸福为目标的人,是坏的;凡是以博得别人的好评为目标的人,是脆弱的;凡是以
使他人幸福为目标的人,是有德行的。

——[俄]列夫·托尔斯泰

论 快 乐

□ 钱钟书

　　在旧书铺里买回来维尼 (Vigny) 的《诗人日记》(Journald'unpo te)，信手翻开，就看见有趣的一条。他说，在法语里，喜乐 (bonheur) 这个名词是"好"和"钟点"两字拼成，可见好事多磨，只是个把钟头的玩意儿 (Si le bonheur n' tait qu'unebonne denie!)。我们联想到我们本国话的说法，也同样的意味深远，譬如快活或快乐的"快"字，就把人生一切乐事的飘瞥难留，极清楚地指示出来。所以我们又慨叹说："欢娱嫌夜短。"因为人在高兴的时候，活得太快，一到困苦无聊，愈觉得日脚像跛了似的，走得特别慢。德语的沉闷 (langweile) 一词，据字面上直译，就是"长时间"的意思。《西游记》里小猴子对孙行者说："天上一日，下界一年。"这种神话，确反映着人类的心理。天上比人间舒服欢乐，所以神仙活得快，人间一年在天上只当一日过。以此类推，地狱里比人间更痛苦，日子一定愈加难度。段成式《西阳杂俎》就说："鬼言三年，人间三日。"嫌人生短促的人，真是最快活的人；反过来说，真快活的人，不管活到多少岁死，只能算是短命夭折。所以，做神仙也并不值得，在凡间已经三十年做了一世的人，在天上还是个未满月的小孩。但是这种"天算"，也有占便宜的地方：譬如戴君孚《广异记》载崔参军捉狐妖，"以桃枝决五下"，长孙无忌说罚得太轻，崔答："五下是人间五百下，殊非小刑。"可见卖老祝寿等等，在地上最为相宜，而刑罚呢，应该到天上去受。

　　"永远快乐"这句话，不但渺茫得不能实现，并且荒谬得不能成立。快过的绝不会永久；我们说永远快乐，正好像说四方的圆形，静止的动作同样地自相矛盾。在高兴的时候，我们空对瞬息即逝的时间喊着说："逗留一会儿吧！你太美了！"那有什么用？你要永久，你该向痛苦里去找。不讲别的，只要一个失眠的晚上，或者有约不来的下午，或者一课沉闷的听讲——这许多，比一切宗教信仰更有效力，能使你尝到什么叫做"永生"的滋味。人生的刺，就在这里，留恋着不肯快走的,偏是你所不留恋的东西。

　　快乐在人生里,好比引诱小孩子吃药的方糖,更像跑狗场里引诱狗赛跑的电兔子。几分钟或者几天的快乐赚我们活了一世,忍受着许多痛苦。我们希望它来,希望它留,希望它再来——这三句话概括了整个人类努力的历史。在我们追求和等候的时候,生命又不知不觉地偷渡过去。也许我们只是时间消费的筹码,活了一世不过是为那一世的岁月充当殉葬品,根本不会想到快乐。但是我们到死也不明白是上了当,我们还理想死后有个天堂,在那里——谢上帝,也有这一天!——我们终于享受到永远的快乐。你看,快乐的引诱,不仅像电兔子和方糖,使我们忍受了人生,而且仿佛钓钩上的鱼饵,竟使我们甘心去死。这样说来,人生虽痛苦,却不悲观,因为它终抱着快乐的希望;现在的账,我们预支了将来去付。为了快活,我们甚至于愿意慢死。

　　穆勒曾把"痛苦的苏格拉底"和"快乐的猪"比较。假使猪真知道快活,那么猪和苏格拉底也相去无几了。猪是否能快乐得像人,我们不知道;但是人会容易满足得像猪,我们是常看见的。把快乐分为肉体的和精神的两种,这是最糊涂的分析。一切快乐的享受都属于精神的,尽管快乐的原因是肉体上的物质刺激。小孩子初生了下来,吃饱了奶就乖乖地睡,并不知道什么是快活,虽然它身体感觉舒服。缘故是小孩子时的精神和肉体还没有分化,只是混沌的星云状态。洗一个澡,看一朵花,吃一顿饭,假使你觉得快活,并非全因为澡洗得干净,花开得好,或者菜合你口味,主要因为你心上没有挂碍,轻松的灵魂可以专注肉体的感觉来欣赏与审定。要是你精神不痛快,像将离别时的宴席,随它怎样烹调得好,吃来只是土气息,泥滋味。那时刻的灵魂,仿佛害病的眼怕见阳光,撕去皮的伤口怕接触空气,虽然空气和阳光都是好东西。快乐时的你一定心无愧怍。假如你犯罪而真觉快乐,你那时候一定和有道德、有修养的人同样心安理得。有最洁白的良心,跟全没有良心或有最漆黑的良心,效果是相等的。

　　发现了快乐由精神来决定,人类文化又进一步。发现这个道理,和发现是非善恶取决于公理而不取决于暴力一样重要。公理发现以后,从此世界上没有可被武力完全屈服的人。发现了精神是一切快乐的根据,从此痛苦失掉它们的可怕,肉体减少了专制。精神的炼金术能使肉体痛苦都变成快乐的资料。于是,烧了房子,有庆贺的人;一箪食,一瓢饮,有不改其乐的人;千灾百毒,有谈笑自若的人。所以我们前面说,人生虽不快乐,而仍能乐观。譬如从写《先知书》的所罗门直到作《海风》诗的马拉梅(Mallarmé),都觉得文明人的痛苦,是身体困倦。但是偏有人能苦中作乐,从病痛里滤出快活来,使健康的消失有种赔偿。苏东坡诗就说:"因病得闲殊不恶,安心是药更无方。"王丹麓(lù)《今世说》也记毛

信仰是人生的强有力的"支柱",是众多文明的基础。

——[日]池田大作

稚黄善病,人以为忧,毛曰:"病味亦佳,第不堪为燥热人道耳!"在看重体育的西洋,我们也可以找着同样达观的人。工愁善病的诺凡利斯(Novalis)在《碎金集》里建立一种病的哲学,说病是"教人学会休息的女教师"。罗登巴煦(Rodenbach)的诗集《禁锢的生活》(Les Vies Encloses)里有专咏病味的一卷,说病是"灵魂的洗涤(Puration)"。身体结实、喜欢活动的人采用了这个观点,就对病痛也感到另有风味。顽健粗壮的十八世纪德国诗人白洛柯斯 (B·H·Brockes)第一次害病,觉得是一个"可惊异的大发现(Eine bewunderungswrdi ge Erfindung)"。对于这种人,人生还有什么威胁?这种快乐,把忍受变为享受,是精神对于物质的最大胜利。灵魂可以自主——同时也许是自欺。能一贯抱这种态度的人,当然是大哲学家,但是谁知道他不也是个大傻子?

是的,这有点矛盾。矛盾是智慧的代价。这是人生对于人生观开的玩笑。

快乐的期待

□ [英] S.约翰逊   国   佐/译

S.约翰逊(1709~1784)   英国散文家、文学评论家、词典编纂家。代表作有小说《阿比西尼亚王子》,诗歌《伦敦》等。

最明亮的欢乐火焰大概都是由意外的火花点燃的。人生道路上不时散发出芳香的花朵,也是从偶然落下的种子自然生长起来的。

设计一场欢乐是很难如愿的。如把一些有聪明才智的人士和妙趣横生的幽默家,从遥远的地方邀请来会聚一堂,他们一到便会接受赞赏者的欢呼与喝彩。然而他们面面相觑,沉默吧,心中有愧,说话吧,又有点顾虑;人人都觉得不大自在,终于愤恨起给自己施加痛苦的人了,乃决意对这种毫无价值的欢乐聚会表示冷漠态度。酒,可以燃起人的仇恨,也可以把阴郁变成暴躁,直到最后大家都弄得不欢而散为止。他们退到一个较为隐蔽的地方去发泄自己的愤慨,但谁知又在那儿被人们注意地听见了,于是他们的重要性又得以恢复,他们的性情也变好了,便用诙谐的言行,使整个夜晚充满喜悦。

快乐总是一种瞬时印象产生的结果。最活跃的想象,有时在忧郁的冷淡影响下,也将会变得呆钝;但在某些特殊场合,又需要诱发心情突破原来的境界,驰骋放纵。这时就用不着什么非凡的巧妙言辞,只消凭借机遇就行了。因此,才智和勇气必定满意地与机遇共享荣誉。

其他种种快乐同样也是不可确知的。心境不佳的补救方法一般就是变换环境;差不多每个人都经历过旅行的快乐,就是这种快乐使期待得到满足。从理论上说做到这一点,对旅行的人来说是没有什么困难的。阴影和阳光由他任意支配,他无论歇于何处,都会遇上丰盛的餐桌和快活的容颜。在出发日期到来以前,他便一直沉溺于这些向往之中,然后他雇了四轮旅行马车,开始朝着幸福的境界前进。

才走几里路,他就得到教训,知道行前想象得太美了。路上风尘仆仆,天气十分闷热,马跑得慢,赶车的又粗暴野蛮。他多么渴望午餐时刻的到来,以便吃饱了休息。但旅店拥挤不堪,他的吩咐也无人理睬。他只好将令人倒胃口的饭菜狼吞虎咽地吃了下去,然后上车继续赶路,另寻快乐。到了夜晚,他找到一间较为宽敞的住所,但是,总是比他预期的要坏。

最后他踏上故乡的土地,决意走访故旧谈心消遣,或以回忆青梅竹马的情景为乐事。于是他在一个朋友家门口停下来,打算以出人意料的拜访来得到乐趣。可惜,他要不是自报家门,主人就不认识他了。经过一番解释,主人才记起他来。他自然只能受到冷淡的接待和礼节上的宴请,于是他不得不匆匆告辞,另访一位友人。不料那位朋友又因事外出,远走他乡,眼见房屋空空,只好怅然离去。这种意料不到的失望真叫人懊恼不已,原因在于未能预见到。后来他又走访了一家,那家人因不幸的事个个愁容满面,甚至都把他视为讨厌的不速之客,好像认为他不是来拜访,而是来奚落他们的。

找到预期要找的人或地方很不容易。凭借幻想和希望绘出美好画景的人,将得不到什么快乐;希望做机智谈话的人,总想知道他的声誉应归功于什么私见。希望虽然常受欺骗,但却非常必要,因为,希望本身就是幸福,尽管它常遭挫折,但这种挫折毕竟不比希望破灭那样可怕。

人生的目的有二:第一是得到所要的东西,第二是享受这些得到的东西。只有最聪明的人才能完成第二个目的。

——[英]弗兰西斯·培根

忠实于自己

□ [日] 池田大作

据说当代是"饱食时代"和"空闲时代",又是"颓废的时代"和"欺诈的时代",同时又是"自私与不负责任的时代"。现实的确如此,到处弥漫着放纵的时髦风气。

每个人的生活态度自有所不同,我想这也未尝不可。但是,一想到要无所作为地度过这漫长人生,就使人感到无比的空虚无聊。

《涅经》说:"人命之不息,过于山水。今日虽存而明日难知。"这就是说,人类生命流逝的速度,比滔滔而下的山溪更为迅速,转眼之间就消逝了。今天虽然平安,可谁也无法保证明日的安定。《摩耶经》中有一节谈到,人生的旅程就是"步步接近死地"。一天一天、一步一步地接近死亡,这就是人生的真相。

《法华经》中也有一段名言:"三界无安,犹如火宅,充满众苦,甚可畏怖。"简单地说,所谓"三界"便是凡夫所居之现实世界,它就像失了火的房子,烦恼在里面熊熊燃烧,充满了各种苦难。正如经文所说,人生的确离不开烦恼。子女、家庭、工作等等,仔细想来,可以说一切都充满了烦恼。

人生被这种无常而痛苦的烦恼所束缚、所玷污,如何使人转向不变的"常乐我净"的幸福状态呢?也就是说,怎样才能从人生的悲观主义中解脱出来呢?怎样才能确立正确的法则和人生观,依靠坚韧的乐观主义生活下去呢?

这个"弃暗投明"的转变正是人生的头等大事。我之所以立足于悠久的生命观,走上信奉佛法的道路,理由也就在此。从无常的世界向永恒世界的转换,正是有史以来人类所孜孜研究的课题。

小林秀雄先生在《莫扎特》一书中写道:"对强韧的精神而言,恶劣的环境也是实在的环境,既不缺什么,也不少什么。生命力中有一种能力,能将外在的偶然看做内在的必然。这种思想是宗教式的,但它并不是空想。"

这便是和环境搏斗,并战而胜之的人类能力;是精神的力量,能将外在的偶然性看做内在的必然性。这种无限的力量就蕴藏在自己生命之中,本人能切实感受并加以发挥,而真正的人生之路就在其中。

这样努力下去,不为任何环境所屈,总是忠实于自己,发展自己,于是便奏响了人生的凯歌。

佛法中有所谓"梅樱桃李"的命题。

比如梅花,于春光初见之时,首先开出高雅的花朵;然后是樱花盛开的季节,它也尽显风姿;桃花、李花也都各领风骚。同样,人也应当让自己的生命开出美丽的花朵,不,生命内部本身就有催开绚丽鲜花的神力。

那么,带来这种神力的东西是什么呢? 这便是对自身"使命"与"责任"的深刻觉悟。某些人以根本的"法则"为基准,始终坚持一定的生活道路,即将"使命"和"责任"视为非我莫属的。这样的人就会不断开拓自己的生命,就和梅、樱一样,迟早会开出灿烂的鲜花,散发出阵阵清香。他就可以最大限度地发挥生命的作用,并为此感到骄傲、满足和充实。

不管是哪种人,都是带着某种使命而生于世上的极其宝贵的人。这种使命并不体现于外部相对立的世界中,而体现在与自己搏斗、战胜自己、贯彻自己信念之时。人生的一切,都是自己生命现象的表象,是自己生命的反映,人绝不为外界而活着。我的恩师户田先生经常教导我们说:"要为自己的生命而活下去。"这句话具有深刻的内涵和千钧的分量,指出人生终极目的之所在。

人生的前台和后台

□朱光潜

我有两种看待人生的方法。在第一种方法里,我把我自己摆在前台,和世界一切人和物在一块玩把戏;在第二种方法里,我把我自己摆在后台,袖手看旁人在那儿装腔作势。

站在前台时,我把我自己看得和旁人一样,不但和旁人一样,而且和鸟兽虫鱼诸物类也都一样。人类比其他物类痛苦,就因为人类把自己看得比其他物

我们生来就有信仰,一个有信仰的人就像一棵会结苹果的树。

——[美]爱默生

类重要。人类中有一部分人比其他的人痛苦，就因为这一部分人把自己看得比其余的人重要。比方穿衣吃饭是多么简单的事，然而在这个世界里居然成为一个极重要的问题，就因为有一部分人要亏人自肥。再比方生死，这又是多么简单的事，无数人和无数物都已生过来死过去了，一个小虫让车轮压死了，或者一朵鲜花让狂风吹落了，在虫和花自己都绝不值得计较或留恋，而在人类则生老病死以后偏要加上一个苦字。这无非是因为人们希望造物主待他们自己应该比草木虫鱼特别优厚。

因为如此着想，我把自己看做草木虫鱼的侪辈，草木虫鱼在和风甘露中是那样活着，在严暑寒冬中也还是那样活着。像庄子所说的，它们"诱然皆生，而不知其所以生；同焉皆得，而不知其所以得。"它们时而戾天跃渊，欣欣向荣，时而含葩敛翅，晏然蛰处，都顺着自然所赋予的那一副本性。它们绝不计较生活应该是如何，绝不追究生活是为着什么，也绝不埋怨上天待它们特薄，把它们供人类宰割凌虐。在它们说，生活瞬息万变就是方法，生活自身也就是目的。

以上是我站在前台对人生的态度。但是我平时很喜欢站在后台看人生。许多人把人生看做只有善恶分别的，所以他们的态度不是留恋就是厌恶。我站在后台时把人和物也一律看待，我看西施、嫫母、秦桧、岳飞也和我看八哥、鹦鹉、甘草、黄连一样，我看匠人盖屋也和我看鸟鹊营巢、蚂蚁打洞一样，我看战争也和我看斗鸡一样，我看恋爱也和我看雄蜻蜓追雌蜻蜓一样，我只觉得对着这些纷纭扰攘的人和物，好比看图画，好比看小说，件件都很有趣味。

这些有趣的人和物之中自然也有一个分别。有些有趣味，是因为它们带着很浓厚的喜剧成分；有些有趣味，是因为它们带着很深刻的悲剧成分。

我有时看到人生的喜剧。前天遇见一个小外官，他的下巴光光如也，和人说话时却常常用大拇指和食指在腮边捻一捻，像有胡须似的。他们说道是官气，我看到这种举动比看诙谐画还更有趣味。许多年前一位同事常常很气愤地向人说："如果我是一个女子，我至少已接得一尺厚的求婚书了！"偏偏他不是女子，这已经是喜剧；何况他又麻又丑，纵然他幸而为女子，也绝不会有求婚书的麻烦，而他却以此沾沾自喜，这总算得喜剧中之喜剧了。这件事和英国高尔司密的一段逸事一样有趣。他有一次陪几个女子在荷兰某一个桥上散步，看见桥上行人个个都注意他同行的女子，而没有一个人睬他自己，便板起面孔很气愤地说："哼，在别的地方也有人这样看我咧！"如此等类的事，我天天都见得着。在闲静寂寞的时候，我把这一类的小事件从记忆中召回来，寻思玩味，觉得比抽烟饮茶还更有味。老实说，假如这个世界中没有曹雪芹所描写的刘姥姥，没有吴敬梓所描写的严贡生，没有莫里哀所描写的达杜夫和夏白贡,生命便不值得留恋了。我感谢刘姥姥、严贡生一流人物,更甚于我感谢钱塘的潮和匡庐的瀑。

其次,人生的悲剧尤其能使我惊心动魄。许多人因为人生多悲剧而悲观厌世,我却以为人生有价值正因其有悲剧。

悲剧也就是人生一种缺憾。它好比洪涛巨浪,令人在平凡中见出庄严,在黑暗中见出光彩。假如荆轲真正刺中秦始皇,林黛玉真正嫁了贾宝玉,也不过闹个平凡收场,哪得叫千载以后的人唏嘘赞叹?以李太白那样的天才,偏要和江淹戏弄笔墨,作了一篇《反恨赋》,和《上韩荆州书》一样庸俗无味。毛声山评《琵琶记》,说他有意要做《补天石》传奇十种,把古今几件悲剧都改个快活收场,他没有实行,总算是一件幸事。人生本来要有悲剧才能算人生,你偏要把它一笔勾销,不说你勾销不去,就是勾销去了,人生反更索然寡趣。所以我无论站在前台或站在后台时,对于失败,对于罪孽,对于殃咎,都是用一副冷眼看待,都是用一个热心惊赞。

爱,才是人生的最不卑鄙的目的。

——[英]弥尔顿

　　我认为人生中不能没有爽朗的笑声。爽朗的笑是"家庭中的太阳"。我希望能有打内心里为他人的喜悦而喜悦的余裕。在这样的生活态度中每一天都会给我们留下一些明朗愉快的东西。只看人的阴暗面的生活态度,最后只会扩大阴暗抑郁的世界,从而导致自己的失败。

第十四辑
失败了以后

世界上的事情永远不是绝对的,结果因人而异。苦难对于天才是一块垫脚石,对于能干的人是一笔财富,对于弱者是一个万丈深渊。当我们面临失败时有两种选择:要么微笑面对失败,要么被失败彻底击倒。

首先要创造发明者

受·益·一·生·的·人·生·智·慧·书

□ [哥伦比亚] 加西亚·马尔克斯　　李胜华/译

在波哥大目前正在举行一场发明创造比赛，只有五人参加。由此可以断言，哥伦比亚人的聪明才智实在是少得可怜。但是出现这种情况也许是由于另一种原因。

首先，我们哥伦比亚人没有发明出许多东西来，很可能是由于没有人教过我们如何发明东西，即是说没有人正式告诉过我们创造出一种有用的东西会像销售已经发明出来的东西那样成为好生意。其次，可能许多有能力发明出一种东西的哥伦比亚人没有发明出东西来是由于没有时间。有空余时间才能发明出东西来。现在事情在那儿明摆着，我们哥伦比亚人连搞到生活必需品的时间都不够用（遗憾的是这些生活必需品在家里是搞不出来的），哪里还有时间搞发明创造。

可能还会有别的原因：在哥伦比亚，发明创造者的工作是一项毫无指望的事情。除了目前进行的发明创造比赛之外，在我们之间，发明出什么东西来不是一件使其发明者受益的事情。有这种情况，即有的哥伦比亚人发明了某种东西，可没有任何单位或个人对其感兴趣（有的时候是，有人发明了东西但却无人知晓，这种情况除外）。

也许，认为我们许多同胞不发明东西是因为他们不知道必须要发明这些东西，或者他们从未想过他们能够发明东西并不是没有根据。比方说，人类需要飞机上用的降落伞。大家都说："应当发明出一种飞机上用的降落伞。"说这话的成千上万的哥伦比亚人中没有一个想过要去努力发明这种极为有用的用品，而是每当想起此事时，他们热切希望有人能够做出这件大慈大悲的事情来，也许发明出这件东西来并不像想象中的那么难。

最后一个原因：我们哥伦比亚人不相信我们会成为发明者。连那些潜在的，可能会成为发明者的人也不相信自己会成为发明者，因此致力于做他们自已都不相信能够成功的事,当然就做不好了。问题是所有的发明者在发明创造一件东西时必须把自己创造成发明者。这是开始搞发明时的唯一的办法,就像爱迪生开始发明东西时那样。当时他对当一个普通的报务员感到厌倦,于是决定把自己创造成发明者,并且发明了一个拍发电报的自动仪器。创造出发明者以后,其他问题就迎刃而解了。

论"人言可畏"

□鲁 迅

　　"人言可畏"是电影明星阮玲玉自杀之后,发见于她的遗书中的话。这轰动一时的事件,经过了一通空论,已经渐渐冷落了,只要《玲玉香销记》一停演,就如去年的艾霞自杀事件一样,完全烟消火灭。她们的死,不过像在无边的人海里添了几粒盐,虽然使扯淡的嘴巴们觉得有些味道,但不久也还是淡,淡,淡。

　　这句话,开初是也曾惹起一点儿小风波的。有评论者,说是使她自杀之咎,可见也在日报记事对于她的诉讼事件的张扬;不久就有一位记者公开反驳,以为现在的报纸的地位,舆论的威信,可怜极了,哪里还有丝毫主宰谁的命运的力量,况且那些记载,大抵采自经官的事实,绝非捏造的谣言,旧报俱在,可以复按。所以阮玲玉的死,和新闻记者是毫无关系的。

　　这都可以算是真实话。然而——也不尽然。

　　现在的报章之不能像个报章,是真的;评论的不能逞心而谈,失了威力,也是真的,明眼人绝不会过分地责备新闻记者。但是,新闻的威力其实是并未全盘坠地的。它对甲无损,对乙却会有伤;对强者它是弱者,但对更弱者它却还是强者,所以有时虽然吞声忍气,有时仍可以耀武扬威。于是阮玲玉之流,就成了发扬余威的好材料了,因为她颇有名,却无力。小市民总爱听人们的丑闻,尤其是有些熟识的人的丑闻。上海的街头巷尾的老虔婆,一知道近邻的阿二嫂家有野男人出入,津津乐道,但如果对她讲甘肃的谁在偷汉,新疆的谁在再嫁,她就不要听了。阮玲玉正在现身银幕,是一个大家认识的人,因此,她更是给报章凑

297

富贵不淫贫贱乐,男儿到此是豪雄。
　　　　　　——(北宋)程　颢

热闹的好材料，至少也可以增加一点销量。读者看了这些，有的想："我虽然没有阮玲玉那么漂亮，却比她正经"；有的想："我虽然不及阮玲玉的有本领，却比她出身高贵"，连自杀了之后，也还可以给人想："我虽然没有阮玲玉的技艺，却比她有勇气，因为我没有自杀"。花几个铜元就发现了自己的优胜，那当然是很上算的。但靠演艺为生的人，一遇到公众发生了上述的前两种的感想，她就够走到末路了。所以我们且不要高谈什么连自己也并不了然的社会组织或意志强弱的滥调，先来设身处地地想一想吧，那么，大概就会知道阮玲玉的以为"人言可畏"是真的，或有人以为她的自杀和新闻记事有关，也是真的。

但新闻记者的辩解，以为记载大抵采自经官的事实，却也是真的。上海的有些介乎大报和小报之间的报章，那社会新闻，几乎大半是官司已经吃到公安局或工部局去了的案件。但有一点坏习气，是偏要加上些描写，对于女性，尤喜欢加上些描写；这种案件，是不会有名公巨卿在内的，因此也更不妨加上些描写。案中的男人的年纪和相貌，是大抵写得老实的，一遇到女人，可就要发挥才藻了，不是"徐娘半老，风韵犹存"，就是"豆蔻年华，玲珑可爱"。一个女孩儿跑掉了，私奔或被诱还不可知，才子就断定道，"小姑独宿，不惯无郎"，你怎么知道？一个村妇再醮了两回，原是穷乡僻壤的常事，一到才子的笔下，就又赐以大字的题目道，"奇淫不减武则天"，这程度你又怎么知道？这些轻薄句子，加之村姑，大约是并无什么影响的，她不识字，她的关系人也未必看报。但对于一个智识者，尤其是对于一个出到社会上了的女性，却足够使她受伤，更不必说故意张扬，特别渲染的文字了。然而中国的习惯，这些句子是摇笔即来，不假思索的，这时不但不会想到这也是玩弄着女性，并且也不会想到自己乃是人民的喉舌。但是，无论你怎么描写，在强者是毫不要紧的，只消一封信，就会有正误或道歉接着登出来，不过无拳无勇如阮玲玉，可就正做了吃苦的材料了，她被额外地画上一脸花，没法洗刷。叫她奋斗吗？她没有机关报，怎么奋斗；有冤无头，有怨无主，和谁奋斗呢？我们又可以设身处地地想一想，那么，大概就又知她的以为"人言可畏"，是真的，或有人以为她的自杀和新闻记事有关，也是真的。

然而，先前已经说过，现在的报章失了力量，却也是真的，不过我以为还没有到达如记者先生所自谦，竟至一钱不值，毫无责任的时候。因为它对于更弱者如阮玲玉一流人，也还有左右她命运的若干力量的，这也就是说，它还能为恶，自然也还能为善。"有闻必录"或"并无能力"的话，都不是向上的负责的记者所该采用的口头禅，因为在实际上，并不如此——它是有选择的，有作用的。

至于阮玲玉的自杀，我并不想为她辩护。我是不赞成自杀，自己也不预备自杀的。但我的不预备自杀，不是不屑，却因为不能。凡有谁自杀了，现在总要受一通强毅的评论家的呵斥，阮玲玉当然也不在例外。然而我想，自杀其实是很不容易，绝没有我们不预备自杀的人们所藐视的那么轻而易举的。倘有谁以为容易，那么，你倒试试看！

自然，能试的勇者恐怕也多得很，不过他不屑，因为他有对于社会的伟大的任务。那不消说，更加是好极了，但我希望大家都有一本笔记簿，写下所尽的伟大的任务来，到得有了曾孙的时候，拿出来算一算，看看怎么样。

选 择 沉 重

□ [捷克] 米兰·昆德拉

米兰·昆德拉 一九二九年生于捷克布尔诺市。捷克诗人、小说家。二十世纪五十年代初，作为诗人登上文坛，出版过《人，一座广阔的花园》、《独白》等诗集。三十岁左右走上小说创作之路，代表作有《生活在别处》、《玩笑》、《不能承受的生命之轻》等。善于运用反讽手法，用幽默的语调描绘人类的境况。

如果我们生命的每秒钟都有无数次的重复，我们就会像耶稣钉于十字架，被钉死在永恒上。这个前景是可怕的。在那永恒回归的世界里，无法承认的责任重荷，沉沉压着我们的每一个行动。

如果永劫回归是最沉重的负担，那么我们的生活就能以其全部辉煌的轻松，来与之抗衡。

可是，沉重便真的悲惨，而轻松便真的辉煌吗？

最沉重的负担压得我们崩塌了，沉没了，将我们钉在地上。可是在每一个时代的爱情诗篇里，女人总渴望压在男人的身躯之下。也许最沉重的负担同时也是一种生活最为充实的象征，负担越沉，我们的生活也就越贴近大地，越趋近真实和实在。

相反，完全没有负担，人变得比大气还轻，会高高地飞起，离别大地亦即离

谁不用脑子去思索，到头来他除了感觉之外将一无所有。
——[德]歌 德

别真实的生活。他将变得似真非真，自由运动而毫无意义。

那么我们将选择什么呢？沉重还是轻松？

古希腊哲学家巴门尼德于公元前六世纪正式提出了这一问题。他看到世界分成对立的两半：光明、黑暗，优雅、粗俗，温暖、寒冷，存在、非存在。他把其中一半称为积极的(光明、优雅、温暖、存在)，另一半自然是消极的。我们可以发现这种积极与消极的两极区分实在是很幼稚简单，至少有一点难以确定：哪一方是积极？沉重呢还是轻松？

巴门尼德回答："轻为积极，重为消极。"

他对吗？这是个疑问。唯一可以确定的是：轻、重的对立最神秘，也最模棱两可。

我的心重负着累累果实

□ [黎巴嫩] 纪伯伦　　伊　宏/译

我的心重负着累累果实，哪位饥饿者来采摘，来消受，来饱享？

在人们中间难道就没有一位斋戒者，以我的果实为晨斋，让我从丰腴的重担下获得一些快慰吗？

我的心在金和银的重压下已精疲力竭，人们中有谁来装满他的衣袋，从而减轻我的负担？

我的心满载着岁月的陈酿，哪一位焦渴者来斟饮，来满足？

这是一位站立街心的男人，他向过往行人伸出捧满珠宝的手，呼唤着他们：

"行行好吧！从我这里拿些去吧！发发慈悲吧！把我这儿的东西拿去吧！"可是人们仍然走着，头也不回。

噢，但愿他是一个乞丐，向过往行人伸出颤巍巍的手，收回时仍是一只空空的颤巍巍的手！但愿他是一个失明的瘫痪者，人们从他面前走过，却不理不睬！

这是一位慷慨的富人，他在人迹罕至的荒野和山麓间竖起了他的帐篷，每晚都点燃接待宾客的明火,并派他的仆人去路边守候,他们也许能给他带回一位可以热情款待的客人。但是这些道路都很吝啬,既不慷慨地给他送来一个领受馈赠的人,也不派来一个求告者。

噢! 但愿他是一个被遗弃的贫者!

但愿他是一个四处飘零的游荡者,手持一根拐杖,肘挎一只水罐。当夜晚降临时,弯曲的小巷将他和他那些四处飘零的乞丐伙伴聚在一起。于是他坐在他们的身旁,同他们分享施舍的面包!

这是一位最了不起的国王的公主,她从睡梦中醒来,起身下了床榻,穿上红衫绿裙,戴上珍珠宝石,头发洒上麝香,手指浸过龙涎香,然后信步走出,来到她的花园。她漫步时,露珠儿打湿了她的衣褶。

在夜的静谧中,最了不起的国王的公主正在她的花园中寻觅她的情人。可是在她父亲的王国里没有她所爱的人。

噢,但愿她是一位农夫的女儿,在山谷放牧着她父亲的羊群,黄昏时,回到她父亲的茅舍,脚上是与世隔绝的尘埃,衣褶间飘出的是果园的馨香,但等夜深人静,四邻睡去,她便偷步轻履,来到她的情人翘首等候她的地方。

但愿她是一位修道院里的修女,把她的心灵当炉香一般焚烧,于是空气中传遍她心灵的芬芳;她把她的灵魂当蜡烛一般点燃,于是天空负载着她的灵光;她跪着祈祷,于是神秘的幻影将她的祈祷送至时间的宝库,那里,在爱恋者的热情和孤独者的忧思旁边,保存着虔诚者的祈祷。

但愿她是一位年迈的老妪,与分享过她青春时光的人一起坐在阳光下取暖! 这总比她是一位最了不起的国王的公主,在她父亲的王国里没有谁把她的心当面包吃,把她的血当美酒饮要强!

我的心因它的累累果实而沉重。在大地上,有一位饥饿者来采摘,来饱享吗?

我的心满载着它的醇酿,哪位焦渴者来斟饮,来满足?

噢,但愿我是一株不开花不结实的树! 因为丰产的痛苦比不孕的痛苦更甚;无人求取的富者的痛苦,要比无人施舍的穷人的失望更为可怕!

但愿我是一口枯井,人们向我抛下石头! 这也比我是一眼活泉,焦渴者跨越我却不取饮要强。

但愿我是一枝被踩碎的芦苇,这也比我是某家的一支银弦的吉他要强:这家的主人手指折断,他的亲人又都是聋子!

301

人的一切尊严就在于思想。我们如果跌倒后想再爬起,就要从这思想爬起,而不是从我们所无法填塞的空间和时间爬起。

——[法]巴斯加尔

人生问题之解决

□太虚法师

太虚法师(1889～1947) 名淦(gàn)森,法名唯心,号太虚。俗姓吕,浙江崇德(今桐乡)人。一九一二年创立中国佛教会。创办或主办的僧教育学院有闽南佛学院、北京佛教研究院等,创办佛教刊物有《海潮音》月刊等。著有《释新僧》、《新的唯识论》、《法理唯识学》和《真现实论》等。后有其门下弟子编辑的《太虚大师全书》行世。

今天讲的题目是《人生问题之解决》。从来人类对于这个问题的解决方法约有十种,现在就将这十种方法依次说来:

第一种,就是不成问题不需解决之人生:这一种人是浑浑噩噩、醉生梦死的糊涂人,对于人生是不成问题的。在他的思想上,也不知人生是怎样一回事,大家怎样生活着,他也怎样生活着,所以这种人简直可以说没有思想。大凡对于人生有问题的人,平常观察世间之事物,必生出种种疑难,有了疑难,因求解决之方法;这种人既不管人生是什么,当然对于人生无须用思想,亦无须求其解决,所以这种人倒也不觉得什么不安。庄子所谓"唯虫能虫,唯虫能天",就是说:唯无知如虫,能营虫的生活;唯无知如虫,才能任其天然,别无要求。在混沌状态中的人,实与虫无异,而在平常人中,亦以这种人为最多。

第二种,就是生养死葬之解决:这种所要求解决的人生问题,就是生死二字。生的问题,就是衣、食、住,如何能得到衣,如何能得到食,如何能得到住,是他们最切要的问题。假使衣、食、住都得到了,那他们生活的问题就解决了。对于死的问题呢? 死了,只要有适当的处置方法,西洋的裹尸,中国的土葬、火葬,就是这种解决死的问题的方法。这种生有以养,死有以葬,就算是人生问题之解决,在中国一般人的心理中,很多很多。一般人有了这种思想,可算对于人生问题大概地有了解决,较第一种人不知人生为何物者,已不同了。

第三种,就是立三不朽之解决:这种人更进一步了,不以生养、死葬为问题,而以如何不朽为问题了。在中国有所谓三不朽,就是:"太上立德,其次立功,其次立言"。一个人有德风布于人间,或建功立业于一国家或一民族,或有名言至理传于后代,则这个人的精神思想及姓名,后世的人就永远纪念他,崇拜他。故简单说来,三不朽即名之不朽。大概中国之士君子,都是致力于名之不朽,衣、食、住方面虽受种种痛苦,倒毫不介意;没世而名不称,倒深引为憾事,这就是所谓"君子疾没世而名不称也"。这种与前一种不同的地方,就在要留名于后世。这种人原是很好的,德,是从人的理性上发生出来的共同的有益的行为;功,是有益于一国或一民族的,名言学说也是有益于世道人心的。所以就一人讲,可以留名于后;就一国家一民族讲,也得同受其益,这就是西洋人所谓做历史的生活,有以承前,有以启后的人。但是,有人把名看得太重了,就有只求名以传后,而不问所做的事情是否正当,是否有益于国家、有利于民族了! 于是"大丈夫不能流芳百世,亦当遗臭万年"的流弊来了,不能从正当路上去做立德、立功、立言之历史的生活,而从不正当的路上去做反人心、背人道的事情,以求历史之留名;而国家民族,就要深受其害。这就是要求名之不朽之流弊。这种人的人生问题就是留名,名留了,他的人生问题也就解决了。

第四种,就是现身快乐之解决:这是一种哲学上之人生解决,中国的杨子就是这一派;杨子的为我说,孟子曾大加痛斥。他们以为人生在世,只须求现在之快乐,有生之前及既死之后的问题,都不必研究,即国家如何,民族如何,也不必关心它。各人求一身的快乐为唯一的人生观,既肯定现身的快乐为无上真理,而否定现身以外的一切事情,所以就成一种学说,而视求名于后及做种种国家事业的人为苦恼、为无知了。在印度有所谓顺世外道,也就是这一派。根据了唯物论上的理由,说人生是由各种元素聚合而成的,人死了,元素散了,就一切都没有了。所以,在这种种元素聚合着而生活着的几十年中,实在是一个很宝贵的时候,我们应乘此生活着的现在,力求快乐;所以现生的快乐,就是人生的解决。不过在西洋的快乐学派,也有人主张求共同之快乐的,就是在伦理上所谓求最大多数之幸福。总之,这派是根据哲学上的唯物论,以为我人生前与死后,都不必生宗教上之信仰,我人只当力求现生之快乐,得到了现生快乐,就解决了人生问题。

第五种,就是乐天安命之解决:乐天安命,是中国儒家孔子及其弟子对于人生思想之中心点。所谓天,质言之,就是自然。顺乎自然之性就是命,《中庸》上说:"天命之谓性,率性之谓道,修道之谓教。"从自然发生的,就谓之性,自然生人类,就生成人类的性;自然生禽兽,就生成禽兽的性,自然另有一种发生,就另有一种不同的性。人与万物不同之特点,就是人性,此人性是自然所特与

只因生命在继续才盲目地产生信念,这种信念是空的。

——[美]乔·桑塔耶那

的，人人应乐此自然所与之特性，去正大光明地做人。孟子说："人之所以异于禽兽者几希！庶民去之，君子有之。"此人性即人所异于禽兽之一点，失乎人性，即与禽兽无异了。苟能保存此人性，就为万物之灵。宋儒每喜辨儒释异同，其实，儒家切要之点就是保全人性；保全人性，就是保全人格，在儒家推论上，即以为无上之德性。但是如何可以保全人之特性呢？只需将人类最高贵之德性，所谓恻隐之心、是非之心、羞恶之心，保存之、长养之、扩充之，就是乐此自然所与之特性，就是乐天安命。率此性以自行，即所谓"率性之谓道"；以之教人，即所谓"修道之谓教"。这是儒家乐天安命的人生解决。儒家与前唯物论派之现生快乐者不同，儒家对于人生元素如何，生前如何，死后如何，都不否定，亦不肯定，而只要将人类特性上之一点，保存长养而扩充之，便是圣人、贤人了。孟子称孔子为"自生民以来，未之有也"，就是乐天安命之一点。即孔子自己也说："五十而知天命。"他知道了天命后，就各事都抱着个乐天安命的宗旨，最后做到"七十而从心所欲不逾矩"。一个人能够乐天安命，就可以"六合之外，存而不论"。而他的精神上，自有一种无穷的浩然之气，而能做到"朝闻道，夕死可矣"。闻道后连死也不能动他的心，他的人生问题当然解决了。现在世界上有学识、有思想的人，可说大概是第三、第四种人，若第五种真正儒家生活的人，实在也不易得了。

　　第六种，就是弃人取神之解决：这种人生解决，就是宗教了，像基督教、婆罗门教都是的。他们以为人之一生，在唯物论上讲起来，各种物质集合而成生命，过了几十年死了，就一切都损坏了，没有继续了。照这样看起来，人生不是完全空虚的么？不是同机械一样的么？刹那间又损坏而成各种小片，人生有何意义与价值呢？即有人不落空虚，立功业于一国家、一民族，或有道德言行留在人间，但是追究一下，试问古来有几个永久不亡之国家与民族？并且现在科学家说，几千万年以后，宇宙必有破坏的一天；世界损坏以后，人类都亡了，还有什么东西存在？世人一切行为，结果都是毫无意义，所以在人世上欲求永久不灭的价值、人生真实的意义，是得不到的。因此，宗教家就生出了宗教的说法：谓人世而外，尚有个创造万有的天神，人的祖先由他创造，一切万物都由他创造。他们既如此肯定，遂以为天神既创造宇宙，宇宙乃实自存在，而天神常宰临之。这个天神，在印度称为梵天大神，在耶稣教称为上帝。耶教说："我们人类的祖先是犯了罪而做人的，因此也遗传一个罪给我们，使我们不能永生长在；我们只要能潜心虔敬求上帝赦罪，则死后就可以升到天国，与神同住，我们也得永生不灭了，那就有了人生之意义与价值了。"这是耶稣教、婆罗门教的人生问题之解决。

　　第七种，就是无为任化之解决：人生之来也无始，其去也无终，忽而生，忽而没，忽而为鬼神，种种变化无穷之状态中，我们应达观一切，任其变化，不必加以思维，不必立以标准，一切无为而为，这样人生问题就解决了。中国的庄子、列子都是这种思想。庄子说："若人之形者，万化而未始有极也，其为乐可胜计耶？"万化无极，就是一种轮回的道理。人生现是万生无极，现在之人生，不过是广大流行中表现上之一节耳；在此一节之以前与将来，生死仍属是永久轮回的。生既如此广大，无始无终，此人生之所以最为快乐也。但庄子的思想是完全任他变化，不加思维，不立标准的。而在佛法上，则有标准，就是业与果。果由业生，业为果因。但业从心起，心可自立标准；心存善念，就造善业，结善果。因此，人欲知以前的业，就看今日的果，欲知将来的果，即看今日的业；那就是在无为任化中，也有自主之可能了。此为转化迁善之人天乘；在西洋柏拉图的学说中，也有无为转化迁善之思想。

第八种，就是冥物存我之解决：冥，冥没不见也。冥没了一切外物，以存真正之我，在印度哲学中，就有这一种思想。他们以为真正的我并不是肉体，离肉体的精神最深幽处有个真我，这个真我，很自由，很活泼，很光明，是永生长在的。假使人的见地不够，不知有这真我，那就种种妄想，要求外物为他所用。妄想一生，要求一起，那就不好了！就有种种心理作用、种种外物的引诱了，那个真我也就为外物所束缚住，不自由，不活泼，不光明，而造作种种业了。到后来，这个真我随着业而上下变化，那真我就完全为物所拘束了，而就失去真我了。倘使人能保存这很自由、很活泼、很光明、永久长生的我，不务外求，否定万物，那就万物都归于冥，只留个单独的真正的我了；我得了解脱，人生问题也就解决了。印度的"数论派"、"尼耶也派"都是这样地想摒弃万物，而求独存的神灵的真我之解脱的。

第九种，就是否定自我之解决：这就是佛教的小乘了。小乘由第八种冥物存我上，更进一步而主张无我，无我的"我"，我也不是常人所说的假我，就是第八种冥物存我之真我。自我实在是没有的，不过是色、受、想、行、识五蕴之法的假相，所以小乘就否定自我；能够连自我都没有了，才是真正的解脱。若存有一个我，就有要求，就有痛苦。因为有了一个我，即我与物有界限；有了界限，则我常觉不能满足，就有要求，就不能真解脱。所以否定了自我，才是真解脱。小乘的涅槃二字，就是解脱之意。

第十种，就是正觉人生之解决：这是佛法的大乘了。人生的真相如何，能正确地觉悟，就谓之正觉的人生，对于以前种种不能解决的问题都解决了。现在且把它分点来讲：

一、人生其实无人无生。《大乘经》说："无复我相、人相、众生相、寿者相，无法相,亦无非法相。"在众因聚合的假相上,即由四大、五蕴、十二处、十八界、连续表现上,时时变化的假相上,因为思想上分别起见,故假名曰人;在人的假名之下,实际上是无人的,不过一聚变化之假相耳。至于生,其实亦是无生;生一方面对死言,一方面对灭言。然人未生时,不见其生之性,既生矣,亦不见其生之实;所以实在没有什么叫做生死、生灭,不过在思想上起一种意义,假名此相曰生。大家称惯了,也就以为是如何的了;其实,无生之实体可得。大乘中《般若经》等,都是发明无人无生之义的。

二、人生缘起无性。前条谓人生其实无人无生,此条讲人生缘起无性,看似矛盾,实则并不矛盾的。因为人的实体是没有的,不过是一种心识流行变化的幻相幻影,从幻相幻影上,缘起种种关系集合而成人,所以人生是从种种因缘而起的,人既是缘起,故无所谓生。无性即是完全没有实在之体性,人是幻相而无实体的,人生是刹那变化的。我们在此刹那中,可借一种自动力,使人生起种种变化,所以一个人存圣贤的心即成圣贤,存菩萨心即成菩萨。以心识的关系,即能将他种关系变化。人果能治理万念而彻底地如此觉悟,就可以成佛。

三、人生无始终,无边中而本圆通。归纳前二种而得人生既无始终,亦无边中,不过是一种心识流行的变化。假使有了始终,即由心识流行而起之假名相将有断绝的时候;有了边中,则重重叠叠之众多关系,将生出障碍来。所以人生只要能悟彻一切因缘,人生即本来无始无终、无边无中了。一人无量,众生无量,宇宙无量,而人生能安全,能美满,能超一切时空而存在。我人有此彻底的正觉,即是成佛;舍此之外,则无所谓成佛。所以人生唯一的大路,只是成佛的正觉,也就是人生唯一的解决。只是正觉的人生,只是大乘佛法;其余各种人生问题之解决,并不是完全的解决,只是走到半途而已。

永 不 道 别

□ [美] 威廉.C.博伊尔斯   邓明生/译

我那年才十岁，却陡然陷入了极度痛苦之中，因为我即将远离熟悉的家乡。尽管我还年幼，但这短暂的时光中的每时每刻都是在这个古老而庞大的家族中度过的,这里凝聚着四代人的欢乐与苦楚。

最后的一天终于来临了。我一个人偷偷地跑到我的避难所——那个带顶棚的游廊，独自悄悄地坐着,身子不断地抽动,伤心的泪水如泉水一般直往外流。突然间,我感到一只大手在轻轻地抚摸着我的肩膀,抬头一看,原来是爷爷。"不好受吧? 比利。"他问道,随后坐在我旁边的石级上。

"爷爷,"我擦着泪汪汪的眼睛问道,"这可让我怎么向您和我的小伙伴们道别呀? "

他盯着远处的苹果树, 静静地望了好一会儿才说道:"再见这个字眼太令人伤感了,好像是永别一般,而且还过于冷漠。看起来似乎我们有许许多多道别的方式,但都离不开'悲伤'这两个字。"

我依然直直地盯着他的脸,他却慢慢地把我的小手放到他那双大手之中,轻声说道:"跟我来,小家伙。"

我们手牵着手,来到前院,这是他最为珍爱的地方,那里长着一株巨大的红色蔷薇花树。

"比利,你看到什么了? "

我眼睁睁地看着这些开得正旺的玫瑰花,心里却不知说些什么,就冒失地回答:"爷爷,我见到的是又轻柔又漂亮的花呀! 真是美极了! "

他屈膝跪了下来,把我拉到他身边,说:"的确美极了。但这不仅仅是玫瑰本身美,比利,更重要的是你心目中那块特殊领地才使得他们这样美。"

他与我的视线相遇了。"比利,这些玫瑰是我很久很久以前种下的,那时你妈甚至还不知在哪儿呢。我的大孩子出生那天,我栽下了这些玫瑰,这是我对

307

上帝感恩的一种特殊方式。那孩子和你一样,也叫比利,过去我常常看着他摘那些花,献给他妈妈……"

爷爷已是老泪纵横了(在这以前,我还未见他流过泪呢),声音也随之哽咽了。

"一天,可怕的战争终于爆发了,我儿子和其他许许多多人的孩子一道远离家乡去前线。我和他一道步行,到了火车站……十个月过去了,我收到了一份电报,原来比利已在意大利的一个小村庄牺牲了。我所能记起的一切就是他一生中与我最后说的话就是'再见'。"

爷爷缓缓地站起来,"比利,今后永远不要说再见。千万不要为世上的悲哀与孤独缠绕。相反,我倒希望你能记住第一次对朋友问候时那种幸福愉快之情。把这个不同寻常的问好牢牢铭刻在心中,就如太阳常在一起,暖烘烘的。当你和朋友们分离时,想远一些,特别是记住第一次问好。"

一年半过去了,爷爷重病缠身,生命垂危。几个星期从医院回来后,他又选择了靠窗那张床,以便能看到他所珍爱的玫瑰树。

一天,家里人都被召集到一块儿来了,我又回到了这幢旧房子里。按常规,长孙也有与祖父告别的机会。

轮到我了,我注意到爷爷已是疲惫不堪,眼睛紧闭,呼吸缓慢而且沉重。

我轻松地握着他的手,正如当初他拉着我的手一样。

"您好,爷爷。"我轻轻地向他问候,他的眼睛缓缓地睁开了。

"你好,我的朋友。"他说道,脸上掠过一丝微笑,眼睛又闭上了。我赶紧离开了。

我静静地伫立在玫瑰树旁边,这时,我叔叔走过来告诉我爷爷过世了。我不由得又想起爷爷的话和形成我们友谊的那种特殊感情。突然间,我真正领悟出他说永不道别和不必悲哀的真正涵义。

火　光

柯罗连科 (1860~1904)　俄国小说家、戏剧家。出身贫寒,曾靠担任家庭教师以维持生计和求学。毕业于莫斯科大学医学系,后在行医过程中广泛接触平民及其生活,这对他的文学创作起到了良好的影响。代表作有《盲音乐家》、《怪女子》、《森林在呼啸》等。

很久以前,在一个漆黑的秋天的夜晚,我泛舟在西伯利亚一条阴森森的河上。船到一个转弯处,只见前面黑魆魆的山峰下面,一星火光蓦地一闪。

火光又明又亮,好像就在眼前……

"好啦,谢天谢地!"我高兴地说,"马上就到过夜的地方啦!"

船夫扭头朝身后的火光望了一眼,又不以为然地划起桨来。

"远着呢!"

我不相信他的话,因为火光冲破朦胧的夜色,明明在那儿闪烁。不过船夫是对的:事实上,火光的确还远着呢!

这些黑夜的火光的特点是:驱散黑暗,闪闪发亮,近在眼前,令人神往。乍一看,再划几下就到了……其实却还远着呢!……

我们在漆黑如墨的河上又划了很久。一个个峡谷和悬崖,迎面驶来,又向后移去,仿佛消失在茫茫的远方,而火光却依然停在前头,闪闪发亮,令人神往——依然是这么近,又依然是那么远……

现在,无论是这条被悬崖峭壁的阴影笼罩的漆黑的河流,还是那一星明亮的火光,都经常浮现在我的脑际。在这以前和在这以后,曾有许多火光,似乎近在咫尺,不止使我一人心驰神往。可是生活之河却仍然在那阴森森的两岸之间流着,而火光也依旧非常遥远。因此,必须加劲划桨……

然而,火光啊……毕竟……毕竟就就在前头!……

改换信仰的人不是我认为可取的人。

——[德]歌　德

309

勇者,带着恐惧继续前行

□ [法] 莫里斯·谢瓦利埃　欣　悦/编译

　　我真是坐在了世界之巅,我对自己说,并为命运于我的垂青深深感激。整整一年,我都是巴黎音乐滑稽剧舞台上的明星。而且,我已与一家大公司签约了四部影片。

　　但这一切都是一九六二年以前的事。当时我丝毫没有想到,我的好运就在那一年走到了尽头。

　　事后想起来,那一晚发生在巴黎布格剧院的事是有征兆的。我已经持续拼命地工作了好几个月,睡眠极少,不时发觉自己精疲力竭。但是,我没有在意。"只是偶尔地疲倦。"我对自己说,然后就挂上一副观众期待的笑脸走上舞台。

　　那一晚,出事了。中午与众多好友一起午餐,我糊里糊涂地吃了很多油腻的食物,又喝了很多酒。午间我小睡了一会儿,以为到表演的时候我就能恢复了。但是开场的时候,我嘴里蹦出几句惯常的台词——我以为就是这几句,但是显然哪里出了问题,我从搭档的眼里看出来了。

　　当我回答搭档的第二句台词时,他眼里的惊奇已经变成了恐慌。我突然意识到,我讲的不是第一幕里的台词,我讲的是第三幕里的! 我吓了一大跳。我想把自己拉回来,可是我的脑子里一片混乱。我无望地不知所措。

　　剧组的其他同事认为这次意外只是我一时失常而一笑置之。我也想这么认为,可是我的心里却慌得很:万一今晚的事故只是一个开始该怎么办? 一个演员如果不能记住台词,他的演艺生涯也就完了。我现在在巴黎最好的剧院演出,每周挣好几千法郎;如果我失败了,我就得到咖啡馆去端盘子。

　　第二天,我背了一遍又一遍台词,将我一年前早就背得烂熟的对白和歌曲排演了一遍又一遍。但是,那一晚,恐惧再度袭来——我记不起我的台词了。随后,这噩梦般的日子持续了好几个月。在舞台上,我的脑子没法集中在正要说的台词上,它总是跑到好几幕前去,在台上,我犹疑、结巴,那个以温文尔雅著称的我再也找不着了。更糟糕的是,在台上的时候,我还会感到一阵又一阵的眩晕,整个地板好像翻了过来绕着我转。我真担心自己会在舞台的中央就这样摔下去。

我看了一个又一个的专家。他们告诉我,我得的是神经性衰竭。他们给我注射、电流按摩、开出特别的食谱——没有一样奏效。人们开始公开议论我的表演不行了。随着我自身的压力越来越大,我又无可避免地患上了神经衰弱。我相信我真的完了。

医生命令我回家休息。我的家在法国西南部的一个叫索庸的小村庄。莫里斯·谢瓦利埃的世界已经完了。回到索庸,一个叫罗伯特·迪布瓦的医生接待了我,他满头白发,很有耐心,很睿智的样子。他看过我的病历后,给我开出了一系列简单的休息放松的治疗方案。我不知为何自然地对他产生了信任与依赖。但是,我却说道:"没有用的,我已经完了。"

接下来的几个星期,我按照迪布瓦医生所说的每天独自一人在乡间漫步,我在大自然的美中发现了一种平静。然后,终于有一天,迪布瓦医生坚定地告诉我,我的神经系统已经恢复正常了。我真愿意相信他的诊断,可我就是没法相信。体内的混乱好像真的已经消失,可我就是对自己没有信心。

一天下午,迪布瓦医生让我在村上的一个假日庆典上当着一小群观众表演。一想到要面对观众——不管是哪里的观众——我立刻就能感觉血从我的脑子里往外冒。我当即就拒绝了。

"我知道你能行,莫里斯。"医生说,"你必须证明你自己,这就是个很好的开端。"

我很害怕。谁又能保证我的脑子不会又是一片空白?

"没有人能保证。"迪布瓦医生一字一顿地说。他后面的话,数年后的今天我仍能记忆犹新:"不要因为害怕而害怕。"

我不大懂他这话是什么意思,接着,他就做出了解释。

"你害怕再次踏上舞台,于是你告诉自己你完了。但是,恐惧不应成为放弃的理由,恐惧只是一个借口。勇敢的人面对恐惧,他会承认它,但是不理会它而继续前进。"

迪布瓦医生不再说话,他等着我的回答。很长的沉默后,我说我会试一试。

我回到自己的房间,为将要发生的一切不自觉地发起抖来,接下来的几天,我每天都会花上几个小时痛苦地背诵我将演唱的曲目中的歌词。然后,最终的审判到来了。

我站在小礼堂舞台的一侧,等着自己开始表演。有那么一会儿,恐惧又袭

一般的和抽象的思想是人类大错误的根源。

——[法]卢　梭

来了,我真想转身离开这儿。突然,耳畔回响起了医生的话:不要因为害怕而害怕。就在这时,管弦乐队奏响了我上场的暗示,我移步上台,开始高歌。

那一晚,每唱一个字、每说一个字,都是极度的痛苦。幸好,我的记忆力再也没有跟我开玩笑。当我走下台,面对热情的掌声,我的心中涌起一股成就感。今晚,我并没有战胜我的恐惧,我只不过是承认了它的存在,但是不顾它的存在继续表演。这个法子行得通。

任何事情都会有一条退路。我也许永远也找不回往昔的自信,我告诫自己,有些事情发生过一次就有可能再次发生。但是,现在我能够接受这个事实,我决心再次证明自己。

重返巴黎的路不好走。我决定在首都几英里外的默伦小镇东山再起。我找到一家小剧院,找到大吃一惊的剧院老板,告诉他我愿意在他们那表演,要价低得他以为我在开玩笑。我告诉他,我现在得一切从头再来。接下来是一场又一场的演出,每一场我都紧张得异常痛苦。"你害怕了?"每次我都会轻声地对自己说,"害怕又怎么了?"

终于,我又重新登上了巴黎的剧院。站在那,我又对自己说了同样的话。那晚的帷幕拉开的时候,一个崭新的世界出现在我的眼前。掌声之大震动了整个剧院。我一次又一次地回应了观众再来一个的要求,直到累得没有力气表演。成功,我曾拥有又失去过的,再次属于了我。

那一晚之后的四十年,我一直继续着我热爱的工作,在世界各地的观众面前表演。有很多次我也再次恐惧过,索庸村庄的那个温和的医生没说错,没有人能够保证。但是,恐惧再也没让我想到过放弃。

我终于从自己的经历里明白了:前行的路上,如果我们一心等着一个安全可靠的完美时刻的出现,那么这个时刻永远也不会出现。如果我们只是一心等着一个完美的时刻,那么高山无法翻越、比赛不能赢取、恒久的幸福不会获得。

如何对待失败

□ [美] 理查德·米尔豪斯·尼克松　伍　任/译

　　理查德·米尔豪斯·尼克松（1913~1994）　美国第三十七任总统，任职期间，对内抑制通货膨胀，重振美国经济。对外提出尼克松主义，与中华人民共和国直接接触，于一九七二年实现访华，打开了两国关系的大门。后因"水门事件"辞职，成为美国有史以来第一个自动辞职的总统。著有《六次危机》、《尼克松回忆录》、《真正的战争》等。

　　我回到我的房间里睡了个把小时。十点钟起来，刮了脸，穿好衣服。仍未接到休伯特·汉弗莱的电话，而在他表示认输以前我是不能做什么事情的。十点三十五分，霍尔德曼走了进来，告诉我说全国广播公司终于发表了我获胜的消息。几分钟后，哥伦比亚广播公司也发表了同样的消息。

　　大约十一点三十分，汉弗莱来电话了，他一贯轻快和自信的声调，现在变得有气无力，灰溜溜的。但他不因失败而失去风度，表现得犹如在战斗中曾坚持到底一样。过了一会儿，他在电视上露面了，当我看到他的妻子穆里尔和他家其他成员跟他站在一块儿时，我对他们比对汉弗莱本人更表同情和遗憾，因为汉弗莱毕竟是选择了政治作为他的职业的。而我的经历告诉我，对自己心爱的人来说，失败该是多么辛酸和沉重啊！

313

　　汉弗莱在电视上露面认输的镜头一过，帕特、特里西娅、朱莉、戴维和我立即下楼到沃尔多夫－阿斯托里亚饭店的舞厅里，几百名支持者们已等候在那里，他们曾和我们一起等了个通宵，舞厅里掌声雷动。尽管我经常想过要是这个场面真的到来时我该说些什么才好的问题，但最后我还是想到什么就说什么。

　　我谈了汉弗莱打来电话的情景，也谈了我对汉弗莱说过我很体会败于一场相差无几的竞选是一种什么滋味。"八年前我因相差无几的票数被人击败，

信仰——毫无根据地相信一个无知无识的人关于某一事物的说法，不管在生活中是否能找到相似之物。
——[美]安·毕尔斯

今年我以相差不多的票数打了胜仗，我要说——打胜仗可比被人击败畅快得多！"这番话引起听众们一阵热烈的欢呼。

接着，我对失败作了一番哲理上的解释："伟大的哲学从来也不是一种没有失败的哲学，但它是一种没有畏惧的哲学。不论是男是女，既已投身战斗，就应勇往直前，这才是重要的。"

我失败，但并不认输（节选）................

□ [法] 巴尔扎克

我第一次失败，是在一八二八年，当时我还不到二十九岁，身边有一位天使。今天，我已活到这种年纪，再也引不起一种没有丝毫侮辱性的受保护的可爱感觉了。保护该年轻人接收，帮他似乎也是自然的。但是对一个近四十的人来说，保护不但好笑，而且成了侮辱。在任何国家里，一个人活到这种年纪，软弱无能，两手空空，必然是没有出息的了。

我失去所有希望，被迫放弃一切，九月三十日，逃到沙姚，躲在茹勒·桑都住过的小阁楼，因为我有生以来，再度遭到一个出乎意外的全面失败，倾家荡产，一方面觉得前途渺茫，心绪不宁；一方面感到特别寂寞，因为只有我一个人承当，不过想起至少还有几个知己另眼看我，也就温暖了……

我失败，但是并不认输，我的勇气还在。只是孤独和被遗弃的感觉，比起其他的忧患来，还要使我伤心不已。我没有一点儿自私的地方；我的思想、我的努力和我的全部感情，都寄托在我以外的一个人身上；没有这个人，我就支持不下去了。戴在我头上的东西，假如没有人可能继承的话，哪怕是桂冠，我也不要。过去那些岁月，一去不返的岁月，我多不忍诀别呵！它们没有给我完整的幸福，也没有给我彻底的痛苦；我活在那些岁月里，一边受冻，一边挨烤，我现在觉得只有责任感支撑我活着。我抱着至死方休的工作信念，走进这间小阁楼，我相信我会一天比一天更能忍受下去的。已经一个多月了，我下午六点钟睡觉，半夜起床，给自己规定好了仅够活命的食粮，免得脑筋感到消化不良的坏影响。可是，我不但感到无法形容的疲倦，而且生活事故在脑内风起云涌；后脑里的平衡感觉，我有时候也没有了；甚至于躺在床上，我也觉得我的头好像在左歪右倒，起来的时候，又好像头里有一个沉重的东西压着我一样。我现在明白巴斯卜绝对禁欲，工作繁重，怎么会觉得两旁老是深渊，又为什么座椅两旁放两把椅子了。

　　我舍不得离开卡西尼街。我心爱的家具，还有我收藏的书，我还不清楚能不能留下一部分来。我喜欢的那些小摆设和纪念品，我事前就做下全部抛弃、全部牺牲的打算，为的是心头保持小小的喜悦，觉得它们还归我所有。这些东西不足以满足债权人的欲望，但是在我走进一片荒野的时候，帮我解渴也是真的。工作两年，就能了清一切债务，可是这样生活两年，我不倒下来也不可能。何况盗版害苦了我们，我们越活下去，书越卖的少。报纸对"百合"的销路有过什么影响？我一点儿也不知道。可是我知道的是，两千本书，魏尔代只卖掉一千二百本，而比利时的盗版却已经销了三千本。从这件事上，我肯定我的作品在法国没有销路；所以想靠打开销路，解救我的困难，一时还是没有指望。

　　……

　　要知道我的勇气有多大……《路吉艾利家族的秘密》是我一夜工夫写成的，您将来读到的时候，就记住这一点吧。《老姑娘》是三个夜晚写成的。《珍珠碎了》总算结束了，《该死的孩子》是在我身心痛苦的几个钟头之内写成的：它们是我的布里艾纳、我的沙普拜尔、我的蒙米拉伊，它们是我的法兰西战役！《无神论者的弥撒》和《法奇诺·卡耐》也是这样写出来的；我在萨舍，用了三天工夫，写成《幻灭》开头的一百页。

　　最苦的事是修改。我花费在《该死的孩子》第一卷上的工夫，比我写好几本书还要多。我打算把这一部分提到和《珍珠碎了》一样好。写成一种忧郁的小诗似的作品，无懈可击，我花费了将近十二个夜晚。我现在……面前就堆着十月份要出版的四部作品的校样，必须完成。我答应魏尔代在本月发表《哲学研究》的第三分册，还有《滑稽故事》的第三个十篇。十一月十五日还要把《幻灭》交给他。这样就是五部十二开本，三部八开本。既然读者漠不关心，那我就只好大显身手，而且必须在借据的威逼、事务的焦灼、银钱最感拮据和密不透风的寂寞与毫无安慰之中，大显身手。

315

穷且益坚，不坠青云之志。

　　——(唐)王　勃

回头的浪子

□ [澳大利亚]　帕特里克·怀特　黄源深/译

帕特里克·怀特(1912～1990)　澳大利亚小说家、剧作家。著有小说《人之树》、《伏斯》、《可靠的曼陀罗》、《烧伤者》,剧本《在沙萨帕里拉的季节里》、《快乐的灵魂》等。一九七三年发表长篇小说《风暴眼》,同年获诺贝尔文学奖,以表彰"他那史诗般气概和刻画人物心理的叙事艺术,把一个新大陆介绍到文学领域中来"。

本文意在回答阿利斯特·克肖①最近发表的文章——《最后一个侨居国外的人》。不过我很难与克肖锐利的新闻武器对阵,所以不打算对他文中诸点逐一作答。有人愿侨居国外,有人想返回本国,那理由无论如何是因人而异的,因此这个问题,也就只能根据个人的感受来回答了。

我今年四十六岁,在国外度过了二十个年头。最近十年,几乎寸步未离卡斯尔山那方圆六英亩的"山茱萸"农场。这听来有些蹊跷,也许是值得解释一下的。

我从小所受的教育使我相信这样的格言:唯不列颠人正确。早年,我确实接受了它。在一所英国公学里,我被熨得平平整整,最后在剑桥大学的国王学院卒业。直到一九三九年,我独自漫游了西欧大部,以及末了还逛了大半个美国以后,我才开始成长起来,开始独立思考。而战争则完成了我性格其余部分的改造。本来似乎是多彩的、理性的、称心如意的生活,令人痛心地变成了毫无意义的寄生生活。没有任何东西像雨点般的炸弹那样促人估价自己的成就了。在闪电战开始的最初几个月里,这位已经著有两部颇为成功的小说且声名在外的澳大利亚人,夜里独坐在他在伦敦的卧室兼起居室里,得出了这样的结论:他的成就几乎等于零。有意义的是,也许那时他正读着艾尔②的《日记》,也

---

①阿利斯特·克肖,澳大利亚诗人与新闻记者。从一九四七年起居住在法国。

②爱·约·艾尔(1815～1901),澳大利亚探险家。一八四〇年由南澳大利亚出发探险,于一八四一年抵达西澳大利亚。

316

受·益·一·生·的·人·生·智·慧·书

许他遇到了"顶头风",自然不时地走向柜子,取出那瓶卡尔瓦多斯白兰地多喝几口。总之,他第一次体会到那种无所依傍的感觉,阿利斯特·克肖曾对这种感受表示哀叹,并把它解释为一种"谋求再度用鼻子触摸母国仁慈的乳头的愿望"。

我在滞留中东的整个战争期间,始终渴望返回童年的天地中去。童年毕竟是艺术创作者所能汲取的最纯洁的源泉。这种愿望又被对沙漠景物的极度留恋所加剧,但是在我随部队驻扎希腊的那年,它几乎得到了满足。因为在希腊,各方面都显得完美无缺,不仅是古迹美,还有自然风光美。同时,日常生活中所表现出来的人与人之间的关系也非常温暖。那么为什么我没有留居希腊呢?我曾经动心过。也许是因为我意识到,即便是最地道的居民海伦诺菲尔①,也只不过是心甘情愿地扮演了地中海东部沿岸流浪者的喜剧性角色而已。当地人民似乎并非不动情地说,他不属于那儿。对他来说,这是可悲的,不过他无足轻重。这个海伦诺菲尔,至今还在谦卑地盼望着自己能属于希腊。

这样,我便没有留在可以供我选择的希腊。部队在英国解散了,这给我带来了两种可能性:要么留在我当时所感到的实际的和精神的墓地,其前景是不再当艺术家,而成为一个最无成效的人,一个伦敦知识分子,要么返回故土,回到记忆中最富刺激的时代中去。说实在,吃厌了我所能吃得起的伦敦餐馆那种软糊糊、甜蜜蜜的可怕的炖马肉之后,填饱肚皮的想法也起了作用。于是我回国了,在卡斯尔山买下了一个农场,同朋友兼合作者、希腊人曼诺力·拉斯卡力斯一起,开始养花种菜,饲养德国种小猎犬和萨纳种山羊。

最初的几年,我对这些活动感到满意,并让自己沉浸在自然风光之中。要是有人提起写作,我会说"呵,也许有一天",但我并无真意来充分考虑这个问题。《姨妈的故事》写于战争刚刚结束,我回澳大利亚之前。国外评论家对这部小说的反响不错,但像往常一样,国内评论家的反映不佳。小说未能被人卒读,公共图书馆中书页的状况显而易见地说明了这一点。但对我来说,除了吃穿和头顶上属于自己的屋顶,似乎一切都无关紧要。

随后,我忽然开始感到不满了。不管澳大利亚评论家的态度如何,也许写小说是我唯一可能取得某些成功的事情。甚至我那一半的失败在某种程度上也证实,要是我不写作,生活便会毫无意义。我满怀激情地回到了我年轻时离别的故土以后,真正发现了什么呢?有什么东西可以阻止我像阿利斯特·克肖和很多别的艺术家那样,收拾行装离去呢?我不得不痛苦地承认,没有。四周伸

317

———————————————
①指喜欢希腊或希腊文化及事物的人。

延着澳大利亚的巨大虚空,在那里,思想是最空洞的;在那里,富人就是重要人物;在那里,教师和新闻记者统治着一切精神领域;在那里,漂亮的青年男女透过毫无判断力的蓝眼睛注视着生活;在那里,人的牙齿像秋天的叶子那样掉落,汽车后部的玻璃每时每刻都在增大①,只有肉馅饼和大肉排,才算得上好饭食,强健的体魄压倒了一切,物质上的丑恶不会使普通人感到震惊。

正是那"普通人"的得意之情最使我感到惊慌。在这样的心境中,我不由自主地开始构思起另一部小说来。由于我要填塞的空白如此巨大,所以我试图通过一对平凡男女的生活,在书中尽可能地涉及生活的每一个方面。但与此同时,我要在平凡的背后发现不平凡,发现神秘和诗意。因为正是这一切使这些人的生活,顺便说一句还有我回来后的生活,变得可以忍受。

于是我开始撰写《人类之树》了。这部小说如何被那些较为重要的澳大利亚评论家所看待的问题,已成了亘古历史。随后我创作了《沃斯》,它可能还是我在闪电战初期酝酿的。当时我坐在伦敦的一间卧室兼起居室的房间里,读着艾尔的《日记》。几个月穿越埃及和普兰尼加沙漠的往返奔波,孕育着这一想法:那个时代最显赫的狂妄者也在影响着它;回国后,我阅读了当代人对莱卡特②探险的描绘和澳大利亚作家 A·H·奇泽姆的《奇异的新世界》,这个想法终于成熟了。

在这里讨论这部小说的文学因素会不太切题,重要的倒是作者的意图。这些意图使一些读者不知缘由地感到高兴,也使那些发现此书毫无意义的人发怒。我老是在作画和作曲上受挫,因此我要赋予我的著作以音乐的结构、画的美感,通过《沃斯》中的主题和人物,来表达德拉克鲁瓦③和布莱克所可能看到的,以及马勒④和李斯特⑤可能听到的东西。首要的是,我决心证明,澳大利亚的小说并不一定是阴郁沉闷的、粪土色的新闻体现现实主义的产物。总的说来,世界已被说服,而只有此时此刻,野狗们正在无情地吼叫着。

那么这位返回国土的侨居国外者得到了什么报偿呢?我记得,在我第一部小说获得成功之际,一位名叫盖伊·英尼斯的老练而聪明的澳大利亚记者,在我的伦敦寓所里访问了我。他问我是否想回国。我那时刚"到",干吗我要回去呢?"呵,不过你回去的话,"他坚持己见,"各类颜色会源源不断地流到你的调色板上呐。"直到最近几年,我才想起他对我第一部小说的这段委婉批评。我

①指汽车越来越时髦和阔气。

②路·莱卡特(1813~1848),德裔澳大利亚探险家。

③德拉克鲁瓦(1798~1863),法国画家。

④马勒(1860~1911),奥地利作曲家。

⑤李斯特(1811~1886),匈牙利作曲家及钢琴家。

想,盖伊·英尼斯也许是对的。

因此,报偿之一便是更新了的景物,它即便在记忆中显得更加寒酸,却一直是我生活的背景。如果我光坐在塞纳河左岸与阿利斯特·克肖边喝酒边滔滔不绝,那么自然的世界和音乐的世界也许永远不会显露出来。也许一切艺术之花在沉默中更易开放。当然单纯和谦卑的境界,是艺术家或普通人唯一值得向往的境界。要到达这样的境界,未必会有可能,但努力去争取却是十分必要的。由于我几乎被剥夺了自认为合意和必需的一切东西,我开始了我的尝试。写作本意味着一个有修养的头脑在文明的环境中所作的艺术实践,现在却变成了用词汇的岩石和木条创造出全新的形式的斗争。我第一次开始看清了事物,甚至连厌倦和失败也为无穷尽的探索提供了途径;甚至连丑陋的东西,澳大利亚生活中的提包和铁皮也获得了意义。至于好似"挑绷子"游戏的人与人之间的交际,它已被必要地简化了,而且常常给弄糟了,有时倒也动人。这种尝试本身就是一种酬报。出借的书籍,播放的唱片,往往可能促成人与人之间的交往。也存在着这样的可能性,一个人可能会有助于使一个人烟稀少的国土生活着一个具有理解力的民族。

那么,这就是一个侨居国外者留在本国的某些理由了,尽管他必须面对回国后必然接踵而来的各种失望。阿利斯特·克肖也许会回答说,这些理由抽象而且不能令人信服。但正如我已经提醒过的那样,这些纯属个人的理由。我从不知姓名的澳大利亚人那儿收到了许多信件,它们是最具体的,也是最好的报偿,我的创作似乎已为他们打开了一扇窗子。对我来说,单是这些信件就足以构成我留居国内的理由了。

绝望:唯一不可宽恕之罪

□ [美] 乔·卡·欧茨

发明出绝望是一种罪孽,在人类精神上是多么神秘残酷!不像该罚入地狱的七大重罪,绝望是一种想象的状态。

它没有以数量表示的存在，只是比喻性世界观的组成部分，然而同样是致命的。不过，与其他的罪不同，绝望是传统上唯一不可宽恕的罪；它是绝对毁掉一个人的定罪，因而是对上帝的一种否定，对上帝无限宽容性的一种挑战。

人们可以得到宽恕的罪过——骄傲、愤怒、淫欲、贪婪、贪食、妒忌、懒惰——全都牢固地系于这个世界上的客体，但绝望似乎超出了以自我为中心的直接的自我本身范围，与欲望，与事物毫不相干。

宗教是在看似仁慈的神圣伪装之下组织起来的一种权力，而我们知道，权力主要关心的是维护它自己。它的结构，它精心设计的仪式和习惯，《圣经》和戒律伦理，它的真正的本质。这些都具体表现人类的经验，坚持外在于世界上的一切比内在于人类精神里的一切具有不容置疑的更大的意义。绝望这肯定是最少进攻性的罪过，对极权主义的性格是危险的，因为它是一种强烈的内向心态，因而也是独立的状态。绝望的精神是一种反叛。

所以，作为极端绝望的后果自杀，是一种致命的罪过，因为它等同于谋杀。

自杀这种最故意、最富挑战性的反社会的人类行为，具有一种对它禁止、憎恶、忌讳的因素……

然而，试图宣称绝望非法并对其惩罚，一定会令人感到难以实现！难道"绝望"不是一种病态，我们用以指那些看上去已经认定生活使他们失去兴趣的人，就像我们用"自恋"指责那些出乎我们预料的对我们几乎毫无兴趣的人？

绝望作为一种不可饶恕的罪孽而存在。不过，绝望作为一种强烈的内向心态，对我们似乎是一种精神和道德的考验，直接跨越语言、文化和历史的表层面。

毫无疑问，绝望像没有知觉的肌肉——沉默而缺少反应。

第十五辑
伟大的人物

在处理人的问题时，如果只依赖个人的见识与才智，歪曲为尊重个人而制定的社会道德法律，歪曲作为我们文明基础和基督教本质的自由、平等、博爱的原则，那么，即使是最有天才的人，也肯定会犯错误。

贝多芬百年祭 ·············

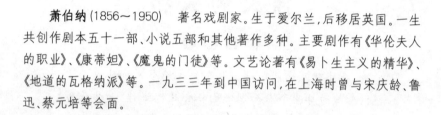

□ [英] 萧伯纳

萧伯纳 (1856～1950) 著名戏剧家。生于爱尔兰,后移居英国。一生共创作剧本五十一部、小说五部和其他著作多种。主要剧作有《华伦夫人的职业》、《康蒂妲》、《魔鬼的门徒》等。文艺论著有《易卜生主义的精华》、《地道的瓦格纳派》等。一九三三年到中国访问,在上海时曾与宋庆龄、鲁迅、蔡元培等会面。

一百年前,一位虽然听得见雷声但已聋得听不见大型交响乐队演奏自己的乐曲的五十七岁的倔强的单身老人最后一次举拳向着咆哮的天空, 然后去世了,还是和他生前一直那样地唐突神灵,蔑视天地。他是反抗性的化身;他甚至在街上遇上一位大公和他的随从时也总不免把帽子向下按得紧紧的, 然后从他们正中间大踏步地直穿而过。他有一架不听话的蒸汽轧路机的风度 (大多数轧路机还恭顺地听使唤和不那么调皮);他穿衣服之不讲究甚于田间的稻草人;事实上有一次他竟被当做流浪汉给抓了起来,因为警察不肯相信穿得这样破破烂烂的人竟会是一位大作曲家, 更不能相信这副躯体竟能容得下世界最奔腾澎湃的灵魂。他的灵魂是伟大的,但如果我使用了最伟大的这种字眼,那就是说比亨德尔的灵魂还要伟大,贝多芬自己就会责怪我,而且谁又能自负为灵魂比巴哈的还伟大呢? 但是,说贝多芬的灵魂是最奔腾澎湃的那可没有一点问题。他的狂风怒涛一般的力量,他自己能很容易控制住,可是常常并不愿去控制,这个和他狂呼大笑的滑稽诙谐之处是在别的作曲家作品里都找不到的。毛头小伙子们现在一提起切分音就好像是一种使音乐节奏成为最强而有力的新方法;但是在听过第三里昂诺拉前奏曲之后, 最狂热的爵士乐听起来也像《少女的祈祷》那样温和了,可以肯定地说我听过的任何黑人的集体狂欢都不会像贝多芬的《第七交响乐》最后的乐章那样可以引起最黑最黑的舞蹈家拼了命地跳下去, 而也没有另外哪一个作曲家可以先以他的乐曲的阴柔之美使得听众完全溶化在缠绵悱恻的境界里，尔后突然以铜号的猛烈声音吹向他们；带着嘲讽似的使他们觉得自己是真傻。除了贝多芬之外谁也管不住贝多芬；而疯劲上来之后，他总有意不去管自己，于是也就成了管不住的了。

这样的奔腾澎湃，这种有意的散乱无章，这种嘲讽，这样无顾忌的骄纵的不理睬传统的风尚——这些就是使得贝多芬不同于十七世纪和十八世纪谨守法度的其他音乐天才的地方。他是造成法国革命的精神风暴中的一个巨浪。他不拜任何人为师，他的同行里的先辈莫扎特从小就梳洗干净，穿着华丽，在王公贵族面前举止大方的。莫扎特小时候曾为了彭巴杜夫人发脾气说："这个女人是谁，也不来亲亲我，连皇后都亲我呢，"这种事在贝多芬是不可想象的，因为甚至在他已老到像一头苍熊时，他仍然是一只未经驯服的熊崽子。莫扎特天性文雅，与当时的传统和社会很合拍，但也有灵魂的孤独。莫扎特和格鲁克之文雅就犹如路易十四宫廷之文雅。和他们比起来，从社会地位上说贝多芬就是个不羁的艺术家，一个不穿紧腿裤的激进共和主义者。海顿从不知道什么是嫉妒，曾称呼比他年轻的莫扎特是有史以来最伟大的作曲家，可他就是吃不消贝多芬。莫扎特是更有远见的，他听了贝多芬的演奏后说："有一天他是要出名的。"但是，即使莫扎特活得长些，这两个人恐也难以相处下去。贝多芬对莫扎特有一种出于道德原因的恐怖。莫扎特在他的音乐中给贵族中的浪子唐璜加上了一圈迷人的圣光，然后像一个天生的戏剧家那样运用道德的灵活性又回过来给莎拉斯特罗（歌剧《魔笛》中代表光明的人物）加上了神人的光辉，给他口中的歌词谱上了前所未有的、即使是出于上帝口中都不会显得不相称的乐调。

贝多芬不是戏剧家，赋予道德以灵活性对他来说就是一种可厌恶的玩世不恭。他仍然认为莫扎特是大师中的大师（这不是一顶空洞的高帽子，它的的确确就是说莫扎特是个为作曲家们欣赏的作曲家，远远不是流行作曲家）；可是他是穿紧腿裤的宫廷侍从，而贝多芬却是个穿散腿裤的激进共和主义者；同样地，海顿也是穿传统制服的侍从。在贝多芬和他们之间隔着一场法国大革命，划分开了十八世纪和十九世纪。但对贝多芬来说莫扎特可不如海顿，因为他把道德当儿戏，用迷人的音乐把罪恶谱成了像德行那样奇妙。如同每一个真正激进共和主义者都具有的，贝多芬身上的清教徒性格使他反对莫扎特，固然莫扎特曾向他启示了十九世纪音乐的各种创新的可能。因此，贝多芬上溯到亨德尔，一位和贝多芬同样倔强的老单身汉，把他称为英雄。亨德尔瞧不上莫扎特崇拜的英雄格鲁克，虽然在亨德尔的《弥赛亚》里的田园乐是极为接近格鲁克在他的歌剧《奥菲阿》里那些向我们展示出天堂的原野的各个场面的。

因为有无线电广播，成百万对音乐还接触不多的人在他百年祭的今年将第一次听到贝多芬的音乐。充满着照例不加选择地加在大音乐家身上颂扬话的成百篇纪念文章将使人们抱有通常少有的期望。像贝多芬同时的人一样,虽然他们可以懂得格鲁克、海顿和莫扎特,但从贝多芬那里得到的不但是一种使他们困惑不解的意想不到的音乐,而且有时候简直是听不出音乐的由管弦乐器发出来的杂乱音响。要解释这也不难。十八世纪的音乐都是舞蹈音乐。舞蹈是由动起来的令人愉快的步子组成的对称样式;舞蹈音乐是不跳舞也听起来令人愉快的由声音组成的对称的样式。因此这些乐式虽然起初不过是像棋盘那样简单,但被展开了,复杂化了,用和声丰富起来了,最后变得类似波斯地毯,而设计像波斯地毯那种乐式的作曲家也就不再期望人们跟着这种音乐跳舞了。要有神巫打旋子的本领才能跟着莫扎特的交响乐跳舞。有一回我还真请了两位训练有素的青年舞蹈家跟着莫扎特的一阕前奏曲跳了一次,结果差点没把他们累垮了。就是音乐上原来使用的有关舞蹈的名词也慢慢地不用了,人们不再使用包括萨拉班德舞、巴万宫廷舞、加伏特舞和快步舞等等在内的组曲形式,而把自己的音乐创作表现为奏鸣曲和交响乐,里面各部分干脆叫做乐章,每一章都用意大利文记上速度,如快板、柔板、谐谑曲板和急板等等。但在任何时候,从巴哈的序曲到莫扎特的《天神交响乐》,音乐总是现出一种对称的音响乐样给我们一种舞蹈的乐趣作为乐曲的形式和基础。

可是音乐的作用并不止于创造悦耳的乐式,它还能表达感情。你能去津津有味地欣赏一张波斯地毯或者听一曲巴哈的序曲,但乐趣只止于此;可是你听了《唐璜》前奏曲之后却不可能不发生一种复杂的心情,它使你心理有准备去面对将淹没那种精致但又是魔鬼式的欢乐一场之后可怖的末日的悲剧,听莫扎特的《天神交响乐》最后一章时你会觉得那和贝多芬的《第七交响乐》的最后乐章一样,都是狂欢的音乐,它用响亮的鼓声奏出如醉如狂的旋律,而从头到尾又交织着一开始就有的具有一种不寻常的悲伤之美的乐调,因之更加沁人心脾。莫扎特的这一乐章又自始至终是乐式设计的杰作。

但是贝多芬所做到的一点,也是使得某些与他同时的伟人不得不把他当做一个疯人,有时清醒就出些洋相或者显示出格调不高的一点,在于他把音乐完全用做了表现心情的手段,并且完全不把设计乐式本身作为目的。不错,他一生非常保守地(顺便说一句,这也是激进共和主义者的特点)使用着旧的乐式;但是他加给它们以惊人的活力和激情,包括产生于思想高度的那种最高的激情,使得产生于感觉的激情显得仅仅是感官上的享受,于是他不仅打乱了旧乐式的对称,而且常常使人听不出在感情的风暴之下竟还有什么样式存在着了。他的《英雄交响乐》一开始使用了一个乐式(这是从莫扎特幼年时的一个前奏曲借来的)，跟着又用了另外几个很漂亮的乐式；这些乐式被赋予了巨大的内在力量，所以到了乐章的中段，这些乐式就全被不客气地打散了；于是，从只追求乐式的音乐家看来，贝多芬是发了疯了，他抛出了同时使用音阶上所有单音的可怖的和弦。他这么做只是因为他觉得非如此不可，而且还要求你也觉得非如此不可呢。

以上就是贝多芬之谜的全部。他有能力设计最好的乐式；他能写出使你终身享受不尽的美丽的乐曲；他能挑出那些最干燥无味的旋律，把它们展开得那样引人，使你听上一百次也每回都能发现新东西：一句话，你可以拿所有用来形容以乐式见长的作曲家的话来形容他；但是他的病症，也就是不同于别人之处在于他那激动人心的本质，他能使我们激动，并用他那奔放的感情笼罩着我们。当贝里奥子兹听到一位法国作曲家因为贝多芬的音乐使他听了很不舒服而说"我听了能使我入睡的音乐"时，他非常生气。贝多芬的音乐是使你清醒的音乐；而当你想独自一个静一会儿的时候，你就怕听他的音乐。

懂了这个，你就从十八世纪前进了一步，也从旧式的跳舞乐队前进了一步(爵士乐，附带说一句，就是贝多芬化了的老式跳舞乐队)，不但能懂得贝多芬的音乐，而且也能懂得贝多芬以后的最有深度的音乐了。

我们的海明威(节选)

□ [哥伦比亚] 加西亚·马尔克斯

325

欧内斯特·米勒尔·海明威于一九二八年四月第一次来到哈瓦那。他乘坐的"奥丽塔"号英国海轮从法国罗歇尔起航，经过两个星期的航行到达基韦斯特港。他的第二个妻子波林·法伊弗和他同行，他们在十个月前刚结为伉俪。无论是他自己还是他妻子，对这座加勒比地区的城市都没有多大兴趣，他们只是在横越宽阔的大洋、度过法国的严冬后想在热带地区停留两天罢了。海明威当时二十八岁，一战中曾任驻欧洲新闻记者和救护车司机，他的第一部长篇小说出版后获得一定成功，但是还远远不是一位著名作家。他仍然需要从事一种第二职业来糊口，此外，在世界的任何地方他也没有一处稳定的住处。跟他相反，那时波林是个善于交际的女人。她的叔叔是美国一家化妆品公司的巨头，对她像对待孙女一样溺爱，生活中的一切她应有尽有，甚至具有弗朗西斯·麦库默的妻子的明星姿容和难以形容的幽默。但是那个四月她并非事事顺心。她已怀孕，厌恶大海。他们唯一的渴望是早些到达基韦斯特港，在那里住下，好让海明威写完他的第二部小说《永别了，武器》。

当时哈瓦那（今天亦然）是世界上最美丽的城市之一。由于新近兴起的甘蔗热带来的繁荣和美国的庇护，独裁者赫拉多·马查多得意忘形到了极点。他断绝了前几届政府同摩根银行保持的关系，而和洛克菲勒家族的全国性的蔡斯银行公开"同居"。为了换得一切，该银行很少拒绝他的要求。物质上的进步带来的灾难到处可见。海明威从在中央公园租的一辆派克汽车的小窗口里看到种种灾难不能无动于衷。防波堤的林阴道——其维护与美化工程是在另一个时代开始的——一步步达到现在的规模。新型的林阴道和百万富翁们的住宅正在旧城的西面出现。但是最宏伟的建筑将是怪诞的新古典主义风格的国民大厦——一块石头挨一块石头地仿照华盛顿大厦修建——在它的采石场上有一位名叫恩里克·利斯特尔的石匠在工作，几年后他竟成为西班牙内战中具有传奇色彩的将军之一。

很快就把哈瓦那变成美国的豪华妓院的疯狂卖淫活动依然披着舞蹈学校的无辜外衣。人称舞蹈学院。它的快乐的姑娘们——半是处女，半是妓女——陪舞时每收五个生太伏，自己得一个生太伏。她们以一个让一位作家不会忽略的名字"女大学生"而为人所知。在可敬的国家剧院的扶手椅区搭了一个公众跳舞的台子。剧院最重要的活动是每年举办一次舞蹈大赛。独裁者马查多对美国的卑躬屈膝达到了甚至让美国操纵大赛评委会的地步。这样，在世界上最爱跳舞的国家举行的舞蹈技巧比赛的获胜者就成了美国大使哈里·F.古根海姆。

关于海明威在哈瓦那逗留的那四十八小时，他的作品里没有留下任何记述。不错，在他的新闻报道中，他经常很巧妙地介绍他参观过的地方和认识的人。但是当时他决定暂时停止记者工作，以便全力以赴写他的小说。然而六年以后，他写了第一篇违反自己的决定的文章，内容是关于在古巴的见闻。从此以后，他写了半打关于他在古巴停留情况的文章。不过没有一篇提到他重建他的私生活的问题，因为他总是一般地谈论那个时期支配着他的激情：热衷于捕鱼。"过去，"一九五六年他写道："是捕鱼吸引我们来古巴的。"这句话让人想到，在写这句话的时候，海明威已经在哈瓦那生活二十年了。当然，他侨居古巴的目的要比捕鱼的简单乐趣更重要，或者说至少比捕鱼的目的要多一些。

显然不是爱情问题,而是一个缓慢而艰苦的过程,其秘密几乎在他成熟后的一切作品里都有所记述和概括。一九三二年他为了捕鱼而第一次去古巴时,他似乎确信他终于在基韦斯特岛有一个稳定的家庭:他在那里有了一个儿子,并写了第二部小说。毫无疑问,他还在那里种过一棵树,以便成为格言里说的完全的人。从那以后,由朋友乔·拉塞尔陪同,他曾无数次地往返于古巴。拉塞尔是基韦斯特岛乔氏低地酒店的产业主,看来他是把捕鱼当做了掩护其他赚大钱的买卖的屏风。海明威写道:"他曾以最大的载量把有名的烈性饮料从古巴运到基韦斯特岛。"当然,在美国的酒鬼们由于《禁酒法》的实施而渴得要命的时期,那是走私。但是那种根本没有什么文学价值的短程旅行却使海明威同那些以海为家、至死都是他的好朋友的善良人建立了联系,并使他见识到一个为他后来的文学创作提供营养的世界。海明威本人在一篇于一九四九年七月刊登在《假日》杂志上的文章中谈到过那个时期他的古巴朋友是什么人:"我多年前就认识的倒卖彩票的人,"他写道,"为了我赠送的鱼而盛情回报我的警察,在投球场上和我坐在一起输掉一天的收入的小船主,驾车从港口和防波堤上经过,挥手向我致意的熟人,尽管由于距离远而看不清是谁,我还是举手回敬他们。"这就是说,从那时起海明威本人就认为自己是哈瓦那街头为人熟知的人物。

也是在那个时期,他认识了"小佛罗里达"。那是一家上世纪开业的、附设有海味餐馆的酒吧,如今它依然保留着原来的金色墙裙和高贵窗帘。那里时兴喝台克利,那是用岛上透明的甘蔗酒加冰末和柠檬汁调制成的一种鸡尾酒,在海明威的推动下,这种酒的调制法传遍了半个世界。但是据他自己说,很久以后他才把那家酒吧写入作品,他对那个地方的根本兴趣不在于去那里饮酒和用餐,也不在于渴望遇到他那些像洪水一样涌入这个城市的同胞。那里的人来自联合国的一切国家和一个人住过的许多地方。他写道:"有舰艇上的水兵、航海者、海关和移民局的官员、赌徒、外交官、渴望当文学家的人、处境好坏不一的作家、来首都出席各种科学大会的内外科医生、美国退伍军人会的成员、运动员、身无分文的个人、一周或一年后将被杀害的人、联邦调查局的特务、一个人存放钱的银行的经理、某些衣冠不整的家伙和许多古巴朋友。"这些往事是海明威获得诺贝尔文学奖后回忆起来的。这不仅是一些新闻工作的往事,而且也像是一本用来怀念旧事的电话簿。现在,如果不熟悉这个名单上的许多人物,想重读他的作品是困难的。人物所处的时间、地点不同了,并且被铅字改变了容貌,但是他们不可避免地打着在"小佛罗里达"沾染的恶心的印记。如今在那个酒吧的一个壁龛里摆着一尊海明威的半身雕像,一位当年的老店主不知

人有了大目标才会自然而然地伟大起来。

——[德]席　勒

疲倦地告诉游客们海明威坐过的是柜台前的哪一把凳子。

"两个世界饭店"离"小佛罗里达"不远。海明威每逢上岸睡觉就在那里租一个房间，一来二去就把那个房间变成了他从西班牙内战前线归来后进行写作的长期不变的书房。那个房间总是原封不动：它位于饭店东北角五层楼上，没有房号。"房间的窗口——据海明威描写——对着古老的大教堂和港口的入口，北面是大海，东面是卡萨布兰卡半岛、一直绵延到海港的房顶和整个宽广的海港。"我始终不明白海明威为什么略而不谈"将军大厦"，那是从他的窗口望见的最漂亮的建筑，现在仍然是哈瓦那最美丽的建筑之一。若干年后在同乔治·普林顿进行历史性的会见时，海明威对他说："'两个世界饭店'是有利于写作的好地方。"由于对往事的怀念，他这样说可能有些奇怪，因为那个房间远不是海明威为写作而梦想的窗明几净的地方。那是一个只有十六平米的房间，有一张普通的木制双人床，两个床头桌，一张写字台和一把椅子。目前，"两个世界饭店"是一家接待教师和高等教育部的官员的国家饭店，但是位于东北角五楼上的那个房间为了纪念那位著名的房客已经关闭，房间里的一切原封不动，甚至还保留着一部两卷本的西班牙文版《堂·吉诃德》古本。此书好像是被漫不经心地放在桌子上的。

当你想到海明威总是很认真地选择写作的地方时，他偏爱"两个世界饭店"只能有一种解释：他并不愿意，也许是不知不觉地屈服于了古巴的其他魅力。那些魅力与众不同，比九月的大鱼还难以辨认，对他的痛苦心灵来说比他的房间的四壁还重要。然而，任何一个必须等待他结束写作活动才能重新成为他妻子的女人都不能忍受那个毫无生气的房间。美丽的波林·法伊弗在他最困难的时刻离开了他。但是不久后海明威就与之结婚的马莎·盖尔霍恩却找到一个聪明的解决办法，就是找一幢房子，既能够使她丈夫愉快地写作，又能让她过得幸福。这样，她便在报纸的分类广告中找到了美丽的乡间别墅"维希亚庄园"。庄园离哈瓦那两里半。她先是以一百美元的月租金租下来，后来海明威用一万八千美元的现金买了下来。许多作家在世界各地有好几处寓所，人们经常问他们哪里是他们的主要住处。他们几乎都回答说是他们藏书的那一处。在"维希亚庄园"，海明威藏有九千册书，此外还喂着四只狗，养着五十七只鸭。

海明威在哈瓦那一共住了二十二年。在一九四九年发表的一篇报道中，他自己试图回答他为什么在那里生活那么多年的问题，却零乱地甚至矛盾地谈起了别的事情。他谈到了大热天早晨吹拂的凉爽的微风，谈到了饲养斗鸡的可能性，谈到了栖息在葡萄架下的小蜥蜴，院子里种的十八种芒果树和设在大路边的、可以下大赌注打雏鸽的体育俱乐部，他还再一次谈到离他家只有四十五分钟路程的海湾的水流，在那里可以进行他一生见到的最好和最丰富的捕鱼活动。然而，在这许多更确切地说是回避性的解释中，他还是插了一段心里话。"一个人之所以住在这个岛上，"他写道，"是因为……可以用一张纸盖住电话铃，避免任何电话干扰；还因为在凉爽的早晨写作比在任何别的地方都更有效、更舒适。"在这段文字(写它时，他可能漫不经心，也可能为了投人所好)的后面，他又加了一句："但这不是一个职业秘密。"其实他无需提醒，因为几乎无人不晓，用来写作的地方是文学创作的无法探测的奥秘之一。

整个哈瓦那，特别是维希亚庄园，是海明威一生中真正稳定的唯一住所。他在那里几乎度过了他作为作家的有用的岁月的一半，写作了他的最重要的作品：《丧钟为谁而鸣》的一部分、《过河入林》、《老人与海》、《不固定的圣节》和《海湾中的岛》。此外他还写了许多新闻报道——包括《流血的夏天》——并无数次尝试创作描写天空、大地和水的普鲁斯特式的奇特小说，他一直想写这样的小说。然而，在他的一生中，那些岁月却鲜为人知，这不仅因为那些岁月是最隐秘的，而且因为他的传记作者们对那些岁月都令人怀疑地一笔带过。

当海明威一个字一个字地营造为他带来荣誉的世界时，由独裁者赫拉多·马查多制定，由他的继承人们不幸实施的卖国求荣计划已趋于完善。政治和道义上的腐败达到了令人气愤的程度。到处都不难看到的对美国屈从的事情具有幻想小说的色彩：佛罗里达的渡船每天都要把一节火车车厢运到哈瓦那，然后把车厢挂在当地的列车上，这样把美国生产的日用必需品包括在古巴的海域里捕捞的鲜鱼供应给古巴岛。

有人十分轻率地说，海明威不过是那种歪曲文化的巨大工作的被动观察团员，如果他不是沉默的同谋的话。在西班牙内战中清楚而热烈地表露过的他的政治思想，面对古巴的悲剧似乎变成了一个谜。没有迹象表明他曾试图同哈瓦那的知识界和艺术界建立什么联系。在官方的堕落和公众的贪欲之中，哈瓦那文化界仍然是大陆文化气氛最紧张的领域之一。他那种冷漠态度不仅是对加勒比地区，而且也是对整个拉丁美洲。他对拉丁美洲从来就不了解，在他的作品里没有严肃地提到过它。他访问的拉美国家，只有一九四二年去过的墨西哥和为拍电影《老人与海》而带领考察团寻找特大的鱼时去过的秘鲁。但是几乎没有上岸。海明威这样概括那次热情的冒险："我们花了三十二天的时间去捕鱼，从天亮开始，一直干到黄昏的阴影妨碍我们继续拍照为止。"

在海明威生前最后几年，人们争论的另一个方面是他对古巴革命的态度。即使人们不记得他讲过什么受到大家赞同的看法，但是，除了他的某些片面的传记作者认为是他私下讲的不大可信的看法外，人们也不知道他讲过什么大

有必胜信念的人才能成为战场上的胜利者。
——[美]希金森

家不赞成的看法。几乎在古巴革命胜利一年后美国政府的敌视政策出笼时,阿根廷记者鲁道夫·沃尔什在哈瓦那机场拥挤的人群的推搡和叫喊声中对海明威进行过一次闪电式的采访。鲁道夫·沃尔什记得那是他记者生涯中最短的一次采访,当然也是海明威一生中最短的和他生前接受的最后的几次采访之一。在那次采访中,海明威甚至用他讲的正确的西班牙语叫起来:"我们必胜,我们古巴人必胜!"并没有人再问他,他却又用英语说:"我不是美国佬,你知道。"在混乱的人群中,他没有能把话说完。一年半后他自杀了,这句话仍然没有说完。对这句话,双方可以作各种各样的解释。

但是,古巴革命似乎对这种不必要的争论并未予理会。在古巴,没有一位作家——当然何塞·马蒂除外——受到过那么多次、那么高级别的纪念。从一开始菲德尔·卡斯特罗本人就是最重要的纪念活动的倡导者。海明威死后,他最后一个妻子玛丽·韦尔什两次来哈瓦那时,是菲德尔亲自关照的。他们一致决定让维希亚庄园保持原样,就像今天这样一动未动,并决定把它变成一座博物馆。博物馆充满了生气,有时会让人觉得作家复活了,他穿着他那双肥大的死人鞋在各个展室里走动。他的遗孀带走的东西只有海明威个人精心收藏的当代优秀画家的作品。她于一九七七年最后一次来访时,菲德尔·卡斯特罗对一群美国记者说,海明威是他宠爱的作家。必须了解菲德尔·卡斯特罗才能明白他从来不会为了简单的礼貌而说这样的话,不管怎样他必须超脱某些重要的政治考虑才能那么自信地说这句话。事实上,菲德尔·卡斯特罗多年来一直是海明威的一位老读者,他非常了解他,喜欢谈论他,善于用令人信服的道理维护他。在漫长的和经常的国内旅行中,他总是在汽车上带一堆政府的文件以便研究,在文件中常常夹带着两卷红皮的海明威作品选。

不管怎样,现在要是有人试图弄明白海明威在哈瓦那机场上没有说完的那句话,绝不容易。事实上,一向存在着两个不同的、有时是对立的海明威。一个海明威致力于世俗的消费——一半是电影明星,一半是冒险家——他自由自在地光顾世界上最引人注意的地方,他随着解放军的先头部队进入巴黎里茨饭店,他在西班牙的集市上赞助时髦的斗牛士,他同最令人眼花缭乱的电影演员、最勇敢的拳击手和最险恶的枪手一起合影,他在肯尼亚的草原上先杀死一头狮子,后来又杀死一头野牛和一头犀牛,此外他还炫耀接连两次乘坐的飞机出事的情景。这是一个引世瞩目的海明威,他没有读过一本书,也许他不喜欢世界上的任何人,他不会留下一句没有说完的话。但是在哈瓦那还有另一个海明威,他把自己藏在一幢被参天大树环绕的房子里,随着岁月的流逝,各个房间堆满了世俗的海明威作为航海和归来的纪念为他带来的男性艺术的战利品。这是一位谁也不真正了解的不知疲倦的手艺人,他被职业的没完没了的奴役折磨得心力交瘁,他留下了不只是一句而是许多句没有说完的话。

这个神秘的海明威究竟是个什么样的人呢?这是年轻的古巴记者诺贝尔托·富恩特斯一九六一年七月被他的编辑部主任派往维希亚庄园写一篇关于海明威的文章时对自己提出的问题。当时海明威已在一周前用来福枪对着自己的嘴巴,开枪打碎了脑袋。那个时期关于海明威的情况,诺贝尔托·富恩特斯只知道一天下午他父亲在一家饭店的电梯上偶然遇见他时对他讲的那一点点。有一次——当时他还只有十岁——他看见他坐在一辆很长的黑色"普里木斯"牌汽车的后座上经过。在他的想象中,他觉得他坐在城市的酒馆中无人不晓的灵车上被拉去埋葬。从那次短暂的经历后,诺贝尔托·富恩特斯便决心要完成《在古巴的海明威到底是怎样的人》这一艰巨任务。在海明威死后,他的一些传记作者似乎不但热心于掩饰而且也热心于歪曲在古巴的海明威。他花了许多年的时间进行仔细的调查,辛苦的访谈,似乎办不到的回忆,直到把他从那些真正和他分担日常的焦虑的无名的古巴人的记忆中拯救出来。那些古巴人中有他的私人医生、他的捕鱼船的船员、他的斗鸡的伙伴、酒店的厨师、侍者和在圣佛朗西斯科·德·保拉的欢闹之夜喝甘蔗酒的人。他一连花了好几个月的时间了解他在维希亚庄园生活的苦恼,终于在他始终没有寄出的信件中,在后悔不该写的手稿上,在未写完的笔记里,在他那闪耀着他的风格的全部光辉的杰出航海日记里发现了他的心迹。他根据自己的感觉确认,他在古巴心灵中存在的时间要比当时的古巴人猜想的长得多,留下那么多明显的足迹的作家是不多的,他的足迹达到了古巴岛意想不到的地方。最后的结果就是这部生动而清楚的报告文学。它交还给我们一位活生生的、有点天真的、我们许多人感到在他的精湛的短篇小说中几乎看不到的海明威。这是我们的海明威:一个被忧悒和短暂的生命折磨得痛苦不堪的人,他的饭桌上从没有过一个以上的客人,他终于像人类历史上的少数人那样揭示了世界上最孤独的职业实有的奥秘。

我们以人们的目的来判断人的活动。目的伟大,活动才可以说是伟大的。

——[俄]契诃夫

拿破仑

□ [法] 斐迪南·福煦　　石幼珊/译

斐迪南·福煦 (1851～1929)　　原法国陆军统帅。其父拿破仑·福煦是拿破仑一世皇帝的旁系。毕业于法国高等军事学院。曾任法国高等军事学院院长。第一次世界大战中任法军第九集团军司令等职。战后获英国陆军元帅和波兰元帅称号。著有《作战原则》等军事著作。

　　只要想一想，一七九六年，拿破仑年仅二十七岁已经崭露头角，就不难知道他天赋非凡的资质。他把自己的天才不断地用于一生的丰功伟业之中。

　　由于秉赋这种天才，他在人类军事史上走出了一条光辉的道路。他高举战无不胜的鹫旗从阿尔卑斯山进军到埃及的金字塔，从塔古斯河之滨到莫斯科河两岸。在飞舞的军旗下，他建立的赫赫武功超越亚历山大大帝、汉尼拔大将和恺撒大帝。这样，他以惊人的天才，不甘守成和好大喜功的本性成为胜过一切其他人的最伟大领袖人物。这种本性，有利于战争，但对维持和平的均势却很危险。

　　他把战争艺术提高到从未有过的高度，而这就把他推到了岌岌可危的巅峰。他把国家的荣耀和他个人的荣耀视为一体，他要以武力控制各国的命运。他以为一个人能够以惨痛的牺牲为代价得到一系列的胜利，换来本民族的繁荣；以为这个民族可以靠光荣而不是靠劳动获得生存；以为那些被征服而失去独立的国家不会一朝奋起，列出阵容强大、士气高昂、战无不胜的义师，推翻武力统治，重新赢得独立；以为在文明世界里，道德公理不应比完全靠武力形成的力量更为强大，不管这支武力有多大。由于这样的企图，拿破仑走了下坡路。他不是缺乏天才，而是由于他想做那不可能的事。他想以当时财枯力竭的法国使整个欧洲屈膝，岂知当时欧洲已经总结了失败的教训，很快就全面武装起来。

　　当然，每个人都有自己的责任。但是，比指挥军队克敌制胜更重要的是，按照祖国的需要为祖国服务，使正义在一切地方受到尊重。和平高于战争。

的确，在处理人的问题时，如果只依赖个人的见识与才智，歪曲为尊重个人而制定的社会道德法律，歪曲作为我们文明基础和基督教本质的自由、平等、博爱的原则，那么，即使是最有天才的人，也肯定会犯错误。

陛下，请安息吧。你英灵未泯，你的精神仍然在为法兰西服务。每次国家危难的时刻，我们的鹫旗依然迎风招展。如果我们的军队能在你建造的凯旋门下胜利归来，那是因为奥斯特列茨的宝剑为他们指引了方向，教导他们如何团结起来带领军队取得胜利。你高深的教诲，你坚毅的努力，永远是我们不可磨灭的榜样。我们研究思索你的言行，战争的技艺便日益发展。只有恭谨地、认真地学习你不朽的光辉思想，我们的后代子孙才能成功地掌握作战的知识和统军的策略，以完成保卫我们祖国的神圣事业。

列宁的品格

□ [苏联] 莉·亚·福齐也娃　章树德/译

大家都公正地谈到列宁的谦虚，但是，不应当从妄自菲薄的庸俗意义上来理解这种谦虚。这种谦虚应当在高度共产主义的意义上来理解。它是和列宁的高度自尊心及其意识到在苏联人民面前对于我国所发生的一切负有重大责任联系在一起的。因此，他总是极为深刻地感受到人民群众的疾苦，极为热烈地为每一个成就而高兴。弗·伊·列宁经常这样说，领导者不仅要对他所做的事情负责，而且也要对他领导下的工作人员所做的事情负责。

弗拉基米尔·伊里奇（即列宁。下同）不喜欢铺张。他的生活非常简朴，物质方面的要求很节省。列宁终生的忠实伴侣娜·康·克鲁普斯卡娅也养成了这种习惯和爱好。她在一篇回忆录中写道："许多人将我们的生活夸大其词地描述得好像是穷困不堪。这是不真实的。我们还没有尝过不知道用什么来买面包的困苦生活。难道侨居国外的同志都是这样的吗？的确有些同志，他们在长达两年的时间里挣不到一文工资，也收不到俄国的分文汇款，可以说真正是在饿肚子。但我们的情况不是这样。我们生活得很简单，这倒是真的。难道生活的乐

333

趣就在于饱食终日,挥霍无度吗?"的确,弗拉基米尔·伊里奇和娜捷施达·康士坦丁诺夫娜(即列宁夫人)认为生活的乐趣不在于饱食终日,挥霍无度,而是在斗争和劳动之中。

　　弗·伊·列宁待人很有礼貌,态度和蔼,而且平易近人。他从来也不会忘记对人们给他的帮助道谢,哪怕这种帮助不值一提,例如请求给他取报纸之类的区区小事。一个兼带着给他生炉子的女清洁工异常激动地说,列宁在自己的办公室里见到她时,总是十分温存、和蔼地同她谈话。这样地善于高度重视和尊敬每一个人的人格,也是弗拉基米尔·伊里奇的突出特点。他认为对待那些因为地位低而怯于言辞的人粗鲁无礼,是一种卑鄙的行为,是不配做一个苏维埃公民和共产党员的。

　　弗·伊·列宁对人关怀备至,这是大家都知道的。弗拉基米尔·伊里奇给一些机关领导人员写了许多信件和便条,提出必须对某些人给予帮助,但他从来不是发号施令,而是请求帮助这些同志:向他们提供食品、木柴、衣服、医药,安排必要的休息,等等。这种关怀不但是多方面的,而且细致入微,对人们各种各样的困难总是感同身受。

　　在这方面值得提起的,是他在一九二一年四月写给莫斯科国民教育处的便条:"请给伊·伊·斯克沃尔佐夫(斯切潘诺夫)在莫斯科近郊安排一个夏天休假的地方,尽可能有个菜园子。事后希向我报告。"

　　……

　　弗拉基米尔·伊里奇很喜欢开玩笑。我觉得,如果要说明他的工作风格,那么,完全可以说,他是愉快地工作的。他有着一种别具风趣的幽默感。在接见来访时,经常可以听到弗拉基米尔·伊里奇的办公室里洋溢着笑声;在人民委员会举行会议时,他也是经常地发出笑声。他笑起来特别感染人,但从不执意使人难堪。这是一个有着沸腾的热情,具有旺盛生命力的人的笑。这种旺盛的生命力还传染到了别人,他周围的人都开朗、愉快、高兴。列宁仅仅在最后两个半月的工作期间(一九二二年十至十二月),在他受到疾病的折磨时,才很少发出这种笑声。弗拉基米尔·伊里奇命令做什么事情时,几乎都是语气诙谐,满面笑容的。同他在一起工作是愉快的,弗拉基米尔·伊里奇所提出的最严格的要求,最严厉的纪律,大家都乐意接受。

　　办公桌前面放着一把普通的木圈椅,靠背和坐垫都是藤的,会议厅里摆的也是这种圈椅。过于柔软的圈椅,列宁并不喜欢。

　　一九一八年,在弗拉基米尔·伊里奇办公室举行的一次小型会议结束以后,他吩咐我替他弄一张"普通四腿桌,桌旁可以坐人,可以写字"(就是说,不是写字台,不带托架)。这张桌子在办公桌对过摆着,两旁放着两把大皮圈椅。如果有人来见,弗拉基米尔·伊里奇便站起身,端一把大皮圈椅到桌旁,自己也坐得近些,不时弯下身子,这样便可以听得更仔细一些。弗拉基米尔·伊里奇只要对谈话发生兴趣,他是比任何人都更善于听取意见的。

弗拉基米尔·伊里奇请人在他的办公桌下铺一条毛毡,因为他的双脚都冻了。有一次,我们将毛毡换上了一块白熊皮,弗拉基米尔·伊里奇便责备我太奢侈了。我再三申述说,在其他机关一些不是负责人的办公室里,我似乎也见到了这种熊皮,这样,他才对新换上的熊皮迁就了一些。

办公桌上有一盏绿玻璃罩的小台灯。晚上,办公室里没有人时,弗拉基米尔·伊里奇便在这盏灯下面工作,不开大吊灯。弗拉基米尔·伊里奇离开办公室时,没有一次是不关灯的。如果我们离开时没有关灯,他发现了,那么,第二天他一定要批评这是浪费电力。一九二二年秋天,按照弗拉基米尔·伊里奇的请求,我们将玻璃罩换成了一个色彩柔和的灯罩。

桌上经常摆着一本记事簿,这是弗拉基米尔·伊里奇用来写便条、指示和记载要求接见的同志的姓名的。有时,列宁在日历上也记一些东西。

我的人生之师周恩来

□ [日] 冈崎嘉平太   刘守序等/译

335

冈崎嘉平太(1897~1989)   日本东京帝国大学毕业。后入日本银行工作。曾任中日综合贸易联络协议会会长、中日经济协会常任顾问。多次作为"中日备忘录"日方负责人来华签署年度协定。著有《了解中国问题之路》、《在我们生平中的中国》等。

周总理是我的人生之师,而且恐怕也是我的最后一位老师了。周总理于一九七六年一月八日与世长辞。据说,周总理即将去世的那天夜里,当医生告知"快不行了"的时候,总理请求把医生、护士等人都叫到身边,一齐合唱了革命歌曲,然后说道:"我这里已经没什么事了,请你们到人手不足的

如果把人生比之为杠杆,信念则好像是它的"支点",具备这个恰当的支点,才可能成为一个强而有力的人。
——薄一波

其地方去帮忙吧！"这件事，是我亲耳从中国驻东京大使馆的陈抗参赞那里直接听说的。

人类有史以来，曾有几多帝王、霸主、伟人、英雄生生死死啊！但除了周总理之外，又有谁曾在临死之前对人说过"我这里已经没什么事了，请到别处帮忙"的话呢？周总理是一位真正的人，直到死他都在为别人着想。

有关周总理生前事迹的介绍材料，即使是孤陋寡闻的我，手头也有不少。一九六二年十一月一日晚，我和高崎达之助在中国的国务院，同周总理进行了长时间的会谈。周总理说：

"甲午战争以来，日本在长达八十年的时间里对我国进行了侵略，使中国人民的生命、财产蒙受巨大的损失。尤其是东北事变以来，我国遭到了更大的损害。我们对此深为怨恨。但是，这八十年的怨恨，如果同中日友好两千年的历史相比较，只是很短的一瞬间。我们正在努力忘掉这一怨恨。让我们忘掉怨恨，今后携起手来，使亚洲变得更强大吧！亚洲强大起来以后，并不是要用其力量对外挑起战争，而是为了防止将来别人向亚洲施加压力。"

周总理说到这里，向我问道："冈崎先生，你认为如何呢？"我虽然稍有些惊慌失措，但还是突然想起了中国历史上赵国宰相蔺相如和大将军廉颇的故事。于是就借用这个故事回答说："日本和中国也应共同携起手来，为了亚洲的独立、文化发展和消除贫困而共同努力，这是我自学生时代起就立定的志向。"

记不得是哪次会见了，可能是一九七一年或一九七二年的春天，在日中邦交正常化之前的一次会见中，周总理说："日本现在似乎有一种动向，对中国是否要求赔款的问题很介意。我国不要求日本赔款。为什么？这是因为日本人民同我国人民一样，都是日本军阀的受害者。如果现在日本还有军阀的话，我们将要求赔款。但现在日本没有军阀，所以，如果要求赔款，那将是要求同为受害者的日本人民来支付赔款。这从我国的意识形态来说也是不行的。"

日本对亚洲各国都尽可能地支付了赔款，而作为最大受害者的中国，却以崇高的理念主动提出在中日共同声明中放弃要求赔款权。我想，我们应该永远牢记这件事。

我认为，像周总理这样的受到人民热爱和敬佩的政治家，在世界历史上也是不多见的。我深深感到，我能够有幸在周总理生前与他多次会见，实在是我自身的一种幸福。

伟大的品格

□章开沅

章开沅(yuán)　一九二六年生,浙江吴兴(今湖州市)人。著名历史学家。主要从事辛亥革命研究,中国资产阶级、中国近代文化史研究,中外近代化比较研究等。主要著作有《辛亥革命史》(与林增平共同主编)、《辛亥革命与近代社会》、《开拓者的足迹——张謇传稿》,并主编《中外近代化比较研究丛书》等。

张謇的一生是勤劳的一生。他的精力固然是有限度的,但他的追求却是无止境的。直至民国十五年(一九二六),他已是七十三岁的高龄,在他的生命的最后几个月中,工作仍然是忙碌的。仅从日记的简略记载中已可看出:

二月,视察女校工程。

三月,清明令人分祭沈寿等三公墓。以九千九百元购沙田产权助男女两师范。

四月,参加女子师范学校廿周年纪念会,发表演说。视察垦牧水泥工程。

四月,参加各公司董事会。为火柴联合会解厄,向江苏省府(即孙传芳)进言。参与通海官绅会勘县界,至老洪港返经竹行镇。

六月,视察保坍会十七楗沉厄,又至姚港视察十八楗工程。当时天气燥热,达到华氏一百度以上,但他仍然临怀素帖,读《左传》,并且日课一诗。

他的最后一次演说,是在全县童子军会操开幕式上的讲话,勉励少年儿童养成将来军国民之人格。他还为此次会操题词,题词是陆象山的话:"夫子曰:吾十有五而志于学。今千百年无一人有志,是怪他不得。志个甚的?须是先有知识,然后有志愿。"这竟仿佛是他留给后世的遗言。

张謇从八月一日起感到遍体发烧,但第二天清早他还是偕同工程师视察江堤,规划保坍工程。七日,病势渐重,才开始请医生诊治。二十一日以后,病情更加危急。二十四日中午,这位为发展近代实业、教育奋斗了一生的老人,终于

希望是人免于心碎的唯一保险带。
——[英]托·富勒

最后闭上了眼睛。他在临终之际没有任何言语,事先也没有留下任何遗嘱。但是可以想见,他所要做的事情还有很多很多,可惜生命有限,他是怀着终天之恨死去的,正如他自己写的《释愁》那首诗所曾表述:"生已愁到死,既死愁不休。"张謇的愁是深沉的,又是广阔的。这不是个人生离死别的哀痛,而是忧国忧民的悲愁。先是在六月十四日,他非常惦念羁留在北京的儿子,亦曾赋诗两首以表述自己同样的心绪。其中有几句是:"民生日以蹙,敲榷洞皮骨。盗仍水旱殷,兵使原野竭。若疾中膏肓,欲救非口舌。"这大体上可以看做是他离别人世之际的心理状态。

张謇具有宏大的抱负,也有坚强的性格。他从不害怕挫折与失败,同时也从不满足于已有的各种成就。他曾实事求是地自我评估:"謇营南通实业、教育二十余年,实业、教育,大端粗具。言乎稳固,言乎完备,言乎发展,言乎立足于千百作县而无惧,则未也未也。实业未至人尽足以谋生,户尽不至乏食,教育未至乡里学龄儿童十七八有就学之所,儿童长成十五六有治生常识,未足云大效。謇方目计之,心营之,而年日以长,力日以薄,智能日以绌,未知观成之何日也?"严格地说,张謇的性格与那些唯利是图的资本家的性格是有所区别的,他是一个务实的然而又有理想的事业家。为了改良南通的经济结构、文化结构以至整个社会面貌,同时也为了急于将南通的地方自治模式推广到江苏以至全国更多地区,他已办和想办的事情太多,摊子过大,战线过长,远远超过了大生资本集团所能承担的负荷。对于这一点,张謇并非毫无察觉,早在民国十一年(一九二二)盐垦系由于连续三年遭到虫雨风水灾害,垦无所获,债息紧逼,并且牵累到大生纺织系统,"乃有踵决肘见之象",张謇曾自责说:"此皆余夙昔自治锐进之说为咎。"但是此后他对地方公益事业的热心仍然未减,他继续办学校,建公园,兴水利,资助各种体育活动。尽管他的财力已很拮据,但是他可以卖字,典当衣物,仍然乐此不疲。他对自己终生奉行的村落主义的信仰,可以说是已经达到虔诚的地步。他从来没有动摇自己的信念,放松自己的追求。然而他也从来没有想过,南通离不开江苏,离不开中国,如果没有社会制度根本性质的变革,没有一个真正属于人民并为人民服务的政府,单纯凭私人的力量是不可能成就一个个孤立的"村落"的革新的。

当然,他的努力绝不是毫无成效。前人称之为失败的英雄,主要是就大生资本集团的破产而言,或者是就他为自己提出的宏伟目标尚未完成而言。但是,他对南通的贡献已经很大,留给后人的东西已经很多。在中国近代史上,我们很难发现另外一个人在另外一个县办成这么多事业,产生这么深远的影响。张謇热爱南通,南通怀念张謇,张謇与南通这两个名字已经紧紧联在一起。据张孝若回忆，张謇的出葬是在同年十二月五日，殓服里衣是用大生纱厂所的南通大布做的。出葬的那天天气晴朗，霜露凝素，"素车白马，四方来会葬的，和地方上人，共有万余人，都步行执绋。凡枢车经过的地方，那沿路观望的乡人，有数十万都屏息嗟叹。注视作别，送我父到他的永远长眠之地，这坟地是我父亲生前自己所择定的，已经种了不少树木，前面直对着南山。墓上也不铭不志，只在墓门横石上，题为：'南通张季直先生之墓阙'"。

无从驯服的斑马

□沈从文

沈从文(1902~1988)　原名沈岳焕。湖南凤凰人，苗族。现代著名作家，京派小说的代表人物之一。代表作有《边城》、《长河》，散文集《湘行散记》等。

我今年已活过了八十岁，同时代的熟人，只剩下很少几位了。从名分上说，我已经很像个"知识分子"。就事实上说，可还算不得正统派认可的"知识分子"。因为进入大城市前后虽已整整六十年，这六十年的社会变化，知识分子得到的苦难，我也总有机会，不多不少摊派到个人头上一份。工作上的痛苦挣扎，更可说是经过令人难于设想的一个过来人。就我性格的必然，应付任何困难，一贯是沉默接受，既不灰心丧气，也不呻吟哀叹，只是因此，真像奇迹一般，还是依然活下来了。体质上虽然相当脆弱，性情上却随和中见板质，近于"顽固不化"的无从驯服的斑马。年龄老朽已到随时可以报废情形，心情上却还始终保留一种婴儿状态。对人从不设防，无心机，且永远无望从生活经验教育中取得一点保护本身不受欺骗的教训，提高一点做个现代人不能不具备的警惕或觉悟。政治水平之低，更是人所共睹，毋庸自讳。不拘什么政治学习，凡是文件中缺少固定含义的抽象名词，理解上总显得十分低能，得不出肯定印象，作不出正确的说明。卅年学习，认真说来，前后只像认识十一个字，即"实践"、"为人民服务"和"古为今用"，影响到我工作，十分具体。前面七个字和我新的业务（新的业务指一九四九年以后的业务）关系密切，压缩下来，只是一句老话，"学以

无私是稀有的道德，因为从它身上是无利可图的。

——[德]布莱希特

致用"。由于过去看杂书多,机会好,学习兴趣又特别广泛,同时记忆力也还得用,因此在博物馆沉默学了二十年,历史文物中若干部门,在过去当前研究中始终近于一种空白点的事事物物,我都有机会十万八万地过眼经手,弄明白它的时代特征和在发展中相互影响的联系。特别是坛坛罐罐花花朵朵,为正统专家学人始终不屑过问的,我却完全像个旧北京收拾破衣烂衫的老乞婆,看得十分认真,学下去。且尽个人能力所及,加以收集。到手以后,还照老子所说,用个"为而不有"的态度,送到我较熟悉的公共机关里去,供大家应用。职业病到一定程度下日益严重,是必然结果。个人当时收入虽有限,始终还学不会花钱到吃喝服用上去。总是每月把个人收入的四分之一去买那些"非文物"的破烂,甚至于还经常向熟人借点钱,来做这种"蠢事"。因此受的惩罚也使人够受的。但是这些出于无知的惩罚,只使我回想到顽童时代,在私塾中被前后几个老秀才按着,在孔夫子牌位前,狠狠地用厚楠竹块痛打我时的情形,有同一的感受。稍后数年,在军队中见那些杀戮,也有个基本相同的看法,即权力的滥用,只反映出极端的愚蠢,不会达到他们预期的效果。

使我记忆较深刻且觉得十分有趣的,是五×年正当文物局在北京举行一次全国博物馆工作会议时,或许全国各大博物馆文物局的负责人和专家,都出了席。我所属的工作单位,有几位聪明过人的同事,却精心着意在午门两廊,举行了个"内部浪费展览会",当时看来倒像是很有必要的一种措施。事先没有让我参加展出筹备工作,直到有大批外省同事来参观时,我才知道这件事。因为用意在使我这文物外行丢脸,却料想不到反而使我格外开心。我还记得第一柜陈列的,是我从苏州花三十元买来明代白绵纸手抄两大函有关兵事学的著作,内中有一部分是图像,画的是些奇奇怪怪的云彩。为馆中把这书买来的原因,是前不多久北京图书馆刊正把一部从英国照回来的敦煌写本《望云气说》卷子加以刊载,并且我恰好还记得史记上载有卫青、霍去病出征西北,有派王朔随军远征"主望云气"记载。当时出兵西北,征伐连年,对于西北荒漠云气变化,显然对于战事是有十分现实的意义。汉代记载情形虽不多,《汉书·艺文志》中,却有个"黄帝望云气说",凡是托名黄帝的著述,产生时间至晚也在春秋战国时已出现。这个敦煌唐代望云气卷子的重要性,却十分显明。好不容易得来的这个明代抄本,至少可以作为校勘,得到许多有用知识,却被当成"乱收迷信书籍当成文物"过失看待。可证明我那位业务领导如何无知。我亲自陪着好几个外省同行看下去,他们看后也只笑笑,无一个人说长道短,更无一人提出不同意见。

于是我又陪他们看第二柜"废品",陈列的是一整匹暗花绫子,机头上还织有"河间府织造"几个方方整整宋体字。花绫是一尺三左右的窄筘(kòu)织成的,折合汉尺恰是二尺宽度。大串枝的花纹和传世宋代范淳仁诰敕(gào chì)相近。收入计价四元整。亏得主持这个废品展览的同事，想得真周到，还不忘把原价写在一个卡片上。大家看过后，也只笑笑。我的上司因为我在旁边不声不响，也奉陪笑笑。我当然更特别高兴同样笑笑。彼此笑的原因可大不相同。我作了三十年小说，想用文字来描写，却感到无法着手。当时馆中同事，还有十二个学有专长的史学教授，看来也就无一个人由此及彼，联想到河间府在汉代，就是河北一个著名丝绸生产区。南北朝以来，还始终有大生产，唐代还设有织绫局，宋、元、明、清都未停止生产过。这个值四元的整匹花绫，当成"废品"展出，说明个什么问题？结果究竟丢谁的脸？快三十年了，至今恐还有人自以为曾做过一件绝顶聪明，而且取得胜利的伟大创举。本意或在使我感到羞愤因而离开。完全出乎他们意料，就是我竟毫不觉得难受。并且有的是各种转业机会，却都不加考虑放弃了。竟坚决留下来，和这些人一同共事卅年。我因此也就学懂了丝绸问题，更重要还是明白了一些人在新社会能吃得开，首先是对于"世故哲学"的善于运用。这一行虽始终是个齐人滥竽的安乐窝，但一个真正有心人，可以学习的事物，也还够多，也可说是个永远不会毕业的学校。以文学实践而言，一个典型新式官僚，如何混来混去，依附权势，逐渐向上爬，终于"禄位高升"的过程，就很值得仔仔细细作十年八年调查研究，好好写出来。虽属个别现象，同时也能反映整个机构的情形……

人的理性粉碎了迷信，而人的感情也将摧毁利己主义。

——[德]海 涅

　　一个被忧悒和短暂的生命折磨得痛
苦不堪的人，他的饭桌上从没有过一个以
上的客人，他终于像人类历史上的少数人
那样揭示了世界上最孤独的职业实有的
奥秘。

第十六辑
追求生命的不朽

　　我向年纪说,一如我向群众说:"无论如何,我要克服你。"这种永不变成衰老的精神在说着话。谁最近见过柏恩哈特的,不会表示疑惑,时光虽然一年年过去,无论如何,她继续尽力向年纪挑战。这伟大的女伶,在六旬之年,还正在盛年,看上去不像过了四十岁的人。

论老之将至

□ [英] 伯特兰·罗素　　申慧辉/译

　　虽然有这样一个标题,这篇文章真正要谈的却是怎样才能不老。在我这个年纪,这实在是一个至关重要的问题。我的第一个忠告是,要仔细选择你的祖先。尽管我的双亲皆属早逝,但是考虑到我的其他祖先,我的选择还是很不错的。是的,我的外祖父六十七岁时去世,正值盛年,可是另外三位祖父辈的亲人都活到了八十岁以上。至于稍远些的亲戚;我只发现一位没能长寿,他死于一种现已罕见的病症:被杀头。我的一位曾祖母是吉本的朋友,她活到九十二岁高龄,一直到死,她始终是让子孙们全都感到敬畏的人。我的外祖母,一辈子生了十个孩子,活了九个,还有一个早年夭折,此外还有过多次流产。可是守寡之后,她马上就致力于妇女的高等教育事业。她是格顿学院的创办人之一,力图使妇女进入医疗行业。她总好讲起她在意大利遇到过的一位面容悲哀的老年绅士,她询问他忧郁的缘故,他说他刚刚失去了两个孙子。"天哪!"她叫道,"我有七十二个孙儿孙女,如果我每失去一个就要悲伤不止,那我就没法活了!""奇怪的母亲。"他回答说。但是,作为她的七十二个孙儿孙女中的一员,我却要说我更喜欢她的见地。上了八十岁,她开始感到有些难于入睡,她便经常在午夜时分至凌晨三时这段时间里阅读科普方面的书籍。我想她根本就没有工夫去留意她在衰老。我认为,这就是保持年轻的最佳方法。如果你的兴趣既广泛又浓烈,而且你又能从中感到自己仍然精力旺盛,那么你就不必去考虑你已经活了多少年这种纯粹的统计学情况,更不必去考虑你那也许不很长久的未来。

　　至于健康,由于我这一生几乎从未患过病,也就没有什么有益的忠告。我吃喝皆随心所欲,醒不了的时候就睡觉。我做事情从不以它是否有益于健康为根据,尽管实际上我喜欢做的事情通常是有益于健康的。

　　从心理角度讲,老年需防止两种倾向。一是过分沉湎于往事。人不能生活在回忆当中,不能生活在对美好的往昔的怀念或对去世的友人的哀念之中。一个人应当把心思放在未来,放到需要自己去做点什么的事情上。要做到这一点并非轻而易举,往事的影响总是在不断地增加。人们总好认为自己过去的情感要比现在强烈得多,头脑也比现在敏锐。假如真的如此,就该忘掉它;如果可以忘掉它,那你自以为是的情况就可能并不是真的。

另一件应当避免的事是依恋年轻人,期望从他们的勃勃生气中获取力量。子女们长大成人之后,都想按照自己的意愿生活。如果你还像他们年幼时那样关心他们,你就会成为他们的包袱,除非他们是异常迟钝的人。我不是说不应该关心子女,而是说这种关心应该是含蓄的,假如可能的话,还应是宽厚的,而不应该过分地感情用事。动物的幼子一旦自立,大动物就不再关心它们了。人类则因其幼年时期较长而难于做到这一点。

我认为,对于那些具有强烈的爱好,其活动又都恰当适宜,并且不受个人情感影响的人们,成功地度过老年绝非难事。只有在这个范围里,长寿才真正有益;只有在这个范围里,源于经验的智慧才能不受压制地得到运用。告诫已经成人的孩子别犯错误是没有用处的,因为一来他们不会相信你,二来错误原来就是教育所必不可少的要素之一。但是,如果你是那种受个人情感支配的人,你就会感到,不把心思都放在子女和孙儿孙女身上,你就会觉得生活很空虚。假如事实确实如此,那么当你还能为他们提供物质上的帮助,譬如支援他们一笔钱或者为他们编织毛线外套的时候,你就必须明白,绝不要期望他们会因为你的陪伴而感到快活。

有些老人因害怕死亡而苦恼。年轻人害怕死亡是可以理解的。有些年轻人担心他们会在战斗中丧生。一想到会失去生活能够给予他们的种种美好事物,他们就感到痛苦。这种担心并不是无缘无故的,也是情有可原的。但是,对于一位经历了人世的悲欢、履行了个人职责的老人,害怕死亡就有些可怜且可耻了。克服这种恐惧的最好办法是——至少我是这样看的——逐渐扩大你的兴趣范围并使其不受个人情感的影响,直至包围自我的围墙一点一点地离开你,而你的生活则越来越融合于大家的生活之中。每一个人的生活都应该像河水一样——开始是细小的,被限制在狭窄的两岸之间,然后热烈地冲过巨石,滑下瀑布。渐渐地,河道变宽了,河岸扩展了,河水流得更平稳了。最后,河水流入了海洋,不再有明显的间断和停顿,然后便毫无痛苦地摆脱了自身的存在。能够这样理解自己的一生的老人,将不会因害怕死亡而痛苦,因为他所珍爱的一切都将继续存在下去。而且,如果随着精力的衰退,疲倦之感日渐增加,长眠并非不受欢迎的念头。我渴望死于尚能劳作之时,同时知道他人将继续我所未竟的事业,我大可因为已经尽了自己之所能而感到安慰。

对人来说,事业是栏杆,我们扶着它在深渊的边沿上走路。

——[苏联]高尔基

关于青年和老年

□ [罗马尼亚] 米·埃里亚德　杨学苴/译

受·益·一·生·的·人·生·智·慧·书

　　米·埃里亚德(1907～1986)　　罗马尼亚哲学家、作家、宗教史家。曾在印度加尔各答大学攻读梵文及印度哲学，以《瑜珈：论印度神秘主义之起源》取得哲学博士学位。他主编的《宗教百科全书》是世界最重要的宗教百科。主要作品有《宗教史论丛》、《永恒回归的神话》和《萨满教》等。

　　我喜欢不时地回到寻常的或者不易解决的问题上来(也许,它们意味着同一件事)。我从关注这些问题中获取的营养,无论是时事还是最前卫的课题都不能给我提供。譬如,我经常思考很古老、很复杂的青年问题。青年本身对我一直是个谜,据说他总是对的,事实上,他总是平庸,乏味,无能。年轻人的无能令人可怕!如果你是一个年轻人,似乎注定缺乏内涵。如果你不能从自身生出什么有机体,而只是不连续的、不均衡的、无特色的生命片断(即使是天才的片断,也只是片断),你干不成任何事。你挣扎,你思考,都无用。你永远也不会明白任何事。你不接触实际,不呼吸生活。说年轻人更接近生活是错的。在青年和生活之间不产生成年人特有的失望、经验和思维构想。相反,年轻人带来的是上百万种迷信、现成的思想、建议和幻想——这些东西总是被置放在他们和生活之间。只有成年人能够提供直接、毫无掩饰的接触,只有老年人才能将此做得完美。只在四十岁左右,你才开始实实在在地生活。在此之前,你的生活只是行为、打算、对未来的依恋和对过去的回忆。

　　奇怪的是,年轻人较之于成年人有更确定的过去感。一个青年比一个五六十岁的人更多地靠回忆生活。更有甚者,无论这看起来多么不可理喻,在青年人那里,过去总是一个现时的存在。它总是通过回忆的不断渗透联系着。他不能像一个成年人那样看待它们。他还未曾摆脱它们。

　　青年这出戏令人沮丧的是它完全没有个性。我们说"年轻人有个性,很自我,很新潮"是荒谬的。他们的个性表现在对某些东西不甚明白,虽然稍后他们自然会明白。那时，他们不再去说它，因为他们已经不感兴趣。年轻人是那样一类吹鼓手，他们竖着耳朵听别人说，然后根据听到的复制"真理"，给人以自成一格的印象。

要求一个青年人写一本关于生活的书，他会给你交出一千页的手稿，他知道的那么多，他觉得所有的一切是那么重要，那么新鲜，那么有意义；一个成年人会写出一百页，一个老人最多二十页。这则调侃说明了青年的全部命运，那种过多地沉醉于时空的命运。

年轻人习惯于取笑老年人对死亡的惧怕，譬如，他们会夸耀他们将以何种勇气去面对死亡。牺牲你还没来得及珍惜的东西并不难。一个年轻人死去他会丧失什么呢？他对生活了解多少因而爱它呢？还有，青年对于死亡、挣扎和结束的感觉的迟钝是一贯的。这种迟钝暴露了年轻人的平庸。一个没有被死亡问题这样或那样折腾过的灵魂还需继续生长，以达到观察和了解生活所必须达到的最低高度。

有人对我说，年轻人之所以平庸，是因为他们没有经验，或者经验不足。可能是这样。但是根据我的观察来判断．一个青年人缺少的不是经验，而是对经验的理解。年轻人不知道把经验怎么办，不会摆脱它们。因此，即使是最了不起的事件，也只流于外部，他们像携带压舱物般带着它们，不把它们转化为营养和理解。我认识一个年轻的捷克斯洛伐克记者，他曾三次漫游世界，了解一切贫困和冒险，去过美梦或噩梦般的城市，但当他四五年后回来时，他精神上还是和以前那样平庸、愚钝而粗俗。这个幸运者成了一个完美的年轻人，即完美的平庸者。

……尽管如此，青年总是对的，反对年轻人的平庸以支持老年人的完美是精神最大的罪孽。当然成年人和老年人是真正的创造者，而青年是真正的低能儿，只是前者没有发明创造，而后者必须始终引起我们注意。并不是因为它们是文化的未来，或者诸如此类。很简单，只是因为我们对他们还不了解，而对成年人和老年人我们是了解的。我感兴趣的不是停滞不前的完美，而是一系列的挫折、摸索和沦落。在完美和确定中，生命的行为完成了。因为它的"完美"和"确定"，它死了，冻结了，从中不可能生出什么新东西来。与其没完没了地欣赏一种辉煌而僵死的完美的形态，我宁愿关注和帮助一种转瞬即逝的不完美形态。谁知道呢，那个平庸的诞生有一天会给我带来一个能使世界产生革命的生命（那时，一旦它的职能完成，它将停滞不前，它将死亡），而完美的作品，永远保持同样的完美，仅此而已。

归根结底，我们看重青年正是因为我们知道有一天他将成为老年。而这是不可思议的，因为一旦到了老年，他不再使我们感兴趣。你努力，你夸奖，你把一个理想怀抱在手不因为他是"理想"，而因为他有一天将成为……而当他成了老人，我们就不再对他感兴趣……这真是匪夷所思。

347

但是有可能青年和老年都只是我们生活的几种命运，有一些人是能够摆脱它们的。比如，那些在老年被疾病、痛苦、死亡感变年轻的人。我觉得青年也像老年一样，更多地归属于精神，而不是肉体。我不是指有老的年轻人和年轻的老人这个意思。这类人使我深深地感到厌恶。我不能忍受一个智慧的年轻人和一个好斗的、喜好玩乐、追逐女人、疯疯癫癫或者是温柔的老者，更不用说女人，当她们装腔作势时，绝对是令人厌恶的。

我说老年和青年更多地归属于精神，指的是它们两者可以综合，可以协调起来，当然，这种情况是非常少的。如果它们只是肉体的命运，那么任何使两者接近和统一的企图都会失败。只有当你将两者都放弃，对任何一个都不再感兴趣，当时间不再能驾驭你，"历史"不再困扰你时，它们才能接近，才能统一。有年轻的季节和年老的季节，尽管如此，在世界上是一种不断的轮回，是杰出的、持续不断的再生。如果你同时既过青年又过老年，你就对两者都不会再害怕。当无论是平庸还是完美，错误还是自信都不再令你感兴趣——你摆脱了这些命运，因为你成了你自己，没有老年，没有死亡。我常想起我们的那则寓言："长命不死，青春永葆"。难道这些神话本身不是一种文明的中心悲剧？为什么谁也不试图去了解这些？

关于设立诺贝尔奖的遗嘱

□ [瑞典] 诺贝尔

诺贝尔 (1833～1896)　瑞典化学家、产业家、甘油炸药的发明者。诺贝尔奖金的创立人。一生从事化学，尤其是炸药的研究与发明。去世前立下遗嘱，将其财产作为基金，设立物理、化学、生理或医学、文学以及和平事业五种奖金（一九六九年瑞典国家银行增设经济学奖金），奖励当年在上述领域内作出最大贡献的学者。

我——签名人阿尔弗雷德·伯哈德·诺贝尔，经过郑重的考虑后特此宣布，下文是关于处理我死后所留下的财产的遗嘱：

在此我要求遗嘱执行人以如下方式处置我可以兑换的剩余财产：将上述财

产换成现金,然后进行安全可靠的投资;以这份资金成立一个基金会,将基金所产生的利息每年奖给在前一年中为人类作出杰出贡献的人。将此利息划分为五等份,分配如下:一份奖给在物理界有最重大的发现或发明的人;一份奖给在化学上有最重大的发现或改进的人;一份奖给在医学和生理学界有最重大的发现的人;一份奖给在文学界创作出具有理想倾向的最佳作品的人;最后一份奖给为促进民族团结友好、取消或裁减常备军队以及为和平会议的组织和宣传尽到最大努力或作出最大贡献的人。物理奖和化学奖由斯德哥尔摩瑞典科学院颁发;医学和生理学奖由斯德哥尔摩卡罗琳医学院颁发;文学奖由斯德哥尔摩文学院颁发;和平奖由挪威议会选举产生的五人委员会颁发。对于获奖候选人的国籍不予任何考虑,也就是说,不管他或她是不是斯堪的纳维亚人,谁最符合条件谁就应该获得奖金。我在此声明,这样授予奖金是我的迫切愿望……

这是我唯一有效的遗嘱。在我死后,若发现以前任何有关财产处置的遗嘱,一概作废。

不　老——《梁漱溟先生致陈独秀书·跋》

□陈独秀

陈独秀(1879~1942)　新文化运动的倡导者之一,中国共产党创始人和早期的主要领导人之一。原名庆同,字仲甫,安徽怀宁人。早年留学日本,一九一五年创办《新青年》杂志,举起民主与科学的旗帜。主要著作收入《陈独秀文存》、《陈独秀文章选编》等。

梁先生原信节录

仲甫先生:

方才收到《新青年》六卷一号,看见你同陶孟和先生论我父亲自杀的事各一篇,我很感谢。为什么呢?因为凡是一件惹人注目的事,社会上对于他一定有许多思量感慨。当这用思兴感的时候,必不可无一种

如果你在书中发现了一种思想并正确地加以利用,那么你所拥有的机智和创造力并不亚于最早写下这种思想的人。
——[法]彼埃尔·贝尔

明确的议论来指导他们到一条正确的路上去，免得流于错误而不自觉。所以我很感谢你们作这种明确的议论。我今天写这信有两个意思：一个是我读孟和的论断似乎还欠明晰，要有所申论；一个是凡人的精神状况差不多都与他的思想有关系，要众人留意。……

诸君在今日被一般人指而目之为新思想家，哪里知道二十年前我父亲也是受人指而目之为新思想家的呀。那时候人都毁骂郭筠仙(嵩焘)信洋人讲洋务。我父亲同他不相识，独排众论，极以他为然。又常亲近那最老的外交家许静山先生去访问世界大势，讨论什么亲俄亲英的问题。自己在日记上说："倘我本身不能出洋留学，一定节省出钱来叫我儿子出洋。万事可省，此事不可不办。"大家总该晓得向来小孩子开蒙念书照规矩是《百家姓》、《千字文》、《四书五经》。我父亲竟不如此，叫那先生拿《地球韵言》来教我。我八岁时候有一位陈先生开了一个"中西小学堂"，便叫我去那里学起 abcd 来。到现在二十年了，那人人都会背的《论语》、《孟子》，我不但不会背，还是没有念呢！请看二十年后的今日还在那里压迫着小学生读经，稍为革废之论，即为大家所不容。没有过人的精神，能行之于二十年么？我父亲有兄弟交彭翼仲先生是北京城报界开天辟地的人，创办《启蒙画报》、《京话日报》、《中华报》等等。(《启蒙画报》上边拿些浅近科学知识讲给人听，排斥迷信，恐怕是北京人与赛先生相遇的第一次呢！)北京人都叫他"洋报"，没人过问，赔累不堪，几次绝望。我父亲典当了钱接济他，前后千金。在那借钱折子上自己批道："我们为开化社会，就是把这钱赔干净了也甘心。"我父亲又拿鲁国漆室女倚门而叹的故事编了一出新戏叫做《女子爱国》。其事距今有十四五年了，算是北京新戏的开创头一回。戏里边便是把当时认为新思想的种种改革的主张夹七夹八地去灌输给听戏的人。平日言谈举动，在一般亲戚朋友看去，都有一种生硬新异的感觉，抱一种老大不赞成的意思。当时的事且不再叙，去占《新青年》的篇幅了。然而到了晚年，就是这五六年，除了合于从前自己主张的外，自己常很激烈地表示反对新人物、新主张(于政治为尤然)。甚至把从前所主张的，如申张民权排斥迷信之类，有返回去的倾向。不但我父亲如此，我的父执彭先生本是勇往不过的革新家，那一种破釜沉舟的气概，恐怕现在的革新家未必能及，到现在他的思想也是陈旧得很，甚至也有那返回去的倾向。当年我们两家虽都是南方籍贯，因为一连几代做官不曾回南，已经成了北京人。空气是异常腐败的。何以竟能发扬蹈厉去做革新的先锋？到现在的机会，要比起从前，那便利何止百倍，反而不能助成他们的新思想，却墨守成规起来，又何故呢？这便是我说的精神状况的关系了。当四十岁时，人的精神充裕，那一副过人的精神便显起效用来，于甚少的机会中追求出机会，摄取了知识，构成了思想，发动了志气，所以有那一番积极的作为。在那时代便是维新家了。到六十岁时，精神安能如昔？知识的摄取力先减了，思想的构成力也退了，所有的思想都是以前的遗留，没有那方兴未艾的创造，而外界的变迁却一日千里起来，于是乎就落后为旧人物了。因为所差的不过是精神的活泼，不过是创造的智慧，所以虽不是现在的新思想家，却还是从前的新思想家；虽没有今人的思想，却不像寻常人的没思想。况且我父亲虽然到了老年，因为有一种旧式道德家的训练，那颜色还是很好，目光极具有神，肌肉不瘠，步履甚健，样样都比我们年轻人还强。精神纵不如昔，还是过人。那神志的清明，志气的刚强，情感的真挚，真所谓老当益壮的了。对于外界政治上、社会上种种不好的现象，他如何肯糊涂过去！使本着那所有的思想终日早起晚睡地去做事，并且成了这自杀的举动。其间知识上的错误自是有的。然而不算事。假使拿他早年本有的精神遇着现在新学家同等的机会，那思想举动正未知如何呢！因此我又联想到何以这么大的中国，却只有一个《新青年》杂志，可以验国人的精神状况了！诸君所反复说之不已的，不过是很简单的一点意思，何以一般人就大惊小怪起来，又有一般人就觉得趣味无穷起来？想来这般人的思想构成力太缺了！然则这国民的"精神的养成"恐怕是第一大事了。我说精神状况与思想关系是要留意的一桩事，就是这个。

跋

漱溟先生这封信，讨论他父亲巨川先生自杀的事，使人读了都很感动。他前面说的一段，因陶先生已去欧洲，我们且不讨论。后面一段论"精神状况与思想有关系"一个问题，使我们知道巨川先生精神生活的变迁，使我们对于他老先生不能不发生一种诚恳的敬爱心。这段文章，乃是近来传记中有数的文字。若是将来的孝子贤孙替父母祖宗做传时，都能有这种诚恳的态度，写实的文体，解释的见地，中国文学也许会产生一些很有文学价值的传记。

我读这一段时，觉得内中有一节很可给我们少年人和壮年人做一种永久的教训，所以我把他提出来抄在下面："当四十岁时，人的精神充裕，那一副过

许多人将希望寄托在明天，下个月，甚至十年后，却不肯努力耕耘今天。

——[法]卢梭

人的精神便显起效用来,于甚少的机会中追求出机会,摄取了知识,构成了思想,发动了志气,所以有那一番积极的作为。在那时代便是维新家了。到六十岁时,精神安能如昔? 知识的摄取力先减了,思想的构成力也退了,所有的思想都是以前的遗留,没有那方兴未艾的创造,而外界的变迁却一日千里起来,于是乎就落后成为旧人物了。"

我们少年人读了这一段,应该问自己道:"我们到了六七十岁时,还能保存那创造的精神,做那时代的新人物吗?"这个问题还不是根本问题。我们应该进一步,问自己道:"我们该用什么法子方才可使我们的精神到老还是进取创造的呢? 我们应该怎么预备做一个白头的新人物呢?"

从这个问题上着想,我觉得漱溟先生对于他父亲平生事实的解释还不免有一点"倒果为因"的地方。他说:"到了六十岁时,精神安能如昔? 知识的摄取力先减了,思想的构成力也退了。"这似乎是说因为精神先衰了,所以不能摄取新知识,不能构成新思想。但他下文又说巨川先生老年的精神还是过人,"真所谓老当益壮"。这可见巨川先生致死的原因不在精神先衰,乃在知识思想不能调剂补助他的精神。二十年前的知识思想绝不够培养他那二十年后"老当益壮"的旧精神,所以有一种内部的冲突,所以竟致自杀。

我们从这个上面可得一个教训:我们应该早点预备下一些"精神不老丹",方才可望做一个白头的新人物。这个"精神不老丹"是什么呢? 我说是永远可求得新知识、新思想的门径。这种门径不外两条:一、养成一种欢迎新思想的习惯,使新知识、新思潮可以源源进来;二、极力提倡思想自由和言论自由,养成一种自由的空气,布下新思潮的种子,预备我们到了七八十岁时,也还有许多簇新的知识思想可以收积来做我们的精神培养品。

今日的新青年! 请看看二十年前的革命家!

论不免一死

□林语堂

林语堂(1895～1976)　现代学者、作家。原名和乐,改名玉堂、语堂,笔名宰、岂青等。福建龙溪人。先后就读于上海圣约翰大学、美国哈佛大学、德国莱比锡大学,专攻语言学。曾主编《论语》,创办《人间世》、《宇宙风》。作品有《吾国与吾民》、《京华烟云》、《生活的艺术》、《我的话》、《风声鹤唳》等。

因为我们有这么个会死的身体,以至于遭到下面一些不可逃避的后果:第一,我们都不免一死;第二,我们都有一个肚子;第三,我们有强壮的肌肉;第四,我们都有一个喜新厌旧的心。这些事实各有它根本的特质,所以对于人类文明有很重要的影响。因为这种现象太明显了,所以我们反而不曾想起它。我们如果不把这些后果看清楚,便不能认识我们自己和我们的文明。

人类无论贵贱,身躯总是五六尺高,寿命总是五六十岁。我疑惑这世间的一切民主政治、诗歌和哲学是否都是以上帝所定的这个事实为出发点的。大致说来,这种办法颇为妥当。我们的身子长得恰到好处,不太高,也不太低。至少我对于我这个五尺四寸之躯是很满意的。同时五六十年在我看来已是够悠长的时期;事实上五六十年便是两三个世代(Generation)了。依造物主的安排方法,当我们呱呱坠地后,一些年高的祖父即在相当时期内死掉。当我们自己做祖父的时候,我们看见另外的小婴儿出世了。看起来,这办法真是再好也没有。这里的整个哲学便是依据下面的这句中国俗语——"家有千顷良田,只睡五尺高床。"即使是一个国王,他的床,似乎不需超过七尺,而且一到晚上,他也非到那边去躺着不可。所以我是跟国王一样幸福的。无论这个人怎样的富裕,但能超过《圣经》中所说的七十年的限度的,就不多见,活到七十岁,在中国便称为"古稀",因为中国有一句诗:"人生七十古来稀。"

关于财富,也是如此。我们在这生命中人人有份,但没有一个人握着全部

一个人对于前途必须抱有希望,如对前途无望,社会上就没有努力工作的人了。
　　　　　　　　　　　　　　　　　　　——[日]福泽谕吉

的抵押权。因此，我们对于人生可以抱着比较轻快随便的态度：我们不是这个尘世的永久的房客，而是过路的旅客。地主、佃户，都是一样的旅客。这种观念减弱了"地主"一词的意义。没有一个人能实在地说，他拥有一所房子或一片田地。一位中国诗人说得好：

> 苍田青山无限好，
> 前人耕耘后人收；
> 寄语后人且莫喜，
> 更有后人乐逍遥！

人类很少能够体念到死的平等意义。世间假如没有死，那么即使是圣·海伦那 (St·Helena)，拿破仑也要觉得毫不在乎，而欧洲将不知是要变成个什么样子。世间如果真没有死，我们便没有英雄豪杰的传记，就是有的话，作者也一定会有一种较不宽恕，较无同情心的态度。我们宽恕世界的一切伟人，因为他们是死了。他们一死，我们便觉得已和他们消灭了仇恨。每个葬礼的行列都似有着一面旗帜，上边写着"人类平等"的字样。万里长城的建造者，专制暴君秦始皇焚书坑儒，制定"腹诽"处死的法律；中国人民在下面那首讲到秦始皇之死的歌谣里，表现着多么伟大的生之欢乐啊！

> 秦始皇奄僵！
> 开吾民，
> 据吾床，
> 饮吾酒，
> 唾吾浆，
> 餐吾饮，
> 以为粮；
> 张吾弓，
> 射东墙，
> 前至沙丘当灭亡！

我 的 遗 愿

□ [意] 路易吉·皮兰德娄　吕同六/译

路易吉·皮兰德娄 (1867~1936)　意大利小说家、戏剧家。早年写过诗歌和具有真实主义色彩的小说。给他带来世界声誉的是他的怪诞小说和怪诞剧。代表作有《已故的帕斯卡》、《六个寻找作者的剧中人》、《亨利第四》和《高山巨人》等。获一九三四年诺贝尔文学奖。

1．让沉默伴随我的死亡。

向至亲好友和冤家对头们发出呼吁，请他们绝不要到报纸上去谈我的死亡，而且压根儿不必去提起它。不要发布讣告，也不要发出参加葬礼的邀请。

2．我去世以后，不要给我穿上任何的衣服。让我赤身裸体，只须裹上一条床单，床上不要放鲜花，不要点蜡烛。

3．仅需一辆最低等的、穷人们用的马车。我依然赤身裸体。不需要任何人送葬，亲朋好友一概免礼。马车，马匹，车夫，足够了。

4．把我火化。我的躯体一旦烧焚，即刻撒退骨灰；因为我不愿意让我的任何东西，哪怕我的骨灰，存留下来。

不过，倘使做不到这一点，那就把骨灰盒运到西西里岛，砌在养育我的阿格里琴托乡村的任何一块毛糙的石头里。

一切利己的生活，都是非理性的，动物的生活。

——[俄]列夫·托尔斯泰

死　法

□周作人

　　周作人(1885~1967)　现代散文家、诗人、文学翻译家。原名周櫆寿，后改名槐树，字星杓，号知堂。浙江绍兴人。鲁迅二弟。曾任北京大学、燕京大学、北京女子师范大学等校教授。参与筹组文学研究会，倡导"为人生而艺术"的现实主义文学。著有《苦茶随笔》、《苦竹杂记》和《风雨谈》等散文集。

　　"人皆有死"，这句格言大约是确实的。因为我们没有见过不死的人，虽然在书本上曾经讲过有这些东西，或称仙人，或是"尸㑏卢耳不卢格"(Strul-brug)，这都没有多大关系。不过我们既然没有亲眼见过，北京学府中静坐道友又都剩下蒲团下山去了，不肯给予凡人以目击飞升的机会，截至本稿上板时止，本人遂不能不暂且承认上述的那句格言，以死为生活之最末后的一部分，犹之乎恋爱是中间的一部分——自然，这两者有时并在一处也有，不过这仍然不会打破那个原则，假如我们不相信死后还有恋爱生活。总之，死既是各人都有份的，那么其法亦可得而谈谈了。

　　统计世间死法共有两大类，一曰"寿终正寝"，二曰"死于非命"。寿终的里面又可以分为三部。一是老熟，即俗云灯尽油干，大抵都是"喜丧"，因为这种终法非八九十岁的老太爷老太太莫办，而渠们此时必已四世同堂，一家里拥上一两百个大大小小男男女女，实在有点儿住不开了，所以渠的出缺自然是很欢送的；二是猝毙，某一部机关发生故障，突然停止进行，正如钟表之断了发条，实在与磕破天灵盖没有多大差别，不过因为这是属于内科的，便外面看不出痕迹，故而也列入正寝之部了；三是病故，说起来似乎很是和善，实际多是那"秒生"(Bacteria)先生作的怪，用了种种凶恶的手段，谋害"蚁命"，快的一两天还算是慈悲，有些简直是长期的拷打，与"东厂"不相上下，那真是厉害极了。总算起来，一二部倒还没有什么，但是长寿非可幸求，希望心脏麻痹又与求仙之难无异，大多数人的命运还只是轮到病故，揆诸吾人避苦求乐之意实属大相径庭,所以欲得好的死法,我们不得不离开了寿终而求诸死于非命了。

非命的好处便是在于他的突然,前一刻钟明明是还活着的,后一刻钟就直挺地死掉了,即使有苦痛(我是不大相信)也只有这一刻,这是他的独门的好处。不过这也不能一概而论。十字架据说是罗马处置奴隶的刑具,把他钉在架子上,让他活活地饿死或倦死,约摸可以支撑过几天;茶毗是中世纪卫道的人对付异端的,不但当时烤得难过,随后还剩下些零星末屑,都觉得不很好。车边斤原是很爽利,是外国贵族的特权,也是中国好汉所欢迎的,但是孤零零的头像是一个西瓜,或是"柚子",如一位友人在长沙所见,似乎不大雅观,因为一个人的身体太走了样了。吞金喝盐卤呢,都不免有点儿妇女子气,吃鸦片烟又太有损名誉了,被人叫做烟鬼,即使生前并不曾"与芙蓉城主结不解缘"。怀沙自沉,前有屈大夫,后有……倒是颇有英气的,只恐怕泡得太久,却又不为鱼鳖所亲,像治咳嗽的"胖大海"似的,殊少风趣。吊死据说是很舒服(注意:这只是据说,真假如何我不能保证),由岛武郎与波多野秋子便是这样死的,有一个日本文人曾经半当真半取笑地主张,大家要自尽应当都用这个方法。可是据我看来也有很大的毛病。什么书上说有缢鬼降乩题诗云:

> "目如鱼眼四时开,
> 身若悬旌终日挂。"

(记不清了,待考;仿佛是这两句,实在太不高明,恐防是不第秀才做的)又听说英国古时盗贼处刑,便让他挂在架上,有时风吹着骨节珊珊作响(这些话自然也未可尽信,因为盗贼不会都是锁子骨,然而"听说"如此,我也不好一定硬反对),虽然有点唐珊尼爵士(Lord Dunsany)小说的风味,总似乎过于怪异——过火一点。想来想去都不大好,于是乎最后想到枪毙。枪毙,这在现代文明里总可以算是最理想的死法了。他实在同丈八蛇矛嚓喇一下子是一样,不过更文明了,便是说更便利了,不必是张翼德也会使用,而且使用得那样的广和多!在身体上钻一个窟窿,把里面的机关搅坏一点,流出些蒲公英的白汁似的红水,这件事就完了:你看多么简单。简单就是安乐,这比什么病都好得多了。三月十八日中法大学生胡锡爵君在执政府被害,学校里开追悼会的时候,我送去一副对联,文曰:

> "什么世界,还讲爱国?
> 如此死法,抵得成仙!"

如果没有永生的希望,即使过的是最幸福的一生,也只能称为可悲的一生。怀有永生的希望,即使过的是最不幸的一生,也算是值得羡慕的一生。

——[日]内村鉴三

这么一联实在是我衷心的颂辞。倘若说美中不足,便是弹子太大,掀去了一块皮肉,稍为触目,如能发明一种打鸟用的铁砂似的东西,穿过去好像是一支粗铜丝的痕,那就更美满了。我想这种发明大约不会很难很费时日,到得成功的时候,喝酸牛奶的梅契尼柯夫(Metchinikoff)医生所说的人的"死欲"一定也已发达,那么那时真可以说是"合之则变美"了。

我写这篇文章或者有点受了正冈子规的俳文《死后》的暗示,但这里边的话和意思都是我自己的。又上文所说有些是玩话,有些不是,合并声明。

关 于 死 亡

□ [奥地利] 弗洛伊德

弗洛伊德(1856～1939) 奥地利心理学家、精神病医师。精神分析学派创始人。他把人的心理分为意识、前意识和无意识,后又分为意识和无意识(包括被压抑的无意识和潜伏的无意识)。其学说被西方哲学和人文学科各领域吸收和运用。主要著作有《释梦》、《精神分析引论》、《精神分析引论新编》等。

我们当然有着思想准备,把死亡看成生命的必然归宿,从而同意这样的说法:每一个人都欠大自然一笔账,人人都得还清账———句话,死亡是自然的,不可否认的,无法避免的。而实际上,我们则习惯于用言行表明:情况不是这样。我们表现出一种明确的倾向,试图"暂缓考虑"死亡,或者从生活中将它排除掉。我们总是想把死亡藏起来,秘而不宣。我们甚至还有这么一个说法:"想到某种事就像我们想死亡一样。"当然,这是提倡自己死亡时,自己能看得到,我们实际上是作为一个旁观死亡的人而活着。

至于他人之死,文明人都小心翼翼地不当着别人的面提起。只有儿童不顾忌这些条条框框,他们肆无忌惮地互相威胁对方会死,甚至当着心爱者的面谈论死亡。比如:"亲爱的妈妈,你死了太可惜。不过,你死了之后,我会做这做那。"如果别人对自己不坏,文明人是不会谈论甚至想到别人死亡的,除非他是一个以同死亡打交道为职业的医生、律师或者类似的人。如果他人之死会给自己带来自由、金钱、地位方面的好处,文明人更不会谈论这人的死。当然,我们对死亡的这种敏感仍无力捉住死神之手。当死神之手落下之时,我们在感情上会受到震动,仿佛我们完全被破灭打垮了。于是,我们习惯于强调死亡的偶然性——事故、疾病、感染、衰老,这种习惯暴露了我们修正死的含义的努力,将必然性修改为偶然性。众多人同时死去对我们来说特别可怕。我们对死者本人采取了一种特殊态度,就像是向某个完成了特别困难任务的人表达出敬意一样。我们对死者的评价往往也是扬长避短,提出这样的要求:对于死者宜隐恶而扬善。因而无论在悼词中还是墓碑上,只写下对被怀念者有利的话语。这似乎也是理所应当的了。死者已不需什么尊敬,但在我们看来,对死者的尊敬比对真理的崇敬更为可贵,甚至胜过对生者的尊敬。

文明人这种惯常的对死的态度在自己心爱的人——妻儿、兄弟、姐妹、亲朋好友——死去的时候达到了高潮。此时,我们往往痛不欲生,我们的一切希望、自尊、快乐都随着死者进入了坟墓,任何事情都不能给我们以安慰,任何东西都不能弥补爱人之死给我们造成的损失。这种行为表明,我们似乎也像阿什拉部族的原始人一样,心爱的人死去,自己也必须跟着去死。

我们对死亡的这种态度也深深影响着我们的生活。如果我们不能在生活的游戏之中对生活本身孤注一掷,生活便显得贫乏,毫无意义,平淡而肤浅。这正像美国人调情一样,从一开始双方就知道一切都会十分顺畅。这样的调情与欧洲大陆式的谈情说爱刚好形成对照。在欧洲大陆,谈情说爱的双方一开始就须记住引起爱情的严重后果。我们易于受到感情的束缚,人死之后,往往悲痛欲绝。这使我们不愿意想到自己会有危险,也不愿设想同自己有关的人会遭到什么不幸。我们不敢从事带有危险性然而又是必须做的工作,诸如在空中飞行,远征到他国,试验爆炸物等等。我们不敢设想自己会遭到不幸,因为,如要灾难降临,谁能弥补母亲失去儿子,妻子失去丈夫,孩子失去父亲这样重大的损失?我们总是从一切事情中排除死亡,也随之排斥了很多东西。

所有这一切之必然结果,便是我们力图从虚构的世界中,从文学和戏剧中,寻求某种东西,给贫乏生活以补偿。在这里,我们见到了知道该怎样去死的人以及能够杀死他人的人。只有在这里,我们才将自己同死亡协调起来,经历了人世沧桑,我们自己却仍然安然无恙。人生就像是弈棋,一步失误,全盘皆输,这真是令人悲哀之事,而且人生还不如弈棋,不可能再来一局,也不能悔棋。在文学的领域之中,我们找到了我们所渴望的那种多样化的生活。我们似

人类的思想真是一根威力强大的杠杆!它是我们用以保卫和救护自己的工具,是上帝所给我们的最好的礼物。

——[法]缪 塞

乎随着某一特定人物的去世而死去,而实际上,他死了,我们还活着。我们随时准备着在下一个人物死去时,自己再次象征性地死去。

晚年与明智

□ [法] 卢 梭

我渴望在我的余年开辟一条比我刚刚走过了大半辈子的道路更为可靠的路径。总之,这一切迫使我着手我早已感到很有必要的深刻反省。

"我活到老学到老。"

梭伦晚年经常吟咏这句诗。就诗中所含的某种意义而言,在我的晚年我也一样可以把它吟咏。可是二十年来,我从经验中获得的却是一种委实叫人伤心的学问:蒙昧无知反而更好。逆境当然是一个了不起的先生,但是,他索取的学费太高,而你从中获得的收益往往得不偿失。况且,没等你从这些姗姗来迟的教训中学有所成,运用它们的时机却转眼即逝了。青年期是增长才智的时期,老年期则是运用才智的时期。经验总是有用的,我承认这一点,但是,只有当你前头尚有光明,经验才能有益。死到临头了,还是学习应该怎样生活的时候么?

我付出了这么痛苦的代价,而又这么晚才获得有关自己的命运以及他人对此的激情的认识,于我还有什么用呢? 我学会了更清楚地认识那帮人,其结果也只是使我更为强烈地感到他们给我造成的苦难。更何况这一认识虽则叫我明白了他们的种种阴谋诡计,却没有一次能使我幸免于难。我要是没有一直耽于这种脆弱而温存的信任中该多好啊! 多少年来,这种信任使我成了我那些爱吵嚷的朋友们的猎物和玩偶。我被他们策划的种种阴谋包围着,却未存半点戒心! 诚然,我上了他们的当;作了他们的牺牲品,但我还自以为他们在爱我。我的心灵享受着他们曾使我产生的友谊,并同样地给他们以我的友谊。这些甜蜜的幻觉全都破灭了,时间和理智向我披露了这一可悲的实情,使我感到了自己的不幸。这个实情使我看清了我的不幸是无可挽救的,我所做的唯有忍受。因此,我这把年纪所积累的全部经验,此时此刻,于我无益,往后也不会有什么好处。

我们刚刚投胎于世就进入了竞技场，到死方才走出来。人已到赛场的终点，再去学习更好地驾驭双轮马车还有何用呢？那时，还需要考虑的，就只是该如何从中解脱了。老年人的研究（如果他还需要做点研究的话），那仅仅是学习应该怎样死。人家到了我这种年龄，却恰恰很少做这种研究。常人把什么都想过了，就是想不到这一点。大凡老人比孩子更依恋生命，比年轻人更不情愿离开人世。因为，他们的全部劳作原是为了生存，而到了生命的终点，他们却发现自己的全部心血都白费了。他们全部操劳和财富，他们辛勤劳作换来的全部果实，当他们魂归九天时，这一切全都给撇开了。他们一辈子也未曾想到获取一点临死时能够带得走的什么东西。

当我反躬自问的时候，这一切我都思忖过了。我虽然不善于从这些思考中获益，但我及时作出这些思考和将之回味，这并非错事。从孩提时代，我就被抛入人生的漩涡之中，我很早就体验到，我天生就不是在这个世界上生活的。在这里，我永远也达不到我心灵所要求的那种境地。因此，当我停止在人类当中寻觅那似乎无法寻着的幸福时，我那炽热的想象力就已经跳出了我刚刚起步的人生范围，仿佛跃到了一个于我完全陌生的地方，以便在我能够留驻的静谧场所安歇。

从我童年时代起，所受的教育就滋养了这种情感，它又为充盈着我一生中的一连串灾难和不幸遭遇所强化了。这种情感促使我每时每刻都力图以更大的兴趣和耐心去认识自我。我在任何别的人身上都找不到这样的兴趣和耐心。我见过许多言谈远比我博学的人物。但是，他们的哲学简直可以说跟他们本人是无缘的。为了显示出比别人更有学问，他们研究宇宙，了解它的排列，就像他们会去研究他们偶尔发现的某种机器那样，纯属好奇。他们研究人性，是为了高谈阔论，而不是为了认识自我；他们致力于教育别人，却从不启迪自己的内心。他们当中好多人只是为了著书，不管什么样的书，只要写出来受欢迎就行。他们的书一旦写出来和印出来，除了设法使别人接受和当书受到攻击而需要为它作一番辩护外，书中的内容无论如何再也引不起他们自己的兴趣。此外，他们压根儿不从中汲取点什么为自己所用，只要没有受到非难，甚至连书中所讲的是真是假也不屑一顾了。至于我，只要我去学习，就是为了认识自己，而不是为了教育别人；我一贯认为，在教别人之前，首先要充分认识自己。我毕生致力于在人们当中所进行的各项研究，没有一项不是我曾单独地在一个荒岛上同样做过的，我本来应该在那里度完我的余生。我们所要做的事情，在很大程度上取决于对它的信念。在一切与一个人本能的最起码的需要无关的事情当中，我们的信念就是我们的行为准则。根据我一贯奉行的这个原则，我曾经常

常求有利别人，不求有利自己。

——谢觉哉

地、长时间地力图认识人生的真谛，以指导我的行动。但是，当我意识到无须探寻这个真谛的时候，我很快就为自己不善于为人处世而感到宽慰了。……隐退时做的默思，对大自然的研究，对宇宙的静观，迫使每一个孤独者不断地趋向着万物的创造之主，怀着轻微不安的心情去探究他所见到的一切事物的结果和他感到的一切事物的原因。当命运把我再度抛入社会的急流中时，我再也找不到任何可以给我的心灵以片刻慰藉的东西。不管到了哪里，我都一直留恋那令人愉快的悠闲生活，对唾手可得的富贵荣华毫无兴趣，甚至厌恶。因为把握不住那些惴惴不安的欲念，我不敢奢求，所获无几。我在那福星高照的时候也感到，即使我以为获得了我一直在寻找的一切，也根本不会从中找到我心灵所渴望的而又不知道怎样才能分辨出它的对象的那种幸福。就这样，在那些把我隔绝于世的大灾大难降临之前，这一切就促使我渐渐地懂得不再为这个世界浪费感情。直到四十岁，我一直都在贫困与幸运，明智与迷惘之间浮沉，沾染了不少恶习，可是心地没有任何劣性；我盲目地生活，缺乏经我的理性规定的原则；我忽略了自己的义务，却不是因为轻视而总是缺乏很好的认识。

从青年时代起，我就决定，四十岁以前要积极进取，实现我的各种抱负。我抱定主意，一上这个年纪，无论身处何种境况，都不再为摆脱它而苦苦挣扎，而是得过且过地度过余生，不再思虑未来。现在这个时限来到了，我不费跨踌地履行了这个计划，尽管那时我的运气似乎还有望于达到一个更加稳定的地位，然而我却没那么做，我不觉得遗憾，反倒感到一种真正的快乐。我从这种种诱惑、种种无益的希望中脱身出来，对诸事冷漠，只寻找精神上的安宁，对此，我始终兴趣盎然。我丢开了上流社会和它的浮华；我把所有的装饰品都抛开了：不带佩剑，不揣怀表，不佩镀金饰物，不戴帽子，只有一副极为普通的假发，一套合身得体的粗布衣服；更重要的是，我从心底摒弃了利欲和贪婪，这就使得我所抛开的一切都变得无关紧要了。我放弃了当时所占有的、于我根本不合适的职位。我开始按页计酬抄写乐谱，对这项工作，我始终兴趣不减。

我没有把这种改造局限在外表的事物上，我觉着他还需要另一种改造，那就是在观念上的也许更艰难、但更有必要的改造。我打定主意，把这种改造一贯到底。于是，我开始对自己进行解剖，使我的内心世界在有生之年臻于完善，以便达到我临终时所希望的境界。

我身上刚刚发生了巨变，我眼前展现了另一种道德观；我感到那些人对我的评判真是荒谬绝伦，虽然那时我未曾料到我会深受其害，但我已经开始发觉那是荒谬的。我产生了另一种需要，它不同于我追求文学上的成就的那种需要，因为我刚一接触到这种气息就厌恶了；我渴望在我的余年开辟一条比我刚刚走过了大半辈子的道路更为可靠的路径。总之,这一切迫使我着手早已感到很有必要的深刻反省。因此,我深刻地检查了自己,而且,为了把它做得好些,我没有把任何与我有关的事忽略不计。

我完全弃绝社交界;对幽静产生浓厚兴趣,就是从这个时候开始的。打那时起,这种离群索居的兴趣就一直有增无减。我从事的工作只有在绝对的隐居中才能进行。它需要长时间的、宁静的默思,这是社交界的喧扰所不允许的。因此,有一段时间,我不得不采取另一种生活方式。后来我发现它是那么令人惬意。于是,我在中断了一段时间之后,又满心欢喜地重拾了这种方式。而且,只要有可能,我就把自己囿于这种方式之中。后来,当人们逼迫我不得不离群索居时,我发现,他们为了使我变得可怜巴巴而将我隔离起来,结果比我自己还要好地成全了我的希求。

我满怀热忱地投入了那个已经着手的工作,我觉得这种热忱是和这个工作的重要性相一致的。那时,我混在一些现代哲学家当中。他们和古代哲学家几乎毫无共同点。他们非但没有解答我的疑问和解决我所无法解决的各种问题,反而在我自认为是最有必要去了解的方面,使我动摇了,因为,他们是热心的无神论的传播者和说一不二的教条主义者,根本不能容忍别人在任何一点上敢和他们持有异议。我十分厌恶争吵,而且没有把争吵维持下去的能耐。因此,我的辩护常常显得软弱无力;但是,我从来不接受他们那些令人沮丧的学说。我对这些容不得异己,又有自己一套观点的人的反抗,也是引起他们嫉恨的一个颇为重要的原因。

他们不曾把我说服,但把我弄得不得安宁。他们的议论曾一度动摇过我,但从未叫我信服。我一直没有找到一个合适的答辩,不过我相信肯定会有的。我常常责怪自己,我的无能多于过失,对于他们的论点,我凭心灵能作出胜过凭理性作出的反驳。

我终于这样想:"难道我总这样任那些雄辩家的诡辩所左右吗?我甚至不相信,这些人所鼓吹的,并热切要求别人去接受的观点,当真就是他们自己的观点。他们用来主宰自己理论的激情和要人相信这、相信那的过分热情,叫人无法理解他们自己相信什么。谁能够在政党头目当中找到真正的信条呢?他们的哲学是为他人的,我则需要一种为自己的哲学。趁时候还来得及,我要竭尽所能去寻找,以便在有生之年找到一种明确的行为准则。如今,我已步入壮年,理解力正处于最强的时期,可是却未老先衰了。我若一再等待,等到以后再进行思考,就心有余而力不足了。我的各种智能都将丧失活力,我今天尚能竭力所能做到的事情,到那时就将力不从心。我要抓住这个有利时机,现在是我的

363

如烟往事俱忘却,心底无私天地宽。
——陶铸

外表的改造时期，也是我的精神的改造时期。我要确定我的观点和原则。等我深思熟虑后，觉得应该成为什么样的人，在有生之年就做什么样的人。"

……我做了一番大概从无先例的最热情、最真诚的探寻之后，我决定在我的一生中选择感情这个东西。确实我的行动曾取得非我所愿的结果，但至少我可以肯定：我的错误还算不上犯罪，因为我已经竭尽所能去把它避免了。诚然，由于少年时期的那些偏见和我心中隐秘的愿望，我曾使天平倾向于对我安慰最多的一边，对此，我并不怀疑。人们难免相信自己所热切希望的事情。谁能怀疑，对于大多数人来说，他们对别人所作的关于他们的评价是拒绝还是接受，标志着他们的态度是希望还是担心，决定着大多数人对自己的希望或不安所持的诚意。我承认这一切有可能迷惑我的判断，但没有动摇我的善意；因为我唯恐把事情弄错。如果说一切都取决于如何度过这一生，那么，懂得生活，在合适的时候，采取最好的办法以免上当受骗，对我来说就是十分重要的。不过，依我当时的心境，我在世上最为担心的还是为享受这于我如浮云的全世间的富贵而豁出自己的灵魂。

我还承认，我并不总是如愿地克服那些曾使我不知所措，而我们的哲学家又反复给我唠叨的困难。但是，我下决心要在人类智慧几乎不可企及的事情上作出决断。由于我在各方面遇到了解不透的隐秘和解决不了的异议，我便把感情运用于每一个问题，它似乎是最直接、最可靠的东西。我没有停留在那些我无法解决的异议上，它们与对立体系中其他异议争执不下。在这些事情上，武断的口气只适用于江湖骗子，但是人要有自己的主见，要有建立在深思熟虑之上的主见，这显然十分重要。倘若这样。我们犯错误，那么，除非是不公正，我们是不会因此受到惩罚的，因为我们根本没有罪过。这就是我之所以能够泰然处之的不可动摇的原则。

这些艰苦的探寻的结果，大体就是我后来在《一个萨瓦省的牧师的信仰》中记载的一样。这本书已被当代人可耻地滥用和亵渎了。但是，倘若常识和真诚在人类中苏醒，它必将在人类引起一场革命。

在经过长久和反复认真的默思之后，我采取了这些原则，从此心情平静下来了。我把它们变成我的行动和信仰的坚定不移的准则。不再理会那些于我解决不了、预见不到、萦回脑海的异议。这些异议偶或弄得我不得安宁，但却未曾使我动摇。我反复自言自语："这都不过是形而上学的巧辩和故弄玄虚，比起我的理智所接受的、我的心灵所确认的、当我的激情缄默时为我内心默许的基本原则来，那是无足轻重的了。在这些大大超过人类的悟性的事情上，一个我解决不了的不同意见能够推翻一整套如此牢固的学说吗？它是用沉思默想联系起来,用恒心结成的,对于我的理智和感情以及我整个人是那样合适,而且又是为我内心的默许(我对其他学说却没有这种内心的默许)所强化了的。这样一种学说难道能够被推翻吗?不会,空洞的论据不能摧毁我那永恒的天性与这个世界的结构,与我发现支配这个世界的物质秩序之间的协调。我在相应的精神秩序中(这个体系是我探寻的结果),找到了我为了忍受一生的灾难所必需的支撑。在任何别的体系中,我只能无能为力地活着。无所希求地死去,我兴许会是一个最不幸的人。因此,我还是坚持这个体系吧,不管命运和那伙人把我怎么样,只有这种体系能使我幸福。"

　　这些思考及其结果难道不就是上天授予我,让我对静候命运有思想准备和能够承受它的吗?设若在那可怕的焦虑中,在我这下半辈子所沦落的令人难以置信的境地中,我总也找不到避难所以逃避那无情的迫害者;设若我在世上蒙受的耻辱不能昭雪,我的正义不能得到应有的伸张,而是眼睁睁地看着自己沦落前无先例的最可怕的命运中,那么,我如今成了什么样子,往后还会成为什么样子呢?一方面,我为自己的清白无辜而坦然,光想着世人对我的敬重和友爱;另一方面,那些背信弃义之徒却在暗地里用魔鬼的圈套将我缠绕。我由于遇到出人意料之外的灾难,这颗高傲的心简直无法忍受,又不明不白地被人陷害,蒙耻受辱,我整个儿为恐怖的阴影所笼罩,只能依稀辨出一些不兆之物。刚开始我就大吃一惊,不由得垮了下来。若不是我事前留有余力,摔倒后重新站起,那么,我怕是再也不能从这意外的打击中复原了。

　　在动荡不安中度过了好几年后,我才清醒过来,开始自我反省,这时我才发现我节余下来以抵抗厄运的气力是多么珍贵。我对凡是应该由我作出评判的事物作了决断,用我的行为准则去和我的处境相衡量,我看出,我过去太看重人们那些荒谬的评判,太看重这个短暂人生中的小事件。人生无非是一种受考验的状态。这些考验是哪一类型,这并不重要,只要从中得出它们应得的结果就行。我还由此看出,考验越是巨大、严峻、繁复,对于善于承受考验的人就越有好处。无论多么强烈的痛苦,对于任何一个能够看出这痛苦给人带来非同一般的裨益的人,都会丧失效力。而确信能够得到这种裨益,就是我曾在默思中等到的主要收获。

　　诚然,当我感到受到来自四面八方的无穷无尽的侮慢和羞辱时,间或出现的担忧和疑虑,曾不时毁灭我的希望,搅得我不得安宁。这时,我未能反驳的那些有力的论点,便更加强烈地萦回脑际,试图在我最倒霉的时刻,一个人处于绝望的边缘的时刻将之压垮。我还时不时地听到一些新的议论,和那些使我备受折磨的议论加在一起,常常浮现在我的脑海。

人人好公,则天下太平;人人营私,则天下大乱。

——(清)刘　鹗

"哦！"这时我总是无限伤感地自忖道，"倘若我在这可怕的命运中，从理性给予我的安慰中看到的只是虚无缥缈之物，我的理性就这样毁掉自己的作品，摧毁自己留给自己的希冀与信赖的支柱，那么，还有谁能够使我免于绝望呢？在这世上唯有那能将我安抚的幻想，又还有何用处呢？当今这一代人认为在我的学说中，含谬误和偏见无他，而在与我对立的体系中，真理与实情却能俯拾皆是；他们甚至还不相信我真心实意地采纳这个学说，我自己在悉心致力于它的研究时，也曾在其间发现许多解决不了的难题。然而，它们并没有阻止我坚持这个学说。难道在芸芸众生中，唯我独智、唯我独醒么？只要合我的心意，我就能相信一切事物均皆如此么？那些在少数人看来很不可靠，甚至倘若我的感情与理智背道而驰，我自己也觉得是虚无缥缈的种种表现，我能抱以明了的信心么？采用以子之矛、攻子之盾的方式来对付我的迫害者，岂不比恪守自己既定的戒律，一味忍受他们的中伤而不奋起反击更好么？我自认为明智，其实不过是枉自犯了错误而成了受骗者、牺牲品。"

在那百思不得其解、郁郁不安的时刻里，有多少次我濒于绝望。如果我连续在这种状态中过上一个月，那么，我这一辈子就完了，我这个人也就完了。但是，这些从前来得十分频繁的危机，总是瞬息即逝，现在，我还未全部脱身出来，但它们是那样罕至和短促，根本不可能打搅我的安闲。那不过是轻微的忧虑，再不能有损我的心灵，就像滔滔江河中落入一根羽毛，不能改变它的流向一样。我觉得，重新审定一下我先头已经决定采用的论点，就好像给我提出了新的评判，或向我提出了我在探索时尚未能得到的对真理更为成熟、更为虔诚的认识。因为这些情况没有一个符合于我的实际，所以无论凭哪种坚实的理由，我也不能弃绝我在壮年时期所采用的感情，而去适从那些在绝望的深渊里只能给我平添苦难的论点。而我在壮年时期所采用的情感则是在我精力最旺盛、经过严格的反省之后，在我除了追求对真理的认识之外，再无别的兴趣的那个幽静时期获得的。如今，我的心极度悲伤，我的感情因烦恼而衰竭，想象力因受了刺激而迟钝，头脑总是为那些笼罩着我的不胜枚举的可怕的奥秘所打搅。我的机能因年老和忧伤而衰弱，丧失了活力。我岂敢舍弃我尚存的一点气力呢？我哪能信赖曾使我不公正地受苦受难的日益衰退的理性，而对为我补偿了我不应当受的痛苦的充盈而活跃的理性反而不信赖呢？不，我没有比在决定这些重大问题时更明智、更豁达、更真诚的了。当时，我对今天烦扰着我的纷争并非不知道，它们并不曾阻挠我，如果还有我当时尚未察觉的纷争出现，那不过是微妙的形而上学的诡辩，它们是不能动摇这个古往今来为一切贤明之士所承认，为各个民族所共仰、不可磨灭地刻在世人心上的永恒的真理。在思考这些问题时我深知：人类的悟性受感官的限制，不可能囊括这些问题的各个方面。因此我也只限于我力所能及的事情。这是合乎情理的办法。从前，我依照这个办法行事，今天我仍坚持这个办法，并得到我的心灵和理智的赞同。如今，既然我有那么多理由使我不得不坚持这个办法，我还有什么理由放弃它呢？我坚持它会担什么风险，放弃它又能得到什么好处呢？我在接受我的迫害者的理论的同时，还要接受他们的道德观吗？他们那种既无前因又无后果的道德，虽被他们在书中或某个引起轰动的戏剧情节中堂而皇之地大肆渲染，里面却没有任何能够渗入心灵与理智的东西。或者我应该接受另一种秘而不宣的无情的道德观么？那就是他们那伙党徒的内部学说，对这另一种学说只能当做面具，而他们却在行动中遵循着，并巧妙地施加其影响于我的身上。这种道德观纯属进攻性的，根本不是用来自卫的，除了用来侵犯别人外别无他途。可在他们使我陷于这般田地之中，这学说对我又有何用呢？在这不幸中支撑着我的只有我的清白无辜。如果我将这唯一、但是强大的资源抛来，而代之以邪恶，那将会叫人生变得更加不幸！即使那样能够给他们造成痛苦，那我的痛苦又能因此而减轻多少呢？我会失去自重的，到头来一无所得。

就这样我内心作了一番斗争，终于将我的原则进一步坚定下来，不再为那些居心叵测的论点、无法解决的议论和超越我的能力或人类的智力的难题所动摇。我的心智一直处于我曾为它创造的最牢固的位置上，它经常躲在我的良心的庇护下安歇，因此，任何新的或老的奇异学说都不能一星半点地把它激动，或把我的安闲生活一时片刻地扰乱。当我精神颓丧和消沉的时候，即或我也把我的信仰和格言所基于的那些推理论断一时给忘却了，但我绝不会忘记我从中推论出来的、与我的心灵和理智相默契的结论。这些结论，我今后还要继续坚持。让一切哲学家去吹毛求疵吧，他们会白白浪费掉时间和气力。我在有生之年，无论对什么事情，我都将按照我在最善于作正确选择时所采取的决定行事。

我在这种心境中坦然而自得，在这里我找到了我的境遇所需要的希冀和慰藉。那样完全持久、夹带着凄苦的孤独，来自当今一代人的一触即发的深仇大恨，以及他们不断使我遭受的侮辱，偶或使我颓丧消沉，是十分可能的。那些飘忽的希望和令人丧气的疑惑，直到今天还不时把我的心骚扰，使这颗心忧伤。由于必需的精神活动并不能使我宽心，于是，我就需要回味往日的决定。这时，我曾为作出这些决定所付出的耐心、心计和真心诚意便又重现在我的记忆中，给我鼓起全部的信心。因此，我对一切新的思考概不接受，就像拒绝接受一切有害的错误一样。因为它们无非是一种假象，而且只会给我的安

人生最重要而唯一的问题，就是必须有一个真实的信念。若有了信念，解决问题时的心情，便如在高速公路上兜风一样爽快。
——[美]卡耐基

闲生活带来骚扰。

　　由于我把自己束缚在从前的、狭小的认识范围里，因此，我没有像梭伦那样，有幸活到老学习到老。我甚至还得克制想去学习一切尚未了解的东西的好强心。尽管我在有益的学识上可望获得的东西很少，但在我的处境所需要的德行方面，我还有很多重要的东西有待学习。我还来得及用我学到的东西去充实和点缀我的灵魂，也只有这种东西是我的灵魂能够随身带走的。当它冲出阻碍着它、迷惘着它的躯壳时，看见纯粹的真理，它将看见我们那些伪学者们因以自负的那些知识是多么可怜。它将为今生今世用于获得这些知识所浪费的时光而惋惜。但是，恒心、温存、安分知命、廉洁、正义感却是一笔财富，是人可以随着灵魂带走的无价之宝。我们可以不断地以此丰富和充实自己，不担心死亡会使之丧失价值。我晚年的全部余暇就是花在了这种有益的、绝无仅有的研究上。倘若我对自己的研究有所长进，学会了超脱尘俗，那我就太幸福了。虽然我没有变得更好（那是不可能的），但我至少比入世时更具备德行了。

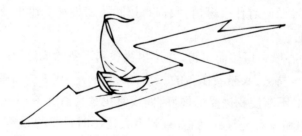